项目纪事

（一）会议

2014年4月27日，公益性行业（农业）科研专项“长三角地区设施蔬菜高产高效关键技术研究与示范”项目在福建福州正式启动。农业部科技教育司产业技术处处长张振华、副处长魏锴，中国农业科学院蔬菜花卉研究所副所长胡鸿，南京农业大学科学研究院副院长俞建飞出席了会议。

2014年度工作会议在江苏南京召开，由江苏省农业科学院承办。本次会议项目执行专家组制订了设施蔬菜产业调研的计划，并启动了《设施蔬菜高产高效关键技术》系列书籍的出版计划。

2015年度工作会议在安徽合肥召开，由安徽省农业科学院承办。本年度《设施蔬菜高产高效关键技术》系列出版物第一期（《设施蔬菜高产高效关键技术（2014）》）正式出版。

2016年度工作会议在江苏南京召开，由南京农业大学食品科技学院承办。本年度《设施蔬菜高产高效关键技术》系列出版物第二期（《设施蔬菜高产高效关键技术（2016）》）正式出版。

2017年度工作会议在上海召开，由上海市农业科学院承办。项目执行专家组制订了项目现场验收计划。

2018年1月，项目现场验收会议在福建莆田召开，由南京农业大学科学研究院副院长俞建飞主持。农业部科技发展中心聂善明主任以及中国农业科学院、江苏省农业委员会、浙江农林大学、福建省农业厅和福建省农业科学院的5位专家参加了本次会议。

（二）专题活动

2015年在宁波市农业科学研究院举办设施蔬菜嫁接技术研讨会并现场观摩。

2016年春季，项目组在浙江省农业科学院蔬菜研究所开展了新品种和设施栽培技术的现场观摩与专题交流。

2016年秋季，项目组在江苏南京开展了蔬菜采后加工储运技术专题的交流会。

（三）项目会议/活动时间记录表

时　间	内　容	地　点	承办单位
2014年4月	项目启动会	福建福州	利园农业技术（泉州）有限公司
2014年10月	2014年项目总结会议	江苏南京	江苏省农业科学院
2014年12月	关于长三角地区设施蔬菜调研和《设施蔬菜高产高效关键技术》出版物工作的执行专家会议	江苏南京	南京农业大学
2015年5月	《设施蔬菜高产高效关键技术》出版物进展和嫁接专题交流会议	浙江宁波	宁波市农业科学研究院
2015年7月	第一次项目成果整合展示观摩与讨论会议	福建泉州	利园农业技术（泉州）有限公司
2015年11月	2015年项目总结会议	安徽合肥	安徽省农业科学院
2016年5月	新品种和设施栽培技术的现场观摩会议	浙江杭州	浙江省农业科学院
2016年11月	2016年项目总结会议	江苏南京	南京农业大学
2016年12月	第二次项目成果整合展示观摩与讨论会议	福建泉州	利园农业技术（泉州）有限公司
2017年11月	2017年项目总结会议	上海	上海市农业科学院
2017年12月	第三次项目成果整合展示观摩与讨论会议以及项目财务自查	福建福州	利园农业技术（泉州）有限公司

农业部“长三角地区设施蔬菜高产高效关键技术研究与示范”项目资助

设施蔬菜
高产高效关键技术

（2018）

陈劲枫　李　季　主编

中国农业出版社
北　京

编 委 会 名 单

主　　编： 陈劲枫　李　季

副 主 编： 王毓洪　朱为民　杨悦俭　李国景
张其安　陈永生　郁志芳　魏利辉

参编人员（按姓氏笔画排序）：

王迎儿　王明霞　方　凌　田守波
江海坤　李　刚　李　英　肖留斌
吴晓花　余纪柱　宋　波　宋　慧
张　璐　张红梅　陈　洁　陈龙正
周国治　周振兴　姜　丽　娄群峰
贾　利　钱春桃　徐　海　高庆生
黄芸萍　程　远　鲁忠富　管春松
樊小雪

顾　　问： 杜永臣　李式军

前　言

长江三角洲（以下简称长三角）地区包括江苏、浙江、上海以及安徽和福建部分地区，是中国第一大经济区，也是国际公认的六大世界级城市群之一。蔬菜高效生产与稳定供应对大城市国民经济发展和社会稳定具有十分重要的作用。在经济一体化发展的背景下，提出了长三角地区蔬菜产业协同发展的要求。在公益性行业（农业）科研专项的支持下，我们整合了长三角地区优势研究力量，针对长三角地区蔬菜生产特点，围绕设施蔬菜高产高效生产中品种、栽培、病虫防控、采后处理与加工等各个环节的需求进行产业调研和技术协作攻关。《设施蔬菜高产高效关键技术》系列出版物就是项目协作攻关的成果。

《设施蔬菜高产高效关键技术》共计3期，从总体编撰思路上，希望本系列出版物体现“产政学”合作，从政策法规、技术标准、市场动态等各方面，反映长三角地区设施蔬菜产业最新进展和水平。本系列出版物每期均从内容上分为上、下两篇：上篇主要是通过调研报告、各地区相关数据统计表格、报告等形式，介绍长三角地区设施蔬菜发展现状；下篇围绕设施蔬菜产业链，分设施蔬菜种子种苗科技、设施蔬菜高产高效栽培管理以及蔬菜重要性状的应用基础研究3个层次，系统介绍长三角地区设施蔬菜高产高效关键技术及最新技术研究成果。

《设施蔬菜高产高效关键技术》系列出版物一共三期，包括了调研报告45份，产业发展策略与建议15篇，还收纳了84篇关于高产高效生产关键技术的研究论文和18个标准化生产技术规程，从产业结构、生产水平、经济效益、信息化进程以及农业技术推广模式等方面介绍长三角地区设施蔬菜发展的现状，给政府决策提供参考，给科学研究提供交流，给生产实践提供指导。

作为公益性行业（农业）科研专项“长三角地区设施蔬菜高产高效关键技术研究与示范”的重要成果之一，3期出版物侧重点不同。《设施蔬菜高产高效关键技术（2014）》偏向新品种、新技术和新产品的介绍，

《设施蔬菜高产高效关键技术（2016）》着重设施蔬菜产业现状的调研，《设施蔬菜高产高效关键技术（2018）》作为项目的收官之作，主要回顾了项目实施以来的重要活动与决策，归纳了项目的技术成果，反映出目前长三角设施蔬菜产业机械化、标准化、信息化发展趋势。

本书作为公益性出版物得到农业部科技教育司产业技术处的大力支持，特此感谢！同时，感谢本书编委会成员在编撰过程中的大量工作。再次感谢各位作者对本书编撰的大力支持。

陈劲枫　李　季

2018年4月

目　录

前言

上篇　长三角地区设施蔬菜发展现状

一、现状与思考 ……………………………………………………………… (3)

我国设施蔬菜机械化起垄技术应用现状及发展趋势 ……………………
…………………… 高庆生　胡　桧　陈　清　陈永生　管春松　杨雅婷 (3)

蔬菜作畦装备发展现状分析 ………………………………………………
……………………………… 管春松　胡　桧　陈永生　高庆生　杨雅婷 (10)

我国蔬菜清洗技术研究现状 ………………………………………………
……………………………… 胡　桧　高庆生　陈永生　管春松　杨雅婷 (19)

江苏省小白菜品种应用情况调研报告 ……………………………………
……………………………… 徐　海　陈龙正　宋　波　樊小雪　袁希汉 (24)

安徽和福建两省不同生产主体蔬菜生产现状的调研与比较 ……………
……………………………………………………… 马　华　李　季　陈劲枫 (34)

蔬菜销售模式及农户经济效益分析
——以苏南地区常熟市为例 ………………………………………………
……… 喻　强　赵晓坤　李　季　陈　洁　张　璐　钱春桃　陈劲枫 (40)

常熟市丝瓜产业发展现状分析及对策 ……………………………………
…………………………………………… 陆裕恒　赵雅蓉　陶启威　钱春桃 (49)

常熟市现代设施农业生产性服务业发展问题及对策 ……………………
…………… 陶启威　陈鹏旺　李瑞霞　曹玉杰　宋浩桐　蔡溧聪　康美玲
陈丽锦　钱春桃 (55)

面向新型农业经营主体的高校农技推广服务模式探索
——以江苏省为例 ………………… 雷　颖　李玉清　陈　巍　王明峰 (62)

二、统计报告 ……………………………………………………………… (68)

2012—2016 年中国蔬菜生产及销售规模基本情况统计 ………………… (68)

1998—2013 年中国蔬菜种植成本变化趋势分析 ………………………… (68)

2011—2013 年设施黄瓜、茄子、番茄及菜椒的产值与商品率分析 …… (69)

2016 年中国农业生产经营人员数量和结构 ……………………………… (70)

2016 年中国规模农业经营户农业生产经营人员数量和结构 …………… (70)

2016 年中国农业经营主体数量统计 ………………………………………………… (71)
2016 年中国主要农业机械数量统计 ………………………………………………… (71)
2016 年中国设施农业规模统计 ……………………………………………………… (71)

下篇　高产高效关键技术研究进展

一、设施蔬菜种子种苗科技 …………………………………………………………… (75)

（一）茄果类品种 ……………………………………………………………………… (75)
苏粉 11 号（番茄） ………………… 江苏省江蔬种苗科技有限公司 (75)
皖粉 5 号（番茄） ……………………………………… 安徽省农业科学院 (75)
皖杂 15（番茄） ………………………………………… 安徽省农业科学院 (75)
皖杂 16（番茄） ………………………………………… 安徽省农业科学院 (75)
皖红 7 号（番茄） ……………………………………… 安徽省农业科学院 (75)
红珍珠（番茄） ………………………………………… 安徽省农业科学院 (75)
浙粉 702（番茄） ……………………………………… 浙江省农业科学院 (75)
苏椒 16 号（辣椒） ………………… 江苏省江蔬种苗科技有限公司 (76)
浙椒 3 号（辣椒） ……………………………………… 浙江省农业科学院 (76)
紫燕 1 号（辣椒） ……………………………………… 安徽省农业科学院 (76)
紫云 1 号（辣椒） ……………………………………… 安徽省农业科学院 (76)
皖椒 18（辣椒） ………………………………………… 安徽省农业科学院 (76)
冬椒 1 号（辣椒） ……………………………………… 安徽省农业科学院 (76)
苏崎 4 号（茄子） ………………… 江苏省江蔬种苗科技有限公司 (76)
皖茄 2 号（茄子） ……………………………………… 安徽省农业科学院 (76)
白茄 2 号（茄子） ……………………………………… 安徽省农业科学院 (76)
（二）叶菜类品种 ……………………………………………………………………… (76)
东方 18（不结球白菜） ………………………………… 江苏省农业科学院 (76)
春佳（不结球白菜） …………………………………… 江苏省农业科学院 (77)
千叶菜（不结球白菜） ………………………………… 江苏省农业科学院 (77)
红袖 1 号（不结球白菜） ……………………………… 江苏省农业科学院 (77)
紫霞 1 号（不结球白菜） ……………………………… 江苏省农业科学院 (77)
新秀 1 号（不结球白菜） ……………………………… 江苏省农业科学院 (77)
绯红 1 号（不结球白菜） ……………………………… 安徽省农业科学院 (77)
丽紫 1 号（不结球白菜） ……………………………… 安徽省农业科学院 (77)
黛绿 1 号（不结球白菜） ……………………………… 安徽省农业科学院 (77)
黛绿 2 号（不结球白菜） ……………………………… 安徽省农业科学院 (77)
金翠 1 号（不结球白菜） ……………………………… 安徽省农业科学院 (78)
金翠 2 号（不结球白菜） ……………………………… 安徽省农业科学院 (78)
耐寒红青菜（不结球白菜） …………………………… 安徽省农业科学院 (78)

博春（甘蓝）…………………………江苏省江蔬种苗科技有限公司（78）
（三）瓜类品种……………………………………………………（78）
南水2号（黄瓜）……………………………………南京农业大学（78）
宁运3号（黄瓜）……………………………………南京农业大学（78）
南抗1号（黄瓜）……………………………………南京农业大学（78）
南水3号（黄瓜）……………………………………南京农业大学（78）
金碧春秋（黄瓜）…………………………………安徽省农业科学院（79）
浙蒲6号（瓠瓜）…………………………………浙江省农业科学院（79）
苏甜2号（甜瓜）……………………………江苏省江蔬种苗科技有限公司（79）
翠雪5号（甜瓜）…………………………………浙江省农业科学院（79）
夏蜜（甜瓜）………………………………………浙江省农业科学院（79）
甬甜5号（甜瓜）……………………………宁波市农业科学研究院（79）
甬甜7号（甜瓜）……………………………宁波市农业科学研究院（80）
甬甜8号（甜瓜）……………………………宁波市农业科学研究院（80）
银蜜58（甜瓜）………………………………宁波市农业科学研究院（80）
苏蜜11号（西瓜）…………………………江苏省江蔬种苗科技有限公司（80）
甬越1号（越瓜）……………………………宁波市农业科学研究院（81）
（四）砧木及嫁接技术……………………………………………（81）
甬砧1号（早熟栽培西瓜嫁接砧木）…………宁波市农业科学研究院（81）
甬砧2号（薄皮甜瓜、黄瓜嫁接砧木）………宁波市农业科学研究院（81）
甬砧3号（长季节栽培西瓜嫁接砧木）………宁波市农业科学研究院（81）
甬砧5号（小果型西瓜嫁接砧木）……………宁波市农业科学研究院（81）
甬砧7号（西瓜嫁接砧木）……………………宁波市农业科学研究院（81）
甬砧8号（黄瓜、甜瓜嫁接砧木）……………宁波市农业科学研究院（82）
甬砧9号（甜瓜嫁接砧木）……………………宁波市农业科学研究院（82）
甬砧10号（西瓜嫁接砧木）……………………宁波市农业科学研究院（82）
思壮111（黄瓜嫁接专用砧木）………………宁波市农业科学研究院（82）
FZ-11：（番茄嫁接专用砧木）…………………安徽省农业科学院（82）
瓜类蔬菜“双断根贴接”技术…………………安徽省农业科学院（82）
（五）育苗基质……………………………………………………（83）
优佳育苗基质…………………………江苏省江蔬种苗科技有限公司（83）
黄瓜专用育苗基质…………………………………安徽省农业科学院（83）
（六）植保产品……………………………………………………（83）
“禾喜”短稳杆菌（生物杀虫剂）………………江苏省农业科学院（83）

二、设施蔬菜高产高效栽培管理……………………………………（84）

（一）技术规程……………………………………………………（84）
瓜-菜-菇立体种植技术规程………………………江苏省农业科学院等（84）

花椰菜采后处理技术规程 ………… 农业农村部南京农业机械化研究所（91）
花椰菜机械化垄作（旋耕起垄）技术规范 ………………………………………………… 农业农村部南京农业机械化研究所（96）
绿叶蔬菜小型机械化生产技术规范 ………………………………………………… 上海市农业科学院园艺研究所（102）
蔬菜机械化耕整地作业技术规范 ………………………………………………… 农业农村部南京农业机械化研究所（107）
叶类蔬菜采后商品化处理及储运流通技术规程 ………………………………………………… 南京农业大学食品科技学院（116）
早春中小棚辣椒多层覆盖栽培技术规程 ………………………………………………… 安徽省农业科学院园艺研究所（119）
（二）高产高效栽培管理 ………………………………………………（124）
宁运3号露天爬地栽培黄瓜品种 …………………… 李 英 娄群峰（124）
厚皮甜瓜新品种银蜜58 ………………………………………………… 臧全宇 马二磊 王毓洪 丁伟红 黄芸萍（127）
黄瓜嫁接专用砧木新品种甬砧8号 ………………………………………………… 王迎儿 应泉盛 张华峰 王毓洪（130）
荧光假单胞菌生物引发处理对黄瓜种子出苗率及抗性影响 ………………………………………………… 严雅君 李 季（133）
不同嫁接组合对南水系列水果黄瓜果实品质及相关酶活性的影响 ………………………………………………… 周乐霖 陈劲枫（143）
不同砧木嫁接对秋季黄瓜植株生长、产量及果实品质的影响 ………………………………………………… 张红梅 金海军 丁小涛 余纪柱（157）
高温下丝瓜砧木对嫁接黄瓜生长、产量及果实品质的影响 ……………… 王 平 郝 婷 张红梅 金海军 丁小涛 余纪柱（164）
高温对不同砧木黄瓜嫁接苗生长、光合和叶绿素荧光特性的影响 ………………………… 张红梅 王 平 金海军 丁小涛 余纪柱（171）
景甜1号甜瓜嫁接试验 ………… 李 英 郦月红 戴惠学 唐懋华（180）
安徽省沿江地区大中棚多层覆盖早熟番茄吊蔓栽培技术模式 ……………… … 王 艳 严从生 王明霞 田红梅 张 建 贾 利 王朋成（184）
不同播种期对黄心乌农艺性状及营养品质的影响 ………………………… 宋 波 徐 海 樊小雪 陈龙正 袁希汉（187）
宁波市设施甜瓜与大麦苗轮作高效栽培技术 ……………… 张慧波 应泉盛 古斌权 张华峰 黄芸萍 王毓洪（193）
厚皮网纹甜瓜秋延后无土栽培技术 ………………………………………………… 刘功兴 钱春桃（199）
温室厚皮甜瓜优良品种推介及有机生态型无土栽培技术 ………………………………………………… 李 英 卢绪梁 柏广利（203）

长三角地区花椰菜生产机械化模式研究 …………………………………………… 高庆生　胡　桧　陈永生　管春松　杨雅婷（208）
不同绿色防控措施对辣椒疫病的控制效果 ……………………………… 陈夕军　孙佳佳　陈银凤　董京萍　陈孝仁　魏利辉　黄奔立（213）
高温闷棚防治黄瓜白粉病及其对黄瓜生长和生理代谢的影响 ……………………………… 王　平　张红梅　金海军　丁小涛　余纪柱　朱月林（223）
土壤物理消毒装备研究进展 ……………………………………………… 杨雅婷　胡　桧　赵奇龙　郭德清　高庆生　管春松（233）
蔬菜作畦机设计与试验 ………………………………………………… 管春松　王树林　胡　桧　陈永生　张　浪（243）
草莓移动栽培架的设计与试验 ……………………………………………… 管春松　胡　桧　杨雅婷　高庆生　赵金元（256）
国内外蔬菜种植标准化模式与机械化解决方案范例比较 ……………………………………………… 农业农村部南京农业机械化研究所（263）
蔬菜包装技术与实践 ……………… 郁志芳　姜　丽　安秀娟　徐　银（281）
设施蔬菜耕整地机械分类与规格 ……………………………………………… 农业农村部南京农业机械化研究所（289）

三、蔬菜重要性状的应用基础研究 ……………………………………… （310）

不结球白菜耐热相关基因 *BcPLDγ* 的克隆和表达分析 ……………………………… 徐　海　宋　波　樊小雪　袁希汉　陈龙正（310）
黄瓜 T-DNA 插入突变体库构建研究 ……………………………… 李　蕾　孟永娇　张　璐　娄群峰　李　季　钱春桃　陈劲枫（321）
黄瓜幼叶黄化突变体的特性研究和基因精细定位 …… 王　晶　娄群峰（331）
蔬菜嫁接技术研究进展 ………………………………… 李　琳　陈劲枫（346）
黄瓜耐盐突变体筛选与鉴定 ……………………………… 潘　俏　娄群峰（353）
蔬菜水培技术研究及应用前景 ………………… 俞　强　李　季　陈劲枫（364）
甜瓜种质资源蔓枯病抗性的鉴定与评价 ……………… 张　宁　钱春桃（372）
芸薹属作物细胞质雄性不育研究进展 ……………………………… 王　洁　张海晶　任锡亮　黄芸萍　孟秋峰（378）
蔬菜 DNA 指纹图谱技术的研究进展 …………………… 赵　宇　陈劲枫（382）
转基因技术在甜瓜属作物分子遗传育种研究中的应用与发展 ……………………………………… 段莉莉　朱拼玉　李　季　陈劲枫（391）

上篇

长三角地区设施蔬菜发展现状

一、现状与思考

我国设施蔬菜机械化起垄技术应用现状及发展趋势

高庆生[1]　胡　桧[1]　陈　清[2]　陈永生[1]　管春松[1]　杨雅婷[1]

（[1] 农业农村部南京农业机械化研究所　江苏南京　210014；[2] 中国农业机械化科学研究院　北京　100083）

摘　要： 目前，我国的设施蔬菜综合机械化水平仅为25%，严重制约了蔬菜全程机械化和蔬菜产业的持续发展。起垄是设施蔬菜生产的关键环节之一，直接影响后续移栽、播种和田间管理等机具的配套及作业质量。本文针对设施蔬菜的种植模式，分析了设施蔬菜的起垄特点、起垄工序及过程、起垄作业技术要求等，阐述了设施蔬菜起垄设备的发展现状，总结了几种典型的垄型结构，最后展望了设施蔬菜机械化起垄技术的发展趋势。

关键词： 蔬菜机械化　起垄技术　现状　趋势

作为现代农业的重要标志，设施农业近年来在我国获得了长足的发展。特别是自2008年农业部发布了我国第一个《关于促进设施农业发展的意见》后，在政策推动、需求带动、投资拉动下，我国设施农业发展迅猛。2012年，我国温室设施面积高达410.9万公顷，其中日光温室101.3万公顷，塑料大棚（含中棚）187.5万公顷，环境调控水平较高的连栋温室为7.01万公顷，设施面积位居世界第一[1]。而目前我国设施蔬菜的综合机械化水平仅为25%，严重制约了我国设施蔬菜全程机械化及蔬菜产业的持续发展[2]。设施蔬菜机械化起垄作为蔬菜生产的关键环节，直接影响后期移栽、播种、田间管理等机具的配套及作业质量。因此，进行设施蔬菜机械化起垄技术及垄型结构研究具有重要的现实意义。

1　设施蔬菜起垄特点及机械起垄作业技术要求

起垄是蔬菜全程机械化的一个重要环节，关系后期蔬菜移栽和田间管理等机械的作业质量。目前，用于设施蔬菜起垄的作业机具有开沟机、起垄机和蔬菜联合精整地机等，通过松土、垄土、成型和镇压等过程，实现土壤在设施内小范围转移，使土垄形成预定形状，符合蔬菜栽植要求。垄型结构见图1。

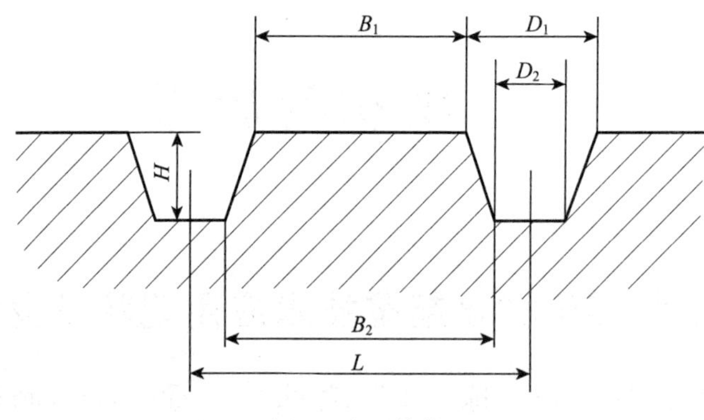

图 1　垄型结构

L. 垄距（沟距）　H. 垄高　B_1. 垄顶宽　B_2. 垄底宽　D_1. 沟顶宽　D_2. 沟底宽

1.1　设施蔬菜起垄特点及工序

我国蔬菜作物种类较多，农艺要求千差万别，导致蔬菜垄型结构多种多样。另外，相比露地蔬菜，设施蔬菜的作业成本较高，生产技术更加复杂。因此，设施蔬菜更加注重单位面积产量和质量，以提高经济效益。露地蔬菜生产的整地环节以普通旋耕机为主，整地质量较差；而设施蔬菜生产的整地环节目前以精细化作业为主，对土壤的碎土率、耕深稳定性、垄体表面平整度和直线度等作业指标都提出了更高的要求[3]。

设施蔬菜起垄主要工序为：起垄前整地→精细旋耕→起垄→镇压。其中，在整地环节根据种植蔬菜品种的耕深农艺要求需辅以深松作业。精细旋耕主要包括粗旋和细旋两个过程，粗旋由弯刀完成，细旋由直刀完成。精细旋耕一般通过复式联合作业机一次作业实现，也可通过普通旋耕机多次作业实现。可由土壤物理特性和含水率决定作业方法，针对难以破碎的黏性土壤复式联合作业机的作业效果更好，且具有省时省力和减少土壤机械损伤的优势。

1.2　蔬菜起垄作业技术要求

标准化、高质量的整地起垄是实现设施蔬菜生产全程机械化的基础。不仅有利于各作业环节间的机具衔接配套，也有利于提高后续作业效率。设施蔬菜生产对整地起垄总体要求可总结为浅层碎、深层粗、耕要深、垄要平、沟要宽。

（1）起垄前的深耕整地。蔬菜起垄前一般要进行深耕整地处理，保证土壤耕层深厚。一般采用铧式犁、深松机等进行作业。整地的主要目的是细碎土壤、降低起垄时的阻力、提高土壤紧实度和起垄质量、改善土壤物理及生物特性，创造适应蔬菜作物生长的良好土壤环境。

（2）起垄机械的选择。根据土壤特性、蔬菜作物的农艺要求和动力匹配等因素选择合理的起垄机械。起垄机具进地前应根据不同的蔬菜作物调整好起垄垄距和垄高。对于栽植深度要求较大的蔬菜品种可选择开沟机，后期再进行二次修垄。

（3）作业质量要求。目前，我国尚未制定蔬菜起垄规范和起垄机作业质量标准，行业内只对复式联合作业机具提出了具体的指标要求，包括旋耕、起垄、镇压等环节。蔬菜起垄时，耕地含水量为15%～25%作业效果最佳，旋耕深度合格率要求在85%以上，垄高合格率达到80%以上，碎土率最低要求达到50%以上，耕后的地表平整度误差小于5厘米，垄体直线度误差小于5厘米。具体的垄高要求由蔬菜作物的农艺要求决定，起垄方向要因地制宜，一般以南北方向较好。蔬菜垄型结构多样，根据垄高和垄顶宽的要求，垄侧坡度一般在50°～70°。

2　我国设施蔬菜起垄设备生产应用现状

2.1　起垄设备生产应用现状

我国蔬菜机械化起垄技术开始较晚，又因我国特殊的蔬菜种植模式及地理条件，规模化、标准化的蔬菜机械化种植模式难以有效推广。所以，目前我国蔬菜起垄技术及整个蔬菜产业生产水平与国外相比仍有不小差距。

通过调研发现，我国设施蔬菜在整地起垄环节的机械化水平达到80%以上，但专门用于设施蔬菜起垄的设备较少，大部分以大田作物机具代替，没有针对蔬菜的种植模式及农艺要求单独研发适用机型。机具普遍存在起垄高度不够、耕深不稳定，垄体直线度误差大、垄沟余土多、垄体紧实度差和机具作业效率低等问题较为突出[4]，机具功能单一、产品可靠性差，造成设施蔬菜机械化作业质量差，严重影响设施蔬菜生产产量和质量。

国内设施蔬菜起垄机具生产厂家较少，主要集中在江苏、上海和山东等地。主要有上海市农业机械研究所、江苏盐城盐海拖拉机厂、黑龙江农业机械工程科学研究院、山东青州华龙机械科技有限公司和山东华兴机械股份有限公司。国外起垄机具生产企业有意大利COSMECO公司、意大利HORTECH公司、日本YANMAR公司和德国GRIMM公司。

我国的蔬菜机械化起垄技术经历了单一起垄到旋起垄施肥复式作业的发展历程。目前，我国机械起垄方式主要有开沟起垄、微型旋耕起垄和旋耕起垄施肥镇压联合复式作业等。开沟起垄主要适用于高垄种植的蔬菜品种，微型旋耕起垄主要适用丘陵地区和6米大棚，复式作业机是目前主要起垄作业机型，具有作业质量好、机具适用性广、作业效率高等优点。

2.2　起垄设备规格和性能

蔬菜起垄设备按一次起垄数量可分为单垄、双垄和多垄。其中，设施蔬菜以单垄为主，双垄和多垄常见于露地蔬菜。按配套动力不同，可分为微型旋耕起垄机、果园型拖拉机配套起垄机；按照挂接方式的不同，可分为悬挂式起垄机和自走式起垄机。在设施蔬菜起垄设备的各项起垄质量要求中，起垄的直线度、起垄高度以及垄体紧实度是其中最为重要的指标。目前，国内外部分厂家生产的设施蔬菜起垄机械的主要规格和性能参数见表1。

表 1　国内外部分厂家生产的设施蔬菜起垄机械的主要规格和性能参数

厂家	型号	垄数	垄高（厘米）	垄距（厘米）	配套动力（千瓦）	特　点	图　片
山东青州华龙机械科技有限公司	1ZKNP-125	1	15～20	70～125	40	可一次完成旋耕起垄镇压作业，且装有液压偏置装置，机具作业中可左右偏移，最大偏移距离 30 厘米	
黑龙江德沃科技开发有限公司	1DZ-180	1～2	10～20	90/180	60	整机采用前后双刀轴布置，提高了碎土率，增加了设备对不同农作物、不同区域种植农艺要求的适应性。主要适用于平原地区	
意大利HORTECH公司	PERFECT A-140	1	5～20	160	40	一次能完成旋耕切土、精细碎土、精量施肥、镇压、平整、起垄定型等多项联合作业。主要适用于平原地区	
意大利COSMECO公司	单垄起垄机	1	15～30	100	40	主要适用于高垄种植的蔬菜作物、作业后垄沟余土少，直线度误差小	
日本YANMAR公司	单垄起垄机	1	10～20	80	25	旋耕刀轴采用中间传动，减小了机具尺寸，提高了机具田间适应性	

3　设施蔬菜垄型结构

我国蔬菜作物种类繁多，种植农艺要求复杂，蔬菜种植的垄型结构也千差万别。而随着我国蔬菜生产全程机械化模式的快速发展，农机农艺融合研究的不断深入，蔬菜垄型结构也在逐渐向标准化、系列化方向发展。目前，我国的蔬菜垄型结构可主要分为以下 3 种典型类型：

（1）宽平垄。该垄型垄距 1 800 毫米，垄沟宽 300 毫米，垄顶宽 1 400 毫米，垄高 150 毫米，主要适用于平原地区露地蔬菜以及连栋大棚（图 2）。宽平垄主要适用于叶用莴苣、普通白菜和青花菜等叶（花）菜类蔬菜作物。目前，宽平垄常见于上海地区的叶菜生产（图 3）以及东北地区的胡萝卜生产（图 4），主要适用机型有德沃 1DZ-180 型整地机和意大利 HORTECH 起垄机。

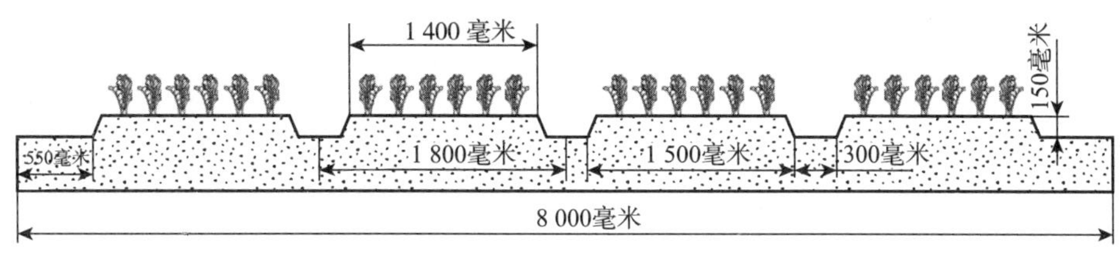

图 2　宽平垄结构

图 3　上海市奉贤区叶菜生产基地

图 4　黑龙江省哈尔滨市太平区民主乡胡萝卜生产基地

（2）中高垄。该垄型垄距 1 200 毫米，垄沟宽 300 毫米，垄顶宽 650 毫米，垄高 250 毫米，中高垄适用性较广，可用于 6 米、8 米及连栋大棚（图 5）。中高垄主要适用于番茄和辣椒等茄果类蔬菜。中高垄是目前大棚内应用面积最广、适用品种最多的垄型结构，常见于江苏、安徽、山东地区（图 6、图 7），主要作业机型有日本 YANMAR 起垄机和青州华龙 1ZKNP-125 整地机。

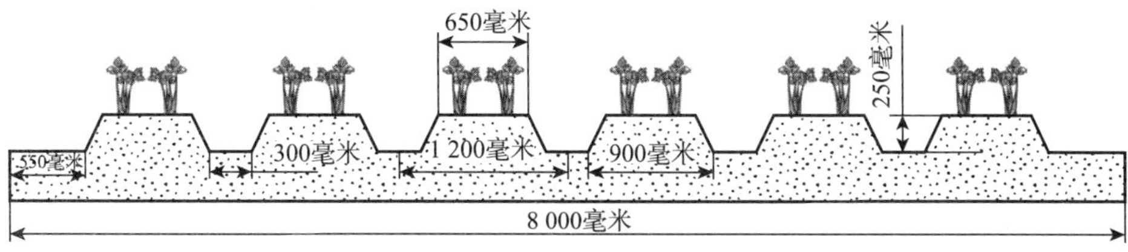

图 5　中高垄结构

图 6　山东省潍坊市青州蔬菜生产基地

图 7　江苏省南京市六合区蔬菜生产基地

（3）高窄垄。该垄型垄距 900 毫米，垄沟宽 300 毫米，垄顶宽 400 毫米，垄高 350 毫米（图 8）。高窄垄主要适用于草莓、甘薯等少数蔬菜作物。主要利用开沟机、深松机和单垄起垄机配套作业完成（图 9）。

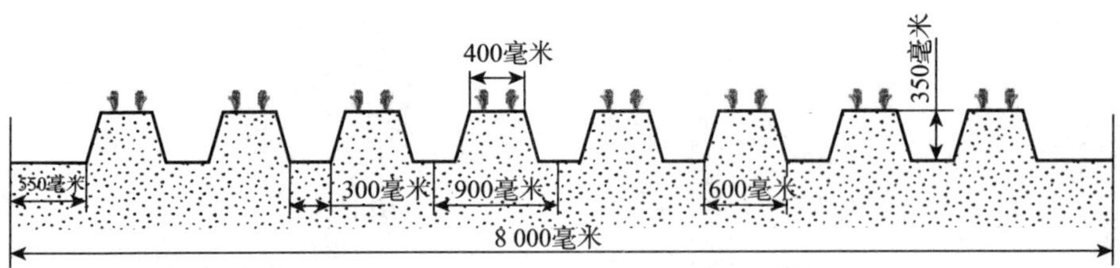

图 8　高窄垄结构

图 9　山东省滨州市蔬菜基地

4　设施蔬菜机械化起垄技术的发展趋势

（1）产品向高度“三化”方向发展。发展设施蔬菜全程机械化必须以高度的标准化、系列化、通用化为基础，通过不断提高机具作业的“三化”程度，尽量减少部件种类和结构形式，不仅有利于后续移栽、播种和田间管理等作业的机具配套，还可提高机具作业效率和降低作业成本。

（2）液压、电子、自动控制技术在起垄技术中的应用。发达国家的各种整地起垄设备广泛采用了液压元件，后期随着液压技术的发展，采用液压驱动工作部件的耕整地及起垄机械，尤其是复式作业机械将会得到更大的发展，电子、自动控制技术也将在耕整地机起垄设备上得到进一步应用。

（3）机具向轻量化方向发展。大棚内作业空间较小，大型机具进棚难，作业时不易转弯和掉头，而尺寸过小的起垄设备又会降低作业效率，增加劳动强度。通过先进材料和技术在起垄设备中的应用，不仅满足机具作业效率和作业质量，还降低了机具质量，提高了机具适应性，轻量化技术具有巨大发展潜力。

参考文献

[1] 郭世荣，孙锦，束胜，等．我国设施园艺概况及发展趋势［J］．中国蔬菜，2012（18）：1-14.

[2] 陈永生，胡桧，肖体琼，等．我国蔬菜生产机械化现状及发展对策［J］．中国蔬菜，2014（10）：1-5.

[3] 胡桧，陈永生．设施垄作栽培耕整地机械化作业技术［C］．中国农业工程学会会议论文，2009.

[4] 王冰，胡良龙，胡志超，等．我国甘薯起垄技术及设备探讨［J］．江苏农业科学，2012，40（3）：353-356.

蔬菜作畦装备发展现状分析

管春松[1,2]　胡　桧[1]　陈永生[1]　高庆生[1]　杨雅婷[1]

（[1] 农业农村部南京农业机械化研究所　江苏南京　2100141；

[2] 江苏大学机械工程学院　江苏镇江　212013）

摘　要：作畦装备是蔬菜精细化整地环节中不可缺少的关键装备，可有效解决现有整地机作业质量不能满足蔬菜苗床整理要求的问题，对降低蔬菜生产成本、提高生产效率具有现实意义。为此，首先对国内典型蔬菜作物畦作农艺要求进行探讨归纳，提出了两种规格的畦结构；在此基础上，系统分析了国内外作畦装备的研究应用现状及特点；最后，指出了现有作畦装备的研究不足和发展建议，以期为我国蔬菜作畦装备的设计研究和应用推广提供参考。

关键词：作畦装备　蔬菜整地　现状

蔬菜是人类生存不可缺少的生活资料，是人们日常生活必需的副食品。近年来，我国蔬菜播种面积达 3 亿多亩*，占世界总播种面积的 1/3 以上，年总产量超过 7 亿吨，占世界总产量的 60%左右。除此之外，蔬菜从业人员数量、人均占有量以及出口加工量均居世界第一，在我国农业和农村经济发展中具有独特的地位和优势[1]。但与主要粮食作物相比，我国蔬菜生产机械化水平非常低，综合机械化水平仅为 20%左右，对蔬菜产业发展的制约影响日益凸显[2~4]。

蔬菜地整理为蔬菜作物播种或移栽及出苗发育创造适宜的土壤耕层结构，是实现蔬菜生产全程机械化中首要和最为关键的环节之一。与粮食作物整地要求不同，蔬菜作物种植一般采用畦作（或垄作），蔬菜地整理除了包括犁地、翻耕等传统耕作环节，还包括作畦（起垄）环节，需满足“上虚下实”的畦（或垄）型结构要求。

近些年，国内已对犁地、翻耕装备开展了大量的研究，但是对专用化的作畦装备研究甚少，已逐渐成为蔬菜整地环节中的“瓶颈”问题，直接制约整地环节综合机械化水平的提升，亟须研制符合我国国情的先进蔬菜作畦装备。因此，调研掌握国内外同类作畦装备的发展现状及特点，分析探讨现有国内研发产品存在的问题，对我国蔬菜作畦装备的设计研究和应用推广具有重要的意义。

1　蔬菜畦作农艺要求

目前，日本、荷兰、澳大利亚等国蔬菜生产已实现标准化种植，日本针对各类

---

* 亩为非法定计量单位。1 亩＝1/15 公顷。

蔬菜的种植给出具体的畦作农艺要求（畦宽、畦高及株行距要求），荷兰、澳大利亚等国针对蔬菜种植给出标准化的畦作要求，并规定畦上作业机具的轮距与畦宽尺寸一致，保证畦上作业的顺利进行[5~10]。相反，我国蔬菜种类多、品种全、南北方种植差异大、种植制度不规范，直接导致各地的畦作农艺要求也不尽相同。因此，需尽快统一规范，形成系统的畦作标准，以为作畦装备的设计与推广提供理论基础。

我国菜畦的主要类型有平畦、沟畦和高畦（垄）。其中，高畦（垄）的畦面高于地面，用于种菜，畦沟内方便蓄水和排水，特别适合南方降水量较大地区的蔬菜种植；同时，高畦还有利于保温和增厚耕作层，适合耕层浅地区蔬菜种植，适用性更强，在实际生产中更受欢迎。

高畦（垄）的结构尺寸因区域气候条件、土壤条件及蔬菜种类等而异，结合调研和文献检索，给出如表 1 所示的我国南方蔬菜典型作物畦作的农艺要求[11~17]。由表 1 可知，大部分蔬菜作物可按作畦截面形状将高畦（垄）归类为宽畦和窄畦两类。其中，宽畦可设为两种规格：畦宽为 100～120 厘米和 150～170 厘米，畦高为 15～20 厘米，可调；窄畦也可设为两种规格：畦宽 50～60 厘米和 80～90 厘米，畦高为 20～30 厘米，可调。

表 1　我国南方蔬菜典型作物畦作农艺要求

蔬菜种类		每畦种植方式	畦宽（厘米）	沟宽（厘米）	畦高（厘米）	畦型特点
叶菜类	白菜	撒播	100～120	15～20	12～20	浅沟宽畦
	甘蓝	移栽 2 行或 4 行	120 或 170	20～30	15～20	浅沟宽畦
茄果类	番茄	移栽 2 行	120～150	30	15～20	浅沟宽畦
	辣椒	移栽 2 行	80～90	25～30	15～20	浅沟窄畦
根茎类	胡萝卜	条播 1～2 行	50～60	25～30	15～20	浅沟窄畦
	马铃薯	移栽 2 行	80～90	25	25～33	深沟窄畦

2　国外蔬菜作畦装备研究现状

近些年，国外蔬菜作畦技术与装备研究较为迅速，许多国家已将蔬菜畦作的农艺要求进行系统研究，并制定相应的农艺规范，限定畦上作业机械轮距要求，进而开发出相应配套的作畦装备，真正实现农艺与农机的有效结合。目前，国外蔬菜生产机械化程度高，研制开发的作畦装备性能稳定，产品多而全，已形成系列化，适用性广，应用也较为普遍，正朝着高效复式、节能减阻、自动化及智能化方向发展，以作业环境不同，其产品大致可分为以下两类：

2.1 露地栽培作畦装备

露地用蔬菜作畦装备以欧美等国为代表的大农场用作畦机为典型代表，意大利、法国等欧美国家地广人稀，人均耕地面积大，主要考虑作业的高效性。此类产品体积较为庞大，大多采用牵引式行走方式，多畦（2 畦、3 畦、4 畦、6 畦为主）联合作业方式。

牵引式作畦装备在国外一般采用三点悬挂装置挂接于大马力拖拉机（≥60 马力*）后方，根据对土壤的作业次数又分为单刀辊和双刀辊两种结构，两者相比单刀辊结构配套动力相对需求小，更适合沙性土壤环境作业；双刀辊结构采用二次耕作土层的原理，精细耕作表层土壤，所整理的畦质量更佳，同时也适合黏性土壤作业。

单刀辊牵引式作畦装备主要由机架、扶土器、传动机构、起垄板、压整盖板、尾轮等组成，部分还包含镇压辊及液压控制部件等，如图 1 所示。其工作原理为：采用地表土壤堆积培埂后作畦的原理，一般先通过深旋耕刀辊（或刀齿）深耕土壤，将土壤进行破碎并松散凸起于地表，形成足够的堆土量用起垄板培埂，然后用压整盖板或整形、镇压部件压整埂，实现所要求的畦结构。双刀辊牵引式作畦装备在单刀辊的结构基础上再增加表层精细碎土辊装置，进行深耕环节后表土二次精细破碎，而后再起畦作业，其目的在于保证表层土壤达到蔬菜苗床整理的细碎度要求。

(a) 单畦作业机

(b) 多畦作业机

图 1　露地栽培用作畦装备

相关机型有：意大利 HORTECH 公司、FORIGO 公司及 MASSANO 公司生产的多种类系列化作畦机，CELLI 公司生产的 ARES 系列作畦机，ORTIFLOR 公司生产的 TSA 系列作畦机；法国 SIMON 公司生产的 CULTIRATEAU 系列作畦机等[18,19]。

上述露地栽培作畦装备一般仅适合浅沟型畦场合，除此之外，国外还有利用开

* 马力为非法定计量单位。1 马力≈735 瓦特。

沟作畦原理研制的作畦装备，尤其适合深沟型畦作业场合。如图 2 所示，开沟型作畦机一般先采用两侧的圆盘式开沟装置将土壤深旋，而后土壤被圆盘的旋转带动，通过离心力甩至畦的正中央，自然形成畦结构，部分机具为保证畦表面的平整度，在畦表面增加镇压板或镇压辊对表土镇压修平。

相关机型有：意大利 COSMECO 公司研制的 B1、B10 及 B12 型开沟作畦机，CUCCHI 公司的 AS2 型开沟作畦机；英国 GEORGE MOATE 公司的 3 行作畦机等[20]。

图 2　开沟型作畦机

2.2　设施栽培作畦装备

设施结构类型主要有日光温室、塑料大棚及连栋温室等，由于连栋温室内部构建标准，棚室门宽敞，方便机器进出，同时棚边角处无操作死角，因而连栋温室内作畦装备有很多直接借鉴露地作畦装备，图 3 为单畦作业机在国外大型塑料大棚内

图 3　露地设施两用的单畦机具

的作业图。而针对日光温室和塑料大棚等作业空间有限的作业环境，国外如日本、韩国等农业发达国家也研制出成熟的产品，日本、韩国等国作业田块小，人口相对集中，其研发的作畦装备结构较为紧凑轻盈，方便设施棚室进出的便利性，易操作性强，目前正在向进一步降低能耗、提高作业精度和质量方向发展。

如图 4 所示，此类产品一般采用汽油机为动力，将动力传递至刀辊上，刀辊通常中间部位布置旋耕刀片，两端部位设有起垄刀片，通过刀辊的转动带动旋耕刀切削土壤，同时起垄刀将切出的土块甩至畦中间区域集中，而后利用起垄整形板镇压畦沟的侧边，完成畦的整理。此类装备大多采用自走式行走方式，并多采用单畦或双畦作业方式。

图 4　自走式作畦机

相关机型有：日本井关公司 MSE18C 型和 KK83F6 型作畦机；韩国璟田 3ZL-5.9-1200 型作畦机及英国 LITTLE WONDER 公司 902 型作畦机等[21,22]。

另外，针对作业功能的不同，为提高作业效率，减少土壤压实，国外部分作畦装备并非仅有单一作畦功能，很多采用的是复式作业结构，主要代表产品有作畦覆膜一体机、作畦施肥一体机、作畦播种一体机、作畦铺管一体机等。

3　国内蔬菜作畦装备研究现状

我国现有的露地栽培作畦装备大多借用粮食作物上用的起垄机具，采用大马力拖拉机配套旋耕起垄机，拖拉机动力一般为 50 马力以上，虽然作业效率高，但作业质量远不能满足蔬菜精耕细作的作畦要求；而设施内大多采用微耕起垄机（9 马力以下）或手扶拖拉机（12～15 马力）配套旋耕起垄机，动力偏小，作业效率低而且质量差，作业质量还有待提高[23]。

近几年，国内蔬菜机械装备逐渐得到重视，国内对蔬菜作畦技术与装备的研究逐渐增多，但仍处于起步阶段，成熟的产品也相对较少。2013 年，北京中农富通园艺有限公司和上海市农业科学院在国内最先开展蔬菜专用作畦机具的引进，分别引进了意大利 FORIGO 公司和 HORTECH 公司的蔬菜作畦机，并开展了试验研究，发现机具出现“水土不服”情况，整地效果与国外相比相差甚远[24]。之后，上海市农业机械化研究所对 HORTECH 公司引进的机具结构进行了改进，基本满足叶菜类蔬菜种植的作畦农艺要求[25]。

2014 年，农业部南京农业机械化研究所联合青州华龙机械有限公司开发了 125/140 型精整地机，采用牵引式双刀辊结构，工作时前后刀辊同时相向转动，上下分层分段切削土壤，而后采用垄形板和主动镇压畦压整，作业效率高，露地栽培与设施栽培均适用[26～28]。翌年与江苏省盐城市盐海拖拉机公司共同开发了设施用单/双畦施肥作畦一体机，适用于浅沟窄畦作物的作畦。

同样采用双刀辊切削原理、牵引式结构形式，2015 年，黑龙江德沃科技开发有限公司研制了 1DZ-180 型多功能整地机，配套动力达 60 千瓦，作业幅宽 1.8 米，畦高 5～20 厘米，适合用于露地蔬菜栽培。同年，江苏省太仓市项氏农机有限公司开发的 1ZKPY-130/150 型作畦机具采用单刀辊结构，单次切削土壤后利用被动镇压辊镇压作畦，试验结果表明可实现畦结构，但作业后畦表层的土垡过大，效果不够理想。

针对设施用作畦装备，山东华兴机械股份有限公司研制的 3TG-6 型多功能起垄机，作畦宽度 40～120 厘米，畦高 15～40 厘米，可作畦或起圆垄。同时，设有夯实机构在作畦过程中自行对畦表面进行镇压操作，适合深沟窄畦蔬菜作物作畦需求。

4　存在的主要问题

4.1　标准化种植程度低

我国蔬菜种植基本都以个体农户为主，规模较小，同时蔬菜种类繁杂，各作物对作畦及起垄的农艺要求各不相同，缺乏规范化和标准化的引导。一方面，使得开发的同一作畦装备作业性能不能适应不同区域、土壤条件的同类作物整地要求，通用性不强；另一方面，会导致各作畦装备设计的轮距宽窄不一，使得后期的移栽（或播种）装备及收获装备无法衔接配套使用。

4.2　作畦专用化装备认识不够

目前，国内农户对蔬菜地整理装备的认识上仍然停留在简单的犁旋耕和微起垄等装备上，对作畦环节基本都是以传统的手工拉线标记和培畦埂作业完成；或仍采用起垄机代替作畦机作业，不重视作畦专用装备的开发，导致畦沟的作业质量达不到蔬菜床整理的要求。

4.3 装备作业质量差

现有研发的作畦装备作业质量不佳，存在着耕深不够、畦面平整度和细碎度差、畦沟不直不清等问题；同时，对作业区域的选择性要求较高，在沙土条件下作业性能优于黏性土，目前对黏湿土的适应性差，甚至出现“卡死罢工”等现象。

4.4 装备智能化程度低

国内现有的少量作畦装备运用了液压控制技术，使得镇压辊部件能主动旋转镇压松散的畦埂表面，使得平整度得到有效提高。但是，在耕深智能调节、畦宽智能调节、畦面紧实度和畦沟直线度等作业质量在线检测控制等方面还存在缺陷，有待进一步提高完善。

4.5 装备系列化配套差

现有的作畦装备基本都是用于小田块单畦作业，作业效率低，对于像露地等大田块作畦装备，目前国内仍是空白，缺乏系列化产品。此外，现有的作畦装备大多关注于作畦本身的功能开发，对与作畦功能配套的覆膜、铺管、施肥等复式联合作业机具的开发更加鲜有报道。因此，急需开展满足蔬菜种植要求的多元化作畦复式装备研究。

5 发展建议

5.1 加强农机农艺紧密融合

加强蔬菜畦作的农机农艺融合，对蔬菜种类进行归类划分系统研究，对其种植要求及菜地整理要求进行分类，政府引导制定规范，提出合理的作畦农艺要求，提高标准化作业程度，便于作畦专用装备的研发和推广。

5.2 进一步提高装备的作业质量及适应性

提高装备的设计水平，加强刀齿、刀片等关键部件的数值模拟和试验研究；提高关键零部件的制造质量，在可靠性和适应性方面开展系统研究；引进国外先进技术，加强作业性能智能化控制和作业质量智能化检测方面的研究，进一步提高作畦装备的研发水平和作业质量，同时引导农户对新装备使用。

5.3 加强复式系列化作业装备研发

随着蔬菜露地生产规模的增大，不但要关注作畦装备的作业质量，更应提高作业效率。一方面，加强作业装备的系列化研究，研制满足生产需求的多畦作业装备；另一方面，应吸收国外成功的经验开展复式作业装备的研发，如作畦覆膜（铺管）一体机、作畦播种一体机、作畦施肥一体机等联合作业装备的开发。

参考文献

[1] 张真和．我国发展现代蔬菜产业面临的突出问题与对策［J］．中国蔬菜，2014（8）：1-6.

[2] 陈永生，胡桧，肖体琼，等．我国蔬菜生产机械化现状及发展对策［J］．中国蔬菜，2014（10）：1-5.

[3] 陈永生，崔思远，肖体琼，等．蔬菜机械化生产亟须强化农机农艺融合［J］．蔬菜，2015（2）：1-3.

[4] 张晓青，魏国平，唐于银，等．江苏省沭阳县蔬菜产业发展与农业技术推广中的问题与对策［J］．江苏农业科学，2012，40（7）：395-396.

[5] 新農業機械実用化促進株式会社．農業機械化対策の今後の取組方向［M］．東京：新農業機械実用化促進株式会社，2012：7-15.

[6] 新農業機械実用化促進株式会社．緊プロ農機のすべて［M］．東京：株式会社ケイマール，2015：10-15.

[7] G. D. Vermeulen，J. Mosquera. Soil，crop and emission responses to seasonal-controlled traffic in organic vegetable farming on loam soil［J］．Soil and Tillage Research，2009，102（1）：126-134.

[8] John E. Mcphee，Peter L. Aird. Controlled traffic for vegetable production：Part 1. Machinery challenges and options in a diversified vegetable industry［J］．Biosystems Engineering，2013，116（2）：144-154.

[9] F. Vucajnk，M. Vidrih，R. Bernik. Physical and mechanical properties of soil for ridge formation，ridge geometry and yield in new planting and ridge formation methods of potato production［J］．Irish Journal of Agricultural and Food Research，2012（51）：13-31.

[10] Rajko Bernik，Tone Godeša，Peter Dolničar，et al. Potato yield and tuber quality in 75cm and 90cm wide ridges［J］．Acta agriculturae Slovenica，2010，95（2）：175-181.

[11] 陈光蓉．蔬菜生产（南方本）［M］．重庆：重庆大学出版社，2013：220-400.

[12] 秦贵，刘晓明，郭建业，等．大棚蔬菜生产栽植机械化技术试验示范［J］．农业工程，2014（S2）：41-44.

[13] 蒋咏梅．江苏海门市设施瓜蔬标准化生产技术［J］．中国园艺文摘，2014（11）：164-165.

[14] 梁松练，李志伟，李就好，等．南方蔬菜生产机械化的特点与对策［J］．农机化研究，2004（5）：47-48.

[15] 高庆生，胡桧，陈永生，等．长三角地区花椰菜生产机械化模式探讨［J］．中国蔬菜，2015（8）：8-10.

[16] 李凯锋，杨炳南，杨薇，等．国内外胡萝卜种植现状及播种机研究进展［J］．农业工程，2015，5（1）：1-4.

[17] 张丽华．武汉市设施蔬菜生产机械化发展研究［J］．湖北农机化，2014（4）：60-61.

[18] FORIGO.［EB/OL］．http://www.forigo.it/Interratrici-Interrasassi_pd_4.aspx，2003.

[19] 韩宏宇，沈亮，彭君峰，等．耕整地机械的应用及发展研究［J］．农机使用与维修，2016（1）：20-21.

[20] COSMECO.［EB/OL］．http://www.cosmeco.it/prodotti/scavafossi-biruota/pagina-1，2016.

[21] 张兆辉，郑秀国，姜玉萍，等．青菜小型机械化生产关键技术［J］．长江蔬菜，2015（23）：13-15.

[22] 赵志强．宝山区蔬菜机械化现状与发展对策［J］．农业开发与装备，2015（10）：66-67.

［23］胡桧，陈永生．设施农业栽培耕整地机械化作业技术研究与探讨［J］．中国农机化，2010（1）：63-66.
［24］武春霞．蔬菜生产机械化程度亟待突破［J］．农经，2013（4）：42-45.
［25］杨晓峰，张兆辉，姜玉萍，等．青菜全程机械化生产关键技术研究初报［J］．上海农业学报，2014，30（1）：94-96.
［26］管春松．一种智能精细整地装置：201420812108.8［P］．2014-12-19.
［27］张浪，陈永生，胡桧，等．1ZL-140 蔬菜联合精整地机具的研制［J］．中国农机化学报，2015，36（1）：7-9.
［28］管春松，王树林，胡桧，等．蔬菜作畦机设计与试验［J］．江苏大学学报（自然科学版），2016，37（3）：288-295.

我国蔬菜清洗技术研究现状

胡 桧 高庆生 陈永生 管春松 杨雅婷

（农业农村部南京农业机械化研究所 江苏南京 210014）

摘 要：蔬菜清洗可以提高蔬菜食用安全，延长蔬菜的储藏时间，对蔬菜深加工产业发展具有重要意义。本文对我国目前的蔬菜清洗设备进行了系统的分类和总结，并指出了其中存在的问题。展望了我国未来蔬菜清洗机工业化生产的前景和发展趋势，提出了相关见解和建议。

关键词：蔬菜清洗机 研究现状 前景展望

我国是世界上最大的蔬菜生产国和消费国。2013 年全国蔬菜播种面积 3 亿亩，总产量达 7 亿吨，人均占有量超过 500 千克，位居世界第一[1]，蔬菜生产水平和生产规模已进入了一个新的阶段。随之而来的是，我国的农产品供应形势发生了根本性的转变，由前期的供不应求和供求平衡进入到现在供大于求，农产品价格不断下降，采后损失率不断上升，农民收入减少，甚至出现负增长[2]。为解决当前难题，我国应该大力发展蔬菜的产后深加工产业，以延长蔬菜储藏期，增加产品附加值。而蔬菜清洗作为蔬菜深加工的初始环节也是关键环节，对提高蔬菜深加工水平和质量具有至关重要的作用。

蔬菜清洗主要是清除蔬菜表面的泥沙、寄生虫卵等杂质，以及对蔬菜农药残留进行降解消毒。当前，我国蔬菜清洗机的自动化、智能化程度低，很多工作需要人工辅助完成，劳动强度大、清洗效率低、耗水量大且清洗分散，难以满足目前蔬菜高效生产的加工需求[3]。因此，对蔬菜机械化清洗技术与设备进行系统性分析与总结，有利于后期研制出高效、节能、节水的蔬菜清洗设备，对于满足人们对新鲜、高营养蔬菜的需求具有重要的现实意义。

1 蔬菜清洗设备分类

近年来，蔬菜清洗机已成为蔬菜产业发展中关注的热点之一，但对蔬菜清洗机的分类并没有统一标准。根据目前市场上的主要蔬菜清洗机型，大致可有以下几种分类方式：

（1）按清洗的蔬菜品种分类：叶菜清洗机、果菜清洗机、根菜清洗机。

（2）按清洗技术分类：巴氏杀菌流水线清洗机、超声波蔬菜清洗机和传统清洗机。其中，传统清洗机主要包括振动清洗机、滚筒清洗机、螺旋清洗机、气泡清洗机、高压清洗机等。

（3）按清洗机功能分类：单一功能清洗机和多功能清洗机。多功能清洗机指在一次清洗作业过程中可完成清洗、杀菌、消毒和冷却等多道工艺。

2 我国清洗技术及清洗机研究现状

2.1 传统清洗机

传统清洗机主要通过浸泡、物理清洗和喷淋作用完成清洗目的，物理清洗环节有毛刷清洗、机械振动清洗和浆叶清洗等方式。水槽中的清洗水可以利用蒸汽加热，进一步提高清洗效果。该类清洗机械主要适用于马铃薯、番茄、胡萝卜等果菜清洗，对叶菜损伤较大。

此类清洗机械最早出现的是1996年华中农业大学工程系袁巧霞等研制的GL-I型根茎类蔬菜清洗机，利用横向板条焊接而成的六边形滚筒回转时与物料的撞击作用达到清洗的目的，同时在沿滚筒长度方向设有喷水管，使进料口至出料口以同样大小的水量喷洗。但清洗过程中需不断换水，耗水量较大[4]。在此原理的基础上，后期又研发出刷淋式清洗机、滚筒式清洗机以及桨叶式清洗机等。

2000年，湖南农业大学高英武等研制的振动喷淋式蔬菜清洗机是此类蔬菜物理清洗机的典型代表。该机器通过往复振动发生器与振动床相连，使振动床带动盛菜篮在清洗液中往复振动，清洗前期使用循环水，后期使用净水。机架轨道上的菜篮从喷淋罩的一端进去，另一端排出，实现流水作业[5]。该机器同样存在耗水量大的问题，但降低了对蔬菜的破坏程度。

气泡清洗机通常采用底部给气的方式，利用气泵在流动或静止的水槽中加入具有一定正压力气体（空气）。加入的正压力气体产生正压气泡，气泡在上升过程中破裂引起的压强变化会对蔬菜表面的杂质进行不断的吸附与冲击，从而实现清洗的目的。与传统清洗机相比，气泡清洗机可用于对叶菜类蔬菜清洗，且损伤较小。2007年，农业部规划设计研究院丁小明以叶类蔬菜为研究对象，以自来水为清洗介质，以气泵为气泡产生源，在自制的由透明玻璃和不锈钢板搭建的试验台上进行模拟试验。研究了给定气泡式清洗槽中的蔬菜损伤率与气泡强度的关系、最大清洗体积比与蔬菜密度的关系、洗净率和浊度与清洗时间的关系、清洗液浊度与清洗量和洗净率的关系等。试验结果表明：气泡式清洗机可用于叶菜清洗，清洗损伤率与气泡强度正相关，清洗的理想时间为3分钟，最大清洗体积比与蔬菜的密度、清洗液浊度、清洗量呈正线性相关，清洗液在浊度允许范围内可以连续使用，洗净率可达到70%以上[6]。该研究一定程度上给出了气泡清洗高效、节能、节水的相关参数，但需要进一步作业实践。

2.2 超声波清洗机

超声清洗开始于20世纪50年代初，初期主要用于电子、光学和医药等领域，作为一项实用性很强的技术，其应用场所广泛，涉及大的机械零部件、小到半导体器件的清洗等，常常称作“无刷清洗”。超声波清洗的主要特点是速度快、效果好、容易实现工业控制等。应用在蔬菜、瓜果等食品清洗时，可用于清洗根茎类、叶菜类等各种蔬菜和瓜果，普通清洗方法很难实现。随着声化学的出现与应用，再配合使用适当的溶液，调节清洗液酸碱度等，清洗效果更好。

2012 年，塔里木大学机械电气化工程学院马少辉设计制造了以超声波为清洗动力的红枣清洗机，分析了超声波清洗红枣机理：以预备试验为基础，确定了清洗机的参数及范围，通过超声波对制干红枣的清洗正交试验，对试验数据进行极差与方差分析表明，当清洗机超声波功率 550 瓦，清洗水温 60℃，清洗时间 4 分钟时，清洗效果最好。在该条件下进行清洗制干红枣原料，洗净率大于 96.2%，破损率为 0.8%。研究结果可为果菜类、根茎类蔬菜清洗提供技术参考[7]。

为进一步提高清洗质量和清洗效率，后期又研发出超声波组合型蔬菜清洗机，主要有超声波气泡清洗机和超声波臭氧清洗机等。

2003 年，南京农业大学食品科技学院高翔等利用超声波气泡清洗鲜切的西洋芹[8]，研究结果表明：超声波功率 50 千赫，温度 25℃，处理 10 分钟，鲜切西洋芹除菌率达 80%，霉的活性降低了 50%，呼吸作用受到抑制，无机械损伤，感官品质优良，有利于鲜切菜保鲜。但该清洗方式只对清洗或半清洗以后的蔬菜实现第二次清洗有较大的效果，不适合对蔬菜的初次清洗。

2011 年，农业部南京农业机械化研究所王海鸥进行了超声波臭氧组合果蔬清洗机设计与实验，该机通过设计清洗自动控制程序，制定自动清洗工艺，设有喷淋漂洗、超声臭氧清洗和二次喷淋 3 个清洗过程，可完成果蔬全自动清洗。采用相向错位配置喷淋装置，结合程序控制，清洗过程中可使果蔬等发生间断性扰动和翻滚，实现换位清洗，提高清洗均匀性，增强臭氧混合效果。以草莓作为清洗对象进行试验，试验结果表明，该机对草莓品质无影响，灭菌率超过 90%，对敌敌畏、乙酰甲胺磷和乐果等农药的降解率均为 85%左右，灭菌、去污、降解农药残留效果显著[9]。

2.3　巴氏杀菌流水线清洗机

在蔬菜初步清洗包装完成后，需要利用巴氏杀菌流水线清洗机对包装完成的产品进行进一步的水浴清洗杀菌，其加工工艺为杀菌-冷却-风干沥水。巴氏杀菌流水线是在吸收、消化国外样机的基础上设计而成，采用循环温水预热，循环热水杀菌，循环温水预冷，再用冷却水喷淋冷却四段处理形式。具有杀菌温度自动控制、杀菌时间无级调速等优点，能广泛应用于加工各种蔬菜的袋装及灌装产品，如野菜、水煮菜等。

巴氏杀菌流水线杀菌的原理是在一定温度范围内，温度越低，细菌繁殖越慢；温度越高，繁殖越快。但温度太高，细菌就会死亡。不同的细菌有不同的最适生长温度和耐热、耐冷能力。巴氏消毒其实就是利用病原体不是很耐热的特点，用适当的温度和保温时间处理，将其全部杀灭。但经巴氏消毒后，仍保留了小部分无害或有益、较耐热的细菌或细菌芽孢，从而实现杀菌、延长蔬菜产品保质期。

3 存在的问题

我国对蔬菜清洗技术的研究经过多年的发展，虽然取得了一定的成绩，但纵观各类蔬菜清洗机可知，还存在许多有待解决的问题：

（1）清洗功能单一。目前，我国的蔬菜清洗机主要以清洗蔬菜表面的泥土和一些明显杂质为主，对蔬菜中的残留农药和一些微生物菌的深层清洗考虑较少，给蔬菜食品带来一定的安全隐患。

（2）清洗机价格偏高。蔬菜深加工技术在我国起步较晚，清洗机生产企业较少，竞争压力小，不仅技术上难以有重大突破，机器价格上也一直居高不下。一台臭氧气泡清洗机售价在 20 万元以上，这让很多有意发展蔬菜深加工的企业望而却步，一定程度上阻碍了蔬菜深加工产业的快速发展。

（3）智能化、自动化程度低。现有研制的蔬菜清洗机多采用机械清洗方式，气泡和超声波清洗机使用较少。投放和清洗后的蔬菜包装主要还是靠人工完成，劳动强度大。

4 展望

随着我国蔬菜产业的快速发展，蔬菜食用安全也开始引起人们关注，对蔬菜的清洗保鲜储运技术也不断提出了更高的要求。在这种新形势下，我国的蔬菜清洗技术须努力向以下方向发展：

（1）进一步提高蔬菜清洗机的电气化、自动化和智能化水平，提高产品的研发水平和科技创新能力，降低劳动强度，节约生产成本。

（2）加大蔬菜清洗机在节水、节电方面的研究力度。在保证蔬菜清洗质量的同时，研究清洗时间和清洗方式对节水、节电的影响，提高清洗效率，降低能耗。

（3）注重对蔬菜清洗剂的选择应用，降解蔬菜表面的农药残留。针对不同的蔬菜清洗剂，分析在不同用量、不同清洗方式等条件下的杀菌消毒效果，提高蔬菜食品安全。

参考文献

［1］陈永生，胡桧．我国蔬菜生产机械化现状及发展对策［J］．中国蔬菜，2014（10）：1-5.

［2］何幸保，高英武．我国蔬菜清洗技术的研究现状与展望［J］．湖南农机，2009，36（2）：1-3.

［3］朱晓民，刘洪义．蔬菜机械化加工技术与设备的现状与展望［J］．农机化研究，2010（4）：247-249.

［4］袁巧霞，张华珍．GL-I 型根茎类蔬菜清洗机的研制［J］．农机与食品机械，1996（3）：25.

［5］高英武，刘毅君．振动喷淋式蔬菜清洗机的研究［J］．农业工程学报，2000，16（6）：92-95.

[6] 丁小明，王莉．气泡清洗方式清洗叶类蔬菜的试验研究［J］．农机化研究，2007（12）：119-123.
[7] 马少辉，张学军．超声波红枣清洗机工作参数优化［J］．农业工程学报，2012，28（15）：215-219.
[8] 高翔，陆兆新．超声波气泡清洗鲜切西洋芹的应用研究［J］．食品工业科技，2003，24（11）：27-29.
[9] 王海鸥，胡志超．超声波臭氧组合果蔬清洗机设计与试验［J］．农业机械学报，2011，42（7）：165-169.

江苏省小白菜品种应用情况调研报告

徐　海　陈龙正*　宋　波　樊小雪　袁希汉

（江苏省农业科学院蔬菜研究所　江苏南京　210014）

摘　要： 小白菜起源于我国长江中下游地区，是江苏省各地普遍栽培的一种重要蔬菜。调研发现，江苏省栽培的小白菜品种类型丰富多样，按其成熟期、抽薹期和栽培季节可分为秋冬小白菜、春小白菜、夏小白菜3类，还可细分为多个类型数十个品种。近年来，生产上除了各地原有传统品种，多个新型杂交品种也得到广泛应用。同时，涌现出一批诸如绿领种业、理想种业等小白菜种子经营企业，并且日益发展壮大。调研还发现，小白菜栽培模式和消费习惯也由传统的育苗移栽、大棵菜逐渐转变为直播、稀播、短生育期的菜秧或小棵菜周年生产，并形成了多个相对集中、以企业运作为主的小白菜生产基地。

关键词： 江苏省　小白菜　品种　应用　调研

小白菜（*Brassica campestris* ssp. *chinensis Makino*）又名不结球白菜、青菜等，北方称油菜，起源于我国长江中下游地区，古名“菘”，早在公元3世纪三国时期的《吴录》中就有记载。在我国不同地理分布条件下，其性状变异极为多样，经各地长期自然和人工定向选择，最终形成了一批形态、性状各具特色的地方品种[1,2]。小白菜是我国长江中下游及其以南地区的一种主要蔬菜，基本上以秋季生产为主，可以周年生产、周年供应。近10年来，小白菜已在全国普遍种植，有的季节成为当地的主要蔬菜，具有十分重要的经济效益和社会效益。

江苏省是小白菜消费的重点区域，“三天不吃青，两眼冒金星”是老南京人的口头禅，正反映了市民对青菜（小白菜）消费的依赖程度。小白菜产业是江苏省地区农业产业的重要组成部分，近年来以小白菜为主的夏季叶菜“保供”也成为政府主管部门主抓工作之一。为了配合公益性行业（农业）科研专项“长三角地区设施蔬菜高产高效关键技术研究与示范”的实施，反映江苏省小白菜产业最新进展和水平，并为小白菜新品种选育和推广应用提供参考与指导，江苏省农业科学院蔬菜研究所针对江苏省部分地区小白菜品种应用情况进行了调研和分析。

1　江苏省小白菜主要品种类型

江苏省栽培的小白菜按其成熟期、抽薹期和栽培季节特点可分为秋冬小白菜、春小白菜、夏小白菜3类。

1.1 秋冬小白菜

小白菜性喜冷凉，秋冬季原是其主栽季节，此类型也是最为广泛栽培的类型。早熟，多在翌年 2 月抽薹，故又称二月白或早白菜。依叶柄色泽不同，分为白梗菜和青梗菜两类型。

1.1.1 白梗菜类型

依叶柄长短分为以下 3 类：

（1）高桩类（长梗种）。株高 45～60 厘米或以上，叶柄与叶身长度之比小于 1。株形直立向上，幼嫩时可鲜食，充分成长后，纤维成分稍多，适宜腌制加工。代表品种为南京高桩、合肥箭杆白、杭州瓢羹白、苏浙皖的花叶高脚白菜。

（2）矮桩类（短梗种）。株高 25～30 厘米或以下，叶柄与叶身之比等于或小于 1。品质柔嫩甜美，专供鲜食。代表品种为南京矮脚黄、常州白梗（半圆梗型）等。

（3）中桩类（梗中等）。株高介于长梗与短梗之间，鲜食、腌制兼用，品质也介于两者之间。代表品种为南京二白、淮安瓢儿白等。

1.1.2 青梗菜类型

多数为矮桩类，少数为高桩类。叶片多为椭圆和近圆形，叶色较绿。叶柄色淡绿偏白，有扁梗、圆梗之别。青梗菜品质柔嫩，有特殊清香味，逢霜雪后往往品质更佳，主要作鲜菜供食。代表品种为矮箕白菜、中箕白菜、上海青、苏州青、扬州大头矮等。

1.1.3 乌塌菜类型

乌塌菜又称塌菜、塌棵菜、黑菜等，主要分布在长江、淮河流域，以江苏、安徽、上海、浙江等地栽培普遍，耐寒性较强，有些地区将其作为蔬菜春缺的供应品种。按叶形、颜色可分为乌塌菜和油塌菜。一般按株形分为塌地和半塌地两类型。

（1）塌地类型，又称矮桩型。植株塌地，与地面紧贴，平展生长，代表品种为大八叶、中八叶、小八叶、常州乌塌菜、黑叶油塌菜等。

（2）半塌地类型，也称高桩型。植株不完全塌地，叶丛半直立，植株开张角度与地面呈 40°以内。代表品种为南京瓢儿菜，安徽的黄心乌，上海、杭州的塌棵菜等。

1.2 春小白菜

植株多开展，少数直立或微束腰，中矮桩居多，少数为高桩。南京及周边地区多在 3～4 月抽薹，又称慢菜或迟白菜。一般在冬季或早春种植，春季抽薹之前采收，供应鲜食或加工腌制。本类具有耐寒性强、高产、晚抽薹等特点，唯品质较差。按其抽薹时间早晚，即供应期不同，又可分为早春菜与晚春菜。

1.2.1 早春菜

因其主要供应期在 3 月，又称“三月白菜”。代表品种有青扁梗型的晚油冬、二月慢、三月慢，青圆梗型的如南通马耳头、淮安九里菜，白扁梗的如南京白叶，白圆梗型的如无锡三月白等。

1.2.2 晚春菜

在江苏省冬春栽培的普通白菜，多在 4 月上中旬抽薹，主要供应期在 4 月（少数晚抽薹品种可延至 5 月初），故俗称“四月白菜”。代表品种有白扁梗型的南京四月白、南通鸡冠菜，白圆梗型的无锡四月白、如皋菜薹子，青扁梗型的四月慢、五月慢、安徽四月青，青圆梗型的舒城白乌等。

1.3 夏小白菜

5～9 月夏秋高温季节栽培与供应的小白菜，又称火白菜、伏白菜。直播或育苗移栽，以幼嫩秧苗或成株供食。本类小白菜要求具有生长迅速，抗高温、暴雨、大风和病虫等抗逆性强的特点，代表品种有火青菜、火白菜。但一般均以秋冬小白菜中生长迅速、适应性强的品种用作夏小白菜栽培，如南京高桩、二白等。

2 江苏省目前小白菜主栽品种

2.1 常规品种

2.1.1 矮脚黄

南京市优良地方品种。植株较小，直立、束腰，叶丛开张，叶片宽大呈扇形或倒卵形，叶色浅绿，全叶略呈波状，全缘，叶缘向内卷曲。叶柄白色，扁平而宽。适应性强，耐热力中等，耐寒性强，春夏抗白斑病较差，抽薹较早。纤维少，质地柔嫩，味鲜美，品质优良，宜熟食，适应秋冬栽培。单株重 500～700 克。多以秋冬季作栽棵菜栽培，在南京近郊蔬菜产区均有大规模种植。南京及省内各家小白菜种子经营企业均有不同包装的矮脚黄商品种售卖。兔子腿矮脚黄、绿领矮将军等为其类似品种。

2.1.2 上海青及其衍生品种

上海青、矮箕青、耐热（抗热）605、七宝青菜、特矮青等从传统上海青中选育出的一系列品种，植株直立，叶卵圆形，叶片淡绿色，叶柄绿白色，生长势较强，品质亦佳。耐病毒病，在秋季高温多雨期间，易感染软腐病。江苏省多以夏季及早秋作菜秧或漫棵菜栽培。

2.1.3 苏州青

现有苏州青商品种均从苏州地方品种苏州青提纯复壮而来。植株直立、束腰、较矮。叶呈短椭圆形，叶色深绿，叶面平滑，有光泽，全缘。叶柄绿色，扁梗。较耐热，较耐寒，抗病性较弱，质嫩筋少，品质好，生产商以秋冬季作栽棵菜栽培为主。江苏省大部分种子公司都有不同包装的苏州青商品种售卖。

2.1.4 清江白菜

引自华南地区的小白菜品种。株形较直立。叶柄肥厚，色淡绿，叶青绿，椭圆形，与其他品种相比叶片相对狭长。菜头肥大，束腰。耐热性较好，生长速度较快。南京地区多以夏季及早秋作菜秧或漫棵菜栽培。清江白菜商品种子多来源于广东、福建、江西等地种子公司。矮脚大头清江白菜等为其类似品种。

2.1.5　四月慢

耐抽薹品种，植株直立，束腰，叶片卵圆形，叶色深绿。叶面平滑，较厚，叶柄绿白色，单株重500～700克。抗寒、耐寒性较强，抽薹晚，早春不易抽薹，食用品质较差。江苏省多以冬春栽培为主。四月慢分布较广，江苏省大部分蔬菜种子经营公司均有不同包装的四月慢商品种售卖。

2.1.6　四月白

耐抽薹品种，植株直立，束腰，叶片近圆形，叶色浅绿。叶面平滑，较厚，叶柄白色，抗寒、耐寒性较强，抽薹晚，早春不易抽薹，品质略优于四月慢。江苏省多以冬春栽培为主。

2.1.7　黄心乌

乌菜的代表品种，株形矮小，植株塌地，暗绿色，叶片10～20枚，叶面有均匀瘤状皱缩，叶柄白色，心叶成熟时变黄，分成10～20层，呈圆柱形，紧抱坚实，生长速度慢，耐寒性强，柔嫩多汁，质脆味甜，霜后、雪后品质更佳。在南京、合肥、蚌埠、淮南等地种植较多，为1～2月的当家品种。金黄心乌、菊花心等为其类似品种。

2.2　杂交一代品种

2.2.1　绿星、东方2号、烤青等耐热速生上海青类型一代杂种

绿星为南京市种子站2001年选育的一代杂种。绿梗、绿叶青菜品种，叶片绿色，卵圆形，叶柄绿白色，叶片与叶柄重之比为0.55。菜头大，束腰紧，外形优美，商品性较好。适宜夏、秋栽培。南京多家种子公司有不同包装商品种售卖，以南京绿领公司的绿星青菜销量最大。

东方2号为江苏省农业科学院蔬菜研究所2011年选育的一代杂种，株型较高大直立，叶片绿色，卵圆形，叶柄绿白色，束腰紧，外形好，产量高，外观商品性好，食用品质好。以夏季及早秋作菜秧或漫棵菜为主。

2.2.2　华冠、华王、早生华京等日本武藏野种苗园青梗菜

从日本武藏野种苗园株式会社引进的青梗菜品种，整齐度好、耐热性较强，叶柄宽，株型较矮。叶长椭圆，浓绿色，束腰紧、底座大，外观商品性好，种子价格高，100克罐装零售价35元左右。多为示范园区作栽棵菜栽培。南京地区该类品种主要由南京金丰种苗公司代理销售，在江苏省大多数蔬菜种子公司均有销售。

2.2.3　东方18、跃华青梗菜、金品夏冠等国产精品青梗菜品种

耐热性较强，叶长椭圆，浓绿色，叶柄宽扁，叶柄绿色，束腰紧、底座大，商品性状接近进口品种，综合抗逆性优于进口品种，价格则低于进口品种。江苏省农业科学院蔬菜研究所的东方18，山东德高种苗的华尔兹、埃菲尔青梗菜等，南京绿领种业的华美达、美加华，南京理想种苗的65青梗菜等为其类似品种。

3 江苏省地方特色小白菜品种

3.1 南京——矮脚黄

南京市优良地方品种。植株较小，直立、束腰，叶丛开张，叶片宽大呈扇形或倒卵形，叶色浅绿，全叶略呈波状，全缘，叶缘向内卷曲。叶柄白色，扁平而宽。适应性强，耐热力中等，耐寒性强，春夏抗白斑病较差，抽薹较早。纤维少，质地柔嫩，味鲜美，品质优良，宜熟食，适应秋冬栽培。单株重500～700克。多以秋冬季作栽棵菜栽培，在南京近郊蔬菜产区均有大规模种植。南京及江苏省内各家小白菜种子经营企业均有不同包装的矮脚黄商品种售卖。兔子腿矮脚黄、绿领矮将军等为其类似品种。

3.2 淮阴、连云港——大小狮子头

又叫黄芽菜，株高约40厘米。喜阳光，宜肥沃及排水好的土壤，菜心为金黄色。味道鲜美可口，营养丰富，素有“菜中之王”的美称，为广大群众所喜爱。在江苏淮阴、连云港一带栽培面积较大。

3.3 宝应——“核桃乌”青菜

又称乌菜、黑菜，因颜色深绿近黑色、叶面皱褶似核桃而得名，属宝应地域性特色农产品。在秋冬季节，该县农民种植宝应“核桃乌”的习惯已有数百年。宝应“核桃乌”青菜营养丰富，富含大量叶绿素、维生素，其钙含量极高，能清热利尿、养胃解毒，具有降血脂、降血压等保健功能，宝应有“冬天的宝应‘核桃乌’青菜赛羊肉”的说法。2012年，宝应“核桃乌”青菜被农业部批准为国家地理标志农产品，标志着这一地方特色农产品将迎来新的发展契机。宝应有近10万亩的种植规模，标准的宝应“核桃乌”应具每株6～8张叶片，开展度15～20厘米，株高5～8厘米，呈匍匐矮小状，叶片肥厚、缺刻多，叶柄短粗，叶色深黑乌。

3.4 扬州——扬州青

扬州青已有150多年的种植历史。其叶片肥大厚实，梗部壮硕紧凑。其形棵矮、头大，呈束腰状，不蔓不枝。扬州青以其品种优、纤维少，尤其是经冬受霜以后，味甜爽口，备受人们的青睐，是著名的扬州包子主要原料。

3.5 泰州——三十六梗青梗菜

泰州兴化、姜堰等地特色品种。株形较高大，叶柄细长、绿色，叶片深绿色，耐寒性较强。因其干物质含量和碳水化合物含量高，原主要用于腌渍，现主要用于脱水加工。

3.6　苏州——香青菜

香青菜，是一种香味浓郁、品质柔嫩、风味独特的小白菜，是苏州地方传统特色珍稀蔬菜品种，已有 100 多年的栽培历史。香青菜株型较大，单株重 400 克左右，叶深绿色，有光泽，全缘，叶面皱缩不平，叶柄绿白色，扁平，叶脉白色，香味浓郁，纤维成分稍多，口感好。由于其耐寒性和冬性较强，大都在 1～3 月以大棵菜上市。

3.7　苏州——苏州青

现有苏州青商品种均从苏州地方品种苏州青提纯复壮而来。植株直立、束腰、较矮。叶呈短椭圆形，叶色深绿，叶面平滑，有光泽，全缘。叶柄绿色，扁梗。较耐热，较耐寒，抗病性较弱，质嫩筋少，品质好，生产商以秋冬季作栽棵菜栽培为主。江苏省大部分种子公司都有不同包装的苏州青商品种售卖。

4　江苏省主要小白菜种子经营企业

江苏省为小白菜主消费区和主栽区，在全省各地蔬菜种子零售终端基本都有小白菜种子经营。作为小白菜消费的核心区域，小白菜一级批发商基本上集中在南京市，比较大的小白菜种子经营企业有：

4.1　南京绿领种业有限公司

由南京市蔬菜种子站科技开发部改制而成的股份合作制企业。该公司经营的小白菜品种类型齐全，矮脚黄、上海青、四月慢、苏州青等常规品种，绿星青菜为其当家品种，在南京地区销量最大。具有较强的研发能力，近年来与江苏省农业科学院蔬菜研究所、南京农业大学等科研单位合作开发了一系列杂交品种。

4.2　南京理想种业科技有限公司

原以经营矮脚黄、上海青、四月慢、苏州青、黄心乌等常规品种为主，具有较强的研发能力。近年来，通过与江苏省农业科学院蔬菜研究所、南京农业大学等单位合作研发了烤青、65 青梗菜、青伏令等杂交品种。

4.3　南京金丰种苗有限公司

主要从事国内外新品种的引进、试种、推广、经营为一体的专业性公司。代理了华冠、华王、早生华京等多个进口优良小白菜品种。

4.4　润祥、秋田、丰邦、明华、鑫祥等种子公司

集中在南京市下关区幕府东路种子市场的多家种子经营企业，以耐热 605、矮脚黄、上海青、苏州青等常规品种为主，研发实力较弱。但是，对于常规品种有较

强的制繁种能力，带动了周边安徽和县、含山等地的制种产业，能够在南京及周边地区的小白菜种子市场占据一席之地。

5 小白菜主要生产技术

5.1 传统的育苗移栽技术

小白菜长期以来均是采用育苗移栽进行生产，尤其是早秋大株生产。这种栽培方式，田间密度小，病害较少，单株重比较大，株形美观，亩用种量100～150克种子，但是费工费时。近年来，随着劳动力成本逐年增加，逐渐不适应市场发展需求，尤其是企业运作的小白菜生产，育苗移栽已经逐步退出市场舞台。

5.2 小白菜稀播免移栽技术

该技术为近几年出现的新技术，以亩用种量750～1 000克进行撒播，这样密度适宜，株形相对紧凑，不易发病，35天左右中株上市，比传统育苗移栽减少2～3个工/亩，比育苗移栽提前15～20天上市。该种植模式省去移栽过程，结合“大棚+防虫网”简易无公害栽培，不仅降低劳动成本，增加农民收入，而且由于不用农药，确保了小白菜产品安全。但这项技术对水分管理要求较高，整地不平、浇水不匀、管理粗放很容易造成出苗不齐现象，最好配套微喷进行节水灌溉。在基础建设比较好的企业或园区，该技术应用率达98%以上[3]。

6 江苏省主要小白菜生产基地

因小白菜不宜长途运输，全省各地区消费的小白菜主要来自于城市近郊的蔬菜生产基地。因消费习惯，苏北的徐州、宿迁叶菜成规模的企业种植面积较少，小白菜主要生产区集中在苏中和苏南。常年种植小白菜的企业、合作社、单位较少，主要以轮作、换茬等为主，规模较大的有：

6.1 盐城市野绿芳地蔬菜家庭农场

盐城市盐都区大冈镇野陆和佳富两个村居交界处的野绿芳地蔬菜家庭农场，产品主要以小白菜、番茄、黄瓜、辣椒为主，常年种植小白菜面积100多亩，产品送往附近的大超市和苏州、无锡、南通等地的市场，注册“野绿芳地”商标品牌。

6.2 泰州市小江北蔬菜专业合作社

位于兴化市临城镇南娄子村，东邻兴泰公路，紧靠兴化城区，地理环境优越，交通便利。该合作社以小白菜、西瓜、番茄为主，主要进行小白菜和西瓜、番茄轮作种植模式。近几年，合作社将部分蔬菜大棚出租给江西菜农，主要以小白菜种植为主，常年小白菜种植面积维持在150亩左右。

6.3 苏州昆山市玉叶蔬食产业基地

昆山市政府和玉山镇政府两级政府共同投资建设的政府“菜篮子”工程，位于玉山镇姜巷村，与苏州界浦河一河之隔，总面积400亩，总投资2 700万元，是集生态循环生产与科研科教示范为一体的农业现代化园区。

6.4 无锡市益加康食品有限公司

无锡益家康生态农业有限公司成立于2006年9月，注册资金1 000万元，是一家由市供销合作总社、惠山区合作经济组织联合会（商务局）共同投资的集蔬菜生产、产后处理于一体的农业股份企业。主要分布在前洲、洛社、玉祁等镇、街道，公司辐射蔬菜种植面积10 000余亩，带动周边1 200余户农民，是无锡市主要的地产叶菜生产基地，种植小白菜面积年200多亩。

6.5 常熟市海明蔬菜园艺场

公司现有蔬菜生产面积3 000多亩，已有防虫网设施面积1 600亩、钢架大棚设施面积800亩、喷滴灌应用面积2 000亩。公司主要以生产和销售各类蔬菜为主，其销售范围主要为苏州、无锡等地区的大润发大型超市以及周边各大批发市场。

6.6 镇江和诚农业发展有限公司

和诚农业建立的现代高效农业园4 000亩，固定资产投入2.5亿元，园区有各类农机设备50多台套；产品丰富，其产品有叶菜类、茄果类、瓜类、豆类、根茎类等八大类30多个品种，小白菜是该公司主要的叶菜类蔬菜之一。

6.7 南京市周边地区

南京市是小白菜主要消费区，在江宁区、浦口区、六合区有较大面积种植。江宁区位于南京市中南部，是华东最大、全国第二的农副产品物流中心，历来都是南京市的菜园子，经过近年来的政府投入和政策指引逐渐成为功能效益多元显现的都市型农业格局。南京市政府重点在江宁、谷里、汤山、横溪、湖熟、土桥等街道开展设施农业，部分社区还采用了高标准的钢架大棚基地，以小白菜为主的叶菜为其主要产品。该地区小白菜种植户多来自于省内泗洪、赣榆以及江西、浙江等地，外来种植户带动了品种更新和栽培模式更新。

6.8 浦口区

位于南京市西北部，该区的小白菜生产主要集中在盘城、江浦、永宁等街道。该地区小白菜生产主要由企业、合作社带动，也有部分外省种植户参与。新品种在该地区有较好的应用率。

6.9 六合区

位于南京市北部，原以粮食生产、林业、牧业为主，近年来蔬菜面积逐步扩大。小白菜生产主要集中在雄州、横梁、龙池等街道。矮脚黄和黄心乌等传统品种在该地区有较大面积的种植。

7 产业存在问题

7.1 小白菜总体单位价格不高与成本上涨之间的矛盾

小白菜最高价一般出现在夏季 7～9 月、冬春季 2～3 月，田间批发价格平均 1.0～1.5 元/斤*，低价一般 0.2～0.5 元/斤，年均价格 0.8 元/斤。以 1 亩田为例，产量按亩均 3 000 斤，年种植 6 茬，总经济收入＝3 000 斤/（亩·茬）×6 茬×0.8 元/斤＝14 400 元/亩。按照亩均用工人 0.5 个×12 个月×1 500 元/月＝0.9 万元；种子成本 1 斤/（亩·茬）×6 茬×50 元/斤＝0.03 万元，肥料按照每茬 2 次尿素、1 次复合肥作基肥计，肥料尿素 2 次/茬×6 茬×20 斤/（亩·茬）×1.5 元/斤＋复合肥 1 次/茬×6 茬×30 斤/亩×2.0 元/斤＝0.072 万元；在不计水电、自然灾害、租地、农药等其他支出情况下，普通农户种植小白菜年亩均纯利润 0.4 万元左右。

7.2 小白菜制种成本增加与种子价格较低之间的矛盾

小白菜种子成本按照农户田间收种价格 15 元/斤，按照零售价 50 元/斤计，一斤种子毛利 35 元，从种子出田到农户手中，一般经过制种单位（产权所有单位）、一级批发商（总经销商）、二级零售商 3 级批发，按照利润均分每级批发商或育种单位利润在 10～15 元/斤。按照亩产理想状态下 150 斤/亩，三级单位平均 1 500 元/亩的净利润。按照年繁种 1 万斤种子，需要 100 亩制种田，每级获得利润仅为 10 万元，还要在不计亲本扩繁成本，以及自然灾害、减产等不可控因素条件下。

7.3 小白菜产业链条不完善

菜农对市场反馈的滞后性、中间商对上下游连接不够、零售端在定价上没有话语权。市场往往出现，菜农认为行情不好是因为“菜太多了”而且成本涨了，批发商觉得是零售菜场太少了，零售菜场菜贩则认为是上游定价高，整个供应链从根本上没有形成合力，一旦下游出现压力，就直接往上游挤压。

对此，有地方政府提出了解决方案，如扶持基地发展的同时，将推进“企业＋基地＋农户”的订单农业，推广新品种、新技术；菜农有望通过合作社与超市实现对接，并在菜场预留部分免费摊位进行自产自销；此外，还有加强应急调剂的冷链冷藏物流设施建设的规划。对于不耐储存、生产周期长的蔬菜而言，打通上下游的

---

* 斤为非法定计量单位。1 斤＝500 克。

供销无异于重塑了源源不断的生命线。

8　总结

江苏省不仅是多个小白菜品种的原产地，也是小白菜最主要的消费区，还是全国的小白菜研究中心，其特殊地位带动了周边地区商品菜生产和种子生产、经营等相关产业，形成了从研发到生产到市场的小白菜全产业链，但是产业链各个环节还需要进一步整合。

通过本项调研，我们初步了解了江苏省各地区的小白菜品种应用状况，为江苏省小白菜种子产业的持续性发展提供参考，进而创造出更好的经济效益和社会效益。

参考文献

[1] 中国农业科学院蔬菜花卉研究所．中国蔬菜栽培学［M］．第二版．北京：中国农业出版社，2010：445.

[2] 吕家龙．蔬菜栽培学各论（南方本）［M］．北京：中国农业出版社，2001：48-49.

[3] 陈龙正，徐海，宋波，等．白菜稀播免移栽新技术［J］．江苏农业科学，2013，41（10）：113-114.

安徽和福建两省不同生产主体蔬菜生产现状的调研与比较

马　华　李　季　陈劲枫

（南京农业大学园艺学院　江苏南京　210095）

摘　要：蔬菜是人们日常生活的必需食品。随着社会经济的发展和人们生活水平的提高，人们对蔬菜的品质和周年供应的需求不断高升。同时，伴随着科技的不断创新发展和国家政策的大力扶持，设施蔬菜作为调剂品种余缺、提高蔬菜品质的重要途径，以其独特的发展优势和潜力，引起各地的高度重视，绿色蔬菜、无公害蔬菜以及有机蔬菜不断涌入市场。设施蔬菜这一产业对于带动农村经济的发展、推动农业生产现代化及产业化具有重要意义。与此同时，也对设施蔬菜的高产高效提出了更高要求，这无疑将给设施蔬菜的发展带来一场新的革命和挑战。

关键词：安徽　福建　蔬菜生产现状　生产主体　调研

长三角地区是我国第一大经济区，是我国综合实力极强的经济中心、亚太地区重要国际门户、我国率先跻身世界级城市群的地区 。据统计，2009 年，长三角第一产业增加值 3 538.76 亿元，以当年价计算，增长 7.0%；长三角第一产业总产值 5 972.57 亿元，以当年价计算，增长 5.69%。其中，蔬菜作为农业的重要组成部分，在长三角地区的经济和生活方面有着不可或缺的作用。但近年来设施蔬菜的发展由于生产方式单一、茬口安排不合理、肥水管理不当、病虫害严重以及蔬菜的销售及储存等问题相继出现，使得设施蔬菜前进缓慢。

开展关于长三角地区设施蔬菜生产现状的调研有助于了解长三角地区蔬菜发展现状，发现其中存在的问题，及时整理出合理的解决方案，这对于平衡设施蔬菜发展中的不均衡、减少生产的盲目性、普及设施蔬菜应用中高产高效的先进技术具有重要的实践意义。在调研过程中，我们主要采取走访调研，对当地农户、公司及合作社进行细致走访和了解，得出大量具有参考价值的有力数据，通过梳理所得数据，提出合理化建议并通过合理有效的方式将其反馈给广大用户，将调研及知识转化为可行性建议，从而达到此次调研目的。

1　长三角地区设施蔬菜栽培现状

目前，蔬菜栽培主要以设施栽培和露地栽培为主。设施栽培可进行反季节生产，成本较高，为蔬菜生产提供有利条件，提供高质量的蔬菜，满足人们对蔬菜周年供应的需求；露地栽培成本较低，受自然环境影响较大，水分蒸发及肥力流失严重，可控性较差。

1.1　长三角地区设施蔬菜种植的优势及特色

（1）提供稳定适宜的局部小气候。长三角地区降水量较大，台风偶有降临，自然环境难以控制。设施蔬菜由于有大棚膜的保护，使其与外界隔离，减少栽培过程中所受棚外病虫害的危害及雨水的影响，有利于保持蔬菜水分均衡，减少肥力冲刷，为蔬菜提供一个稳定适宜的环境。

（2）品种及茬口多样。长三角地区位于我国中东部，温湿度较充足，设施蔬菜栽培因其温湿度及光照的可控性，可选择品种种类更为广泛，一般露地栽培品种均可用于设施栽培。由于其提供的环境比露地适宜，部分地区可周年栽培，尤其在早春及秋延栽培中设施栽培发挥着重要作用。

（3）安全卫生。在减少病虫害的同时减少了农药的使用量，有利于实现蔬菜的绿色无公害生产，为蔬菜的质量和安全性提供保障。

（4）生产效益可观。设施栽培由于其独特的优势，使用滴灌或喷灌可增加水分和肥料的利用率，降低劳动强度，最大限度地减少投入成本。周年生产使得四季均有产出。因此，可在单位面积上增加蔬菜产量，从而大幅度提高蔬菜产值。

1.2　长三角地区设施蔬菜栽培存在的问题

（1）种植生产、管理技术方面。例如，安徽周边部分地区农民在设施蔬菜种植过程中大部分是摸索式发展，种植年限较短，菜农学习先进农业技术及管理方面渠道较为狭窄，缺乏更为科学且有效的种植方法。即使种植规模达到一定程度，由于缺乏种植和管理经验，承包商或者公司都会有面临蔬菜滞销的风险。生产品种单一，承担了较大的销售风险，如遇市场供大于求，则无其他产品代替或盈利；茬口密集模式使得土壤自净能力下降，造成连作障碍及病虫害严重等问题；在土地利用上滥施化肥，不仅造成土壤酸渍化，更为蔬菜的长久种植埋下风险。大部分菜农的蔬菜生产仍以传统的耕作为主，蔬菜栽培管理技术和科技成果难以实施到位，品种和技术落后、管理粗放、种植盲目性大，在生产和管理方面存在问题。

（2）缺乏生产、加工、销售一条龙作业流线。21 世纪是集生产、加工及销售于一体的生产模式，从生产起即走好后期销售渠道的步伐，不让产品滞销于销售不当或渠道不广等问题上。在生产方面，种植户易根据当年蔬菜市场行情来策划下年的种植品种，这种跟风盲目性较大。一旦遇上市场产品供大于求，价格下跌，不仅赚不到钱，反而会使本钱也搭进去，得不偿失。在加工方面，农户大多会将蔬菜未经加工直接从地里送到农贸市场销售或等收购商来收，这种情况下卖出的价钱往往不高，折损率也不低，农民实得收入并不乐观。而福建超市调研过程中发现，经过加工和包装的蔬菜价格远远大于未包装直接上市的蔬菜，期间的利益差额较为明显。在销售方面，菜农的蔬菜产品竞争力较弱，没有先进的科学技术为依托，没有健全的科技服务武装自己，生产者的整体销售意识和素质还有待进一步提高。在销售过程中，中间环节越少，利润越高，而现实却达不到定点销售、捆绑经营，使得今天同一产品数量大则价格偏低，数量紧缺价格则骤然上涨，市场价格波动较大，稳定性较差。

2 农户、公司、合作社现状

2.1 农户单一模式

我国农业生产经营高度分散，农户在我国市场上占有大量比例。农户基本是单独进行生产的，农民对于自己种植的蔬菜管理较为精细，时间和精力投入也较为用心。但由于投入农业生产的都是中年及偏老年的人群，其人工、精力、技术渠道的获得等都受到限制，农户生产规模较小且质量参差不齐，生产效率受到严重制约。农户生产与种植计划主要根据上一年供求情况及价格来确定。这种由单个农户进行生产并将产品直接销售于市场的生产模式，很难避免市场价格波动带来的冲击。同时，由于农民在种植过程中施肥过量，不注重土壤的改良和保护，常年下来，连作效应导致的土壤酸度偏高、病虫害危害较大，严重影响产品的质量和产量。

2.2 公司模式

在现代这个发展迅猛的社会集体中，集约化生产模式的公司，其诞生是必然趋势。公司具有一定的资金实力，同时得到政府的津贴和扶持，能不断引进各种新品种、新产品和新技术，种植规模大，品种繁多，集育种、种植、加工、储藏、销售为一体的现代化综合性模式，采用国际先进的科学种植和管理体系，将先进的科技融入基础农业之中，根据不同气候特点条件拟订出合理的设施方案，建立区域化标准种植基地。有专业人员分工生产、管理和销售，通过洞察市场变化进行分析，能制订相应的计划以应对市场价格波动的冲击。在福建参观和了解利农公司的基地发现，公司从生产到销售都是一体化经营。例如，黄瓜生产为适应市场需求每隔 20 多天便种下一茬，其种植经验是综合后期瓜果品质和产量制订的合理方案，部分蔬菜是点对点销售，直接运往超市或定点拿货/送货，这些经营模式经过合理分配和安排使得一年一茬的蔬菜也可获利长存。但是，公司也有其自身的风险，蔬菜种植的同时配套设施和管理都要紧跟其上，不能疏忽，种植面积太大，又会出现管理问题，假如品种单一或蔬菜种类太少，一旦市场崩溃，将会带来直接损失。

2.3 合作社模式

合作社原意是指劳动群众自愿联合起来进行合作生产、合作经营所建立的一种合作组织形式。在调查过程中发现，多数合作社已不再具有这种功能，或这种模式已不再发挥其自身原有功能。

2.4 “公司＋农户”模式

在新的社会潮流中，公司的发展离不开强大的资源支持。公司跟农户建立买卖关系是农业经济发展的演变过程，公司可以利用农户手上现有的资源，为我所用，与农户建立互利互惠的供销关系，部分农户可成为合资人或入股股东。农户为公司提供产品，利用公司的优势量化自身产品，借助品牌优势提升产品的价值；公司为农户提供销售渠道。企业与农户在农产品种植前签订订单或集体收购，帮助公司自身锁定资源的同时也稳定了农户的收入，原则上是互利共赢体。但实际中交易过程中，由于蔬菜产品的不可操控性，如大小统一化、重量数字化、市场价格波动性等都影响着农户和公司的利益，公司承受着较大的农产品价格波动风险。

3　实地调研表

见表 1。

表 1　实地调研表

省份	地区	蔬菜品种	蔬菜茬口	一般产量	平均价格	种植收益	生产投入物资及价格	人工投入	主要设施
安徽	合肥周边某公司	辣椒	早春茬：11 月底至翌年 6 月中下旬；秋茬：7 月中旬至 11 月中旬	4 000 斤/亩	1.0～1.5元/斤	5 000～6 000 元/亩	肥料：800～900 元/亩［鸡粪：70 袋（40～50 斤/袋）/亩；后期追加水肥：20～30 斤/亩，分 2 次使用］；管理成本：300～400 元/亩；每个棚建设初投入：3 万元	1 300～1 500 元/亩［固定工人：80 元/（人・天）；点工：60～70 元/（人・天）（主）；管理人员：15 人；财务：3 人］	小拱棚＋保温被（共 4 层）
		番茄（粉果）	早春茬：11 月底至翌年 6 月中下旬；秋茬：7 月中旬至 11 月中旬	7 000～8 000 斤/亩	1.0～1.2元/斤	7 000元/亩左右	肥料：800～900元/亩［鸡粪：70袋（40～50斤/袋）/亩；后期追加水肥：20～30 斤/亩，分 2 次使用］；农药：100 元/亩	1 500 元/亩	
		黄瓜	早春茬：3 月初至 7 月；秋延茬：7 月下旬至 11 月	早春茬：8 000～9 000 斤/亩；秋延茬：7 000～8 000斤/亩	早春茬：0.8～0.9 元/斤；秋延茬：1.2 元/斤	7 000～8 000 元/亩	肥料：700～800 元/亩［每收 2 次追 1 次肥］；农药：100 元/亩	1 500 元/亩（吊蔓较费工）	
		叶菜类	周年生产（大棚和露地）	1 500斤/亩(3 000 斤/亩汤菜，2～3 批收完；1 000斤/亩小棵菜）	汤菜：1.7～1.8 元/斤；小棵菜：1.5 元/斤	8 000～9 000 元/亩	种子：2 斤/亩，合 600 元/亩；肥料：70 袋，约 1.5 吨，出苗后尿素喷施 2～3 次/茬，20 斤/次；农药：50 元/亩	1 190 元［150～200 斤/（人・天），汤菜；300 斤/人，大棵菜］	
	宿州（农户）	黄瓜	一年一大茬，9 月至翌年 3～5 月，一年采 8 个月	30 000～40 000 斤/亩	1 元/斤	5 万～6 万元/棚	肥料：4 000 元/棚；农药：2 000元/棚	夫妻两人	

（续）

省份	地区	蔬菜品种	蔬菜茬口	一般产量	平均价格	种植收益	生产投入物资及价格	人工投入	主要设施
安徽	和县（合作社示范基地）	黄瓜	早春茬：2月底3月初至6月；秋延茬：8月底9月初至元旦过后	早春茬：5 000～6 000斤/亩；秋延茬：1万～2万斤/亩	春茬：0.5元/斤；秋茬：1元/斤	3万元左右/亩	肥料：鸡粪80袋/亩（40～50斤/袋），800元/亩，摘一次追一次肥	工人：70～80元/（人·天），一茬人工费：1 200元/亩	秋延茬为复式棚，2层
		番茄（粉果和大红果）	秋茬：9月至翌年3月	春茬：5 000～6 000斤/亩；秋茬：4 500～5 000斤/亩	春茬：2元/斤；秋茬：3元/斤	春茬：1万～1.5万元/亩；秋茬：8 000～10 000元/亩	草帘：240元（3年）；棚膜：500～600元/亩（2年）	工人：70～80元/（人·天）	大于4层覆盖
		辣椒	7月中下旬至翌年春节上市	5 000～6 000斤/亩					转色后用草帘遮光
福建	利农公司（钟山南兴村）	黄瓜	周年生产	7 000～10 000斤/亩	春节：2.5元/斤以上		肥料：根据EC值来定，水肥一体化，1 600～1 700元/亩	人工采收：1 800元/茬；吊蔓：80元/亩；采收：32斤/件（4元人工费）	连栋温室；基质袋栽培、滴灌
		芹菜	周年生产	3 000～4 000斤/亩		5 000元/亩	肥料：900元/亩（鸭粪、复合肥）	工人：450～600元/亩［40～50元/（人·天）］，移栽：180元/亩；采收：0.15元/斤）	高棚、低棚
		速生白菜	周年生产	4 000斤/亩	1.5元/斤以上	6 000元/亩	肥料：350元/亩	工人：600～700元/亩，其中采收0.12元/筐	
	闽侯县南通镇（农户）	叶菜（露地）	早期叶菜	夏季：3 000～4 000斤/亩；冬季：5 000～6 000斤/亩	0.7～0.8元/斤	3 000元左右/亩	肥料：鸭粪3 000斤/亩；有机肥几十千克/100亩；追肥复合肥60斤/100亩；农药：200元/亩	工人：7 000元/（2人·月）	

蔬菜销售模式及农户经济效益分析

——以苏南地区常熟市为例

喻　强　赵晓坤　李　季　陈　洁　张　璐　钱春桃　陈劲枫*

（南京农业大学园艺学院　江苏南京　210095）

摘　要： 常熟市为苏南地区重要蔬菜种植区，因此具有研究意义。本文通过调研常熟市瓜类蔬菜生产和销售情况，分析我国现有销售模式及经济效益。苏南地区瓜类蔬菜销售模式为“农户＋合作社”、“农户＋企业”、“互联网＋”销售、“农户＋经纪人”4种。其中，合作社模式质量参差不齐，组织化程度不高；“农企对接”模式通过将蔬菜进行粗加工，增加蔬菜的附加值；“互联网＋”模式仍处于推广阶段，暂时无法盈利；经纪人模式是常熟瓜类销售最稳定的销售模式，蔬菜周转快，但是收购价偏低。因此得出结论，适宜常熟市农户的销售模式应是基于良好农村合作社模式下的经纪人模式、企业模式或“互联网＋”模式，即合作社对社员生产农作物品种、质量进行统一把控、统一销售，减少流通环节，提高经济效益。

关键词： 瓜类蔬菜　常熟市　商业模式　经济效益

我国蔬菜产业绵延千年，但由于小农主义思想影响，农产品多停留在自给自足状态，流通农产品多为粮食作物等，直到20世纪80年代，我国蔬菜产业快速发展，见效快、周期短的蔬菜被农户大量种植，蔬菜销售行业也开始逐渐起步发展。目前，主要有4种销售模式，即“农企对接”模式、经纪人模式、合作社模式、“互联网＋”模式，但各种销售模式经济效益情况却不是很清楚。笔者以江苏省常熟市为例，通过实地走访，了解各销售模式情况，拟优化现有蔬菜销售模式，为农户获得更大经济利益。

1　前言

我国蔬菜的总产值在种植业中高居第二位，仅次于粮食，已经成为农户增收的重要途径。而蔬菜的销售价格低、销售难一直是最困扰农户经营的问题，农户能生产出优质的蔬菜，但是在销售蔬菜的过程中却较为被动。蔬菜从农户到消费者要通过多级中间商，这严重压低了农户的利润，但农户又没有很好的销售渠道，导致农

＊　为通讯作者。

户无法获利，不利于整个蔬菜产业的良性发展。目前，针对蔬菜收购存在多种销售模式，但对于每种销售模式的经济效益却仍不清晰。因此，笔者前往常熟市调查瓜类蔬菜销售的模式，分析各类销售模式的经济效益，拟优化现有销售模式，为农户谋取更大的利益。这对于整个蔬菜产业经营者面临的销售难和经济效益低等问题也具有指导意义。

瓜类蔬菜作为高产的园艺作物，其生产的周期短，经济效益高，受到农户推崇，种植面积较大。但由于蔬菜产业售价普遍偏低，农户种植时较盲目，不能针对市场需求生产，导致传统销售模式下，农户种植收益非常有限。本文通过对常熟市瓜类蔬菜销售模式调研，了解并分析常熟市不同销售模式之间的经济效益，以期优化常熟市现有蔬菜销售商业模式，为形成可复制的瓜类蔬菜销售模式提供指导意义。

本次调研，笔者以农业较发达的苏南地区常熟市为例，主要调研农户瓜类蔬菜生产销售情况，共走访常熟市主要蔬菜产区不同规模农户308户、蔬菜公司10家，通过广泛查阅资料、实地走访了解，与农户交流，选取当地规模较大的蔬菜企业进行实地调研。通过对不同销售模式优劣分析，定性比较各类模式的经济效益。调研工作主要以网上收集资料和调查问卷为主、实地考察为辅展开。

2　常熟市瓜类销售模式

根据调研，我们发现，常熟市蔬菜种植主要分布董浜镇、梅李镇和支塘镇，且多以散户为主，种植蔬菜种类多样，包括茄果类、瓜类、豆类和各种绿叶蔬菜。普通农户一般每户种植土地3亩左右，务农人员年龄多在55～80岁，农户生产设备落后，五成农户使用地膜栽种，少量散户拥有大棚，普通农户土地对抗严峻天气灾害能力弱。此外，常熟约有两成种植人员为外来种植户，常年种植单一品种，如来自安徽的种植户主营绿叶蔬菜，来自浙江的种植户主营西瓜，来自山东的种植户主营黄瓜等。外来种植户多搭建大棚进行种植，土地租赁费用为每年消耗较大的费用之一，但由于农产品质量较好、数量稳定，故收益可观。

根据调研，我们将常熟市普遍存在的瓜类蔬菜销售分为“农企对接”模式、经纪人模式、合作社模式、“互联网＋”模式等。

2.1　“农企对接”模式

“农企对接”模式在常熟市蔬菜销售中占10%左右，企业主要包括大型超市、蔬菜运输配送中心、大型食堂饭店等。“农企对接”模式中，企业占主导地位，由企业决定售价、供货量、供货时间等。为了赚取更多的利益，企业一般会尽量压低价格控制成本，同时一些进行精加工或集中配送的企业还会对农产品的品质有较高的要求。

对口超市的销售特点为每日需货量不固定，虽对于产品品质没有严格要求，但在新鲜度等方面要求较高，且农户能够覆盖的销售面积有限。常熟市超市蔬菜一般由多家散户供应，根据超市每日需求配送，且配送过程由农户自行完成。由于超市每日需求变化很大，存在上百斤的差异，故超市收购需求常无法满足农户销售需求，导致很多生产大户不愿意与超市合作，多名农户供应一家超市，也使超市蔬菜质量得不到很好的保证。

针对蔬菜运输配送企业，常熟市拥有多家冷链配送公司和蔬菜收购公司，包括常熟市曹家桥冷链物流有限公司、常熟绿品食品配送中心、常熟海明现代农业发展有限公司、常熟市惠健蔬菜配送销售有限公司、常熟市滨江农业有限公司等（表1）。这些公司除了自有的蔬菜生产基地外，主要向以散户或大户收购时鲜蔬菜，经过一些初加工后，向高校公司食堂或饭店进行销售。冷链配送中心属于订单式销售，故在产品数量上的需求基本固定，但为了追求更高的经济效益，会压低价格，常与农村经纪人的收购价持平，而其对于产品质量要求较高，对于新鲜度、嫩度、长度等有较详细的要求，故农户嫌麻烦，常转而选择卖与经纪人。

表1　常熟市部分企业情况介绍

生产主体	规　模	辐射区域	经营情况	经济效益
常熟市曹家桥冷链物流有限公司	总投资3 500多万元	常客隆超市、苏州大学等	依托农民专业合作社、联合社以及外购外销，年加工配送农副产品可达亿元以上	增加农民销售渠道，稳定菜价
常熟市惠健蔬菜配送销售有限公司	自有基地，与农村合作社合作	常熟市各大中小学等	基地种植＋向周边农户市场价格收购，公司质检配送和加工	从蔬菜生产到餐桌的一条龙服务，增加蔬菜附加值

大型食堂饭店每日需求也较稳定，同时对于产品没有较高的要求，但一般需求量都较大，且需要每日送货，保证持续高品质供应，故一般种植散户无法满足食堂蔬菜需求，且一家食堂不愿意从多人手中购买蔬菜，所以与食堂饭店合作的多为生产大户或合作社。

2.2　经纪人模式

目前，在北港村、东盾村、旗杆村、陆市村、黄石村、永安村、杨塘村、里睦村等十多个蔬菜主产区均设有经纪人采购站点。农户通过经纪人出售蔬菜，蔬菜由经纪人销往南京、常州、苏州、上海等地，这是瓜类蔬菜最主要的销售模式，占总体的80%。经纪人根据收购对象的不同，可分为小型经纪人、中型经纪人和大型经济人，其中小型经纪人主要与散户打交道，一般上线还有中型或大型经纪人指挥协调，他们分布在乡镇间的蔬菜收购点，直接与散户进行交易。中型和大型经纪人根据其对口农贸批发市场的大小分类，主要协调小型经纪人进行收购或者与生产大户合作，直接以相对较高的价格大量收购。不管是哪种经纪人，一般都相互熟识，合作多次，形成较好的合作关系。

通常散户种植各类蔬菜面积较小，导致产量有限，故无法满足大量收购需求，小型经纪人能帮助农户避免蔬菜积压，他们对农户种植蔬菜种类、产量、品种等比较了解，且合作次数较多，故容易形成口头合同。但由于经纪人间的相互交流、共同压价，导致市场售价较高的蔬菜在农田收购时价格很低，无法使农民真正获利。

此外，部分从外地如山东、安徽、浙江等地前来，租赁本地土地进行蔬菜种植活动，或者本地大户承包 40～120 亩不等的土地经营，他们的蔬菜直接通过大型经纪人、运往常熟、常州、苏州、上海的大型蔬菜批发市场销售。由于大户种植技术过硬、产品质量好以及恰逢产量淡季等原因，一般大户的收购价可较散户增加 2～4 倍。但由于大户一般采用大棚种植，每棚搭建成本 7 000 元左右，寿命 10 年，以及需要一些大棚设施采购，故大户成本也相对较高。

在常熟的一些公司如常熟市滨江农业有限公司、常熟好自然有限公司，也承包大面积土地进行农业生产，并且向经纪人出售，销往上海、苏州等地。

2.3　合作社模式

常熟市几乎每个村镇都拥有自己的合作社，但由于各村现状、经营状况不同，合作社对于社员的干涉度也存在差异。一般情况下，社员们自行经营农业生产活动，合作社不对植株品种进行统一，但也有部分合作社为社员联系了大型的需货组织，如企业、大型经纪人等，社员进行订单式生产，以获得更高的利益。如里睦农村合作社直供苏州科技学院食堂，也曾供苏州大学食堂等。此外，合作社集体购买种子、肥料、农资等，由于需求量大，故价格优惠，进一步降低了农户生产成本。常熟市部分蔬菜合作社情况见表 2。

表 2　常熟市部分蔬菜合作社情况介绍

生产主体	生产类型	规　　模	经济效益
常熟市董浜镇里睦蔬菜专业合作社	保护地育苗，露地种植	自有基地钢制温室大棚 100 多亩，与董浜里睦村农户合作 2 000亩	里睦村 213 家社员，2015 年效益 5 000 元/人
常熟市董浜东盾蔬菜专业合作社	保护地育苗，露地、大棚种植	连栋网栽大棚 306 亩，钢制温室大棚 1 300 亩，以合作社形式流转土地 434 亩	东盾村 22 家社员，2015 年效益 8 000 元/人

2.4　“互联网＋”模式

主要从事“互联网＋”销售，包括：①生产个体的网络营销，如通过常熟现代农业产业园区、南京农业大学（常熟）新农村发展研究院、常熟自然爱现代农业发展公司等创建的“微店平台”、“微信圈”进行以销定产模式。该模式适合小规模生产个体的特色营销。②电商平台，如“政府＋农业科研单位＋企业”的强强联合，通过苏宁易购常熟馆、农商互联地理信息平台进行销售。

但由于现在常熟当地种地的农户基本为 50～80 岁，对于手机等现代电子设备使用率不高，更别说使用电子设备上淘宝或者利用微信完成销售。因此，对于普通农户来说，使用“互联网+”进行销售依然是很遥远的事情。通过实地走访了解，即使存在这类平台，但销量依然非常少，无法作为一种长期高效益的销售模式。同时，由于销售的产品，特别是果蔬产品并非全国出名的特色产品，而没有竞争优势，且产品品质无法保证，这也是“互联网+”模式暂时没有发挥其作用的一个重要原因。

当然，也有一些种植大户的年龄相对较小，已经采用“互联网+”模式。如常熟市董浜镇绿盛蔬菜基地的主要负责人顾耀忠先生介绍，该基地种植高质量、高价甜瓜主要销售方式就是来自顾客前期订单，按照需求安排种植，保证每次种植能有较好收益。

通过对常熟市蔬菜销售模式的调研，我们发现蔬菜销售主要以经纪人收购为主，销售稳定，销量大，但是利润低，受市场和天气因素影响大；部分由企业向农户收购，一般以蔬菜定点配送、餐饮加工经营为主，辐射本地区和周边，经济效益可观，但是销售渠道较少；农村合作社广泛存在，但缺乏专业引导和政府扶持，在农户生产销售过程中未发挥指导意义；少量瓜菜进行互联网营销，辐射的范围面向全国，拓宽了瓜菜的销售渠道，利润可观，但是销量很低，蔬菜保鲜周期短、运输成本高、品牌效应低等问题限制了蔬菜网上销售。

3 不同销售模式比较分析

3.1 不同销售模式的综合比较分析

经纪人模式是常熟市蔬菜销售最主要的模式，但由于经纪人希望赚取更大的利益，因此压价现象明显。虽然帮助农户脱销，但却不能带给农户较高的经济效益。“农企对接”模式是近些年开始发展的模式之一，政府对于农业企业的扶持，进一步促进了该模式的发展。但由于企业类型不同，对于蔬菜的品质、数量等有不同的需求，故目前该模式仍处于摸索发展阶段，在农户和企业的合作上，没有较多好的范例进行推广，如何合作使双方利益都得到保障和提升，是“农企对接”模式发展接下来需要着重思考的问题。农村合作社在常熟市存在已久，但合作社对于农户的管理力度不够，组织协调能力不足，导致整个合作社结构松散，没有发挥很好的经济作用。管理人员多为普通农户，因此整体观不强，前瞻性不足，导致在带动农户致富上作用不大。但其实如果将合作社好生发展，相信能够发挥很大的作用，为农户带去福利。“互联网+”模式是目前在常熟农村发展最不好的模式之一，主要是由于农户平均年龄较大，对这类新鲜事物不了解，且种植产品多为大宗蔬菜，没有突出卖点，故这类模式只处于试点阶段。

综上可知，各类模式均有优劣，但都不完善。而长期占主体的经纪人模式由于其庞大的群众基础和被广泛认可的销售量，使之很难短时间内被其他模式取代。但有效地结合多种模式，优化经纪人模式，为农户谋福利，是极为可观的。

3.2 不同销售模式对农户经济效益分析

就本次调研的308户农户的资料显示，农户一般会选择1～2种销售模式同时进行，不同类型农户选择不同的销售类型。普通散户，种植面积小，种植品种单一，按照多年习惯进行农业活动的习惯进行种植，对环境等抗性较差，且产品收获时间基本属于生产旺季，价格偏低。散户农作物一般直接卖给小型经纪人，小部分产品卖给企业，包括每日不定量但对产品没有精细要求的超市、需求量相对较大且固定但对产品要求较高的蔬菜配送公司等。种植大户，种植面积大，一般存在大棚等农业设施，对抗恶劣气候能力较散户强，且对市场更有判断，会提前计划整年生产计划，合理安排茬口，产品收获时间多为生产淡季，增加了产品价值。种植大户一般都将产品直接卖给中、大型经纪人，大户与经纪人之间联系紧密，互相了解，沟通充分，保证供求对应。也有少部分生产能力富足的大户，会通过朋友圈等社交媒体完成“互联网＋”模式销售，主要销售产品为高品质、高价产品，如特级甜瓜等。目前，常熟市很多乡镇都有农村合作社，加入社员人数不定，有几乎全村都加入的，也有只有十来人的合作社。合作社管理组织情况也各不相同，但目前合作社几乎没有干预农户生产，也没有指导农户种植或者组织社员共同完成统一作物生产项目、标准化生产过程，因此基本与散户独立种植差别不大。

从表3可知，虽然中、大型经纪人模式和“互联网＋”模式销售单价较高，但这两种模式不能成为目前常熟农户选择最多的模式。“互联网＋”模式在瓜类销售中的销售量极少，只有5单，主要是熟人购买，品种为水果黄瓜。水果黄瓜由于进入市场流行时间不长，且口味较好，因此能够实现网络购买。其他模式销售的均为最常见的华南型黄瓜，其中以大批量收购的中、大型经纪人模式下的售价最高，但是目前也只有种植大户能满足此类经纪人需求，获得较高的销售价格。

表3　常熟市各蔬菜销售模式下2016年春季黄瓜售价情况

销售模式		平均售价（元）	要　求	选择人数（人）
“农企对接”模式		0.9	对产品要求较高	50
经纪人模式	小型经纪人	0.8	对产品要求较低	288
	中大型经纪人	1.5	大批量高质量产品	20
合作社模式		1.0	大批量收购	105
“互联网＋”模式		3.0	网络渠道通畅	5

3.3 散户和大户农户经济效益的比较

调研中我们发现，散户与种植大户的成本收益间存在很大差异，但种植大户又不同于合作社。因此，将种植大户单独列出进行比较，希望针对常熟市的销售模式优化有一定的借鉴指导意义（表4）。

表 4　种植散户与大户基本情况对比

瓜类品种	种植者	抽查户数（户）	种植技术	平均耕地面积（亩）
黄瓜	散户	115	露地栽培	3.5
	大户	13	露地栽培、大棚种植	20
丝瓜	散户	129	露地栽培	1.5
	大户	7	露地栽培、大棚种植	10
西瓜	散户	0	—	—
	大户	9	大棚种植	20

种植大户即种植土地面积相对较大的一些农户，他们的土地多租赁给他人，且常年种植 1～3 种作物，拥有较完善的种植技术，且多为设施栽培。从表 4 中的农户基本情况可以知道，种植大户人数不多，但他们拥有的土地却不少。由于常熟西瓜种植没有散户，故在之后的成本利润比较中，不再涉及。

表 5　种植散户与大户种植成本比较

瓜类品种	种植者	成本（元/亩）					总计（元/亩）
		基本消耗	材料费	化肥农药	土地租赁	人工	
黄瓜	散户	500	200	400	0	0	1 100
	大户	400	1 000	350	1 800	500	4 050
丝瓜	散户	500	500	400	0	0	1 400
	大户	400	1 000	350	1 800	500	4 050
西瓜	大户	500	800	400	1 800	500	4 000

由表 5 可以看出，种植大户每亩地的种植成本为散户的 4 倍左右，因此其风险也会相对较大。如果在销售过程无法获得相应的价值，其损失也是巨大的。

根据 2016 年的销售情况，我们可以看出，虽然每亩种植大户成本相对较高，但由于产品品质佳，且销售时期规避生产最旺盛时段，使得产品售价更高，能够负担得起高成本。由于 2016 年气候因素影响，导致散户种植丝瓜品质不高，售价非常低，导致很多农户的丝瓜种植存在亏损。大户由于产品成熟时间避开价格低谷期，且产量高、品质好，反而卖出很高的价格，因此盈利。

表 6　种植散户与大户销售利润对比（2016）

瓜类品种	种植者	成本（元/亩）	售价（元/斤）	销量（斤/亩）	利润（元/亩）	种植方式
黄瓜	散户	1 100	0.4～1.0	8 000	2 100	露地
	大户	4 050	1.5～4.0	10 000	14 750	大棚
丝瓜	散户	1 400	0.1～1.0	4 000	−1 000	露地
	大户	4 050	4.0～6.0	3 000	14 250	大棚
西瓜	大户	4 000	0.8～3.0	12 000	10 320	大棚

4　研究结论

4.1　研究结论

通过调研、查阅文献等，我们可以了解，目前常熟市已有的4种销售模式均存在问题。但被农户普遍选择的销售模式为经纪人模式，经过多年的发展适应，经纪人模式成为常熟市最成熟的蔬菜销售模式之一。但也由于不断发展，经纪人为了谋求更高的利益，会联合对蔬菜收购价格进行压低，使农户收入无法提高。而合作社模式也是在全球发展时间很长的模式之一，在常熟市，合作社模式还未真正发挥其作用和效果，主要原因在于合作社要真正发展起来，需要一个有能力、有判断且具有群众基础的领导者，协调统筹社内农户的生产全过程，从种子采购、品种选择、种植技术、肥料施用等各方面设立合作社种植标准，生产品质优良、具有市场竞争力的优质农产品，才能有更好的售价，为农民创造财富。"农企对接"模式其实也是中央倡导的一种经济型的农产品生产销售方式，但由于只有对产品的要求，而没有详细的生产标准，反而因为操作困难而不被广大农户选择。基于常熟市种植户的基本情况，即老龄化现象比较严重，导致"互联网＋"模式无法实现。

基于这些情况，我们认为，最适宜常熟市农户的销售模式应是基于良好农村合作社模式下的经纪人、企业或"互联网＋"模式，即合作社对社员生产农作物品种、质量进行统一把控，既节约成本，又使生产标准化，也让农户少了销售困难的烦恼。以合作社为单位，还可以保证总产量能够满足用户需求，减少流通环节，提高价格。

4.2　研究中的不足及未来研究方向

当然，我们也很清楚本次调研存在很多问题，如我们调研的农户基数较小，虽然在各蔬菜种植规模较大的村镇都进行了走访，但每个村走访人数有限，且部分代表性不鲜明。

未来，我们将更深入村镇，了解更多农户的情况，得出更加精确的数据，并扩大调研范围，以常熟市的调研为基础，了解苏南地区瓜类蔬菜销售的几种模式情况和对农户的经济效益，通过更多的数据提出更优的帮助农户增加农产品生产收入的方案。

参考文献

杜吟棠，2009. 合作社是农民的"公司"[J]. 中国合作经济（7）.

胡萍，2013. 国内外农村合作社理论与实践发展的比较研究 [D]. 武汉：武汉工程大学.

林周二，1963. 続・流通革命 [M] //別冊中央公論経営問題.

任学军，潘灯，2010."农超对接"重构零售业价值链 [J]. 销售与市场（管理版）(9).

任志，2008. 我国农村经纪人发展问题研究 [D]. 重庆：西南大学.

沈敏，2011."农超对接"的典型模式与发展的政策目标选择 [J]. 新闻世界（6）.

孙颖，2013. 农超对接模式下城郊农民专业合作社农产品营销研究［D］. 吉林：吉林大学.
王建增，2010. 农超对接：解决“三农”问题的新途径［J］. 前沿（22）.
尤芳，2012. 中国农超对接模式发展研究［D］. 锦州：渤海大学.
Enke S，1945. Consumer Cooperatives and Economic Efficiency［J］. American Economic Review，35（1）：148-155.
Reardon T，Barrett C B，2001. Agroindustrialization，globalization，and international development：An overview of issues，patterns，and determinants［J］. Environment and Development Economics，23（4）：195-205.

常熟市丝瓜产业发展现状分析及对策

陆裕恒[1]　赵雅蓉[1]　陶启威[2]　钱春桃[1]

[[1] 南京农业大学园艺学院　江苏南京　210095；

[2] 南京农业大学（常熟）新农村发展研究院有限公司　江苏常熟　215535]

摘　要： 20世纪90年代以来，常熟市丝瓜种植业发展迅速，成为当地的一项重要农业支柱产业。但在长期的生产实践过程中，也逐渐暴露出一些问题，如品质下降、连作障碍、竞争力不足等，整体产业化水平仍处于较为原始的阶段。本文通过实地参观、发放问卷及访谈的形式，调查常熟市丝瓜产业的发展现状，总结存在的问题并提出相应的发展对策。

关键词： 常熟市　丝瓜产业　现状分析　发展对策

20世纪90年代以来，由于城市的规模不断扩大，蔬菜的需求量日益增长，而原有的棉花产区又发生了病害，当地农民逐渐将承包地改种蔬菜和瓜果，逐渐成为了特色。丝瓜主要以鲜食为主，因其清凉、解毒的特性，成为夏季人们喜爱的瓜类蔬菜。2002年，常熟市董浜镇在镇东北部建设万亩蔬菜示范区。2011年7月，经江苏省人民政府批准，被正式命名为“江苏省常熟现代农业产业园区”。丝瓜成为园区的主打农产品，其中“徐市筒管玉”丝瓜在2017年成为国家地理标志产品。

本次调研采用问卷调查的方式，对常熟市丝瓜种植户进行了调查，与董浜镇东盾村、里睦村、黄石村、永安村、北港村的村委会、蔬菜合作社的工作人员进行访谈和交流，还实地调研了常熟国家农业科技园区、董浜镇农技推广服务中心、董浜镇曹家桥冷链物流有限公司、董浜镇柳南田园观光服务有限公司，为本文提供了可靠的基础资料。

1　常熟市丝瓜产业发展现状及分析

常熟市丝瓜产业主要集中在董浜镇，作为苏州蔬菜重镇，董浜镇种植丝瓜历史悠久，本地品种“徐市筒管玉”丝瓜家喻户晓。董浜镇丝瓜生产主体主要为散户与合作社，其中散户种植面积占总面积的90%以上。在新时期，将继续围绕产业规划，加大投入尤其是科技投入，着力提升种质资源，培育完整的产业链，放大规模与品牌效应。

1.1　丝瓜种质资源改良现状

近年来，江苏省常熟现代农业产业园区依托江苏省农业科学院蔬菜研究所，开展项目合作进行“徐市筒管玉”丝瓜的提纯复壮及产业化开发，以保持本地丝瓜品种种性、提高整齐度和一致性。董浜镇东盾蔬菜专业合作社通过选用适合董浜镇设施栽培条件、丰产、早熟、江苏自主培育的肉丝瓜新品种，集成创新丝瓜高效设施栽培技术，并在园区进行示范展示，以实现园区设施肉丝瓜生产的优质、高产、高效、生态、安全，促进产量增加、品质提高和农民增收同步进行，目前正在试验与示范阶段。

1.2 普通农户丝瓜生产现状

董浜镇目前的丝瓜总种植面积约 10 000 亩，占全镇蔬菜种植总面积的 1/3 以上，本次调研共发出 30 份问卷，种植户基本信息见表 1。

表 1 种植户基本信息

种植品种	种植户年龄（岁）	种植时间（年）	种植面积（亩）
“徐市筒管玉”丝瓜	66.5	17.9	2.26

“徐市筒管玉”丝瓜属肉丝瓜，优点是耐热、耐涝、病虫害少，同时具有良好的抗褐变性，色泽鲜绿、肉质细嫩、营养价值高。种植方式上，一般使用竹竿或钢管搭棚，3 月中旬开始在小拱棚内育苗，之后露地移栽。部分农户会在丝瓜幼苗期选择套种，一般会种植刀豆、花菜、菠菜等应季蔬菜。在丝瓜的茎生长至最高点后打顶，至藤蔓遮挡阳光后不再进行套种。期间施复合肥，也有少部分施用农家肥。近年来由于连作障碍，病虫害逐渐严重。2014 年，由于前期阴雨天气较多，白粉病较为严重，丝瓜较上一年减产 40%以上。

丝瓜自 5 月底 6 月初开始上市，每天都需要进行采摘，直至 9 月底。普通农户主要通过蔬菜收购点将丝瓜出售给蔬菜经纪人，由他们销往上海、苏州、常州、无锡等周边城市。蔬菜经纪人一般和收购点固定合作，各收购点之间价格相近，由消费者的需求和市场供给决定，再反馈给蔬菜经纪人和普通农户，期间会有较长时间的延迟。因此，丝瓜价格波动较大，初始上市时可达 3 元/斤，大量上市后低至 0.5 元/斤。丝瓜采收结束后，将丝瓜藤蔓晒干、焚烧，土地简单翻作以后种植下一茬蔬菜。

丝瓜种植的各项成本见表 2，主要可以分为农药、化肥、灌溉和其他（如采购钢管或竹竿、穴盘、地膜等简单设施的费用，请专业公司育苗的服务费用）四部分，其中化肥所占比例最大。

表 2 各项成本占总支出的比例

项目	农药	化肥	灌溉	其他	合计
平均支出（元/亩）	24.63	466.50	26.50	59.70	577.33
占总支出的比例（%）	4.27	80.80	4.59	10.34	100.00

1.3 蔬菜合作社中丝瓜生产与经营现状

董浜镇蔬菜示范区所涉及的各村内都设有蔬菜专业合作社。合作社多采用土地流转的方式从农民手中获得土地，每年支付流转费 1 000 元/年，并雇用当地农民进行蔬菜种植。合作社使农民抱团种植，能够保证市场信息来源及时可靠，使得销售价格也较为稳定，大大地减少了丝瓜销售过程的中间流通环节。

其中，里睦蔬菜专业合作社发展规模最大，2010 年成立之初有 64 名成员，包括里睦村村委会、常熟市供销合作社以及常熟新合作常客隆有限公司以及另外 61 户农户。经过 2 年发展，农户数量增长到了 363 户，占到全村农户的半数多。合作社内丝瓜主要为大棚种植，使用早熟技术，丝瓜 2 月采用地膜技术开始育苗，5 月开始上市，比普通农户种植的丝瓜早上市 1 个月，经济效益显著。目前，丝瓜的早熟技术已经过试验和示范阶段，但是推广仍有难度，主要为政府补助不足、基础设施建设不够完善。

里睦蔬菜专业合作社生产的丝瓜主要由曹家桥冷链物流有限公司负责定向配送给常熟市大型商超及企事业单位食堂。由于减少了中间环节，既提高了农户收入，还降低了单位的采购成本。东盾村及其他村合作社的部分丝瓜则出售给柳南田园观光服务有限公司。其他村合作社由于规模较小，直接出售给蔬菜经纪人。

1.4 品牌建设现状

董浜镇建设曹家桥蔬菜交易中心，与当地的蔬菜技术研究会、蔬菜营销协会、村蔬菜专业合作社等农民合作经济组织紧密联系，提高农民组织化程度，共同创品牌、用品牌、保品牌，延长蔬菜产业链，提高蔬菜附加值。“曹家桥”牌丝瓜在江浙沪地区有较高的知名度，产品远销上海、无锡、苏州、常州、南京等大中城市的蔬菜批发市场。2007 年，被省名牌战略推进委员会评定为江苏省名牌农产品。2017 年，“徐市筒管玉”丝瓜成为国家地理标志产品。

2 常熟市丝瓜产业发展面临的问题

2.1 农业经营者素质有待提高

经过改革开放 30 多年的发展，尤其是近 10 多年随着工业化、城镇化、信息化步伐的不断加快，农村劳动力大量向城镇和第二、第三产业转移就业，导致务农劳动力素质呈现结构性下降。本次调查发现，所有丝瓜种植户的年龄都超过了 50 岁(图 1)，他们的文化水平普遍为高中及以下，接受新事物、新技术、新知识的能力不足，农业资源配置效率较低，对农业生产形成制约。

2.2 合作社发展空间较大

目前，虽然董浜镇各村都成立了蔬菜专业合作社，但丝瓜种植面积占比还较小(图 2)。许多合作社只是采取土地流转的形式将少部分土地集中，雇用普通农户种植，在技术、人才、资金上投入不足，不能真正实现种植技术、销售规模的本质提升，无法进一步辐射带动周边农户经济效益的提高。

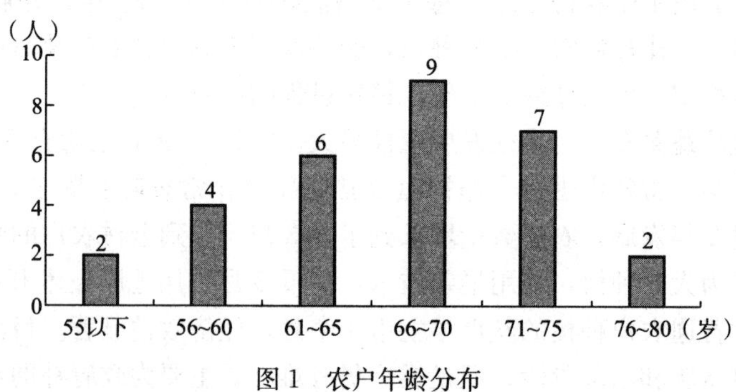

图 1　农户年龄分布

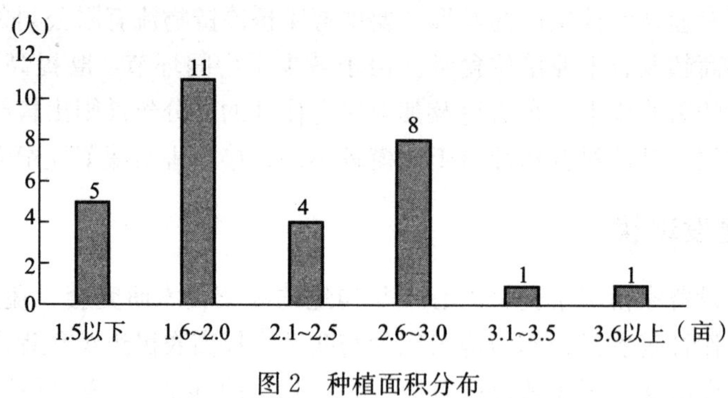

图 2　种植面积分布

2.3　丝瓜品种混杂退化

“徐市筒管玉”丝瓜虽然品质优良，但是其本身产量不高、早熟性差，成为其产业化生产的“瓶颈”。调查发现，农户种植面积平均为 2.2 亩，最多的一户种植面积也不过 4 亩（图 2）。因此，无法实现区域化布局以及合理隔离种植。此外，所有的农户都不了解自行留种的弊端，凭主观经验选留品种，导致不同农户丝瓜品系间串粉，使得“徐市筒管玉”丝瓜逐步混杂退化，出现植株生长势强弱差异、抗病性变弱、熟期不一致等问题。

2.4　连作障碍趋势增加

丝瓜在董浜镇的种植历史较久，实行土地承包制后，一家一户面积较小，难以轮作换茬，同一块地上连续种植丝瓜至少十几年。许多农户根据经验大量施用复合肥料，造成土壤养分失衡，病虫草害逐年加重，产生连作障碍，表现为前期僵苗不发、生长缓慢、叶片变大变薄、叶色变淡、根系发育差、易早衰，枯萎病、霜霉病等病害发生程度逐年加重，影响丝瓜产量和商品性状。

2.5　栽培方式陈旧，科技含量低

丝瓜在当地栽培方式变化不大。近年来，虽然开始有大棚或日光温室等设施栽培，也开始推广春提前和秋延后技术。但是，调查中所有农户仍采用传统的露地栽培或地膜栽培，供应时间主要为6～9月。原因主要是：农民年龄偏大，素质水平偏低，缺少创新意识，安于现状；农户对于新技术投入成本较为敏感，对于风险的承受能力较差；农业新技术、新品种推广以政府主导为主，基层人才短缺，后劲不足。

2.6　深加工较少，缺少高附加值产品

丝瓜以鲜食为主，目前的加工仅限于技术含量低的手工分拣、粗加工，没有进一步地开发具有高技术、高附加值的精细产品。丝瓜属鲜货产品，不便储藏，加之多以传统露地栽培为主，上市期集中，同质化严重，市场供大于求。此外，蔬菜经纪人与种植户没有形成真正的利益共享、风险共担的利益共同体，压价普遍，价格波动很大，严重挫伤种植户积极性。

3　常熟市丝瓜产业发展对策

在新形势下，常熟市丝瓜产业要再上一个新台阶，必须走产业化发展之路。要健全营销服务体系，坚持以质量为中心，努力向生产集约化、产品标准化、经营企业化的产业化方向发展。在抓好品种提纯复壮和间作、套种等种植方式、模式多样化的同时，着力抓好无公害丝瓜的生产，切实提高产品档次。继续拓展初级产品（整瓜）销售市场的同时，积极发展系列化的加工产品[1]。目前，我国农村改革由政府自上而下主导。因此，要推进丝瓜及农业产业发展，政府所扮演的角色至关重要。

各级政府、村组织重视丝瓜产业经营。同时，转变政府职能，把工作重点放在为蔬菜产业铺路搭桥，创造良好的发展环境上来。董浜镇应积极利用产业园区的规划优势，加大对品种及配套栽培技术研究。

完善专业人才培育机制、培养新型职业农民。健全人才引进、培训和激励机制是农业产业健康发展的关键。要解决好农业从业者老龄化问题。通过土地流转等方式，使土地集中到种植能手或种田大户手中。

借鉴成功经验，推进合作社发展。农民专业合作社是互助性经济组织，农产品生产者在该组织中是主体。我国台湾地区也是丝瓜的主产区之一，并且具有悠久的合作社历史。当前，两岸大农业领域合作交流不断深化，台湾地区的合作社做法值得我们借鉴学习。例如，切实利用民主化的管理方式进行社会化利益分配，将收入性补贴转为生产投入，使有限的资金直接投向更能提高农业长远发展的项目中[2]。

加快品种的更新换代。继续推进“徐市筒管玉”丝瓜的种资源改良，加大优良品种如“江蔬肉丝瓜”的推广示范力度[3]。加大科技推广力度。引导和指导农民进行标准化生产，提高产品的质量。实行规模轮作换茬种植，不断优化栽培技术；推广设施栽培，施用优质有机肥和生物菌肥，针对性施肥，改善土壤理化性状；病虫防治上以农业防治措施为主，以生物农药防治为辅，实施无公害栽培，确保产品安

全无害化[4]。

加强营销队伍建设。重视品牌宣传、策划、营销人员的培养，不断提高营销队伍的综合素质，把一批有强烈市场意识、懂业务、会经营的人员充实到品牌营销第一线，为打造“曹家桥”丝瓜乃至蔬菜的品牌提供人才支撑[5]。

开拓新途径，提高附加值。近年来，鲜食丝瓜市场趋于饱和，而丝瓜络、丝瓜水被认为具有较广市场前景。前者可作药用、洗浴用品；后者可用于美容，还具有医疗和保鲜的功能[6]。

参考文献

[1] 史国栋．丝瓜生产规模化经营的实践与探索 [J]. 上海农业科技，2003 (1)：62-63.

[2] 徐旭初，邵科．中国台湾农民合作社 [J]. 中国集体经济，2013 (20)：11-14.

[3] 高军，苏小俊，徐海，等．江蔬肉丝瓜的特征特性和设施栽培技术要点 [J]. 江苏农业科学，2011 (1)：171-172.

[4] 王文武，左齐寿，丁克友，等．“五叶香”丝瓜面积下降的原因与对策 [J]. 上海农业科技，2003 (6)：76-77.

[5] 李瑾，孙国兴，黄学群．天津黄瓜产业发展思路与对策 [J]. 农业技术经济，2004 (5)：76-79.

[6] 刘微，朱小平，侯东军，等．丝瓜伤流液对食用菌的保鲜效果 [J]. 中国农学通报，2004，20 (2)：63-64.

常熟市现代设施农业生产性服务业发展问题及对策

陶启威[2] 陈鹏旺[1] 李瑞霞[2] 曹玉杰[2]
宋浩桐[1] 蔡溧聪[1] 康美玲[1] 陈丽锦[1] 钱春桃[1]*

[[1] 南京农业大学园艺学院 江苏南京 210095；
[2] 南京农业大学（常熟）新农村发展研究院有限公司 江苏常熟 215535]

摘 要：常熟市地处长江中下游平原，设施农业发展处于全国领先，但是农业生产性服务业发展相对滞后。通过对常熟市农业企业、政府、蔬菜合作社、种植户四类身份开展调研，发现务农人员整体年龄偏大，受教育水平低，多数依靠经验种植，对新技术接受能力较弱，农业合作社组织化程度不高，基层农技推广力量不足，形式不够创新。因此，农户的认可度不高，而发展农业生产性服务业是解决该类问题的重要手段。由此提出对策：应鼓励并支持农业龙头企业发挥更大作用，创新农业合作社奖励机制，提高社员积极性，加强与高校科研院所产学研合作，创造人才发展的大好环境。

关键词：常熟市 设施农业 生产性服务业 发展问题 对策研究

农业生产性服务业是指专门为农产品的生产者提供中间服务的产业，与其相对应的是农村消费性服务业[1]。当前，我国经济发展进入新常态，“四化同步”发展农业依旧是短板，全面建成小康社会中农民增收仍然是难点，发展农业生产性服务业可以为解决“谁来种地”、“如何种地”问题探索新路径[2]。虽然常熟市设施农业起步早、发展快，但依旧存在设施农业发展的通病，如简易设施多、设施农业产出能力偏低、设施农业经营者科技素质总体偏低[3]。究其原因，是农业生产性服务业没有跟上生产实际。

目前，我国农业生产性服务业存在农业综合技术服务发展程度不高、农业经营主体培训力度不强等方面的问题，而这些工作都离不开农技推广。农业体系中农业生产性服务是农业技术发展的关键[4]。而在当前新形势下，新型农业经营主体对发展农业产中服务提出新要求、新挑战[5]。农技推广体制不健全、缺乏专业性人才、手段落后、投入不足、基础设施不足等问题日益显现[6~8]。因此，农业农村部农村经济研究中心原党组书记陈建华提出，要构建“一主多元”的农业技术推广体系，即建立与我国国情与新形势要求相适应的农业技术推广体系势在必行。

---

* 为通讯作者。

1 调研的目的、意义和方法

常熟市作为江苏省13个农业现代化建设试点县之一，近年来积极推进农业现代化建设，以设施农业为主，加快发展蔬菜园艺业等地方特色产业。近年来，中央1号文件均强调推进农业供给侧结构性改革，增加绿色优质农产品的供给，而设施农业由于集约化、超负荷生产及科技水平不足等技术问题会影响蔬菜品质及绿色供给。基层农业技术推广作为农业生产性服务业的一个重要组成部分，能够提升整个农业产业链的协调性，在一定程度上增加农民收入。但是，基层农技推广人员不足、推广手段单一、推广方式陈旧等问题也日趋凸显，影响了农户种植水平的提升。本文通过调研常熟市设施农业生产性服务业现状，分析新型农业经营主体和农户的农技需求以及政府部门在提供基层农技推广服务中存在的问题，提出对策和建议，对于整个常熟市农业产业效益的提升具有指导意义。

本次调研在农业较发达的常熟市开展，依托南京农业大学（常熟）新农村发展研究院［该院为“南京农业大学（常熟）新农村发展研究院综合示范基地”］。本次调研走访的主体见表1，采用问卷以及座谈的方式考察了各主体从事农业生产性服务的现状。

表1 调研主体数量

主 体	数量（个）
常熟市农业龙头企业	6
镇政府	5
专业合作社	8
种植大户、家庭农场	9
普通种植户	9

2 常熟市设施农业生产性服务业发展现状分析

常熟市设施农业生产性服务业已经涵盖常熟市农业生产过程中的各个方面，处于国内领先。在农产品种苗、农资供给、农业机械化和组织化方面都取得了长足发展，形成常熟市特色系列品牌农业。

2.1 现代农业生产技术领先

常熟市作为农业强县，果蔬、稻米、水产等不同类型农业分区鲜明，重点扶持易管理。稻米等粮食作物机械化、规模化程度远高于全国平均水平，正在不断探索新模式。董浜、梅李、碧溪三镇发展蔬菜产业，设施种植覆盖面很广，普通农户使用率也很高，能够错开果蔬上市时间，满足市场需求。

2.2　政府公共服务益农富农

政府益农富农政策齐全，工作力度大。如董浜节水灌溉设施发展迅速，目前全镇已建成变频恒压节水灌溉泵站、U形排水渠、节水灌溉远程监控服务中心等配套设施，工程总覆盖面积5.2万亩，受益行政村14个，采用节水灌溉技术可节能20%～30%、节地5%～8%，灌溉水利用率可达90%以上，节水50%～70%；古里镇农技推广服务中心强调网上宣传，大力推行“农技云”手机APP和短信提醒服务，为生产提供专业性指导。

2.3　土地流转机制日渐完善

在走访政府、合作社过程中发现，农业用地基本都处于种植生产状态，土地撂荒的现象几乎没有。此外，个别乡镇土地流转率较高，如碧溪新区部分村高达90%，政府出台相关补贴政策，统一流转价852元/亩，村委或合作社将土地流转给大户种植提高了土地利用率。

2.4　新型农业经营主体发展快

新型农业经营主体的建立和发展，为农民提供全方位的服务和指导，提高农民的民主管理意识。本次调研的8家合作社，成立时间为2005—2012年不等。目前常熟市农业合作社几乎覆盖到每个村，用于加强村民联系，起带头示范作用，提高生产，也提高农民的市场竞争能力和谈判地位。常熟市还把扶持“家庭农场”等农业合作新模式发展作为近年来的重点指导项目，使农业合作新模式发展更加规范，促进农业增收、农民致富，在每个镇都有家庭农场示范点，并给以惠农政策扶持。

2.5　农业产学研工作成果显著

多家农业龙头企业、合作社与高校科研院所存在技术上的紧密合作。南京农业大学（常熟）新农村发展研究院坐落于董浜镇东盾村，研究院向周边农户、合作社提供技术指导，并且定期开展农民培训，影响范围不断扩大。此外，南京大学、扬州大学和上海交通大学也在常熟设立了农业研究院。自2008年下半年开始，江苏省率先推出了科技镇长团，从高校中选派年富力强的教授、副教授，到基层乡镇挂职，到2017年已经迎来第10批。这些措施有效加强了常熟市当地农业科技的更新推广。

3　常熟市设施农业生产性服务业发展中存在的问题

3.1　一线务农人员年龄大，受教育水平低，技术需求少

务农人员人口老龄化加剧，受教育水平普遍较低。个体农户年龄多为60岁以上（图1）且受教育程度在小学及以下（图2）；种植大户学历为中学以上，年龄20～60岁不等；本科以上高学历务农人员相对缺少。个体农户由于自身知识水平

和接受能力有限，思想保守，大多根据经验种植，缺乏创新，很少运用新技术（图3）和新的销售方式，解决生产问题的途径也很单一，仅通过农户间互相交流。例如，部分农户连年使用大量化肥、长期连作导致大棚内土壤板结、酸化现象，严重影响蔬菜产量品质。但是，由于农户自身受教育水平低，不去寻找改良土壤的方法，任由土地持续恶化，最终成为荒地。种植大户和企业由于要获得更多的经济效益，对新技术的需求相对较大。

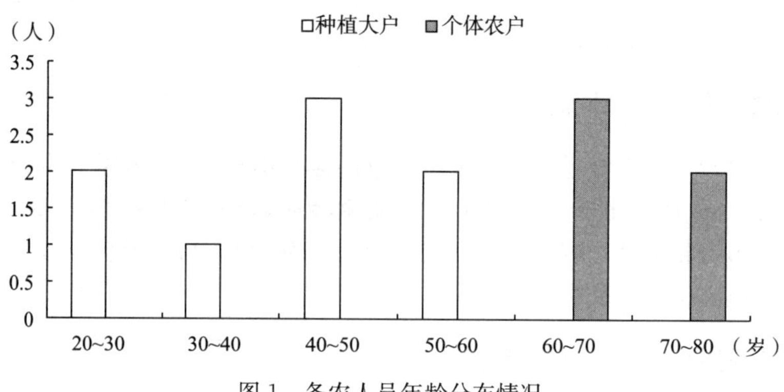

图1 务农人员年龄分布情况

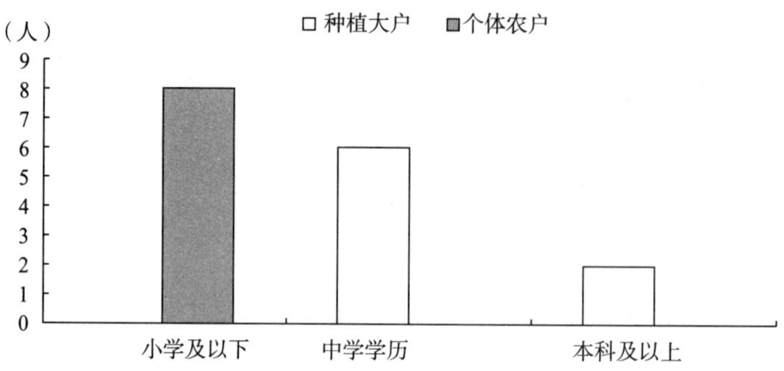

图2 务农人员受教育程度

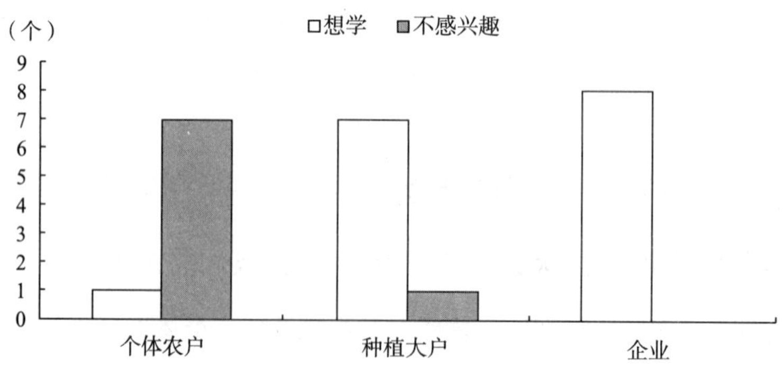

图3 农业经营主体对新技术的需求

3.2　农业合作社组织化程度不高

虽然常熟市农业合作社普及率很高，但是实际运作效率却不尽如人意。在实际调研中发现，合作社间发展状况相差较大，制度不一，有分红制度，也有单纯雇用关系，有的合作社成了“空壳”，有的完全放任自流，农户各干各的，违背政府推行合作社制度的本意。而松散的生产方式带来产品的规格不一，无法形成标准化生产，无法形成品牌，给统一销售带来困难，难以实现“农超对接”。

3.3　基层农技推广服务能力较弱，推广方式单一

基层农技推广部门最紧缺的是村一级的推广员，虽然每年都在招人，但是招不到人，人员老龄化现象严重。而农技推广队伍专业结构也不合理，粮食作物方面人员多，蔬菜方面人员少。有种植大户反映，农技推广员长期脱离实际生产，不具备推广和解决生产问题的能力。目前，农技推广方式主要还是以组织培训为主，但限于农户的受教育程度，交流存在障碍，效果并不理想，大部分农户对现有推广的技术难以接受（图 4）。而且，培训只能着重关注到种植大户，无暇顾及数量最多的广大农户。

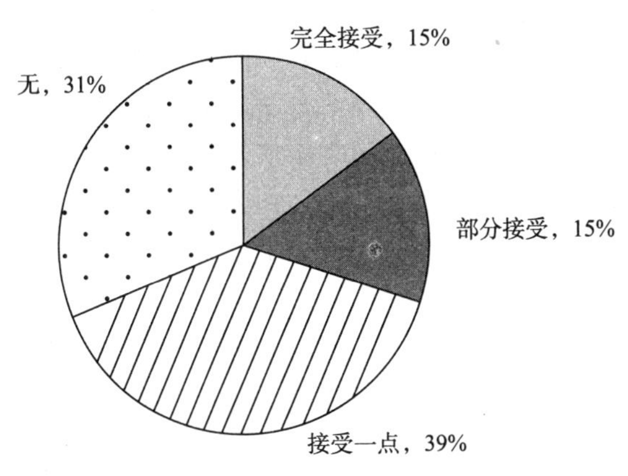

图 4　农户对推广技术的接受情况

3.4　农户对合作社、农技推广服务中心认可度不高

调研过程发现一个奇怪现象，农民遇到问题先会向农资店咨询，而很少向合作社、农技推广服务中心询问。原因是合作社、农技推广服务中心人员不足，忙不过来，同时也反映农户对于农技推广服务中心认可度不高。一是农技推广服务中心看待问题全面，强调可持续，而多数个体农户由于自身水平受限，在意的是切身利益。农技推广服务中心推广使用有机肥，但在个体农户看来，短期产量肯定达不到化肥效果且投入的人力、物力较大，所以他们为了较快获得收益而宁愿选择化肥，也有部分种植大户为了追求蔬菜品质和土壤质量的可持续，获取了培训的知识，选择有机肥和化肥同时施用（图 5）。二是各类优惠政策有区域性和时段性，例如，梅李镇对于设施建造、农业保险方面工作到位，补助力度大，而其他乡镇力度较小

或没有；关于大棚补贴只在某些年份有，过时就没有了，很多农户无法享受优惠。

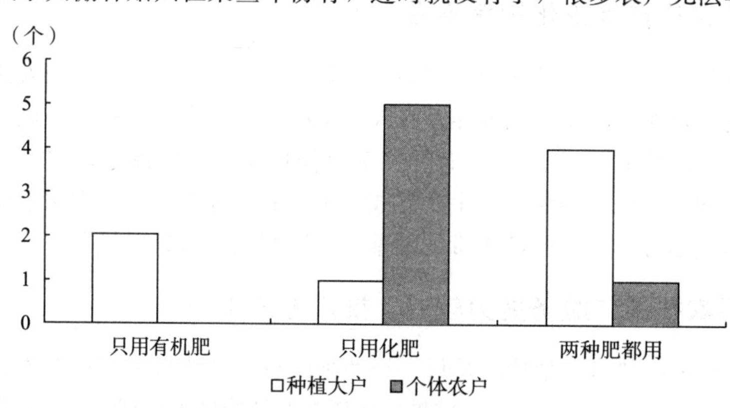

图5　农户使用肥料情况

3.5　市场化农业生产性服务业发展不足

目前，常熟市农业生产性服务业主要依托政府部门，开展面向农业产业链的公共服务，而现今蔬菜产业实现现代化运作主要由市场决定。本次调研中，几乎所有对象都提及菜价低、百姓入不敷出的现状，原因是常熟市本地蔬菜销售模式主要还是“农户＋经纪人”、“合作社＋经纪人”模式（图6），经纪人形成“联盟”集体压低蔬菜价格，而市场经济下政府无法干预太多。深层次原因在于市场化农业生产性服务发展不足，农产品市场信息服务、高端市场营销服务、储藏保鲜服务、冷链物流服务等新兴农业生产性服务业发展滞后于生产，只有少部分公司和合作社能够实现净菜加工销售。

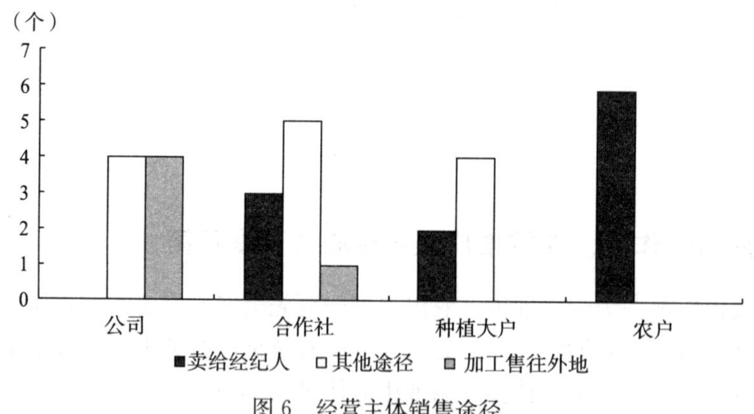

图6　经营主体销售途径

4　建议对策

4.1　激励农业龙头企业发展农业生产性服务业

鼓励支持农业龙头企业发挥作用，第一产业与第二、第三产业相结合。要创新对农业龙头企业的支持政策，逐步实现由支持农业龙头企业直接带动农户和加强农业服务体系建设间接带动农户转变。鼓励农业龙头企业利用内部服务能力，开展面向周边农户和区域农业的市场化服务，形成“现代农业企业家＋发达的农业生产性服务业＋为数众多的小规模兼业农户”新模式。如在调研过程中，常熟市惠健净菜配送销售有限公司正申请建立本地大型蔬菜冷藏中心，在旺季收购蔬菜进行冷藏保鲜，淡季开仓销售提高经济效益，预期可将蔬菜平均收购价格提高到0.8元，相比经纪人低价收购，可大幅提高农民收入。

4.2　创新农业合作社奖励措施

积极建设农民专业合作社服务体系，政府定期考核合作社成效，给予经营优良的合作社适当奖励。目前，常熟市多数合作社内部管理较为松散，社员的积极性不高，应制定适当的奖励措施来提高社员的积极性，促进合作社内部团结。同时，要加强合作社与外部先进单位的交流，如学习国外先进的订单式生产，与大型农业龙头企业合作交流，从而增加农户主观能动，提高合作社市场竞争能力，最终实现农户收入的提升。

4.3　加强产学研合作，政策引才

目前，已有南京农业大学、扬州大学、南京大学等高校在常熟市设立农业研究院，为培养常熟本地人才提供平台。政府部门应利用产学研合作平台的良好基础，继续加强“一镇一院校”建设的广度和深度，鼓励涉农院校学生深入常熟市农业实践环节，让更多农业专业学生了解常熟农业，进而宣传常熟，培养熟悉常熟、热爱农业的高级适用人才。但是，在引才的同时更要留住人才，如为真正开展工作的农业基层工作人员提高待遇和出台系列优惠政策，改善工作环境，提供项目支撑，为人才的进一步发展提供更大空间。

参考文献

[1] 庄丽娟．农业生产性服务需求意愿及影响因素分析——以广东省450户荔枝生产者的调查为例［J］．中国农村经济，2011（3）：70-78.

[2] 姜长云．关于发展农业生产性服务业的思考［J］．农业经济问题，2016（5）：8-15.

[3] 徐茂，邓蓉．国内外设施农业发展的比较［J］．北京农学院学报，2014，29（2）：74-78.

[4] 曲昊月．农业生产性服务业研究述评［J］．长沙航空职业技术学院学报，2014，14（1）：68-71.

[5] 姜长云．农业产中服务需要重视的两个问题［J］．宏观经济管理，2014（10）：37-39.

[6] 覃日马．新形势下农机技术推广工作的思考［J］．广西农业机械化，2009（4）：29-30.

[7] 王胜祥．基层农业技术推广存在的问题及对策［J］．沈阳农业大学学报（社会科学版），2011，13（2）：157-160.

[8] 罗洪成．基层农技推广体系发展与改革探讨［J］．南方农业，2016，10（6）：197.

面向新型农业经营主体的高校农技推广服务模式探索

——以江苏省为例

雷　颖　李玉清　陈　巍　王明峰

（南京农业大学　江苏南京　210095）

摘　要： 服务“三农”是农业高校的基本职能和重要任务。近年来，随着经济的发展，新型农业经营主体对农技推广服务的需求达到前所未有的规模，也导致原有针对小规模分散经营个体的高校农技推广服务模式面临挑战。江苏省农业产业基础好、规模大，农业科技贡献率居全国第一，但依旧面临着新型农业经营主体体量大、水平参差不齐、技术需求旺盛、科技服务资源少、难到位等问题。南京农业大学作为江苏省内的农业高校代表之一，结合科技人才、成果、信息等资源，打造了“双线共推”的新型高校农技推广服务模式，在江苏省初步得到了成功的推广应用。

关键词： 双线共推　新型农业经营主体　高校农技推广

高校作为科技创新和服务的主力军，多年来在服务“三农”的道路上进行了一系列探索实践，打造了如南京农业大学的“科技大篷车”、河北农业大学的“太行山道路”、西北农林科技大学的“专家大院”等多种模式[1]，均在推动农业经济建设和持续性发展方面作出了瞩目的贡献。但随着经济的发展，农村土地制度改革进程加快，农业适度规模经营比重提高，原有的一家一户的分散经营模式逐渐被农业龙头企业、农民专业合作社和家庭农场等为主体的新型农业经营主体（以下简称新主体）所替代[2]，导致原有的高校服务模式和推广内容已无法满足现在农业的产业结构、区域分布、生产方式。中共十九大报告中强调实施乡村振兴战略，实施乡村振兴战略，必须以科技创新为引领。因此，探索新型高效的高校农技推广服务模式势在必行。

江苏省农业经济基础好，新主体体量大。经统计，至 2015 年底，江苏省农业专业大户有 23.5 万个。经认定的家庭农场 2.8 万家，江苏省农民专业合作社总数达 7.2 万家，成员数 975 万个[3]，登记成员数、入社农户比例、社均成员数、出资额 4 项关键指标均居全国第一；全省高效设施农业面积达到 861.2 万亩，占耕地面积的比重提高到 12.2%，总量和比重分别居全国第三位和第一位，生猪、蛋禽、肉禽和奶牛规模养殖比重分别达到 76%、94%、95%和 94%，畜牧规模养殖水平全国领先。然而，随着城市化进程加快，农产品的需求不断增加，农业发展空间反而逐渐受到了限制。同时，生产管理水平偏低、产品质量不高、市场风险控制能力差也是普遍存在的问题，各类生产新主体均在呼吁更多科技力量来推动产业的进一步发展。另外，江苏省农业科技力量强，农业高校和各级科研院所遍布全省，“十二五”以来，全省农业科技创新工作成果瞩目：累计育成主要农作物新品种 142 个，获得国家、省级科技进步奖 124 项。造成这种农业科技成果丰富，而生产一线科技水平偏低矛盾的关键之一就是新型农技推广服务模式的缺失。

在此背景下，南京农业大学作为江苏省内的农业高校代表之一，调研了江苏省新主体的现状、问题与需求，结合农业高校具有人才、农业科技成果、农业科技资源等优势，打造了“双线共推”新型的高校农技推广服务模式，在江苏省得到了很好的应用。同时，由于江苏省横跨长江下游南北地区，东部沿海、南部多山，具有多种气候和地貌类型，其农业产业结构与类型丰富，该农技推广服务模式也可作为一种广适用性模式在全国推广。

1　高校服务江苏省新型农业经营主体现状

本文通过对江苏省 13 个地级市的 150 个新主体以及 32 所江苏高等学校新农村发展研究院协同创新战略联盟（以下简称江苏新农院联盟）中的高校进行调研，回收新主体问卷 134 份。经分析发现，目前江苏省农技推广服务存在以下 3 个方面的问题：

1.1　新型农业经营主体构成复杂，传统服务模式捉襟见肘

目前，江苏省农业规模化生产和新主体发展良好，但其新主体的发展仍然面临一些问题。首先是年龄结构差异大。查找相关统计数据发现，股份合作社管理者的平均年龄最大，为 52.8 岁；其他企业管理者则较为年轻，平均年龄为 43.4 岁。其次，学历水平也存在较大差异，其中各级农业企业、合作社和农业技术推广联营组织管理者的学历层次相对较高，高中及以上学历的占到一半以上；而农户、专业大户和家庭农场经营管理者以初中学历为主，还有 10%左右的小学及以下学历[4]。最后，不同新主体间的收入也存在极大差异，缺乏专业生产管理技术、产业盲目跟风是导致收入差距大的主要原因，其内在原因是从业者的年龄和知识背景差异造成了接受新事物、新技术、新科技的能力参差不齐。

传统的高校农技推广以专家通过服务站到县乡进行技术指导、优秀科技成果推荐、现场培训等方式，针对不同年龄层次、不同知识水平的生产者，针对现场提出的生产问题等“点对点”的输送恰当的科技内容，可以准确有效地解决实际问题。然而，随着农业经济的飞速发展，传统模式虽然依然能完成农业科技的有效输送，但在面对规模化的新主体时，科技服务的效率显得捉襟见肘。引起效率低下的原因有以下几点：一是科技服务工作人员较少，江苏新农院联盟的 32 所高校形成的农技推广服务网络中的农技推广服务工作者仅 2 000 人左右，与庞大的新主体相比，数量是远远不够的；二是讲解培训时间较短，加上方言限制，农民接收的内容较少，只能针对现场提出问题解决问题，由于受训者接受能力参差不齐，无法达到提高生产者技术水平的目标，治标不治本；三是目前大部分高校教师同时承担着教学与科研任务，所以在社会服务方面投入精力有限，导致高校教师下乡时间较少，同

时路途奔波耗时长，服务者的大部分精力、经费都消耗在来往路途中。

1.2 科技服务诉求渠道少，有效服务不足

目前，农技推广服务新模式的探索大多注重科技信息传播途径的建设。调研显示，从业者可以通过多种渠道获取农业科技信息，包括广播电视、互联网、手机信息推送、信息公布栏、当地合作社示范、专家下乡指导培训等。虽然农业科技信息的传播得到加强，但是如何让从业者从大量信息中甄别出对自己有用的科技仍然是薄弱环节。其问题的关键是缺乏信息交互通道，即让生产一线的问题能准确送达科技服务者，让科技服务内容准确反馈给科技服务需求者。与科技信息传播途径相比，科技服务诉求渠道是相对较少的。调研显示，在面临实际生产问题时，依然有62.29%的从业者采取经验沿用、上网盲目搜索等方式自行解决（图1）。而在调研的150个新主体中，仅49个接受过农技推广服务，其中只有19个对农技推广服务表示满意，超过61%的对服务不满意（表1）。调查发现，服务不及时、技术不适用和服务不便捷是对现阶段农技推广服务不满意的主要原因，说明现有的服务途径存在服务链过长、信息反馈慢、信息传递“失真”等问题。

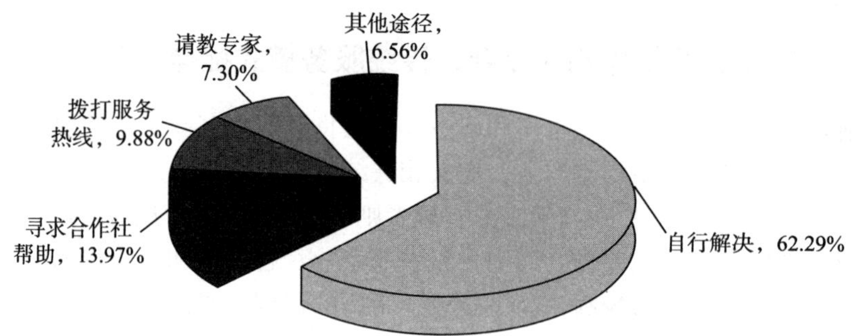

图1 新主体需要技术指导时选择的解决方式

表1 新主体对农技推广服务满意度分析表

项目		人数（人）
获得农技推广服务		49
对服务不满意原因	服务不及时	23
	技术不适用	14
	服务不便捷	9

1.3 高校农技推广服务再起步，但资源配置滞后

自2012年中共中央、国务院印发《关于加快推进农业科技创新 持续增强农产品供给保障能力的若干意见》的中央1号文件，提出“引导高等学校、科研院所成为公益性农技推广的重要力量”，为贯彻落实中央1号文件精神，教育部和科学

技术部联合提出开展“高等学校新农村发展研究院”建设计划[5]。2015 年，农业部、财政部开展推动科研院所开展重大农技推广服务试点工作。2017 年，农业部、教育部发布《关于深入推进高等院校和农业科研单位开展农业技术推广服务的意见》。目前，全国已有 39 所高校建立新农村发展研究院，而江苏省成立江苏新农院联盟，首届联盟理事会成员包括 32 所高校。高校农技推广服务事业再次起步。通过对江苏新农院联盟的调研发现，联盟中只有一半高校建立了专门的机构，配有相关经费开展农技推广工作，仅 40%的高校具有专职从事农技推广服务人员，但只有 10%的高校建立了独立的考核评价体制。说明高校已逐渐将农技推广服务工作纳入日常工作的一部分，但机构、人员、经费、机制配备滞后，影响高校农技推广工作常态化开展。

2　高校农技推广服务新模式——“双线共推”

针对江苏省农技推广服务存在的 3 个方面问题，南京农业大学提出“线上做服务、线下建联盟”的“双线共推”服务模式。该模式的特点是研发网络服务终端，完善农技推广服务信息交互渠道；整合科技服务资源，建立农业专家与技术资源库；组织新主体联盟，形成线下服务网点；制定并创新工作机制，提高农技推广服务运作效率（图 2）。

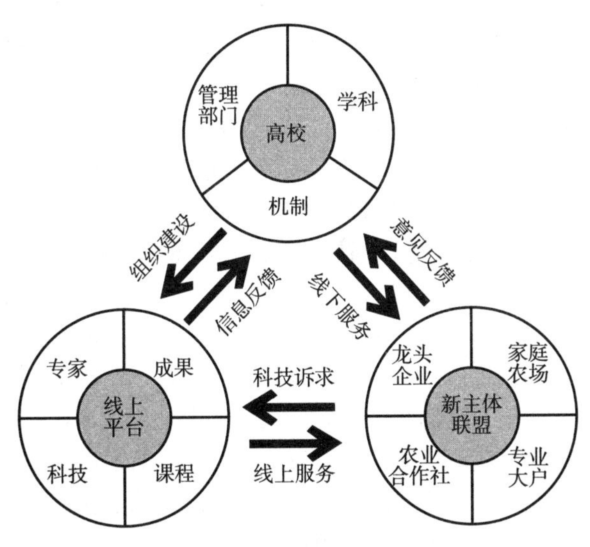

图 2　“双线共推”服务模式

2.1　采用“线上做服务”模式，支撑新型“点对点”全产业链服务

截至 2017 年 6 月，我国网民规模达 7.24 亿人，网民中使用手机上网的比例为 96.3%，移动互联网主导地位强化[6]。南京农业大学利用当下智能手机的便捷性和功能强大等优势，汇集大数据、互联网等技术，线上整合高校专家、成果等农技

推广服务资源，搭建了具有自主知识产权的农技推广服务信息交互平台——“南农易农”，包含当前农事、易农微课、市场资讯、农业政策，专家指导、实时指导等9个专题模块；建立了专家库，整合全产业链的专家指导信息，其中具有高级职称以上的专家多达223人，涉及稻麦、果蔬、畜牧、食品加工等15个农业领域。“南农易农”的研发与推广让手机成为新主体提出农技推广服务诉求、专家发布农业科技信息和专业指导的信息交互终端，形成了农技推广服务需求者直接面对科技专家、科技专家直接面对实际问题的“点对点”交流模式，避免了专家重复指导，使信息利用率最大化，同时大幅度减少了路途奔波时间。利用手机的GPRS功能，一方面，农技推广服务专家可以根据定位的地址，结合区域的农情，推荐最合适的该区域的农业资源，基于LBS（地理位置信息）进行实时指导服务；另一方面，可以指引有农技推广服务需求的从业者从最近的农资店、农技推广服务站点和农技人员处获得帮助。这种“互联网＋农技推广”模式，解决传统服务模式中的服务链过长、信息反馈慢、信息传递“失真”等问题，支撑了新型的“点对点”全产业链农技推广服务。

2.2 建立线下新主体联盟，创新“点对面”服务模式

日益扩大的新主体规模和相对滞后的农技推广服务群体建设是阻碍现阶段农技推广服务发展的重要原因。南京农业大学结合农技推广服务工作实际情况，参照日本以土地租佃为中心，促进土地经营权流动，促进农地的集中连片经营和共同基础设施的建设[7]，以新农村服务基地为平台，以公益性推广项目为载体，在线下鼓励和扶持农业大户、家庭农场等新主体自愿成立非营利性、开放式、农科创相结合的综合性联盟。以产业划分，组织地方同一区域20家以上专业大户、家庭农场、农民合作社、农业产业化龙头企业等地方政府有关部门或组织认定的四类新主体，建立（××产业）新型农业经营主体（协同创新战略）联盟，重点就技术示范、成果转化、信息交流、资源共享等进行交流协作。高校在服务新主体的过程中，只需找到相关联盟，由联盟自上而下的组织新主体开展专题讲座、项目对接、成果发布、技术服务等，高校的新技术、新成果通过联盟发布，通过联盟做示范辐射推广。高校教师可以通过联盟了解到基层（新主体）的需求，开展相关研究，既解决了新主体的问题，又使高校的研究更接“地气”；且通过联盟新主体可提高市场话语权与竞争力，并通过联盟开展相关交流活动，获取优质价廉农资；同时，针对地区新主体涉及政府管理部门较多、市场的复杂性，成立联盟能够更好地维护新主体的权利。通过建立新主体联盟，建立一种“点对面”的服务方式，可提高科技服务覆盖面，避免新主体获得科技服务量不均衡，在一定程度上缓解农技推广服务资源不足的问题。

2.3 制定新机制，提高运作效率，使农技推广服务工作常态化开展

根据上述高校农技推广服务工作未能常态化开展，创新体制机制，推动高等学校人事聘用与管理制度、教师考评与激励机制、学生培养与创新创业模式、资源配置方式等方面的改革，为农技推广服务工作提供制度保障。一是与学校及地

方专家签署《南京农业大学新农村发展研究院农技推广服务工作推广教授聘用协议》，聘用相关推广专家，以合同设置基本考核指标和基本聘金，并加绩效奖励的方式激励专家开展农技推广服务工作。二是学校出台了《南京农业大学教师农技推广服务工作量认定管理办法》，创新农技推广服务工作量，该工作量等同教学工作量，针对教师线下参加同地方政府和社会企业开展技术推广、科技培训等农技推广活动以及对外公益性服务工作，线上发表信息类稿件，及时与农户互动，以及在论坛发帖或者提供微课，都给予工作量的奖励，以工作量引领教师改变服务方式。三是结合创新创业与人才培养，并发挥高校学生社团优势，组织成立大学生科技服务团以及大学生创业团，两团对接专家教师，协助教师开展农技推广服务工作，减少管理人员不足的问题，同时理论与实践相结合，培养适合现代发展的当代大学生。

3　效果与展望

南京农业大学的"双线共推"科技服务模式是"有平台、有落脚点、有制度、有团队"的模式，取得了实实在在的成效。该模式推广 1 年多以来，发展线上用户达 2 600 多户，推送科技信息 2 500 多条，发布微课 80 个，几千名农户因此受益，在江苏常熟、金坛、东海等区域建立联盟 10 个，包含联盟成员 3 000 余人，开展技术培训活动 90 场、培训 2 820 人次，一对一指导 960 人次，推广新品种 290 余个、新技术 500 余项；4 000 余人次的教师、1 万余人次学生参与农技推广工作，产生直接经济效益 500 亿元。针对目前的实施应用情况，希望在以下两方面对"双线共推"服务模式进行逐步的改进：一是单所高校的农技推广服务资源有限，需统筹整合江苏所有高校资源，协同开展农技推广服务工作；二是为高校农技推广服务工作争取更多政策、人员和资金等方面的资源，建立常态化的支持体系。

参考文献

[1] 付敏．农业高校社会服务模式研究——以华中农业大学为例［D］．武汉：华中农业大学，2012.

[2] 孙中华．大力培育新型农业经营主体夯实建设现代化农业的微观基础［J］．农村经营管理，2012（1）：1.

[3] 孟菲，段祺华．财政支持新型农业经营主体发展研究——以江苏省为例［J］．经济研究导刊，2017（21）：19-20.

[4] 夏心旻，康长进，田红连，等．江苏新型农业经营主体发展观察［J］．江苏农村经济，2014（5）：17-20.

[5] 浦徐进，明炬．新农村发展研究院建设的主要内容［J］．中国高校科技，2012（4）：7.

[6] 中国互联网络信息中心．中国互联网络发展状况统计报告［R］．2017.

[7] 汪发元．中外新型农业经营主体发展现状比较及政策建议［J］．农业经济问题，2014（10）：26-32.

二、统计报告

2012—2016 年中国蔬菜生产及销售规模基本情况统计

项　　目	2016 年	2015 年	2014 年	2013 年	2012 年
蔬菜产量（万吨）	79 779.71	78 526.1	76 005.48	73 511.99	70 883.06
蔬菜播种面积（千公顷）	22 328.28	21 999.67	21 404.79	20 899.44	20 352.57
蔬菜生产价格指数（上年＝100）	107	104.6	98.5	106.9	109.9
蔬菜出口数量（万吨）	827	832.62	802.56	778	741
鲜或冷藏蔬菜出口数量（万吨）	538	566.3	554.88	519	485
蔬菜出口金额（百万美元）	12 294.67	10 708.29	9 800.42	9 005.51	7 559.35
鲜或冷藏蔬菜出口金额（百万美元）	5 406.98	4 443.27	3 833.62	3 401.71	3 177.37
蔬菜市场成交额（亿元）	4 261.09	4 013.88	3 771.56	3 838.25	3 601.07
蔬菜批发市场成交额（亿元）	4 149.54	3 889.49	3 656.35	3 703.63	3 521.47
蔬菜市场数量（个）	293	299	304	312	312
蔬菜市场摊位数（个）	203 548	214 680	212 648	223 435	234 367
蔬菜市场营业面积（万平方米）	1 687.65	1 650.61	1 551.72	1 596.24	1 558.95

注：编者根据《中国农业统计年鉴》整理得出。

1998—2013 年中国蔬菜种植成本变化趋势分析

年份	蔬菜平均每亩净利润（元）	蔬菜平均每亩农药费（元）	蔬菜平均每亩种子费（元）	蔬菜每亩复合肥金额（元）	蔬菜平均每亩化肥费（元）	蔬菜平均每亩保险费（元）	蔬菜平均每亩农膜费（元）	蔬菜平均每亩销售费（元）	蔬菜平均每亩总成本（元）	蔬菜平均每亩租赁机械作业费（元）
1998	1 137.69	45.62	65.15	55.45	114.54	—	118.93	69.27	1 257.09	8.1
1999	1 283	52.51	70.85	54.67	122.35	—	108.71	70.39	1 361.97	10.91
2000	1 112.09	59.97	68.81	61.05	119.8	—	114.79	76.81	1 274.58	13.7
2001	1 379.59	62.53	68.88	64.65	126.85	—	106.08	86.4	1 288.21	16.22
2002	1 181.19	58.93	69.56	63.76	123.14	—	95.68	77.81	1 283.82	13.1
2003	1 340.89	65.64	70.51	76.35	137.73	—	98.88	76.26	1 311.16	16.48
2004	1 562.91	72.29	73.42	92.51	165.99	0.03	188.85	61.05	1 763.02	15.35
2005	1 606.7	76.51	73.48	82.77	165.51	3.18	136.29	64.64	1 743.86	19.19
2006	1 509.94	76.05	83.82	90.19	198.92	2.69	167.4	76.09	1 973.9	22.88
2007	2 226.79	95.1	95.82	100.68	211.22	3.54	162.66	78.89	2 102.5	28.51
2008	1 881.69	92.21	103.12	136.36	249.9	3.81	164.69	72.79	2 216.08	33.09

（续）

年份	蔬菜平均每亩净利润（元）	蔬菜平均每亩农药费（元）	蔬菜平均每亩种子费（元）	蔬菜每亩复合肥金额（元）	蔬菜平均每亩化肥费（元）	蔬菜平均每亩保险费（元）	蔬菜平均每亩农膜费（元）	蔬菜平均每亩销售费（元）	蔬菜平均每亩总成本（元）	蔬菜平均每亩租赁机械作业费（元）
2009	2 087.83	100.06	93.07	150.3	250.36	16.49	101.56	86.49	2 310.46	42.1
2010	2 776.89	95.12	101.95	147.87	264.45	9.97	117.55	79.24	2 698.52	47.78
2011	2 557.67	108.63	170.15	148.03	263.82	1.86	126.04	60.41	2 979.48	59.5
2012	2 455	145.52	170.62	165.92	366.1	3.36	195.14	140.68	3 953.49	70.44
2013	2 852.27	137.63	164.96	168.77	349.02	4.01	190.59	123.44	4 170.89	75.01

注：编者根据《全国农产品成本收益资料汇编》整理得出。

2011—2013 年设施黄瓜、茄子、番茄及菜椒的产值与商品率分析

年份	项　　目	江苏省	浙江省	安徽省	中国
2011	设施黄瓜商品率（%）	99.93	100	100	99.85
	设施茄子商品率（%）	99.89	100		99.99
	设施菜椒每亩产值（元）	8 942.25	9 007.63		10 051.33
	设施茄子每亩产值（元）	8 920.21	9 138.54		10 461.74
	设施黄瓜每亩产值（元）	8 845	7 872.24	9 549.72	10 562.89
	设施番茄商品率（%）	99.69	100	100	99.81
	设施菜椒商品率（%）	99.71	100		99.87
	设施番茄每亩产值（元）	11 744.32	12 245.37	14 393.17	12 176.73
2012	设施黄瓜商品率（%）	100	100	99.73	99.83
	设施茄子商品率（%）	100	100	99.69	99.89
	设施菜椒每亩产值（元）	9 224.89	11 334.13	6 001.17	6 521.73
	设施茄子每亩产值（元）	9 569.82	11 630.14	8 425.45	10 460.43
	设施黄瓜每亩产值（元）	11 813.9	8 132.89	18 321.32	13 798.42
	设施番茄商品率（%）	100	100	99.67	99.84
	设施菜椒商品率（%）	100	100	99.48	99.97
	设施番茄每亩产值（元）	11 888.26	19 339.25	15 414.69	14 639.66
2013	设施黄瓜商品率（%）	99.97	100	99.97	99.89
	设施茄子商品率（%）	99.96	100	99.86	99.93
	设施菜椒每亩产值（元）	10 343.9	11 708.27	7 492.09	9 953.26
	设施茄子每亩产值（元）	10 050.32	13 068.25	9 737.43	12 077.88
	设施黄瓜每亩产值（元）	11 344.14	11 751.38	9 923.25	14 288.97
	设施番茄商品率（%）	100	100	99.75	99.87
	设施菜椒商品率（%）	99.99	100	99.84	99.95
	设施番茄每亩产值（元）	11 761.36	11 221.02	10 549.09	13 350.82

注：编者根据《全国农产品成本收益资料汇编》整理得出。

2016 年中国农业生产经营人员数量和结构

项　　目	全国	东部地区	中部地区	西部地区	东北地区
农业生产经营人员总数（万人）	31 422	8 746	9 809	10 734	2 133
农业生产经营人员性别构成（%）					
男性	52.5	52.4	52.6	52.1	54.3
女性	47.5	47.6	47.4	47.9	45.7
农业生产经营人员年龄构成（%）					
35 岁及以下	19.2	17.6	18.0	21.9	17.6
36～54 岁	47.2	44.5	47.6	48.6	49.8
55 岁及以上	33.6	37.9	34.4	29.5	32.6
农业生产经营人员受教育程度构成（%）					
未上过学	6.4	5.3	5.7	8.7	1.9
小学	37.0	32.5	32.7	44.7	36.1
初中	48.3	52.5	52.6	39.9	55.0
高中或中专	7.1	8.5	7.9	5.4	5.6
大专及以上	1.2	1.2	1.1	1.3	1.4
农业生产经营人员主要从事农业行业构成（%）					
种植业	92.9	93.3	94.4	91.8	90.1
林业	2.2	2.0	1.8	2.8	2.0
畜牧业	3.5	2.4	2.6	4.6	6.4
渔业	0.8	1.6	0.6	0.3	0.5
农林牧渔服务业	0.6	0.7	0.6	0.5	1.0

注：摘自《第三次全国农业普查主要数据公报》。

2016 年中国规模农业经营户农业生产经营人员数量和结构

项　　目	全国	东部地区	中部地区	西部地区	东北地区
农业生产经营人员总数（万人）	1 290	382	280	411	217
农业生产经营人员性别构成（%）					
男性	52.8	54.0	53.7	50.0	54.7
女性	47.2	46.0	46.3	50.0	45.3
农业生产经营人员年龄构成（%）					
年龄 35 岁及以下	21.1	16.8	17.1	27.0	22.6
年龄 36～54 岁	58.2	57.8	58.6	57.9	59.2
年龄 55 岁及以上	20.7	25.4	24.3	15.1	18.2

（续）

项　　目	全国	东部地区	中部地区	西部地区	东北地区
农业生产经营人员受教育程度构成（%）					
未上过学	3.6	3.4	3.7	5.2	1.0
小学	30.6	28.8	26.9	35.7	28.6
初中	55.4	56.5	56.8	48.6	64.3
高中或中专	8.9	9.9	11.2	8.4	5.2
大专及以上	1.5	1.4	1.4	2.1	0.9
农业生产经营人员主要从事农业行业构成（%）					
种植业	67.7	60.0	60.9	73.3	79.8
林业	2.7	2.9	3.0	3.1	1.2
畜牧业	21.3	19.3	28.6	21.5	14.6
渔业	6.4	15.5	4.6	1.0	2.8
农林牧渔服务业	1.9	2.3	2.9	1.1	1.6

注：摘自《第三次全国农业普查主要数据公报》。

2016 年中国农业经营主体数量统计

项　　目	全国	东部地区	中部地区	西部地区	东北地区
农业经营户（万户）	20 743	6 479	6 427	6 647	1 190
规模农业经营户（万户）	398	119	86	110	83
农业经营单位（万个）	204	69	56	62	17
农民合作社（万个）	91	32	27	22	10

注：摘自《第三次全国农业普查主要数据公报》。农民合作社指以农业生产经营或服务为主的农民合作社。

2016 年中国主要农业机械数量统计

项　　目	全国	东部地区	中部地区	西部地区	东北地区
拖拉机	2 691	758	888	582	463
耕整机	513	70	163	240	40
旋耕机	826	148	183	430	65
播种机	652	108	258	126	160
水稻插秧机	68	9	11	6	42
排灌动力机械	1 431	442	521	384	84
联合收获机	114	33	45	16	20
机动脱粒机	1 031	134	271	600	26

注：摘自《第三次全国农业普查主要数据公报》。

2016 年中国设施农业规模统计

项　　目	全国	东部地区	中部地区	西部地区	东北地区
温室占地面积（千公顷）	335	130	41	95	69
大棚占地面积（千公顷）	981	474	186	215	106
渔业养殖用房面积（千公顷）	7.5	4.5	1.7	1.0	0.3

注：摘自《第三次全国农业普查主要数据公报》。

下篇

高产高效关键技术研究进展

一、设施蔬菜种子种苗科技

（一）茄果类品种

1. 苏粉 11 号（番茄） 苏农科鉴字〔2013〕第 20 号。高抗番茄黄化曲叶病毒病杂交一代新品种。植株无限生长类型，果实高圆形，幼果浅绿色，成熟果粉红色，色泽均匀而富有光泽。单果重 200 克左右，大果可达 300 克，畸形果、裂果少，果肉厚，成熟果硬度较高，耐储运。果实风味好，可溶性固形物 4.8%。适宜番茄黄化曲叶病毒病高发区域栽培（彩图 1）。

2. 皖粉 5 号（番茄） 通过上海和江苏（审）鉴定，沪农品审（认）蔬菜 2003 第 043、国品鉴菜 2006019，获安徽省科技奖和中华农业科技奖一等奖。早熟，无限生长型，粉红果，高圆形，单果重 220 克左右，品质佳，可溶性固形物含量 5.1%左右，耐储运。抗叶霉病和枯萎病。适宜春秋温室和大棚早熟栽培（彩图 2）。

3. 皖杂 15（番茄） 通过安徽省鉴定（皖品鉴登字第 0703008）。熟性早，无限生长型。粉红果，高圆形、低温弱光下易坐果、畸形果少，单果重 240 克左右，口感佳，风味浓，耐储运。高抗 TMV、早疫病，抗 CMV、叶霉病，耐枯萎病。适宜多层覆盖大棚早熟栽培（彩图 3）。

4. 皖杂 16（番茄） 通过安徽省鉴定（皖品鉴登字第 0903006）。无限生长型粉红果，耐低温弱光，高圆形，单果重 300 克左右，耐裂、耐储运。高抗根结线虫病，抗病毒病、叶霉病。适宜温室、大棚保护地种植（彩图 4）。

5. 皖红 7 号（番茄） 通过安徽省鉴定（皖品鉴登字第 0803012）。无限生长型大红果，单果重 200～250 克，可溶性固形物含量 5%以上。抗叶霉病、病毒病、根结线虫，耐储运。适宜露地或保护地越夏高山栽培（彩图 5）。

6. 红珍珠（番茄） 通过安徽省鉴定（皖品鉴登字第 1103010）。无限生长型红色樱桃番茄，果实圆形，无果肩，平均单果重 20.6 克，可溶性固形物含量 6.9%，耐储运。对病毒病和叶霉病以及晚疫病均有较强抗性，适合在安徽、江苏、北京等地保护地栽培（彩图 6）。

7. 浙粉 702（番茄） 审定证书：浙（非）审蔬 2011008。选育单位：浙江省农业科学院蔬菜研究所。主要特性：无限生长型，早熟，连续坐果能力强；粉红，果高圆形，单果重 245 克左右；口感酸甜，鲜味重；果实硬度一般，畸形果少；品质优；综合抗性好，抗番茄黄化曲叶病毒病、番茄花叶病毒、叶霉病、枯萎病。适宜栽培条件：保护地早熟栽培和秋延后栽培（彩图 7）。

8. 苏椒 16 号（辣椒） 国品鉴菜 2010008。早熟灯笼椒一代杂种。果实灯笼形，绿色，果面光滑，平均单果重 55 克，果长 12 厘米，果肩宽 4.8 厘米，肉厚 0.30 厘米，味微辣，品质好。耐低温弱光性好，前期产量高，抗病性好，抗逆性较强。保护地露地均可栽培（彩图 8）。

9. 浙椒 3 号（辣椒） 审定证书：浙（非）审蔬 2014006。选育单位：浙江省农业科学院蔬菜研究所。主要特性：中早熟，耐高温能力强，高抗病毒病；果实细羊角形，青熟果深绿色，老熟果红色，果实纵径 18 厘米左右，平均单果重 22.5 克；果实微辣，果皮薄，风味品质突出。适宜栽培条件：保护地越夏长季节栽培（彩图 9）。

10. 紫燕 1 号（辣椒） 通过安徽省鉴定（皖品鉴登字第 0503005）。紫色辣椒，果实牛角形，单果重 100 克左右。肉较薄，辣味中等，口感风味极好，老熟果深红色。耐低温、弱光，抗 TMV，耐 CMV，耐疫病，维生素 C 含量 90.38 毫克/100 克鲜重。适宜早春和晚秋保护地栽培；也可作盆栽春节期间上市（彩图 10）。

11. 紫云 1 号（辣椒） 通过安徽省鉴定（皖品鉴登字第 0603001）。紫色辣椒，果实长方灯笼形，单果重 80 克左右。外皮紫黑色，肉较薄，风味口感俱佳。在低温弱光下极易坐果，适宜早春和晚秋保护地栽培（彩图 11）。

12. 皖椒 18（辣椒） 通过安徽省和国家鉴定（皖品鉴登字第 0803005、国品鉴菜 2006019）。干鲜两用型早熟辣椒，果实长羊角形，果长 20 厘米，果肩 1.8 厘米，嫩果深绿色，干椒亮红色，高油脂。适合春秋保护地和露地种植（彩图 12）。

13. 冬椒 1 号（辣椒） 通过安徽省鉴定（皖品鉴登记第 0903002）。早熟大果。生长势强，株型紧凑。果实牛角形，果面光滑，果长 20～26 厘米，果粗 5～6 厘米，单果重 100～150 克。连续坐果能力极强，膨果速度极快，且不产生僵果。果皮薄，口感佳。高抗病毒病、疫病、炭疽病等。适宜保护地栽培（彩图 13）。

14. 苏崎 4 号（茄子） 苏农科鉴字〔2013〕第 17 号。果实长棒形，果顶部较圆，果实顺直，平均果长 32.0 厘米，横径 4.5 厘米，单果重 170 克。商品果皮色黑紫色，着色均匀，光泽度好。果肉紧实，耐储运。食用品质佳。生长势强，株形直立，株高 100 厘米，开展度 80 厘米。保护地、露地均可栽培（彩图 14）。

15. 皖茄 2 号（茄子） 通过安徽省鉴定（皖品鉴登字第 0803013）。株高110～150 厘米，门茄节位 9～10 节，商品果紫黑色，长棒形，果长 25～30 厘米，果实横茎 4～4.5 厘米，单果重 120～130 克（彩图 15）。

16. 白茄 2 号（茄子） 通过安徽省鉴定（皖品鉴登字第 0803013）。植株直立、生长健壮，早熟，始花节位 7～8 节。果棒状，长 25 厘米左右，粗 4～5 厘米，果皮洁白有光泽，果肉白色细嫩，商品性好。耐热、耐湿、耐低温弱光，货架期长，耐储运。适宜越夏保护地和露地栽培（彩图 16）。

（二）叶菜类品种

1. 东方 18（不结球白菜） 株形直立。一般株高 23.7 厘米，株幅 31.8 厘米；

叶片椭圆形，绿色，长 20.7 厘米，宽 11.4 厘米；叶柄扁平，绿色，长 7.3 厘米，宽 5.1 厘米，叶柄重比 0.3，束腰，外观商品性好，食用口感好。该品种突出特点：耐热、速生、外观商品性极佳，适宜夏秋种植。与日本进口品种相比，生长速度更快，菜秧和漫棵菜产量更高，外观商品性相当，口感更好、耐热耐湿等抗逆性更好，可替代日本进口品种（彩图 17）。

2. 春佳（不结球白菜）　植株株形紧凑、直立。一般株高 23.8 厘米，株幅 31.6 厘米。叶片长 21.8 厘米，宽 14.4 厘米，椭圆形，深绿，叶柄长 7.3 厘米，宽 4.5 厘米，淡绿色，勺形，叶柄重比 0.5，外观商品性好。该品种突出特点为耐抽薹性极强，适宜早春种植。与较耐抽薹常规品种四月慢和五月慢等相比，耐抽薹性相当，而外观商品性、食用口感等则有大幅提升（彩图 18）。

3. 千叶菜（不结球白菜）　株形塌地，叶椭圆形，墨绿色，叶面皱缩有光泽，全缘，四周向外翻卷；叶柄绿色，扁平微凹，单株重 200 克。该品种突出特点：美观，耐寒性强，品质优，适宜秋冬栽培（彩图 19）。

4. 红袖 1 号（不结球白菜）　雄性不育杂交一代。生长速度较快，株型中等、紧凑。叶片外紫内红，叶面皱褶均匀，叶柄白，扁勺形。商品性好，品质优，秋冬季栽培叶色极佳（彩图 20）。

5. 紫霞 1 号（不结球白菜）　雄性不育杂交一代。生长速度较快，株型中等、紧凑。叶片亮紫、椭圆形、光滑，有光泽，叶脉紫，叶柄青，扁勺形。商品性好，品质优，秋冬季栽培叶色极佳（彩图 21）。

6. 新秀 1 号（不结球白菜）　中株类型，紧凑塌地，株高 15～17 厘米，开展度 31～33 厘米。叶片近圆形，外叶皱缩绿色，有光泽，心叶皱缩更甚，经霜打后呈黄色；叶柄扁平，乳白色；耐寒性强，品质好。该品种突出特点：口感细腻，味甜、味浓，可替代口感淡的娃娃菜。适宜秋冬栽培（彩图 22）。

7. 绯红 1 号（不结球白菜）　通过安徽省认定（皖认蔬 201323）。植株半塌地，开展度 31～35 厘米。株高 14.2～15.3 厘米，叶片近圆形有光泽，外叶紫红、心叶红色，叶柄绿白色、扁平微凹、长 9.5 厘米，叶脉泛紫红，叶片数 32 片，耐寒性强，在－8℃的低温下不受冻害。植株整齐一致，生长势强，集食用与观赏于一体（彩图 23）。

8. 丽紫 1 号（不结球白菜）　通过安徽省认定（皖认蔬 201324）。植株半塌地，株高 15～16 厘米，开展度 38～43 厘米。叶片近圆形有光泽，叶片数 30 片，外叶紫黑色、心叶紫红色、轻微合包，叶柄扁平微凹、绿白色、长 8.6 厘米，叶脉泛紫。平均单株重 590 克。耐寒性强，在－10℃的低温下不受冻害（彩图 24）。

9. 黛绿 1 号（不结球白菜）　通过安徽省认定（皖认蔬 201327）。中熟，株高 14～17 厘米，开展度 37～42 厘米，叶片近圆形，叶片数 20 片，外叶墨绿色、有光泽、心叶浅绿色，肉质厚，叶片卷翘呈尖角形隆起，心叶轻微合包。叶柄匙形、白色、长 8 厘米、宽 3.3～4.6 厘米。单株重 550 克，耐寒性强，在－10℃的低温条件下不产生冻害（彩图 25）。

10. 黛绿 2 号（不结球白菜）　通过安徽省认定（皖认蔬 201328）。株高 12～

14厘米，开展度28～30厘米，叶片近圆形有光泽，泡状皱褶细密，四周向外翻卷，叶片数30片，外叶深绿，经低温后心叶略泛黄。叶柄匙形、白色、长10.5厘米、宽2.9～5.0厘米。平均单株重521克，耐寒性强，在－10℃低温下不受冻害（彩图26）。

11. 金翠1号（不结球白菜） 通过安徽省认定（皖认蔬201325）。早熟，株高12～16厘米，开展度30～36厘米，叶片近圆形，叶片数32片，肉质厚，叶柄匙形、白色、长8.5厘米、宽2.8～4.2厘米，外叶绿色，心叶黄绿紧包，平均单株重630克，－8℃的低温条件下不产生冻害（彩图27）。

12. 金翠2号（不结球白菜） 通过安徽省认定（皖认蔬201326）。中熟，株高13～14厘米，开展度28～30厘米，叶柄匙形、白色、长8.5厘米、宽3.4～5.0厘米。叶片扁圆形，叶面有泡状皱瘤，外叶浅绿，心叶黄绿色。平均单株重770克。耐寒性强，－10℃低温下不产生冻害现象（彩图28）。

13. 耐寒红青菜（不结球白菜） 通过安徽省鉴定（皖品鉴登字第0803018）。植株直立，株形美观；叶紫红色，卵圆形，表面光滑而有光泽；株高18厘米左右；开展度25厘米×25厘米左右；单株重260克左右；抗病毒病，耐寒性强；品质优良，风味浓郁，经霜雪后风味更佳（彩图29）。

14. 博春（甘蓝） 国品鉴菜2010024。露地越冬春甘蓝新品种。冬性强、早熟、品质好。植株开展度65～70厘米，叶色深绿，蜡粉中，叶缘微翻，叶球桃形，肉质脆嫩，味甘甜。典型球重1.5千克，亩产3 500千克左右。长江流域可于10月上旬前后播种，翌年4月上市（彩图30）。

（三）瓜类品种

1. 南水2号（黄瓜） 植株长势旺，全雌，单性结实能力强。早熟，瓜条顺直，少刺或无刺。瓜条长10～12厘米，心腔小，肉质嫩脆，清香可口，单瓜重60克左右。瓜皮浅绿色，皮薄。耐低温弱光，亩产4 000千克左右，适合四季保护地栽培（彩图31）。

2. 宁运3号（黄瓜） 植株长势旺，多分枝，雌雄异花同株，主侧蔓均有较强的结果能力。瓜圆筒形，长18～22厘米，横径4.0～4.5厘米，心腔小，肉质致密，单瓜重200克左右。瓜皮较厚，深绿色，表面光滑。果实口味香甜，耐储运，货架期可达7天左右。抗蔓枯病、白粉病、枯萎病和角斑病等多种病害，中抗霜霉病。亩产5 000千克左右，适合于春、秋露地栽培。特别适合有机蔬菜生产和超市专供蔬菜生产（彩图32）。

3. 南抗1号（黄瓜） 少分枝，长势强，主蔓结果为主。果长35～40厘米，瓜把短，果型指数为8.5左右，心腔小。果实多刺瘤，质脆味甜，适于鲜食，商品性好。适合于春秋露地及保护地栽培。亩产5 000千克以上。高抗霜霉病、白粉病等多种病害（彩图33）。

4. 南水3号（黄瓜） 早熟品种，生长势强，分枝性强，主侧蔓均可结瓜，抗性好。果实长棒状，果形匀称，瓜长 13～15 厘米，瓜径 2.3～2.8 厘米，单瓜重 65～85 克，果皮翠绿色有光泽，果肉淡绿色，口感较好。适合保护地栽培（彩图 34）。

栽培技术要点：适期播种，培育壮苗。一年可进行春季、秋季两季栽培。春季播种期为 3 月中旬，秋季播种期为 8 月上旬。春季采用穴盘育苗，秋季采用催芽直播。穴盘育苗苗龄 15～20 天，适当炼苗，生理苗龄 1 叶 1 心时定植。用高畦栽培。定植前施足底肥，每公顷保苗 45 000 株左右。定植后浇缓苗水，以浇透为原则。中后期加大肥水量，并进行叶面施肥 3～4 次，以延长收获期。

5. 金碧春秋（黄瓜）　通过安徽省鉴定（皖品鉴登字第 0703004）。水果型黄瓜，瓜横径 3 厘米左右，长 15～20 厘米，表面光滑无刺。全雌性单性结实，节节成瓜。特早熟。抗白粉病、霜霉病，适宜春秋保护地种植（彩图 35）。

6. 浙蒲 6 号（瓠瓜）　审定证书：浙（非）审蔬 2009009。选育单位：浙江省农业科学院蔬菜研究所。主要特性：早熟，对低温弱光和盐碱耐受能力强；瓜呈长棒形，商品瓜长约 40 厘米，瓜皮绿色带油光。单瓜重约 450 克，肉质致密，口味佳。适宜栽培条件：保护地早熟栽培（彩图 36）。

7. 苏甜 2 号（甜瓜）　苏农科鉴字〔2011〕第 7 号。中早熟，果实发育期 35 天。植株长势中等，抗病耐逆性强，易坐果，果实短椭圆形，皮白色，光滑，果肉绿色，含糖量 15.0%左右，肉质软而多汁，香味浓郁，口感佳。平均单瓜重 1.6～2.0 千克（彩图 37）。

8. 翠雪 5 号（甜瓜）　浙（非）审瓜 2013001。长势稳健，坐果性好；果实椭圆形，果皮白色，外观漂亮，商品性好，单果重 1.2 千克左右，果肉白色，折光糖 15%以上，肉质细脆，品质优异，开花坐果后 40～45 天成熟。中抗白粉病和蔓枯病，适宜春秋季设施种植，单蔓立架栽培 1 600 株/亩，双蔓爬地栽培 700 株/亩（彩图 38）。

9. 夏蜜（甜瓜）　浙（非）品审 2009023。生长强健，易栽培。果实高圆形，果皮墨绿色，栽培条件好时覆有不规则细纹，单果重 1.3～1.6 千克，果肉淡绿色，折光糖 15%～18%，肉质脆并具有粉质，开花后 40～46 天成熟，耐储运。适宜春秋季设施种植，单蔓立架栽培 1 600 株/亩，双蔓爬地栽培 700 株/亩（彩图 39）。

10. 甬甜 5 号（甜瓜）　品种特征特性：植株生长势较强，叶片绿色，心形近全缘，株形开展，子蔓结果，最适宜的坐瓜节位为主蔓第 12～15 节侧枝，易坐果。果实椭圆形，果皮为白色，偶有稀细网纹。果肉橙色，中心折光糖度 15%以上，口感松脆、细腻。春季果实发育期 36 天左右，夏秋季果实发育期 33 天左右，全生育期 94 天左右。早熟性好，膨果性好。单果质量约 1.6 千克，较抗蔓枯病，耐高温性好，适宜华东地区春季和秋季设施栽培（彩图 40）。

栽培技术要点：适宜华东地区春秋季爬地或立架设施栽培，适宜播种期春季为 2 月初至 3 月初，秋季为 7 月下旬至 8 月上旬。爬地栽培时宜沟畦栽培，种植密度 0.75 万～0.9 万株/公顷，单蔓或双蔓整枝，株距 40～50 厘米，畦宽 2 米，畦高 30～40 厘米，沟宽视棚宽而定，覆白色或黑色地膜。立架栽培时，起高垄单行或双行栽培，种植密度1.5万～1.8万株/公顷，畦宽1米，畦高30～40厘米，沟宽50～60厘米，覆盖银灰双色地膜，单蔓整枝，株距35～45厘米，留瓜节位12～15节，每蔓留1果，株高1.7米左右时摘心。生长后期补充磷酸二氢钾等叶面肥，适时采收。

11. 甬甜7号（甜瓜） 品种特征特性：植株生长势较强，叶片绿色，心形近全缘，株形开展，子蔓结果，最适宜的坐瓜节位为主蔓第12～15节侧枝，易坐果。果实椭圆形，果皮为米白色，布细密网纹。果肉浅橙色，中心折光糖度15%以上，单果重约1.8千克，口感松脆、细腻，品质优良。据农业农村部农产品质量安全监督检测测试中心（宁波）检测数据，甬甜7号可溶性固形物含量为12.3%，还原糖含量为4.2%，蛋白质含量1.43%，维生素C含量为212.0毫克/千克。其春季果实发育期38～43天，全生育期100～110天；夏秋季果实发育期34～41天，全生育期80天左右。具有较抗蔓枯病、耐高温性好、膨果性好、不易裂果、肉质松脆、香味浓郁的特点，适宜华东地区春季和秋季设施栽培（彩图41）。

栽培技术要点：适宜华东地区春秋季设施爬地或立架栽培，适宜播种期春季为12月初至翌年2月底，秋季为7月下旬至8月上旬。爬地栽培时，宜沟畦栽培，种植密度0.75万～0.9万株/公顷，单蔓或双蔓整枝，株距40～50厘米，畦宽2米，畦高30～40厘米，沟宽视棚宽而定，覆白色或黑色地膜。立架栽培时，起高垄单行或双行栽培，种植密度1.5万～1.8万株/公顷，畦宽1米，畦高30～40厘米，沟宽50～60厘米，覆盖银灰双色地膜，单蔓整枝，株距35～45厘米，留瓜节位12～15节，每蔓留1果，株高1.7米左右时摘心。生长后期补充磷酸二氢钾等叶面肥，适时采收。

12. 甬甜8号（甜瓜） 品种特征特性：植株生长势较强，叶片深绿，五角形，缺刻深。株形紧凑，孙蔓结果，最适宜的坐瓜节位为孙蔓第5～15节。果实梨形，果形指数0.93，白皮白肉，果肉厚约2.0厘米，肉质松脆，香味浓郁。中心折光糖度13%左右，单果质量为0.38～0.51千克，春季果实发育期28～32天，全生育期95～110天。具有耐低温性好、蔓枯病抗性强、易于栽培、坐果性好、不易裂果的特点（彩图42）。

栽培技术要点：适宜华东地区春季设施或露地爬地栽培，春季适宜播种期设施为1月上旬至2月下旬，露地3月中旬。苗期40天，2月中下旬定植，露地4月初定植。设施爬地栽培：双蔓整枝，行距2.5米，株距50厘米，7 200株/公顷，总蔓数960条；三蔓整枝，行距2.5米，株距75厘米，4 800株/公顷，总蔓数960条；四蔓整枝，行距4米，株距50厘米，定植于畦中部，4 800株/公顷，总蔓数1 280条。覆盖白色地膜，孙蔓第5节开始坐果，每蔓保留4个果实左右，果实成熟期追施钾肥，控制水分和氮肥，适多批采收。

13. 银蜜58（香瓜） 果实高圆形，白皮白肉，中心糖约16度，肉质中脆，口感佳。浙江地区设施栽培果实发育期春季约40天，秋季约36天。平均单果重1.5千克左右。生长势中等，耐低温性较好（彩图43）。

14. 苏蜜11号（西瓜） 已进入江苏省品种审定。中早熟品种，开花后32天左右成熟，抗西瓜枯萎病兼抗蔓枯病和炭疽病，在南方多阴雨或弱光照条件下坐果性优良。果实高圆球形，果皮浅绿底覆墨绿中细条带，单瓜重4～5千克。果肉粉红色，肉质细嫩松脆，中心糖12%，边糖9%左右，品质佳，果皮薄而韧，耐运输，栽培适应性广（彩图44）。

15. 甬越1号（越瓜）　品种特征特性：生长势较强，株形开展，叶片深绿，心形。孙蔓结果，最适宜的坐瓜节位为孙蔓第5～15节。果实圆筒形，果形指数2.10，白皮浅橙肉，肉质脆，香味浓郁。果实中心折光糖度10%左右，单果质量为1.28千克，春季果实发育期30天左右，全生育期89～102天。具有耐低温性好、蔓枯病抗性强、易于栽培、坐果性好、不易裂果的特点（彩图45）。

栽培技术要点：适宜华东地区春季设施或露地爬地栽培，春季适宜播种期设施为1月上旬至2月下旬，露地3月中旬。苗期40天，2月中下旬定植，露地4月初定植。设施爬地栽培：双蔓整枝，行距2.5米，株距50厘米，7 200株/公顷，总蔓数960条；三蔓整枝，行距2.5米，株距75厘米，4 800株/公顷，总蔓数960条；四蔓整枝，行距4米，株距50厘米，定植于畦中部，4 800株/公顷，总蔓数1 280条。覆盖白色地膜，孙蔓第5节开始坐果，每蔓保留4个果实左右，果实成熟期追施钾肥，控制水分和氮肥，适多批采收。

（四）砧木及嫁接技术

1. 甬砧1号（早熟栽培西瓜嫁接砧木）　浙认蔬2008033。耐低温性强、耐湿性强，嫁接后植株早春生长速度快，高抗枯萎病和根腐病，嫁接亲和力强，共生亲和力强，生长势中等，根系发达，下胚轴粗壮不易空心，嫁接后不影响西瓜品质，嫁接西瓜产量高，适宜早佳8424、京欣等大中型西瓜早春设施栽培和露地栽培。千粒重145克（彩图46）。

2. 甬砧2号（薄皮甜瓜、黄瓜嫁接砧木）　耐低温性强，高抗枯萎病，耐逆性强，生长势中等，嫁接亲和力好，共生亲和力强，嫁接成活率高，发芽整齐，嫁接产量高，适宜薄皮甜瓜和黄瓜嫁接。嫁接不影响甜瓜、黄瓜的口感和风味，有蜡粉的黄瓜品种嫁接后不产生蜡粉，适合早春和夏秋季设施栽培。千粒重80克（彩图47）。

3. 甬砧3号（长季节栽培西瓜嫁接砧木）　浙（非）审蔬2010012。耐高温性强，嫁接亲和力强，共生亲和力强，高抗枯萎病，不易早衰，生长势中等，根系发达，下胚轴粗壮不易空心，嫁接西瓜产量高，嫁接早佳8424可采收3～4批以上，不影响西瓜品质。适宜早佳8424和早春红玉等中小型西瓜嫁接（彩图48）。

4. 甬砧5号（小果型西瓜嫁接砧木）　浙（非）审蔬2013013。小果型西瓜专用砧木，适宜拿比特、早春红玉、小兰、京阑、蜜童等小果型西瓜嫁接，耐低温性强，嫁接亲和力强，共生亲和力强，高抗枯萎病，生长势较强，根系发达，下胚轴粗壮不易空心，不易早衰，嫁接西瓜产量高，不影响西瓜品质（彩图49）。

5. 甬砧7号（西瓜嫁接砧木）　中小果型西瓜设施栽培嫁接专用砧木，印度南瓜与中国南瓜杂交一代种（F_1），适宜早佳 8424、拿比特、早春红玉、小兰和京阑等西瓜嫁接。嫁接亲和性好，共生亲和力强，嫁接成活率高，高抗枯萎病，病毒病抗性强，抗西瓜急性凋萎病，生长势较强，根系发达，耐逆性强，不易早衰，不影响西瓜品质。适宜早春栽培，也适宜夏秋高温栽培（彩图 50）。

6. 甬砧 8 号（黄瓜、甜瓜嫁接砧木） 浙（非）审蔬 2014019。甜瓜、黄瓜设施栽培嫁接专用砧木，印度南瓜与中国南瓜杂交一代种（F_1），适宜甜瓜、黄瓜等嫁接。嫁接亲和性好，共生亲和力强，嫁接成活率高，高抗枯萎病，病毒病抗性强，生长势较强，根系发达，耐逆性强，不易早衰，不影响甜瓜、黄瓜品质。适宜早春栽培，也适宜夏秋高温栽培（彩图 51）。

7. 甬砧 9 号（甜瓜嫁接砧木） 甜瓜本砧，适宜甬甜 5 号、甬甜 7 号、东方蜜、黄皮 9818 等各种类型甜瓜嫁接，高抗枯萎病，亲和性强，不影响甜瓜品质。千粒重 35 克（彩图 52）。

8. 甬砧 10 号（西瓜嫁接砧木） 小籽粒印度南瓜与中国南瓜杂交一代种（F_1），适宜早佳 8424 等中小型西瓜嫁接，嫁接成活率高，嫁接操作简便，生长势较强，根系发达，不影响西瓜品质。千粒重 120 克（彩图 53）。

9. 思壮 111（黄瓜嫁接专用砧木） 品种特征特性：中国南瓜一代杂种（F_1），长势中等，不易徒长，嫁接亲和力好，同各类黄瓜嫁接成活率均在 95%以上。嫁接黄瓜后植株长势稳健，果实顺直，口感清脆，品质优良。果实有蜡粉品种嫁接后，表皮光亮无蜡粉，商品性好；接穗黄瓜产量明显增加，可较自根苗增产 15%以上。适合浙江省设施栽培黄瓜嫁接生产（彩图 54）。

嫁接栽培要点：春季于 12 月上旬至翌年 2 月上旬开始育苗，砧木较接穗早播 7～10 天。秋季于 7～8 月开始育苗，砧木较接穗早播 3～5 天。建议采用插接法。嫁接后前 3 天养护温度控制在 25～28℃，空气相对湿度 95%左右，避免日光直射；嫁接后第四天起逐步通风降温；嫁接 7～10 天后按普通苗管理。春季苗龄 3～4 叶 1 心，一般嫁接后 25～35 天可定植，定植前应进行炼苗；秋季苗龄 1～2 叶 1 心，嫁接后 10～15 天可定植。嫁接苗定植不能过深，嫁接部位距土面 1 厘米以上。肥料需较自根苗少施 30%以上，防止营养过剩而不易坐果，控制氮肥，以磷钾肥为主。其他栽培管理措施同自根苗。

10. FZ-11（番茄嫁接专用砧木） 根系发达、生长势强、不早衰，对土传性病害具有复合抗性；嫁接亲和、共生性强，无大小脚现象；嫁接苗生长快、苗龄短、早熟；对果实品质无不良影响（彩图 55）。

11. 瓜类蔬菜“双断根贴接”技术

（1）技术特征：嫁接时同时切除砧木、接穗根系和一片子叶，嫁接夹固定扦插基质中。

（2）优点：接穗和砧木育苗密度 1 100～1 500 株/平方米，显著提高育苗设施利用率；嫁接工序简便、快速，成苗率 98%以上，节本增效；嫁接苗不易徒长、根系发达、健壮、增产效果显著（彩图 56）。

（3）适用范围：南瓜砧木、周年生产。

（五）育苗基质

1. 优佳育苗基质　该产品由淮安中园园艺有限公司生产，江苏徐淮地区淮安农业科学研究所、江苏省江蔬种苗科技有限公司监制。该产品主要原料为木薯渣，配入一定比例草炭、腐熟鸡粪及其他缓释肥和微量元素等。营养丰富，肥效长，可满足苗期30～40天的生长需求。基质pH中等，适应性广，透气性、持水性好，可保证出苗齐、快、壮。生根、养根、保根效果好，起苗不伤根，定植后缓苗期短（彩图57）。

2. 黄瓜专用育苗基质　酒精沼渣经发酵后复配混合基质，含水量≤30%、容重0.35～0.5克/立方厘米、有机质45%～50%、总孔隙80%～85%、大小空隙比3.3～3.7、速效氮磷钾4.5%～5.0%、pH为6.5～6.8、EC值为3.0～3.5毫西门子/厘米（饱和态）。基质疏松透气、吸水保水性好，黄瓜苗根系发达、健壮，3叶1心前不需补充化学肥料，适宜黄瓜周年育苗（彩图58）。

（六）植保产品

“禾喜”短稳杆菌（生物杀虫剂）　我国最新创制的生物农药，国家发明专利（ZL03112780.0），是一种新型细菌杀虫剂，具有胃毒作用（彩图59）。

特点：①高致病力：害虫一接触到药即停止取食危害（1～4天死亡，持效期15天），保叶率高，低温阴雨天打药同样有效；②连用有累积效应，越用效果越好；③产品为纯活菌生物杀虫剂，无抗药性，微毒，对鱼类极为安全，不含任何隐性化学成分。已正式登记在防治稻纵卷叶螟、小菜蛾、斜纹夜蛾等害虫，使用方法：害虫整个幼虫发生期都可用药。根据虫量，每15千克水用药20～40毫升喷雾。对于钻蛀性害虫，要在卵孵盛期至高峰期用药。

二、设施蔬菜高产高效栽培管理

（一）技术规程

瓜-菜-菇立体种植技术规程

本标准主要起草人：严继勇、曾爱松、高兵、苏小俊、宋立晓、林金盛、刘根新、张秋萍。

本标准起草单位：江苏省农业科学院、泰兴市新街镇农业服务中心、江阴市农业技术推广中心。

1 范围

本标准规定了瓜-菜-菇立体种植中3种作物茬口安排、播种育苗期、温光水肥、整枝上蔓等管理技术及病虫害绿色防治措施。

本标准适用于瓜-菜-菇立体种植棚室生产。

2 规范性引用文件

下列文件中的条款通过本标准的引用而成为本标准条款。凡是注明日期的引用文件，其随后所有的修改单（不包括勘误的内容）或修订版均不适用于本标准，然而，鼓励根据本标准达成协议的各方研究是否可使用这些文件的最新版本。凡是不注明日期的引用文件，其最新版本适用于本标准。

GB 4285　农药安全使用标准

GB/T 8321（所有部分）　农药合理使用准则

GB 16715.4　瓜菜作物种子

3　栽培模式

3.1　设施类型

日光温室、连栋大棚及单体大棚。棚架结构见图 1～图 3。

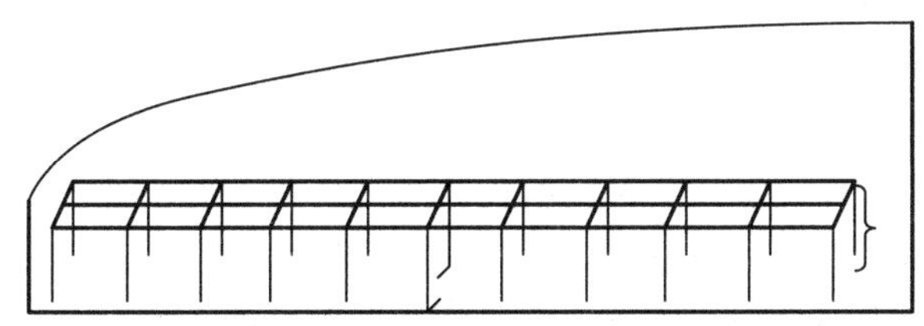

图 1　日光温室立体栽培示意图

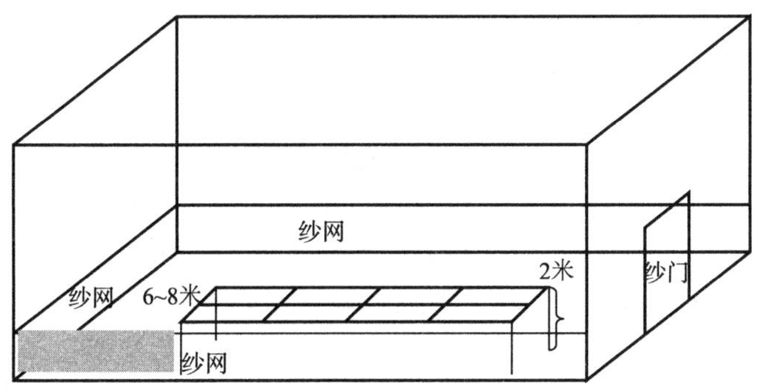

图 2　连栋大棚立体栽培棚架示意图

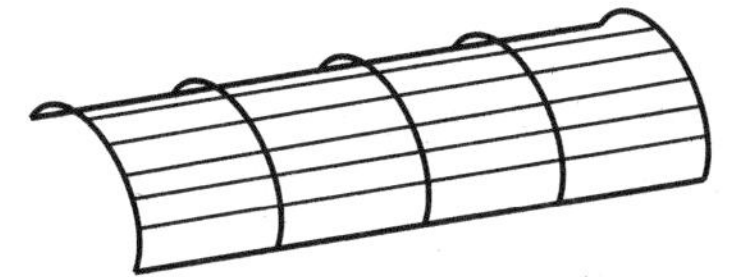

图 3　单体大棚立体栽培棚架示意图

3.2　作物种类

3.2.1　瓜类蔬菜

蔓生、中小果瓜类，如丝瓜、小型南瓜、苦瓜、节瓜等。

3.2.2　叶菜

速生、耐阴、抗病虫叶菜，如菜秧、苋菜、芫荽、芹菜、茼蒿、菠菜等。

3.2.3　食用菌

高温菇，如平菇、杏鲍菇等。

3.3　茬口安排

瓜（3～10 月），叶菜（3～5 月），食用菌（6～10 月）。

4 栽培技术措施

4.1 瓜类

4.1.1 育苗方式

日光温室、塑料大棚等设施内作为瓜类蔬菜育苗场地，采用苗床或基质穴盘或营养钵育苗。

4.1.2 营养土配制

选用近3年来未种过瓜类蔬菜的肥沃园土2份与充分腐熟的过筛农家肥1份配合，并按1立方米加N：P_2O_5：K_2O为15：15：15的三元复合肥1千克或相应养分的单质肥料混合均匀待用。将床土铺入苗床，厚度约10厘米。

4.1.3 床土消毒

用50%多菌灵可湿性粉剂与50%福美可湿性粉剂按1：1比例混合，或25%甲霜灵可湿性粉剂与70%代森锰锌可湿性粉剂按9：1比例混合，按1平方米用药8～10克与4～5千克过筛细土混合，播种时2/3辅于床面，1/3覆盖在种子上。

4.1.4 选用瓜类蔬菜专用育苗基质育苗时，建议使用“品氏”等高品质进口基质，谨防基质带菌。

4.1.5 种子质量

符合GB 16715.4中的二级以上要求。

4.1.6 播种

4.1.6.1 播种期

瓜类蔬菜在3月中旬播种育苗。

4.1.6.2 方法

瓜类蔬菜育苗基质用清水搅拌，手紧握有水滴即可。营养钵播种时，播种前先将营养土浇足底水，水渗透后播种。每穴（钵）播1粒，播后覆盖基质或营养土1.0～1.5厘米。苗床育苗时，灌足底水，水渗下后用营养土薄撒一层，抹平床面；播种后覆细土1.0～1.5厘米厚，覆盖报纸、遮阳网等保湿。

4.1.7 苗期管理

4.1.7.1 温度

见表1。

表1 苗期温度管理

单位：℃

时期	白天适宜温度	夜间适宜温度
播种至齐苗	28～30	18～20
齐苗至分苗	25～28	16～18
分苗至缓苗	23～26	18～20
缓苗至定植前10天	21～23	16～18
定植前10天至定植	20～22	16～20

4.1.7.2　分苗

在使用苗床育苗时，需要进行分苗 1 次。当幼苗 1～2 片真叶时，将幼苗分在营养钵内，然后摆入苗床。

4.1.7.3　分苗后管理

用遮阳网遮阳至成活。缓苗后床土不干不浇水，浇水宜小水或喷水，定植前 7 天浇透水，并囤苗、炼苗。有条件的，可在苗周围扣 22 目防虫网。

4.1.7.4　壮苗标准

植株健壮，3～4 片叶，叶片肥厚，根系发达，无病虫害。

4.1.8　定植前准备

4.1.8.1　整地施基肥

6～8 米宽的标准大棚内距棚边 50 厘米整成 2 条平行的畦。连栋大棚内，平棚跨度 6～8 米，整成 2 米宽的畦，两边留 0.80～1 厘米宽的路作采收或观光用。北方日光温室视规格，整成 1.5～2 米宽的畦，沿北面墙内侧留 60 厘米路作采收或观光用。苏中以南地区作高畦，苏北作平畦。

有机肥与无机肥相结合。在中等肥力条件下，结合整地每亩施优质有机肥（以优质腐熟猪厩肥为例）3 000～4 000 千克，配合施用氮、磷、钾肥。

4.1.8.2　棚室消毒

在前茬清理后，薄膜揭去前用 45%百菌清烟剂熏蒸。每亩用 180 克，密闭烟熏消毒。

4.1.8.3　设支撑物

单体棚和日光温室：在瓜蔓甩头时，揭去棚膜，纵向每隔 50 厘米拉铁丝等支撑物，形成网格作为爬架支撑物。连栋大棚：常用渔网或尼龙绳、麻绳等或铁丝作攀援物，在棚内形成跨度 6～8 米的平棚。

4.1.8.4　银灰膜驱蚜及防虫网

铺银灰色地膜或将银灰膜剪成 10～15 厘米宽的膜条，膜条间距 10 厘米，纵横拉成网眼状。

4.1.9　定植

4.1.9.1　定植期

瓜类幼苗长至 3～4 片真叶时即可定植，江苏地区一般在 4 月上中旬。

4.1.9.2　方式

单体大棚在大棚两边内侧或外侧距杆线 10 厘米定植，株距 35 厘米左右；北方日光温室沿南端或沿畦方向两边定植；连栋大棚沿畦方向两边定植。

4.1.10　定植后管理

4.1.10.1　缓苗期

定植后 4～5 天浇缓苗水。

4.1.10.2　甩蔓期

在瓜类甩蔓期，留其一个主蔓，人工理蔓辅助上棚室。结合浇水每亩追施氮肥

（N）3～5 千克。

4.1.10.3 开花结果期

瓜蔓到达平棚或棚顶后放任生长，保持土壤湿润，结合浇水追施 45%的氮磷钾三元复合肥 50 千克，或氮肥（N）2～4 千克，钾肥（K_2O）1～3 千克，0.2%的磷酸二氢钾溶液叶面喷施 1～2 次。

结瓜后期控制浇水次数和水量，收获前 10 天内不再施肥水。

4.1.11 采收

丝瓜、苦瓜、节瓜等采收嫩瓜为主的在开花后 7～10 天采收，老熟南瓜开花后 35 天采收。

4.2 叶菜

4.2.1 播种

平整土地，灌足底水，水渗下后播种。在瓜行间采用干籽直播方式，亩用种量 2～3 千克。种子用干的细土或细沙拌匀，均匀撒在畦面上。用扫帚轻扫一遍或用耙子轻耧一下；覆盖报纸、遮阳网等保湿。

4.2.2 肥水管理

叶菜 50%出芽后揭去覆盖物。土壤保持湿润状态，有顶喷装置的采用顶喷或采用喷灌带喷水。结合补水，追施尿素 15 千克 1 次。

4.2.3 采收

叶菜生长 25 天左右可以一次性采收，也可以间大苗方式多次采收。

4.3 食用菌

4.3.1 品种

平菇（秀平 1 号）、杏鲍菇。从具有资质的科研单位或生产单位根据生产规模采购长满菌丝的无污染栽培菌袋，每亩可放置菌袋 5 000～6 000 袋。或从上述单位采购原种、栽培种制作生产用出菇袋。

4.3.2 床池制作

瓜棚下方挖 1.5～2.0 米宽，比菌袋横径高 2～3 厘米的床池，供摆放菌袋用。

4.3.3 菌袋摆放

4.3.3.1 时间

平菇在瓜藤爬满顶架或顶网时（约 6 月底）摆放，杏鲍菇在 9 月初摆放。

4.3.3.2 方式

菌袋去除包装物后水平排列，排间距 5 厘米，袋间距 2 厘米，空隙部分用土填充，袋上盖 2～3 厘米细土。覆盖黑色遮阳网，开始出菇时揭去遮阳网。

4.3.4 水分管理

保持畦面湿润。

4.3.5 采收

按照标准或市场行情采收。

5　病虫害防治

5.1　病虫害防治原则

贯彻“预防为主、综合防治”的植保方针，通过选用抗性品种，培育壮苗，加强栽培管理，科学施肥，改善和优化菜田生态系统，创造一个有利于瓜-菜-菇生长发育的环境条件；优先采用农业防治、物理防治、生物防治，配合科学合理地使用化学防治。

5.2　农业措施

清洁田园，高温闷棚，低温冻垡。

5.3　物理防治

对蚜虫和夜蛾以诱杀和趋避为主。病害以降低空气湿度、通风透光为主。

5.3.1　诱蚜和避蚜

用10厘米×20厘米的黄板，按照30～40块/亩的密度，挂在行间或株间，高出植株顶部20厘米左右，诱杀蚜虫，一般7～10天重涂一次机油。铺银灰色地膜或将银灰膜剪成10～15厘米宽的膜条，膜条间距10厘米，纵横拉成网眼状。大棚两侧及出入大门安装30目的防虫网避蚜。

5.3.2　利用黑光灯诱杀夜蛾类害虫。

5.4　药剂防治

使用药剂应按照GB 4285和GB/T 8321的规定执行。

5.4.1　病害防治

主要是瓜类白粉病，见表2。

表2　瓜类白粉病化学防治

定植前	定植后
大棚内每亩用0.6～3.5千克硫黄粉加锯末，暗火点火燃闭棚熏蒸24小时，或用45%百菌清烟雾剂熏蒸，每亩用量180克	发病初期用100单位浓度的农抗120或农抗B0-10喷雾，或浓度30～50倍高脂肪膜或京2B喷洒，或小苏打500倍液，或25%粉锈宁2 000倍液，或45%硫黄胶悬剂500倍液，或40%敌菌酮800倍液，或40%福美砷可湿性粉剂500倍液，或拜雷顿400倍液，或用多菌灵、百菌清、甲基托布津等，每周1次连喷2～3次

5.4.2　虫害防治

主要虫害有菜青虫、小菜蛾、蚜虫、夜蛾和潜叶蝇等。

5.4.3　化学防治

见表3。

表 3　主要虫害化学防治

虫害	方　法
菜青虫	卵孵化盛期选用苏云金杆菌（Bt）可湿性粉剂 1 000 倍液，或 5%定虫隆乳油 1 500～2 500 倍液喷雾。在低龄幼虫发生高峰期，选用 2.5%氯氟氰菊酯乳油 2 500～5 000 倍液，或 10%联苯菊酯乳油 1 000 倍液，或 50%辛硫磷乳油 1 000 倍液，或 1.8%齐墩螨素 3 000～4 000 倍液喷雾
小菜蛾	于 2 龄幼虫盛期每亩用 5%氟虫腈悬浮剂 17～34 毫升加水 50～75 升，或 5%定虫隆乳油 1 500～2 000 倍液，或 1.8%齐墩螨素乳油 3 000 倍液，或苏云金杆菌（Bt）可湿性粉剂 1 000 倍液喷雾。以上药剂要轮换、交替使用
蚜虫	用 50%抗蚜威可湿性粉剂 2 000～3 000 倍液，或 10%吡虫啉可湿性粉剂 1 500 倍液，或 3%啶虫脒 3 000 倍液，或 5%啶・高氯 3 000 倍液喷雾，6～7 天喷一次，连喷 2～3 次。用药时可加入适量展着剂
夜蛾	在幼虫 3 龄前用 5%定虫隆乳油 1 500～2 500 倍液，或 37.5%硫双灭多威悬浮剂1 500 倍液，或 52.25%毒・高氯乳油 1 000 倍液，或 20%虫酰肼 1 000 倍液喷雾，晴天傍晚用药，阴天可全天用药
潜叶蝇	幼虫 2 龄前、虫道不超过 1 厘米时用 75%灭蝇胺可湿性粉剂 3 000～5 000 倍液，或用 5%氟啶脲 2 000 倍液，或 10%虫螨腈 3 000 倍液喷雾。防治成虫在其羽化高峰期的上午用触杀性杀虫剂，药剂应交替使用，喷药时注意叶片正反面都要喷到

花椰菜采后处理技术规程

本标准起草单位：农业农村部南京农业机械化研究所

1 范围

本规程规定了花椰菜采后处理各环节的技术要求。

本规程适用于无锡及周边产地生产的花椰菜。

2 规范性引用文件

下列文件对于本文件的应用是必不可少的，凡是注日期的引用文件，其随后所有的修改单或修订版均不适用于本文件。凡是不注日期的引用文件，其最新版本（包括所有的修改单）适用于本文件。

GB 2762 食品安全国家标准 食品中污染物限量

GB 2763 食品安全国家标准 食品中农药最大残留限量

GB/T 6543 运输包装用单瓦楞纸箱和双瓦楞纸箱

GB/T 8855 新鲜水果和蔬菜的取样方法

GB 8868 蔬菜塑料周转箱

3 采收与分级

3.1 采收

3.1.1 应选择气温较低时采收，避免雨水和露水。

3.1.2 应保留靠近花球的 3～4 片叶子。

3.1.3 应轻拿轻放，防止机械损伤。

3.2 基本要求

3.2.1 每一包装、批次为同一品种，应具有本品种固有的形状和色泽。

3.2.2 无多叶花蕾；外观新鲜，无萎蔫，苞叶未脱落或枯黄，质地脆嫩；修整完好；无异常的外来水分。

3.2.3 无异味、无腐烂、无杂物、无病虫害造成的损伤、无害虫、无冻害。

3.3 规格划分

按花球大小分为特大花球、大花球、中花球和小花球 4 种规格。具体规格应符合表 1 的规定。

表 1　花椰菜规格

规格	特大花球	大花球	中花球	小花球
单球质量（克）	＞1 500	1 000～1 500	500～1 000	＜500

各级不符合规格要求的按质量计不超过 10％的允许误差。

3.4　等级划分

在符合基本要求的前提下，同一规格的花椰菜分为一级、二级和三级，各等级应符合表 2 的规定。

表 2　花椰菜等级

项目	等级		
	一级	二级	三级
品种	同一品种		同一品种或相似品种
紧密度	各小花球肉质花茎短缩，花球紧实	各小花球肉质花茎短缩，花球尚紧实	各小花球肉质花茎略伸长，花球紧实度稍差
色泽	洁白色	乳白色	黄白色
形状	具有本品种应有的形状		基本具有本品种应有的形状
清洁	花球表面无污物		花球表面有少许污物
机械伤	无	伤害不明显	伤害不严重
散花	无	无	可有轻度散花
绒毛	无	有轻微绒毛	
允许误差	允许有 5％的产品按质量计不符合该等级的要求，但应符合二级的要求	允许有 10％的产品按质量计不符合该等级的要求，但应符合三级的要求	允许有 10％的产品按质量计不符合该等级的要求，但应符合基本要求

4　卫生指标与试验方法

4.1　卫生指标

4.1.1　快速检测

以乙酰胆碱酯酶的抑制率为指标，快速检测有机磷和氨基甲酸酯类农药残留，≥50％，则说明有可能农药残留超标，必须进行精确检测。

4.1.2　精确检测

对快速检测数据进行复检，同时抽检其他产品。卫生指标按 GB 2762、GB 2763的规定执行。

4.2　试验方法

取样量按 GB/T 8855 的规定执行。品种特征、整修、色泽、形状、新鲜、清洁、病虫害、机械伤、腐烂、变色、冻害、绒毛、多叶花蕾等用目测法检测。异味用嗅的方法检测。紧实度用目测或手触压方法检测。病虫害有明显症状或有怀疑者，应取样用刀纵向解剖检验，如发现内部症状，则需扩大 1 倍样品数量。

4.3　判定规则

4.3.1　限定范围

每批受检样品，等级的允许误差按其所受检单位（如每箱、每筐）的平均值计算，其值不应超过该等级规定的限定范围。如同一批次某件样品等级的允许误差超过规定限度时，为避免变异幅度太大：

——规定限度总计不超过 5%者，则任何包装允许误差上限不应超过 10%；

——规定限度总计不超过 10%者，则任何包装允许误差上限不应超过 20%；

——如超过以上规定者，按降级或者等外品处理。

4.3.2　卫生指标有一项不合格，该产品为不合格。

4.3.3　该批次产品标志、包装、净含量不合格者，允许农户或者作业组（农场）申请复检一次。卫生指标不合格不进行复检。

5　产地包装

5.1　产地包装宜采用塑料周转箱或纸箱，也可采用塑料袋等其他容器。塑料周装箱应符合 GB 8868 的规定，纸箱符合 GB/T 6543 的规定。

5.2　采收前将包装箱（袋）备在田间，并在箱体上采用二维码的形式标注生产信息。采收后应就地整修，将同一等级花椰菜放置在统一包装箱内。气候干燥、气温高的季节，塑料周转箱四周衬上花椰菜叶片，防止失水。

6　产地短期存放、集货

要及时产后处理，产地短期存放、集货到处理中心的时间不宜超过 2 小时。

7　预冷

采收后立即强制预冷或放到阴凉处。

7.1　冷库预冷

7.1.1　预冷库温度 0～3℃，相对湿度 90%～95%。

7.1.2　应将菜箱顺着冷库冷风流向码成排，箱与箱之间留出 5 厘米左右的空隙，每排间隔 25 厘米，菜箱与墙壁留出 30 厘米的风道。出风口的菜箱高度不得超过风机底边高度，其他位置菜箱，应留离库顶 60 厘米的风道。

7.1.3 预冷温度达到 3℃。

7.2 真空预冷

同一批次花椰菜批量较大、周转速度要求快、外界环境温度高、产品本体温度较高等状况时进行真空预冷处理，真空预冷终温 3℃。预冷后的花椰菜适宜冷库储存。

8 采后处理

8.1 设施设备与流程

8.1.1 设施设备

CL-BⅢ八通道农药残留测定仪、QXJ-M 多功能清洗机、SA-Ⅱ手工包装机、电子秤、周转箱、工作台、配送车。

8.1.2 流程

大田采收→残留农药检测→分拣→气泡清洗（包括清净水喷淋、去虫卵、去毛发）→分选→包装、装箱（入库冷藏/配送）。非净菜加工不进行清洗。

8.2 操作要求

8.2.1 严格遵守《食品安全法》。加工部员工都必须持有健康证上岗。员工不留长指甲、涂指甲油、戴戒指，私人物品不带入车间。进入车间统一着装、整洁干净，统一消毒。

8.2.2 加工场所不吸烟。不得面对原料及成品打喷嚏、咳嗽，不得随地吐痰以及有碍食品卫生的行为。闲杂人员谢绝进入，谢绝参观。

8.2.3 按照统一操作流程操作，由专人负责操作主要设备，非操作人员不得操作主要设备。

8.2.4 所有原料加工包装前必须经过检验，不合格的原料不得投入使用。

8.2.5 第二次修整、分选、分级，要实行流水作业，各工序必须严格按照工艺要求和卫生要求操作，确保成品不受污染。

8.2.6 包装加工用的工具、容器、设备必须定期清洗，保持清洁。直接接触花椰菜的工具、容器必须定期消毒。

8.2.7 加工结束，全面清洗车间、设备及用具。清洗完毕，掀开所有污水收集沟盖板，清洗污水收集沟，经检验合格后盖好盖板。

9 产品包装、运输和储存

9.1 包装

9.1.1 用于同规格花椰菜包装的容器（箱、筐等）应大小一致、整洁、干燥、牢固、透气、美观、内壁光滑；无污染、无异味、无虫蛀、无腐烂和霉变现象。塑料周装箱应符合 GB/T 8868 的规定，纸箱符合 GB/T 6543 的规定。

9.1.2　应按等级、规格分别包装，统一包装内的产品需摆放整齐。

9.1.3　每一批次花椰菜其包装规格、单位净含量应一致。

9.1.4　每件包装的净含量或数量不应低于包装外标志的净含量或数量。

9.1.5　包装上应标明产品名称、产地、商标、产品的标准编号、生产单位名称、详细地址、等级、规格、净含量和包装日期等，标志上的字迹应清晰、完整、准确。

9.2　运输

9.2.1　运输时做到轻装、轻卸，严防机械损伤。运输工具应清洁、卫生、无污染。

9.2.2　运输的适宜温度为 0～3℃，相对湿度 90%～95%。运输过程中注意防晒、保湿、防雨淋和通风散热，夏季应注意降温，冬天应注意防冻。

9.3　储存

9.3.1　储存时应按品种、等级、规格分别存放。装筐（箱）时花球应朝上。用聚氯乙烯薄膜冷藏时花球应朝下，以免袋内的凝结水滴在花球上造成霉烂。

9.3.2　储存库应有通风放气装置，保证温度和相对湿度的稳定、均匀。净菜周转箱不能落地堆放。

9.3.3　储存温度 0～3℃，储存相对湿度 90%～95%。

9.3.4　每周一清洁冷库。

10　配送

10.1　配送小包装可采用托盘加透明薄膜、透明薄膜包装或塑料袋包装，也可整齐装筐。

10.2　每个包装上应注明生产信息和销售者信息。

10.3　蔬菜配送车应专人负责运送，保持车内整洁、卫生。蔬菜配送前后将车内打扫干净。

花椰菜机械化垄作（旋耕起垄）技术规范

本标准起草单位：农业农村部南京农业机械化研究所

1 范围

本规范规定了花椰菜机械化耕整地作业的技术条件、安全操作规范、检测方法、检验规则。

本规范适用于花椰菜垄作栽培时的耕翻、精整、起垄等作业。

2 规范性引用文件

下列文件对于本文件的应用是必不可少的。凡是注日期的引用文件，仅注日期的版本适用于本文件。凡是不注日期的引用文件，其最新版本（包括所有的修改单）适用于本文件。

GB/T 5262—2008 农业机械试验条件测定方法的一般规定

GB/T 5668—2008 旋耕机

GB 10395.1—2009 农林机械安全 第1部分：总则（ISO 4254-1：2008，MOD）

GB 10396—2006 农林拖拉机和机械、草坪和园艺动力机械安全标志和危险图形 总则（ISO 11684：1995，MOD）

GB/T 14225—2008 铧式犁

NY/T 499—2013 旋耕机作业质量

3 术语和定义

下列术语和定义适用于本文件。

3.1 耕翻 plowing

利用犁对耕作层土壤进行翻垡、松碎、覆盖残茬杂草或肥料的作业。

3.2 精整 fine soil preparation

对耕作层土壤进行精细松碎、平整、覆盖残茬杂草或肥料的作业。

3.3　精整层深度　soil layer depth in fine soil preparation

经精整地作业后，耕后地表至精整作业沟底的距离。

3.4　起垄　ridging

在平地上进行的开沟培土成垄作业。

3.5　漏耕　omission uncultivated land

地表状况允许作业机组通过，能够作业的地方实际没有作业。

3.6　直线度　straightness

被测直线偏离基准直线的程度。以被测直线偏离基准直线的最大距离表示。

3.7　垄形参数　ridge shape parameters

垄的形状各部分的名称，见图 1。

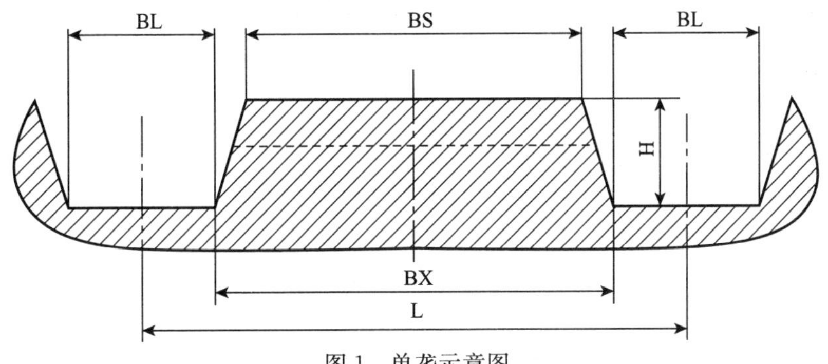

图 1　单垄示意图

BL. 拖拉机通过的垄沟底宽　BS. 主垄的垄体上部宽度　BX. 主垄的垄体下部宽度　H. 主垄的垄高　L. 双垄沟的宽度

4　技术条件

4.1　作业条件

4.1.1　土壤质地不得为重黏土。

4.1.2　旋耕作业时，土壤绝对含水率应不大于 25%。

4.1.3　平作地的地表应平整，垄作地的垄沟应平直，大小适合所用机组作业。

4.1.4　犁耕或旋耕水稻、小麦等前茬作物的留茬高度应不大于 25 厘米，其秸秆粉碎长度应不大于 15 厘米；玉米、高粱等前茬作物的留茬高度应不大于 10 厘米，其秸秆和根茬的粉碎长度应不大于 5 厘米。

4.1.5　耕前地表植被覆盖量应不大于 0.6 千克/平方米，地表遗留的秸秆和粉碎后的根茬应抛撒均匀，不影响机具作业。

4.1.6 起垄作业，前茬作物的留茬高度应不大于10厘米，地表遗留的秸秆和粉碎后的根茬不影响机具作业。

4.2 作业质量要求

4.2.1 耕翻作业质量要求，见表1。

表1 耕翻作业质量要求

序号	项　目	指标要求
1	耕深（厘米）	符合农艺要求
2	耕深偏差（厘米）	≤5
3	植被覆盖率（%）	≥75
4	耕后田面情况	作业后田角余量少，田间无明显漏耕，没有明显壅土、壅草现象

4.2.2 精整作业质量要求，见表2。

表2 精整作业质量要求

序号	项　目	指标要求
1	精整层深度（厘米）	12～18
2	精整层深度合格率（%）	≥92
3	耕后地表植被残留量（克/平方米）	≤100
4	碎土率（%）	≥88
5	耕后地表平整度（厘米）	≤4
6	耕后田面情况	作业后田角余量少，田间无漏耕，没有壅土、壅草现象

4.2.3 起垄作业质量要求，见表3。

表3 起垄作业质量要求

序号	项　目	指标要求
		单垄
1	垄高（厘米）	15
2	垄底宽（厘米）	70～90
3	垄顶宽（厘米）	70～80
4	垄沟间距（厘米）	105～130
5	垄顶面的平整度（厘米）	≤4
6	垄沟底宽（厘米）	25～30
7	垄体直线度（厘米）	≤5
8	田面情况	垄形完整，垄沟回土少，垄体土壤疏松细碎，无油污污染
备注		双垄的垄形可根据农艺要求做，中间的垄沟深及宽度可根据农艺要求确定

5　安全操作技术规范

5.1　操作人员必须经有关部门培训，合格后方可上岗操作。

5.2　使用前，必须认真阅读机具使用说明书，理解和掌握机具的内容。

5.3　不准自行改装机具，否则可能引起性能下降、损坏或发生危险。

5.4　操作人员工作时，应穿合适紧身的工作服，禁止穿肥大或没有扣好的外套和衬衫等。

5.5　作业前，要详细检查并认真调整机具，确保处于技术状态良好后方可作业。

5.6　工作时，万向节与传动轴夹角不得大于±10°，地头转弯时不得大于30°。

5.7　长距离转移时，应可靠切断拖拉机动力输出轴的动力。

5.8　严禁先入土后结合动力输出轴，或急骤下降机具，以免损坏拖拉机及机具传动部件。

5.9　地头转弯及倒车时，严禁机具作业。

5.10　作业时，拖拉机和机具上严禁乘人，以免跌入机具内造成伤亡事故。

5.11　作业时，严禁接近旋转部件。

5.12　检查机具、清理、清除堵塞或更换机具万向节传动轴、旋耕刀及传动零件时，必须切断拖拉机动力输出轴，停机熄火，确保安全。

5.13　机具作业中操作人员要特别提高警惕，随时注意切断动力，以防发生事故。

5.14　机具作业中听到异常的噪声，应立即停车检查，排除故障。

5.15　停放时，需要把机具降落着地，并支撑稳妥，不得悬挂停放。

6　检测方法

6.1　检测前准备

检测用仪器、设备需检查校正，计量器具应在规定的有效检定周期内。

6.2　检测时机确定

耕整地作业的质量检测应在机具正常作业时现场随机进行。

6.3　测区和测点的确定

6.3.1　测区的确定

一般应以一个完整的作业地块为测区。当作业的地块较大时，如作业地块宽度大于60米，长度大于80米，可采用抽样法确定测区。确定的方法是：先将地块沿长宽方向的中点连十字线，将地块分成4块，随机抽取对角的2块作为测区。

6.3.2　测点的确定

测区中，考虑到机组作业情况，在田边地头留出适当的稳定区再取测点。作业条件的测试：按照 GB/T 5262—2008 中 4.2 规定的五点法进行；作业质量的测试：机组作业一个单趟为一个行程，每个测区取不少于 3 个行程测定，测点的数量按不同的项目确定。

6.4 检测要求

用抽样法确定的测区，所选取的地块均作为独立的测区，分别检测。

6.5 试验前的调查和测定

按 GB/T 5668—2008 中 7.1.2 的规定执行。

6.6 作业质量检测

6.6.1 耕翻作业

耕深、耕深偏差和植被覆盖率按 GB/T 14225—2008 的 5.2.2.1 和 5.2.2.4 进行。耕后田面情况目测。

6.6.2 精整地作业

6.6.2.1 精整层深度、精整层深度合格率

用耕深尺测量。每行程沿垂直于耕整作业方向取一定宽度（大于耕整机械的作业宽度）为一个测定区域，每个测定区域随机取 5 点，测定精整层深度，并计算行程平均值及总平均值。计算精整层深度不小于 a（a 为农艺要求或服务双方协商确定的精整层深度）的点数占总的测定点数的百分比为精整层深度合格率。

6.6.2.2 耕后地表植被残留量

每行程测 2 点，每点按 1 平方米面积紧贴地面剪下露出地表的植物（不含根茬的地下部分），称其质量，并计算总平均值即为耕后地表植被残留量。

6.6.2.3 碎土率

每行程随机测 1 点，每个测点面积取 0.5 米×0.5 米，在其精整层内，以最长边小于 2.5 厘米的土块质量占总质量的百分比为该点的碎土率，计算总平均值。

6.6.2.4 耕后地表平整度

每行程随机测 1 点，按 GB/T 5668—2008 中 7.1.3.5 的规定测定。

6.6.2.5 耕后田面情况

目测。

6.6.3 起垄作业

6.6.3.1 垄高、垄顶宽、垄底宽、垄沟间距

每行程随机 5 点，计算行程平均值和总平均值。

6.6.3.2 垄顶面平整度

每行程随机测 1 点，按 GB/T 5668—2008 中 7.1.3.5 的规定测定。

6.6.3.3 垄沟底宽

测定起垄作业后，拖拉机通过的垄沟底宽，测区内随机测定 10 点，计算平均值。

6.6.3.4　垄体直线度

沿垄体方向，在 30 米（不足 30 米按实际长度）长的两端的中心拉一直线为基准线，双垄作业按一个整体测定，测定垄体中心偏离基准线的距离。每垄随机测 5 点，以偏离的最大距离为垄体直线度。

6.6.3.5　耕后田面情况

目测。

7　检验规则

7.1　单项判定规则

检测结果不符合本标准第 4 章的相应要求或不符合被服务方要求时，判该项目不合格。

7.2　综合判定规则

7.2.1　单一测区

对确定的检测项目进行逐项考核。项目全部合格，则判定耕整作业质量为合格；否则，为不合格。

7.2.2　抽样法确定的测区

先按 7.2.1 逐块考核，再考核整个测区。2 块作业质量全部合格，则判定耕整作业质量为合格；否则，为不合格。

绿叶蔬菜小型机械化生产技术规范

本标准起草单位：上海市农业科学院园艺研究所

1 范围

本规范规定了上海地区鸡毛菜、米苋等机械化收割过程中产地环境、农业投入品、栽培技术、采收等要求。

本规范适用于上海地区鸡毛菜、米苋等机械化收割。

2 规范性引用文件

下列文件对于本文件的应用是必不可少的。凡是注日期的引用文件，仅注日期的版本适用于本文件。凡是不注日期的引用文件，其最新版本（包括所有的修改单）适用于本文件。

GB 5084—2005 农田灌溉水质标准

GB/T 8321.9—2009 农药合理使用准则（九）

GB 15063 复混肥料（复合肥料）

GB 15618—2008 土壤环境质量标准

GB 16715.5—2010 瓜菜类种子 第5部分：绿叶菜类

NY 525—2012 有机肥料

NY/T 1276 农药安全使用规范 总则

NY/T 2798.3—2015 无公害农产品 生产质量安全控制技术规范 第3部分：蔬菜

NY/T 5295 无公害农产品 产地环境评价标准

3 术语和定义

下列术语和定义适用于本文件。

3.1 商品有机肥

产品按规定的工艺要求生产，包括合理的畜禽粪便配料，添加必要的以秸秆为主的辅料，实施加菌加氧经一定周期发酵，达到均质化、无害化、腐殖化的肥料。

3.2　农业投入品

在农产品生产过程中使用和添加的物质，包括种子、肥料、农药、兽药、饲料及饲料添加剂等农用生产资料产品和农膜、农业工程设施设备等农用工程物资产品。

3.3　机械化生产

绿叶蔬菜机械化生产是在绿叶菜生产过程中使用大、小型机械进行生产的一种机械化作业方式。

4　产地环境

生产基地周边环境应无污染物。农田土壤环境、大气、灌溉水质质地符合GB 5084和 NY NY/T 5295 的规定。

5　农业投入品

5.1　肥料

5.1.1　复混肥料

应符合 GB 15063 的规定。

5.1.2　有机肥料

应符合 NY 525 的规定。

5.2　农药

农药使用应符合 NY/T 1276 的规定。

6　栽培技术

6.1　品种选择

选择适宜机械化采收的鸡毛菜品种为新夏青 6 号、新夏青 5 号、机收一号等，米苋品种为大圆白米苋，茼蒿品种为光杆茼蒿。

6.2　播种日期

根据不同绿叶蔬菜品种的生长习性确定适宜的播种日期，其中绿叶蔬菜宜选择在 3 月初至 10 初播种。

6.3　施肥

有机肥的施用：施用充分腐熟的商品有机肥，每亩施用 1 吨，每年施用 1～

2 次。

基肥的施用：作畦前，撒施硫酸钾型复合肥（15∶15∶15），亩施硫酸钾型复合肥 20 千克。

6.4 精细化整地、作畦技术

6.4.1 深翻

a）适用机具：采用三铧或四铧进行深翻，可根据生产情况每年深翻 1～2 次；

b）深耕深度 25 厘米以上，深浅一致；

c）实际耕幅与犁耕幅一致，避免漏耕，重耕；

d）机具必须合理配套，正确安装，正式作业前必须进行试运转和试作业；建议深耕的同时应配合施用有机肥，以利用培肥地力。

6.4.2 作畦

作畦机采用无锡悦田农业机械科技有限公司生产的起垄机（YTLM-110），具有旋耕、开沟、作畦等联合作业功能，实现蔬菜设施内机械精细化耕整地、作畦作业取代人工作业，达到后续机械种植农艺要求。具体参数为：作畦后畦底宽 1.3 米、畦面宽 1.1 米、畦高 15.0 厘米；畦面较为平整，以满足后续精量播种及机械化采收的要求（图 1）。

图 1　作畦机和播种机作业示意图

6.5 精量播种技术

播种机采用精量播种轮与工作部件等机构的优化组合，具有播种、镇压的作业功能，实现设施内绿叶菜精量播种，满足后续机械收获作业要求。

具体实施方式为：使用璟田 2BS-JT 系列播种机条播并镇压，播种幅宽 1.1

米，播种行数为 13 行，行距 8.5 厘米，亩用种量 1.5～3.0 千克（图 1）。

6.6　肥水一体化管理技术

在播种后应及时喷水，当看到沟内有明显积水时即停止喷水，以便浇足底水。此后可依天气情况于出苗 5 天后，采用比例式施肥泵实施浇水、施肥，肥料一般采用叶菜专用水溶肥，每亩施用 10～15 千克（或根据具体肥料用量施用），在绿叶蔬菜采收前根据生长情况喷 1～2 次，采收前 3～5 天不再进行施肥、浇水，以降低田间湿度，减少病害的发生，保证绿叶蔬菜的正常生长。

6.7　病虫害防治技术

贯彻“预防为主、综合防治”的植保方针，推广应用绿色防控技术，科学合理使用化学农药，保证绿叶蔬菜的安全生产。在生产过程中使用杀虫灯、黄板、性诱剂、诱捕器等绿色防控措施防治害虫。

6.7.1　农业防治

合理安排轮作，及时清洁田园。

6.7.2　物理防治

黄板、性诱剂、诱捕器、频振式杀虫灯杀灭成虫、防虫网覆盖防虫。

6.7.3　化学防治

6.7.3.1　病害种类及防治

主要病害有猝倒病、霜霉病等。

猝倒病：用 30%恶霉灵水剂 1 000～1 500 倍液于出苗后防治 1 次。

霜霉病：用 687.5 克/升氟菌・霜霉威悬浮剂（银法利）500～800 倍液或 75%丙森・霜脲氰水分散粒剂（驱双）500～1 000 倍液交替防治 1～2 次。

6.7.3.2　虫害种类及防治

主要虫害有黄曲条跳甲、蚜虫、甜菜夜蛾、斜纹夜蛾等。

黄曲条跳甲：首先用黄板＋跳甲性诱剂于出苗后进行物理防治，然后根据虫害发生情况可用 28%杀虫・啶虫脒可湿性粉剂（甲王星）800～1 000 倍液防治 1～2 次。

蚜虫：可用 10%氯噻啉可湿性粉剂（江山）1 500～3 000 倍液或 20%烯啶虫胺水分散粒剂（刺袭）3 000 倍液交替防治 1～2 次。

甜菜夜蛾、斜纹夜蛾：可用 150 克/升茚虫威乳油（凯恩）1 500～3 000 倍液虱螨脲（美除）1 000～1 500 倍液或 5%氯虫苯甲酰胺悬浮剂（普尊）1 000 倍液等交替防治 1～2 次。

6.8　机械化收割技术

收割机采用机电液一体化技术，具有行走动力底盘分置式液压驱动与收获割台自动仿形和输送系统无级变速调节的作业功能，实现蔬菜设施内叶菜机械化收获取代繁重的体力作业，提高生产效率。

具体实施方式为：在绿叶蔬菜生长 15～30 天（根据不同季节、不同绿叶蔬菜种类确定采收时间），其茎基部离地约 2 厘米以上时，使用上海农业机械研究所研制的电动小型叶菜收割机（4GCDZ-110）采收，收获幅宽 1.1 米，每小时可收获 1.5 亩，可以实现一次性采收、输送，装框后散装销售（图 2）。

图 2　绿叶菜收割机采收及效果图

7　上市

绿叶蔬菜机械采收后直接上市。

蔬菜机械化耕整地作业技术规范

本标准起草单位：农业农村部南京农业机械化研究所

1 范围

本标准规定了蔬菜机械化耕整地的术语和定义、作业条件、作业安全要求、作业质量和检测方法。

本标准适用于露地和设施的旱作条件下，采用垄（畦）作或平作方式的蔬菜种植前犁耕、旋耕、起垄（作畦）的单项或复式作业的过程。

2 规范性引用文件

下列文件对于本文件的应用是必不可少的。凡是注日期的引用文件，仅注日期的版本适用于本文件。凡是不注日期的引用文件，其最新版本（包括所有的修改单）适用于本文件。

GB/T 5262—2008 农业机械试验条件 测定方法的一般规定

GB/T 5668—2008 旋耕机

GB 10395.1 农林机械安全 第1部分：总则

GB 10395.5 农林机械安全 第5部分：驱动式耕作机械

GB 10396 农林拖拉机和机械、草坪和园艺动力机械安全标志和危险图形总则

GB 18447.1 拖拉机安全要求 第1部分：轮式拖拉机

GB/T 14225—2008 铧式犁

NY/T 499—2013 旋耕机作业质量

NY/T 742—2003 铧式犁作业质量

3 术语和定义

GB/T 5262—2008、NY/T 499—2013 界定的以及下列术语和定义适用于本文件。

3.1 垄（畦）高 ridge height

垄（畦）顶至沟底的距离。

[GB/T 5262—2008，定义 3.1]

3.2　垄距（沟距）　ridge spacing

相邻两垄（畦）中心线的距离。

[GB/T 5262—2008，定义 3.2]

3.3　垄（畦）顶宽（B_1）　width of ridge surface

相邻两条沟的沟壁与垄顶面交线之间的垂直距离。

3.4　垄（畦）底宽（B_2）　width of ridge bottom

相邻两条沟的沟壁与相邻沟底面交线的垂直距离。

3.5　沟顶宽（D_1）　width of ditch top

相邻沟壁上口与垄面交线之间的垂直距离。

3.6　沟底宽（D_2）　width of ditch surface

相邻沟壁下口与沟底面交线的垂直距离。

3.7　旋耕后碎土率　cracked clod rate after rotary tillage

在规定的单位耕层内，长边小于或等于 3 厘米的土块质量占总土块质量的百分比。

3.8　旋耕后地表平整度　soil surface planeness after rotary tillage

旋耕机作业后，耕后地表几何形状高低不平的程度。

[NY/T 499—2013，定义 3.4]

3.9　起垄碎土率　cracked clod rate for ridge forming

在规定的单位耕层内，长边小于或等于 2 厘米的土块质量占总土块质量的百分比。

3.10　垄高合格率　eligibility rate of ridge height

起垄作业后，垄高合格数占总测定数的百分比。

3.11　垄顶宽合格率　eligibility rate of width of ridge surface

起垄作业后，垄顶宽合格数占总测定数的百分比。

3.12　垄距合格率　eligibility rate of ridge spacing

起垄作业后，垄距合格数占总测定数的百分比。

3.13　垄顶面平整度　planeness of ridge surface

起垄作业后，垄顶面相对水平基准面的起伏程度。

3.14　沟底面平整度　planeness of ditch surface

起垄作业后，沟底面相对水平基准面的起伏程度。

3.15　垄体直线度　straightness of ridge

起垄作业后，垄体中心与基准线距离标准差的平均值。

4　作业条件

4.1　田间条件

4.1.1　适宜耕整地作业的土壤绝对含水率在15%～25%。
4.1.2　犁耕作业前茬作物的留茬高度或地表覆盖植被长度应不大于25厘米。
4.1.3　旋耕作业前茬作物的留茬高度或地表覆盖植被长度应不大于10厘米。
4.1.4　起垄作业应在旋耕过的地块上进行或用复式作业机与旋耕同时进行。

4.2　机具一般要求

4.2.1　机具性能应符合GB/T 5668—2008、GB/T 14225—2008、GB 18447.1的产品质量要求。
4.2.2　安全防护和警示标志应符合GB 10395.1、GB 10395.5、GB 10396相应产品的质量要求；机具应有较好的可靠性。
4.2.3　配套动力应与产品和作业要求相匹配。
4.2.4　根据蔬菜种植农艺要求、田块规模、土壤条件、设施条件等因素综合考虑，合理选择机具和作业模式。

4.3　作业人员要求

根据作业需要配备操作人员和辅助人员。操作人员应经过专业技术培训合格，熟悉安全作业要求、机具性能、调整使用方法及农艺要求；辅助人员应具备基本的作业和安全常识。

5　作业安全要求

5.1　机具使用前必须认真检查技术状况，加注润滑油（按说明书指示），确保技术状态正常。
5.2　正确悬挂、连接配套机具。有万向节传动的机具工作时万向节传动轴的夹角不得超过±15°，地头转弯时不得大于25°，长距离运输时应拆除传动轴。

5.3 连接、悬挂机具时和停机检查、维修时，必须切断动力。

5.4 机具空车试运转时，人与机具应保持足够的安全距离，严禁机具上载物，严禁接近旋转部分。

5.5 机具进行道路运输时，应切断动力，并将机具提升到最大高度；机具进行田间运输时，应降低速度，防止发生事故。

5.6 作业时，严禁机具先入土后接合动力输出轴，或急剧下降机具，以防损坏拖拉机或机具的传动件。作业速度应根据土壤条件合理选定。

5.7 机具在地头转弯、倒车或转移过地埂时，应将机具提起，减速行驶。

5.8 工作时，操作人员应提高警惕，听到异常响声，应立即切断动力，停车检查，排除故障。

5.9 设施内作业时，应做好通风；机具外侧的旋耕刀等部件避免碰到设施的拱杆、立柱、基础等。

6 作业质量

6.1 犁耕

6.1.1 作业

6.1.1.1 配套拖拉机驱动轮滑转率不大于20%。

6.1.1.2 犁的入土角应适宜，使铧式犁容易入土，不产生严重的钻土现象，入土后犁架保持水平。

6.1.1.3 机具作业速度应符合产品说明书要求，且保持匀速直线行驶。

6.1.1.4 犁耕后田角余量少，田间无明显漏耕，没有二次回耕、壅土、壅草现象。

6.1.2 作业质量指标

应符合表1的要求。

表1 犁耕作业质量指标

序号	项　目	指标要求
1	耕深	符合农艺要求
2	耕深变异系数（%）	≤10
3	植被覆盖率（%）	≥85

6.2 旋耕

6.2.1 作业

6.2.1.1 机具起步前，应在小油门下待刀辊转速稳定后，再逐渐加大油门。接合行走离合器和机具起步时，应缓慢降落刀辊，逐步达到要求耕深，避免刀辊和机具超载。

6.2.1.2　机具作业速度应符合产品说明书要求，且保持匀速直线行驶。

6.2.1.3　避免中途停机和变速行驶，以尽量降低耕深不稳定性。

6.2.1.4　为保证转弯时安全，应留有适当的地头长度。

6.2.1.5　旋耕后田角余量少，田间无明显漏耕、壅土、壅草现象。

6.2.2　**作业质量指标**

应符合表 2 的要求。

表 2　旋耕作业质量指标

序号	项　　目	指标要求
1	耕深（厘米）	≥15
2	耕深稳定性（%）	≥85
3	植被覆盖率（%）	≥65
4	旋耕后碎土率（%）	≥80
5	旋耕后地表平整度（厘米）	≤5

6.3　起垄

垄（畦）的形状及各参数参见附录 A。

6.3.1　**作业**

6.3.1.1　正式作业前，应根据蔬菜品种及其种植行距等农艺要求，选择合适的起垄垄距和机具。90 厘米垄距的垄体适宜草莓等作物，可选用起垄垄顶宽适宜、作业幅宽接近 90 厘米的起垄机；120 厘米垄距或 150 厘米垄距的垄体适合黄瓜、番茄、辣椒等作物，可分别选用起垄垄顶宽适宜、作业幅宽接近 120 厘米或 150 厘米的起垄机；180 厘米垄距的垄体适合生菜、小白菜等作物，可选用起垄垄顶宽适宜、作业幅宽接近 180 厘米的起垄机。

6.3.1.2　正式作业前，应根据作业田块形状和大小、设施跨度，规划合理的垄体分布和作业路线，减少空驶行程。

6.3.1.3　正式作业前，可通过划线、地头放置垄体中心线标志等方式，提高作业垄体直线度，保持垄距的一致性。

6.3.1.4　作业过程中应保持匀速直线行驶，避免中途停机和变速行驶。

6.3.1.5　起垄作业后垄形完整，垄沟回土、浮土少，垄体土壤上层细碎紧实，下层粗大松散。

6.3.2　**作业质量指标**

应符合表 3 的要求。

表 3　起垄作业质量指标

序号	项　目	指标要求			
1	垄距 L（厘米）	90	120	150	180
2	垄顶宽 B_1（厘米）	35～70	70～100	100～130	130～160
3	垄高 H（厘米）	符合农艺要求			
4	沟底宽 D_2（厘米）	20～40			
5	垄高合格率（%）	≥80			
6	垄顶宽合格率（%）	≥80			
7	垄距合格率（%）	≥80			
8	起垄碎土率（%）	≥85			
9	垄顶面平整度（厘米）	≤2			
10	沟底面平整度（厘米）	≤5			
11	垄体直线度（厘米）	≤10			

注：本表中对起垄作业质量指标的要求也适用于作畦，相互等同的名称参见附录 A。

6.4　作业流程

6.4.1　当土壤板结严重时，选用犁耕→旋耕→起垄。

6.4.2　当土壤板结严重，且有复式作业机时，可选用犁耕→旋耕起垄复式作业。

6.4.3　当土壤板结轻微，可选用旋耕→起垄。

6.4.4　当土壤板结轻微，且有复式作业机时，可选用旋耕起垄复式作业。

7　检测方法

7.1　检测准备

7.1.1　测区的确定

试验地应根据试验样机的适应范围，选择当地有代表性的田块；田块各处的试验条件要基本相同；田块的面积应能满足各测试项目的测定要求；测区长度不少于 20 米，并留有适当的稳定区。

7.1.2　测点的确定

按照 GB/T 5262—2008 中 4.2 规定的五点法，在作业稳定区确定测点。机组作业一个单趟为一个行程，每个测区取不少于 3 个行程测定，相邻行程要间隔一定距离，保证测定不受干扰。测点的数量按不同的项目确定。

7.1.3　检测用仪器、设备

试验所用的仪器、设备需检查校正，计量器具应在规定的有效检定周期内。

7.2　作业质量检测

7.2.1　犁耕

耕深、耕深变异系数和植被覆盖率按 GB/T 14225—2008 中 5.2.2.1 和 5.2.2.4 的规定执行。

7.2.2　旋耕

7.2.2.1　耕深、耕深稳定性

按 GB/T 5668—2008 中 7.1.3.1、7.1.3.2 的规定测定。

7.2.2.2　植被覆盖率

按 GB/T 5668—2008 中 7.1.3.4 的规定测定。

7.2.2.3　旋耕后碎土率

在已耕地上测定 0.5 米×0.5 米面积内的全耕层土块，土块大小按其最长边分为小于和等于 3 厘米、大于 3 厘米二级，并以小于和等于 3 厘米的土块质量占总质量的百分比为碎土率。每一行程测定 1 点，计算 3 个行程共 3 点的平均值。

7.2.2.4　旋耕后地表平整度

按 GB/T 5668—2008 中 7.1.3.5 的规定测定。

7.2.3　起垄

起垄作业质量指标检测方法见附录 B。

附　录　A

（资料性附录）

垄（畦）的形状及各参数

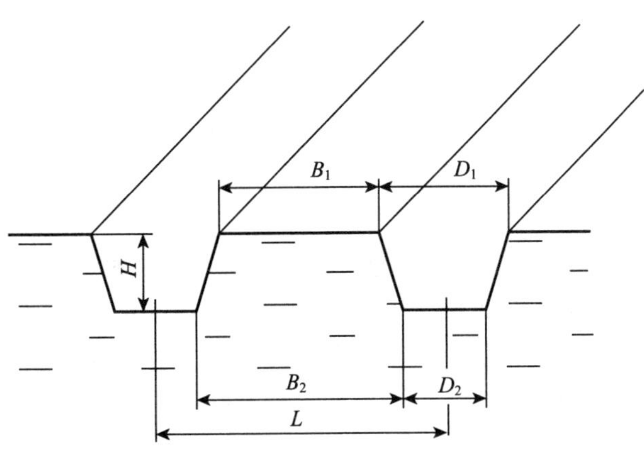

图 A.1　垄（畦）的形状及各参数

L. 垄距（沟距）　*H*. 垄高（畦高）　B_1. 垄顶宽（畦顶宽）　B_2. 垄底宽（畦底宽）　D_1. 沟顶宽　D_2. 沟底宽

附　录　B

（规范性附录）

起垄作业质量指标检测方法

B.1　垄距、垄高和垄顶宽

a）垄距：测量相邻两沟底中心点之间的距离，作为测量点垄距。每个行程随机测定 5 点，3 个行程共 15 点，计算总平均值。

b）垄高：以垄顶面一边的垄壁和垄顶面交线为基准，放一水平直尺，测量沟底中心点到直尺的距离作为测量点垄高。每个行程随机测定 5 点，3 个行程共 15 点，计算总平均值。

c）垄顶宽：测量垄顶面与两垄壁交线之间的横向距离，作为测量点垄顶宽。每个行程随机测定 5 点，3 个行程共 15 点，计算总平均值。

B.2　沟底宽

测量沟底面与垄壁交线的横向距离作为测量点垄顶宽。每个行程随机测定 5 点，3 个行程共 15 点，计算总平均值。

B.3　垄高合格率

每行程随机测 5 点，每点在垄宽方向测取 1 个数值，3 个行程共 15 个垄高数值，以农艺要求的垄高 $H\pm2$ 厘米为合格，合格数占总测定数的百分数为垄高合格率。

B.4　垄顶宽合格率

每行程随机测 5 点，每点在垄宽方向测取 1 个距离数值，3 个行程共 15 个垄顶宽数值，以农艺要求的垄宽 $B_1\pm2$ 厘米为合格，合格数占总测定数的百分数为垄顶宽合格率。

B.5　垄距合格率

每行程随机测 5 点，每点在垄宽方向测取 1 个数值，3 个行程共 15 个垄距数值，以农艺要求的垄距 $L\pm2$ 厘米为合格，合格数占总测定数的百分数为垄距合格率。

B.6　起垄碎土率

在垄面上测定 0.5 米×0.5 米面积内的垄面以下 5 厘米耕层内土块，土块大小按其最长边分为小于等于 2 厘米、大于 2 厘米二级。并以小于等于 2 厘米的土块质量占总质量的百分比为碎土率，每一行程测定 1 点。计算 3 个行程共 3 点的总平均值。

B.7　垄顶面平整度

沿垂直于起垄作业方向，在垄面最高点之上取一水平基准线，以机具作业幅宽取一定宽度，分为 10 等分，测定各等分点上水平基准线与垄面的垂直距离，按 7.2.2.4 的方法计算其平均值和标准差，并以标准差的平均值表示其垄顶面平整度。每一行程测定 1 点，计算 3 个行程共 3 个测点的平均值和标准差。

B.8　沟底面平整度

沿垂直于起垄作业方向，在沟底面最高点之上取一水平基准线，在沟底面取一定宽度，分为 5 等分，测定各等分点上水平基准线与沟底面的距离，按 7.2.2.4 的方法计算其平均值和标准差，并以标准差的平均值表示沟底面平整度。每一行程测定 1 点，计算 3 个行程共 3 个测点的平均值和标准差。

B.9　垄体直线度

沿起垄作业方向，以测区（不足 20 米按实际长度）两端中点为端点，拉一直线为基准线，双垄作业按一个整体测定，测定垄体中心偏离基准线的距离，按 7.2.2.4 的方法计算其平均值和标准差，并以标准差的平均值表示垄体直线度。每行程随机测 10 点，计算 3 个行程共 30 个点的平均值和标准差。

叶类蔬菜采后商品化处理及储运流通技术规程

本标准起草单位：南京农业大学食品科技学院

1 范围

本规程规定了叶类蔬菜的采收和质量要求、盛装、预冷、暂存性储藏、运输、标识及记录。

本标准适用于新鲜叶类蔬菜的采后商品化处理及储运流通，也适用于加工配送用的新鲜叶菜。

2 采收和质量要求

2.1 采收成熟度和采收时间

2.1.1 叶菜采摘时应发育正常、成熟度适当，并在采收前 5～7 天前停止施肥和灌溉。

2.1.2 叶菜适宜采收成熟度判断以大小、发育程度、生长时间等为主。

2.1.3 采收除考虑产品品质和成熟度外，还应根据消费者和客户要求、商品化处理和储运条件及产品的用途等综合考虑并加以调整。

2.1.4 采收应在白天气温较低时进行，如早晨或傍晚。

2.2 质量要求

叶菜的外形应完好、新鲜、无伤斑、无病虫害及其他损伤，成熟度一致，叶表面无明水。

2.3 采收方式和要求

2.3.1 叶菜采收应以手工采收为主，采收时去除非食用部分及黄叶、须根、泥土，剔除有病虫害及外观畸形等不符合商品要求的产品。

2.3.2 采收时，应注意根据产品标准和要求进行挑选、整理，分成不同等级级。

3 装盛、预冷

3.1 装盛

3.1.1 采收的叶菜应以塑料周转箱或瓦楞纸箱装盛，同一容器内叶类蔬菜应为同一等级且摆放整齐，避免太紧实和发生机械伤。包装容量以每容器不超过 10 千克为宜。

3.1.2 装盛用塑料周转箱应符合 GB/T 5737 的规定，纸箱应符合 GB/T 6543 的规定并留有一定数量的孔道。

3.1.3 容器装满叶菜后置阴凉处或以带水的织物覆盖，并在尽可能短的时间内运至预冷处进行预冷。

3.2 预冷

3.2.1 预冷时间

采收装盛后的叶菜宜及时预冷，并按表 1 的产品温度和/或环境的温度决定从采收至预冷的时间。

表 1 叶菜采收至预冷允许的最长时间

产品温度（℃）	采收至预冷允许的最长时间（分钟）
≥30	30
26～30	45
20～25	60
16～20	90
≤15	120

3.2.2 预冷方式

预冷宜采用强制通风预冷、真空预冷和水预冷。强制通风预冷可在专用预冷间进行也可在冷库进行，应注意采用高湿度环境并注意补水以控制湿度的稳定，防止萎蔫症状的发生；水预冷应采用清洁、无污染的冰水，并注意在预冷结束后产品表面明水的脱除；真空预冷应注意真空度的控制，并加强对预冷温度和湿度的调节。

3.2.3 预冷终温

预冷终温以包装容器中央产品的产品温度确定，温度降至 0～2℃停止预冷，并转移至冷库进行暂存性储藏或直接包装、运输销售。

3.3 预冷后处理

叶菜完成预冷后应立即进行包装或转移至冷库进行储藏，保持操作过程的快速连贯、环境温度的稳定一致。

4 暂存性储藏

4.1 库房准备

4.1.1 冷库和器具的消毒

冷库在使用前应进行彻底的清洁，并根据使用情况进行消毒，并做好病虫鼠的预防工作。库房消毒可以熏硫方式进行，其操作按照冷库管理规范进行。

4.1.2　库房降温

入库前2～3天开始降低库温，使库房温度降至产品储藏的温度。

4.2　垛码

预冷后包装的叶菜如需要暂时储藏，应立即转运至冷库。叶菜存放时码垛按“三离一隙”原则进行，垛不宜太大并注意垛排列方式应与空气循环方向一致。垛底用垫仓板隔离。靠近蒸发器和冷风出口位置的叶菜应注意遮盖防冻。

4.3　储藏方法和条件

叶菜的暂存性储藏宜采用机械冷藏进行，储藏温度0～2℃，相对湿度90%～95%。

4.4　储藏管理

4.4.1　垛码应有品种、来源、质量等级、采收及入库时间等标识。

4.4.2　储藏期间每天专人分3次记录冷藏库的温度、湿度，检查设备运转情况。暂存期间应注意检查叶菜的萎蔫、变质和腐烂等商品性变化情况，并做好相关记录。

4.4.3　检查发现有腐烂、萎蔫等症状时即出库销售。

4.4.4　储藏管理应建立应急预案，并确保有效实施。

5　运输

5.1　预冷或暂存后的叶菜宜采用符合卫生要求的冷藏车运输，不得与有毒、有害、有异味的物品混装。

5.2　运输过程中车厢温度应保持在0～5℃。

5.3　预冷的叶菜在保温条件下运输时间（没有其他辅助措施）不应超过3小时。

6　标识

包装容器的外观应明显标识产品名称、等级、规格、产地、包装日期和储存要求。标注内容要字迹清晰、牢固、完整、准确。

7　记录

建立叶类蔬菜采后商品化处理及储运流通过程档案，包括采收、分级、包装、预冷、暂存性储藏、运输和标识及检查情况。记录至少保存1年。

早春中小棚辣椒多层覆盖栽培技术规程

本标准起草单位：安徽省农业科学院园艺研究所

1 范围

本标准规定了早春中小棚辣椒多层覆盖栽培的术语和定义、产地环境、设施要求、播种育苗、定植、田间管理、病虫害防治和采收。

本标准适用于安徽省的早春中小棚辣椒多层覆盖栽培。

2 规范性引用文件

下列文件对于本文件的应用是必不可少的。凡是注日期的引用文件，仅注日期的版本适用于本文件。凡是不注日期的引用文件，其最新版本（包括所有的修改单）适用于本文件。

GB 4285 农药安全使用标准

GB/T 8321（所有部分） 农药合理使用准则

GB 16715.3 瓜菜作物种子 茄果类

NY/T 496 肥料合理使用准则、通则

NY 5005 无公害食品 茄果类蔬菜

NY 5294 无公害食品 设施蔬菜产地环境条件

3 术语和定义

下列术语和定义适用于本文件。

3.1 早春栽培

11 月中下旬播种育苗，翌年 1 月定植，5 月采收供应市场的栽培茬口。

3.2 多层覆盖

钢架大棚棚膜、室内小拱棚膜、小拱棚膜上无纺布、地膜共 4 层覆盖。

4 产地环境

应符合 NY 5294 和 NY 5005 的规定，选择疏松肥沃、保水性强的田块。

5 设施要求

5.1 设施类型

5.1.1 塑料大棚

顶高 3.5 米，肩高 1.4～1.6 米，宽 4.0～8.0 米。

5.1.2 二代棚

GP-C9532 型复式日光温棚。

5.2 设施配套

设施四周应配套排水沟。供水系统应设地下管道，每个设施设置 1～2 个进水口，内部埋设滴灌系统。

6 播种育苗

6.1 品种选择

选择耐低温弱光、优质丰产、商品性好的辣椒品种。如皖椒、苏椒等品种。

种子质量应符合 GB 16715.3 中用种的规定。

6.2 播种期

一般 11 月中下旬播种。

6.3 培育适龄壮苗

6.3.1 育苗条件

在温室或大棚中集中育苗，平盘撒播（2 叶 1 心时分苗）或 50 孔（或 72 孔）穴盘播种，播后覆膜，采用地热线辅助加温，加盖无纺布保温。

6.3.2 种子处理

播种前用 55℃温水浸种，不停搅拌至常温后浸泡 6～8 小时；或用 1%高锰酸钾水溶液浸种 30 分钟，清水冲洗干净，30℃下清水浸泡 6 小时左右。将消毒浸种后的种子用湿纱布包好，28～30℃恒温箱中催芽，70%种子露白时进行播种。

6.3.3 营养土配制

将园土与有机肥按照 7∶3 的比例混合，加入过磷酸钙或复合肥（每 1 000 千克中加入 1～2 千克），拌匀过筛后进行无害化处理（用 600 倍 50%多菌灵可湿性粉剂喷洒）；也可直接利用商品基质育苗。

6.3.4 装土

播种前，将营养土或基质装入育苗平盘或穴盘、营养钵中，整齐地排列在苗床上，播前浇透水。

6.3.5　播种

将种子撒播在育苗平盘，或穴播在穴盘或营养钵中每穴 1～2 粒。覆盖 1 厘米厚的疏松细土或基质，上面覆盖农膜保湿和无纺布保温。

6.3.6　苗期管理

6.3.6.1　温度管理

播种后至出苗前，床内温度应控制为白天 25～28℃。待 50%的种子破土出苗后，控制白天 20～25℃，夜间 15～18℃。真叶出现后，白天 25～28℃。

6.3.6.2　湿度管理

播种前浇透底水，出土前不再浇水，苗期应适量控制湿度，保持苗床见干见湿，以防徒长，浇水时间宜选择晴天上午 10 点以后。

6.3.6.3　光照管理

出苗时，及时揭除覆膜物，尽量加强光照，延长光照时间。

6.3.6.4　壮苗标准

6～7 片真叶，茎秆粗壮，根系发达，叶色浓绿，无病虫害。

7　定植

7.1　定植棚选择

选择光照条件良好、排灌方便的 3～5 年未种植过茄科作物的大棚。

7.2　施足基肥

以优质有机肥为主、无机肥为辅，定植前 1～2 周结合土壤深翻施入农家有机肥，中等肥力的田块每亩施经无害化处理的有机肥 2 500 千克，并撒施氮、磷、钾三元复合肥 50 千克在畦面位置。

7.3　整地做畦

将肥土混匀，土壤耙碎整平。作高 15 厘米、宽 1.5 厘米、沟宽 40 厘米的畦，浇透底水，铺设滴管带，覆地膜。

7.4　定植

定植前 7 天炼苗，1 月下旬选择晴天定植，每亩定植 3 500 株左右，定植后浇足定植水，搭设小拱棚。

8　田间管理

8.1　肥水管理

定植后根据土壤墒情浇缓苗水，坐果期适量浇水，采收期加强追肥浇水，浇水后及时通风降湿，在对椒坐住后结合浇水，每亩施氮、磷、钾三元复合肥 10 千克，采收盛期再追 1～2 次肥。

8.2 植株调整

去除植株上过密枝，及时摘除第一花序节位以下所有无效分枝，提高植株通风透光条件。及时中耕除草，进行根部培土，搭建支架。

8.3 温度管理

定植后搭设小拱棚，覆盖薄膜及保温被（或草帘），必要时草帘外再盖一层薄膜。关闭大棚，棚室四周围严，一般定植后将 4～5 天闭棚增温，晴天及时揭盖保温被，增加光照，提高温度，晴天棚内温度上升较快，应及时通风。一般生长适宜温度为 25℃左右，室外夜间气温稳定在 10℃左右时，可不盖室内小拱棚，室外夜间气温稳定在 15℃左右时，可除去大棚裙膜，保留棚顶，进行简易避雨栽培模式。

9 病虫害防治

9.1 主要病虫害

病害有灰霉病、疫病、青枯病、根结线虫，虫害有蚜虫、斑潜蝇、烟青虫、白粉虱等。

9.2 防治原则

预防为主、综合防治，优先采用农业防治、物理防治、生物防治，科学使用化学农药防治。

9.3 防治方法

9.3.1 农业防治

实行轮作换茬制度；选用抗病品种，做好田间温湿度及水肥管理，培育壮苗及健壮植株，无害化处理有机肥，合理使用化肥，随时清洁棚室。

9.3.2 生物及物理防治

积极使用生物农药；使用黄板诱杀，使用太阳能诱虫灯等。

9.3.3 化学防治

农药使用严格按照 GB 4285 和 GB/T 8321 的规定执行；严格控制农药浓度及安全间隔期，注意交替用药，合理混用；禁用违禁高毒农药。

主要病虫害化学防治技术参见附录 A。

10 采收

当辣椒果实达到商品椒标准时即可采收，门椒应提早采收。也可视市场行情确定采摘量，以提高总体效益。产品质量应符合 NY 5005 的要求。

附　录　A
（资料性附录）
辣椒主要病虫害的化学防治方法

表 A.1　辣椒主要病虫害的化学防治方法

主要病害	药剂名称	含量及剂型	施药时间及施药方法
疫病	精甲霜灵・锰锌	68%水分散粒剂	发病前或发病初期用 180～270 克/亩兑水喷雾，每隔 5～7 天喷药 1 次，连喷 3 次
	多抗霉素	3%可湿性粉剂	发病初期用 475～600 克/亩兑水喷雾，每隔 7 天左右喷药 1 次，连喷 3 次
灰霉病	嘧霉胺	40%悬浮剂	发病前或发病初期用 62.5～94 克/亩兑水喷雾，连喷 3～4 次，每次间隔 5～7 天
	啶酰菌胺	50%水分散粒剂	发病前或发病初期用 30～50 克/亩兑水喷雾，连喷 2～3 次，每次间隔 5～7 天
病毒病	香菇多糖	0.5%水剂	发病前或发病初期用 170～250 毫升/亩兑水喷雾，连喷 3 次，每次间隔 5～7 天
	宁南霉素	8%水剂	发病初期用 75～100 毫升/亩兑水喷雾，连喷 3 次，每次间隔 5～7 天
青枯病	可杀得	77%可湿性粉剂	发病初期用 70～105 克/亩兑水喷雾，连喷 3 次，每次间隔 5～7 天
根结线虫	噻唑膦	10%颗粒剂	整地时用 1.5～2.0 千克/亩土壤撒施
主要虫害	**药剂名称**	**含量及剂型**	**施药时间及施药方法**
蚜虫	高氯・啶虫脒	5%乳油	用 35～40 克/亩兑水喷雾
斑潜蝇	高效氯氰菊酯	2.5%乳油	用 35～40 克/亩兑水喷雾
白粉虱	啶虫脒	70%水分散粒剂	用 2～3 克/亩兑水喷雾
	噻虫嗪	25%水分散粒剂	定植前 3～15 天用 7～15 克/亩兑水喷雾，或用 16.7～33.3 克/平方米兑水灌根
棉铃虫 烟青虫	氟氰菊酯	25%乳油	用 8～12 毫升/亩兑水喷雾

（二）高产高效栽培管理

宁运3号露天爬地栽培黄瓜品种

李　英[1]　娄群峰[2]
（[1] 南京市蔬菜科学研究所　江苏南京　210042；
[2] 南京农业大学园艺学院　江苏南京　210095）

摘　要： 宁运3号超市型专用黄瓜新品种。果实果皮光滑，皮厚，耐储运，心腔小，果肉厚，可在春秋露天爬地栽培，省工省力。

关键词： 宁运3号　露天　爬地　栽培

宁运3号是南京农业大学葫芦科作物遗传与种质创新国家重点实验室利用亲本M002146253104与B006103919811进行杂交配制，经过品种比较试验和区域试验，筛选获得的综合性状优良的黄瓜新品种组合，于2012年获得了品种权。

该品种为超市型黄瓜品种，植株长势旺，分枝多，主侧蔓均有较强的结果能力；瓜短圆筒形，长18～22厘米，横径4～4.5厘米，心腔小，单瓜重200克左右。瓜皮绿色，瓜条顺直，整齐度好，表面光滑，质脆味香，耐储耐运。该品种抗蔓枯病、白粉病、枯萎病和角斑病等多种病害，对霜霉病有中等抗性，适合春、秋露地采用爬地方式种植，每亩产量4 000千克以上。

南京市蔬菜科学研究所于2012年引进该黄瓜品种，经过3年来的示范推广，在南京及周边地区种植面积达到500亩以上，栽培节本省工，经济效益较高。现将其露天爬地种植技术总结如下：

1　品种选择

选用南京农业大学培育的超市型专用黄瓜品种——宁运3号。

2　地块选择

选择土壤疏松肥沃、富含有机质、保水保肥能力较强的弱酸性至中性沙质壤土，最适pH在5.7～7.2，最好是一年内未种植过葫芦科作物的露地。

3　育苗

用种量20～30克/亩。

春季栽培于3月上中旬大棚内育苗，秋延迟栽培于7月中旬直播。

催芽前使用50～55℃温水浸泡10～15分钟，冬季浸泡12小时，夏季浸泡6小时。将种子洗净后装入网袋，用湿毛巾将种子包好置于25～30℃的催芽箱内，经过24小时左右，种子露白70%时及时播种。采用72穴穴盘轻基质育苗，浇透底水后打穴，深度1.5厘米。将种子放入穴内，覆土。春季栽培时育苗需覆盖地膜，出芽后及时揭除。育苗昼温尽量保持25～30℃，夜温15～20℃。苗龄30～40天，幼苗2叶1心时及时定植。

4　整地施肥

结合整地施入优质腐熟畜禽粪便1 000千克/亩，45%硫酸钾复合肥40千克/亩，过磷酸钙10～15千克/亩，耙细。

5　定植

春季一般4月上中旬定植。定植前7～10天，锻炼秧苗，逐渐降温控水，以使秧苗适应早春大棚外不良环境。按1.8米整长畦，铺地膜压实。株距30厘米、行距150厘米定植在露地宽畦上，浇透定根水，隔天复水1次。

6　田间管理

植株爬蔓后两行间相对引蔓生长，整个生长期间不搭支架，多分枝植株不需要去除侧枝，利用品种特性多次采收侧蔓上结的黄瓜。

植株营养期间视长势结合浇水适当追肥2～3次，结果期可增加浇水的次数，一般7天左右浇水1次，以后逐渐延长至10天左右。在根瓜膨大期追肥后，一般20～30天追一次肥，每次每亩用硝酸铵30～40千克。在结果期还应配合叶面喷肥，一般可喷施0.2%磷酸二氢钾溶液。

7　病虫害防治

黄瓜霜霉病预防发病可用40%杜邦福星5 000倍液、金雷可湿性粉剂500倍液、47%加瑞农600～800倍液，上述药轮换使用，每7～10天1次，连喷3～4次。

白粉病使用25%阿米西达悬浮剂1 000倍液、30%苯醚甲环唑3 000倍液、70%清白可湿性粉剂1 000倍液。

菜青虫可用2%阿维·苏云菌可湿性粉剂2 000～3 000倍液或20亿PIB/毫升甘蓝叶蛾核型多角体病毒悬浮剂500～1 000倍液防治。

白粉虱可使用10克98%的杀螟丹粉剂+20毫升10%的阿维哒螨灵水剂（阿

维菌素 0.4%＋哒螨灵 9.6%）＋2 克 50%的烯啶虫胺粉剂＋10 克 20%的啶虫脒粉剂，兑水 15 千克，7～8 天一次，连续防治 2～3 次。

8 采收

根瓜及时采摘以免影响后续坐果。根据品种的特点，适时分期采收商品。黄瓜采收后，应就地进行清洁、精选整理。

参考文献

黄耀武，孙超，2014. 河南早春黄瓜露地覆膜栽培技术 [J]. 河南农业（10）：49.

李慧，2011. 黄瓜新品种宁运 3 号的组织培养和快速繁殖 [J]. 湖北农业科学（6）：2564-2567.

李琳，杨树琼，徐建，等，2015. 宁运 3 号黄瓜杂交制种配套技术 [J]. 安徽农业科学，43（31）：133-134，137.

彭晓红，2010. 露地黄瓜栽培技术 [J]. 农技服务，27（3）：313.

吴文星，2014. 露地黄瓜无公害栽培技术 [J]. 福建农业科技（4）：58-59.

厚皮甜瓜新品种银蜜 58

臧全宇　马二磊　王毓洪　丁伟红　黄芸萍

（浙江省宁波市农业科学研究院蔬菜研究所/宁波市瓜菜育种重点实验室　浙江宁波　315040）

摘　要：银蜜 58 为光皮甜瓜一代杂交种（母本 B08-1-5-12-4-8-6-5-2，父本 BX2-3-11-8-6-7-3-3-1）。果实高圆形，平均单果质量约 1.6 千克；果皮白色，果肉白色，中心折光糖度 15%左右，口感中脆；春季果实发育期 33～37 天，全生育期 95～125 天。耐低温性好，产量 30 740 千克/公顷左右，适宜华东地区春季设施栽培。

关键词：厚皮甜瓜　品种

厚光皮甜瓜自 20 世纪 80 年代开始在我国东南部种植，之后 10 余年以伊丽莎白为主，市场品种单一局面与人们的消费需求极不相符[1]。因此，多样化的甜瓜品种就成为种植者及消费者的共同需求。日本八江シーボルト（西薄洛托）甜瓜于 20 世纪 90 年代初期率先进入国内市场，在上海逐渐替代了伊丽莎白。但其种子价格昂贵，每粒成本在 0.5～1.2 元[1,2]。因此，培育优质白皮白肉厚皮甜瓜品种，逐步替代同类进口品种就成为育种单位的首选目标。

本团队凭借多年厚皮甜瓜品种资源优势及育种经验，借助宁波市重点育种项目、国家“863”项目资助，1995 年将白皮白甜瓜作为育种目标之一，开展了深入研究，选育出了透感白皮白绿色果肉、可溶性固形物在 15% 以上、单果质量1.2～1.5 千克、主要指标达到日本西薄洛托水平的甜瓜新品种——银蜜 58。

银蜜 58（图 1）为厚皮甜瓜一代杂种，母本为甘肃厚皮甜瓜品种新优早蜜经 8 代定向系统选择获得的稳定自交系 B08-1-5-12-4-8-6-5-2，生长势强，植株生长健壮，株形紧凑，叶色绿，叶片平展，叶片五角形。其果实高圆形，单果重 1.5 千克，果皮和果肉均为白色，细腻，美观，肉质中脆，果肉厚 3.0 厘米左右，中心折光糖 14.5%左右，耐低温性强[3]。

父本为日本引进甜瓜品种白雪 EL2 号经 8 代系统选育获得的稳定自交系 BX2-3-11-8-6-7-3-3-1，植株长势中强，株形紧凑，叶色深绿。果实高圆形，果形指数 1.1 左右，单果重 1.5～2.0 千克，果皮灰白色，果面有稀网纹，果肉白绿色，肉质软，较抗白粉病，耐低温性好。果肉厚 3.6 厘米左右，中心折光糖度 15.0%以上，软肉，易坐果。

2012 年春季以 B08-1 为母本、BX2-3 为父本配制杂交组合，2012 年秋季在宁

图1　厚皮甜瓜新品种银蜜58

波市农业高新技术产业示范园区进行试验，对新配组合进行品比及配合力的测定。其中在光皮甜瓜组合中，以组合B08-1×BX2-3表现优良，其中2013—2014年春、秋季开始在宁海、梅山、鄞州、嘉善等地开展多点品种比较试验，两年三点的平均亩产量在2 049.4千克左右，比对照翠雪5号亩增产15.6%。于2016年1月通过浙江省非主要农作物品种审定委员会审定（浙非审瓜2015002），定名为银蜜58，目前已在宁波及周边地区示范推广。

1　品种特征特性

植株蔓生、生长势强，株型紧凑，叶片绿色，心角形。子蔓、孙蔓均可结果，最适宜的坐瓜节位为子蔓第5～15节。果实高圆形，果形指数1.1左右，白皮白肉，肉质中脆、果肉厚3.5厘米左右，中心糖15%左右，不易裂果。单果重为1.6千克左右，春季果实发育期33～37天，全生育期95～125天。具有耐低温性好、综合抗性较强、易于栽培、早熟性好、坐果性好等特点。

2　栽培技术要点

适宜华东地区春季设施栽培，春季适宜播种期设施为11月中下旬至翌年2月中旬，苗龄3～4叶1心，苗期40天，1月初至3月中下旬定植。设施爬地栽培：双蔓整枝，行距2.5米，株距50厘米，7 200株/公顷，总蔓数960条[2]。覆盖白色地膜，孙蔓第5节开始坐果，每蔓保留2～3个果实。果实成熟期追施钾肥，控制水分和氮肥。前批果实授粉20天后，对高节位雌花继续进行授粉，前批采收完成后，追施肥水促进下批果实膨大。开花授粉28天后，当功能叶衰退、近果柄处卷须干枯、果蒂处按压变软、果实散发香气时，适时采收。

参考文献

[1] 张万清，陈桂燕，卢永新，等．甜瓜新品种京玉 3 号的选育［J］．中国瓜菜，2012，25（2）：21-23.

[2] 林德佩，吴明珠，王坚．甜瓜优质高产栽培［M］．北京：金盾出版社，1994.

[3] 王毓洪，臧全宇，马二磊，等．脆肉型厚皮甜瓜新品种‘甬甜 7 号’［J］．园艺学报，2013，40（7）：1419-1420.

黄瓜嫁接专用砧木新品种甬砧8号

王迎儿　应泉盛　张华峰　王毓洪*

（宁波市农业科学研究院/宁波市瓜菜育种重点实验室　浙江宁波　315040）

摘　要： 甬砧8号为印度南瓜和中国南瓜杂交一代、黄瓜嫁接专用砧木。该品种生长势强，根系发达，吸肥力强；幼苗不易徒长，易嫁接，嫁接亲和力好，嫁接成活率可达93%以上。甬砧8号嫁接黄瓜后植株长势稳健，果实顺直，口感清脆，可溶性固形物含量增加，品质优良；果实有蜡粉品种嫁接后表皮光亮无蜡粉，商品性好；接穗黄瓜产量明显增加，较自根苗增产26%。甬砧8号适合浙江省设施栽培黄瓜嫁接生产。

关键词： 黄瓜　砧木　嫁接

黄瓜嫁接栽培技术是黄瓜生产中克服连作障碍、提高植株抗逆性、防治黄瓜枯萎病、获得高产的一项主要技术措施[1]。生产上常用的黄瓜砧木品种是黑籽南瓜和新土佐，黑籽南瓜对接穗果实品质有影响[2,3]，新土佐为进口品种，种子价格高且货源不稳定。目前，在生产上缺少专门针对黄瓜嫁接的去腊粉效果好且质优价廉的专用砧木品种。宁波市农业科学研究院根据浙江黄瓜嫁接生产的实际，育成了适合浙江地区津优1号等黄瓜品种嫁接专用砧木品种甬砧8号。

甬砧8号为印度南瓜和中国南瓜杂交一代。甬砧8号的母本XSZB1（印度南瓜），是从日本瓜类嫁接砧木新土佐经3年6代自交筛选出的稳定自交系XSZB1-26-11-1-3-4-3，其特点是果实橄榄形，果皮灰绿色间有条状白绿斑，中熟，长势强，抗病性强，耐高温较强。父本Y2（中国南瓜），是甬砧2号砧木经3年6代自交筛选出的稳定自交系Y2-5-1-12-2-1-4，特征是果实近圆柱形，果皮土黄色，生长势中等，根系较发达。

2009年春季配制杂交组合，同年秋季进行嫁接津优1号黄瓜品比试验，表现优良，嫁接后黄瓜植株长势强，耐低温性和耐高温性均有所提高，黄瓜果实表皮光亮无蜡粉，且可延长采收期，比自根苗显著增产。2010年和2011年进行了嫁接不同类型黄瓜：津优1号、津早2号、新研4号、蔬春银玉、迷你黄瓜等品比试验，在数次品比试验当中均表现优异，且重茬地无黄瓜枯萎病发生。2012年定名为甬砧8号。2012年和2013年，在鄞州、镇海、常山等地进行品种比较试验，甬砧8号嫁接津优1号平均产量为68 522千克/公顷，较自根苗对照增产26.5%。甬砧8号于2014年12月通过浙江省非主要农作物品种审定委员会审定，目前已在宁波及

＊ 为通讯作者。

周边地区示范推广。

1　品种特征特性

南瓜砧木品种甬砧 8 号为印度南瓜与中国南瓜一代杂种。植株蔓生，根系发达；茎为五棱形、深绿色，叶片掌状；花药败育；主侧蔓均可坐果，第一雌花节位为主蔓 8～10 节，果实近圆柱形，果柄五棱形、近基部有突起，嫩果皮深绿色、有白斑，老熟瓜墨绿色、绿斑；果实发育期约 45 天，单株坐果 6～8 个，单果重 1.0～1.5 千克；经浙江省农业科学院植物保护与微生物研究所鉴定，高抗黄瓜枯萎病。

甬砧 8 号适合津优 1 号、津早 2 号、新研 4 号、蔬春银玉、迷你黄瓜等各类黄瓜品种嫁接，生长势强，根系发达，吸肥力强，幼苗不易徒长，嫁接亲和力好，嫁接成活率 93%以上（图 1）。共生亲和性强，耐低温性和耐高温性均较强，黄瓜嫁接苗长势显著强于自根苗，易坐果，且可延长采收期，比自根苗显著增产。嫁接后黄瓜果实顺直，口感清脆，可溶性固形物含量增加，品质优良；果实表皮有蜡粉的黄瓜品种，嫁接后表皮光亮、无蜡粉。耐湿性稍弱。

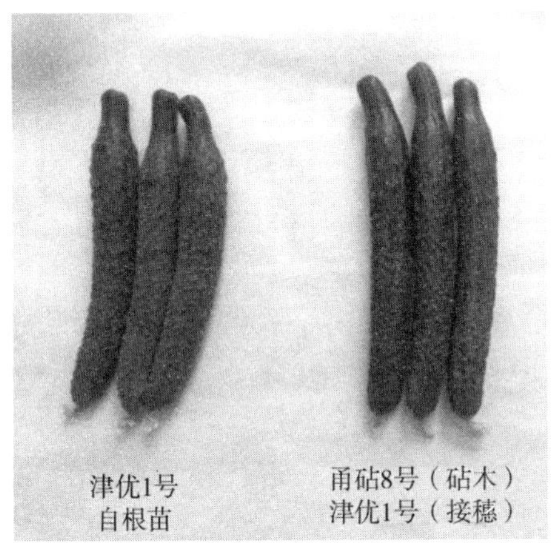

图 1　甬砧 8 号嫁接津优 1 号

2 栽培技术要点

适宜浙江地区设施栽培黄瓜嫁接生产。砧木和接穗选用经消毒处理的种子。春季于12月上旬至翌年2月上旬开始育苗，秋季于7月开始育苗。嫁接宜采用插接法、靠接法和贴接法。嫁接时，经常对嫁接的工具进行消毒。嫁接后的前3天养护温度控制在25～28℃，空气相对湿度95%左右，避免日光直射；嫁接后第4天起逐渐降低温度，通风降温；7～10天后按普通苗管理。肥料需较自根苗少施30%以上，防止营养过剩而不易坐果，控制氮肥，以磷钾肥为主。定植不能过深，嫁接伤口高于土面1厘米以上。定植时每畦双行，一般株距为35～40厘米，每667平方米定植1 000～2 000株。其他栽培管理同常规黄瓜生产。

参考文献

[1] 王艳飞，庞金安，马德华，等．黄瓜嫁接栽培研究进展［J］．北方园艺，2002（1）：35-37.

[2] 李红丽，于贤昌，王华森，等．嫁接和嫁接砧木对黄瓜果实品质的影响［J］．西北农业学报，2005，14（1）：129-132.

[3] 高彦魁，李欣，赵志军．不同砧木对黄瓜产量、果霜及抗病性的影响［J］．北方园艺，2010（18）：5-7.

荧光假单胞菌生物引发处理对黄瓜种子出苗率及抗性影响

严雅君　李　季

（南京农业大学园艺学院　江苏南京　210095）

摘　要： 荧光假单胞菌是植物根围和土壤中常见的一种有益细菌，对植物病害，尤其是土传病害如根腐病、枯萎病等均有很好的防治作用。荧光假单胞菌介导的生物引发不但能提高老化种子的出苗率，还能抑制种子周围土传病害微生物的生长。本实验以储藏3年的南水2号黄瓜种子为实验试材，通过研究不同荧光假单胞菌孢子浓度和处理温度来寻找最适合黄瓜种子的木霉菌生物引发方法的配比。结果表明：处理温度为30℃，荧光假单胞菌浓度为1.875×10^7孢子/种子时引发处理促进萌发效果最为明显，处理后黄瓜种子的发芽率达到了92.0%，发芽势达到了83.3%，该处理的种子浸出液可溶性糖含量、种子脱氢酶活性和过氧化物活性等生理指标也是效果最佳。

关键词： 荧光假单胞菌　生物引发　种子

黄瓜（*Cucumis sativus* L.）又名胡瓜，葫芦科黄瓜属一年生草本植物。原产于喜马拉雅山南麓的热带雨林地区，栽培历史悠久，中国各地普遍栽培，营养丰富，有很高的实用价值及药用价值，是一种世界性蔬菜。现代农业生产对种子的发芽率、出苗率、出苗速度以及出苗整齐度的要求越来越高，但是在储藏过程中，黄瓜种子极易发生老化，种子质量、活力和抗逆性降低，给农业生产造成巨大的经济损失[1,2]。黄瓜的设施栽培较为普遍，许多地区均有温室或塑料大棚栽培，连作重茬和复种指数较高，且生育期多高温高湿气候，种子传带及土壤传播的种苗期病害发生十分严重。目前，生产中主要以化学防治为主，虽然效果好，但是农药残留及环境污染严重[3]。因此，提高黄瓜种子的出苗率及抗性具有非常重要的意义。

种子引发是一项控制种子缓慢吸水和逐步回干的种子处理技术。经引发处理，可以提高作物种子出苗的速率，使出苗率高而整齐，人工种植时可节约种子用量、减少成本、提高幼苗素质、增强幼苗抗逆性能[4]。目前，种子引发的相关研究主要集中于PEG引发效果。PEG引发可以提高蓖麻种子活力，用浓度为30%的PEG引发处理后发芽率高达96.1%，活力指数为112.10，且植株耐冷性增强[5]。对牧草种子的处理结果表明，PEG引发可显著（$P<0.05$）提高种子的早期发芽率和发芽指数，缩短达30%出苗的天数[6]。生防菌在园艺植物栽培方面的研究，多集中于木霉菌。用绿色木霉（属子囊菌亚门真菌）生防制剂防治黄瓜苗期病害效果显著。在生物引发方面，多集中于木霉菌的生物引发作用，而对于黄瓜种子的荧光假

单胞菌生物引发，目前鲜见该方面的报道。

1　材料与方法

1.1　材料

1.1.1　供试黄瓜品种

黄瓜品种为南水2号，采用自然老化（>3年）的黄瓜陈种子为试材，由南京农业大学葫芦科作物遗传与种质创新实验室提供。

1.1.2　供试生防菌

生防菌为荧光假单胞菌，山东泰诺药业有限公司生产，有效成分含量：5亿个活芽孢/克。

1.1.3　其他材料

蛭石用孔径270～830微米的筛子过筛，过筛后的蛭石至于25℃烘箱中恒温烘干3天，干燥储存备用。

1.2　方法

1.2.1　引发处理

试验比例和引发时间由预备试验确定。取南水2号的种子50粒（约1克），并按照种子干质量∶蛭石∶超纯水＝1∶4∶2的比例，将种子、蛭石和超纯水混匀，设置3组处理（A、B、C），每组处理设置荧光假单胞菌浓度梯度为：0.75克、0.375克和0.187 5克（标记为1、2、3），3组处理分别置于20℃、25℃和30℃培养箱（黑暗）中进行引发处理24小时。3次重复。

1.2.2　种子回干

引发处理24小时结束后，用细筛将种子从基质中筛出，于25℃烘干箱中回干7天。

1.2.3　种子固定及观察石蜡切片

取回干处理后的种子（3粒/处理）及CK种子（3粒）于2毫升离心管中，加入1.2毫升多聚甲醛，真空抽气10分钟（0.08帕），固定待用；送样制作石蜡切片，观察并拍照。

1.2.4　发芽试验

以未经处理的同一批陈种子为对照，发芽床为90毫米培养皿加双层滤纸，每处理50粒种子，3次重复，置于培养箱中，黑暗条件下设置萌发温度为25℃。培养皿中分别加入10毫升水，发芽期间不向培养皿内补充水分。以胚根明显露出作为种子的发芽标志，每12小时统计一次发芽数，计算发芽率（发芽试验开始后24小时发芽的种子总数占待测种子总数的比例）、发芽指数（$G_i=\Sigma G_t/D_t$，G_t为t日的发芽数，D_t为相应的发芽日期）、发芽势（发芽试验开始后第二天发芽的种子总数占待测种子总数的比例）。

1.3 生理指标测定

1.3.1 脱氢酶活性测定

采用TTC染色法，将种子去皮后放入试管中，加10毫升0.1%TTC溶液，于38℃黑暗条件下染色3小时，到达反应时间后，迅速倒出试管内的TTC溶液，用蒸馏水将种胚冲洗数遍，再用滤纸吸干胚表水分。将染色胚放入具塞试管中，准确加入10毫升95%的乙醇，盖上试管塞，将试管置于35℃温箱中浸提24小时，到达预定浸种时间后，将试管内的浸提液摇匀，用分光光度计在490纳米下比色，以吸光度（OD值）的大小表示种子脱氢酶活性的高低（林坚，1996；Hu J，1986）。

1.3.2 相对电导率测定

参照宋松泉等（2005）的方法分别测定各处理种子浸出液的相对电导率。数取老化处理的种子10粒用双蒸水冲洗3次，用滤纸吸干表面水分，装入试管中加10毫升双蒸水浸泡24小时，用DDSJ-308A型电导仪测定浸泡液的电导率（a_1），然后将种子及其浸泡液置于100℃水浴中煮沸30分钟，取出冷却至25℃，测定煮沸后种子浸出液的电导率（a_2）。最后计算种子浸提液相对电导率。

$$种子的相对电导率（\%）=（a_1/a_2）\times100\%$$

1.3.3 可溶性糖含量测定

采用蒽酮比色法（李合生等，2000）。引发处理后，吸取种子浸泡液1.5毫升于试管中，加蒸馏水0.5毫升，然后按顺序向试管中加入0.5毫升蒽酮乙酸乙酯试剂和5毫升浓硫酸，充分振荡，立即将试管放入沸水浴中，逐管均准确保温1分钟，取出后自然冷却至室温，在630纳米波长下测其吸光度值，重复3次。由标准曲线求得糖量，根据公式计算可溶性糖含量。可溶性糖含量（毫克/克）$=\dfrac{\frac{C}{V_t}\times V}{W\times1\,000}$

式中：

C——浸出液的含糖量（从标准曲线中查出）（微克）；

V_t——吸取样品液的体积（毫升）；

V——浸出液的总体积（毫升）；

W——种子重量（克）。

1.3.4 过氧化物酶（POD）活性的测定

取新鲜种子（去皮后）0.5克，置于研钵中，加入5毫升0.02摩尔/升KH_2PO_4研磨成匀浆，4 000转/分离心15分钟。取3毫升反应混合液（28微升愈创木酚，加50毫升100毫摩尔/升pH 6.0磷酸缓冲溶液，并加入19微升30%H_2O_2混合均匀），加入1毫升待测样液。用756MC紫外可见分光光度计在470纳米下测量每分钟吸光度变化值，以表示酶活性大小，对照以3毫升反应混合液加上1毫升KH_2PO_4（张志良，1990；张龙翔，1981；林坚等，2002）。

1.4 数据处理

试验数据采用EXCEL、SPSS 21软件统计分析，采用单因素方差分析法进行显著性分析，Duncan 进行多重比较（$P \leqslant 0.05$）。

2 结果与分析

2.1 荧光假单胞菌生物引发对老化黄瓜种子出苗率的影响

从图 1 可以明显看出，荧光假单胞菌生物引发可以促进黄瓜种子的萌发。同样的处理时间内，经过荧光假单胞菌生物引发的种子发芽数量明显多于未经处理的种子。处理时间为 12 小时时，对照（CK）基本没有发芽，而 6C 处理发芽的种子数超过了 30 粒，5C 处理发芽的也已经超过半数。处理时间为 24 小时时，所有经过荧光假单胞菌处理的种子发芽的数量均超过了 30 粒，但对照组只有 20 多粒发芽的种子。结合图 2 可以看出，催芽处理 48 小时后，经过荧光假单胞菌生物引发处理的黄瓜种子发芽数量明显较多，且下胚轴露出部分较长。

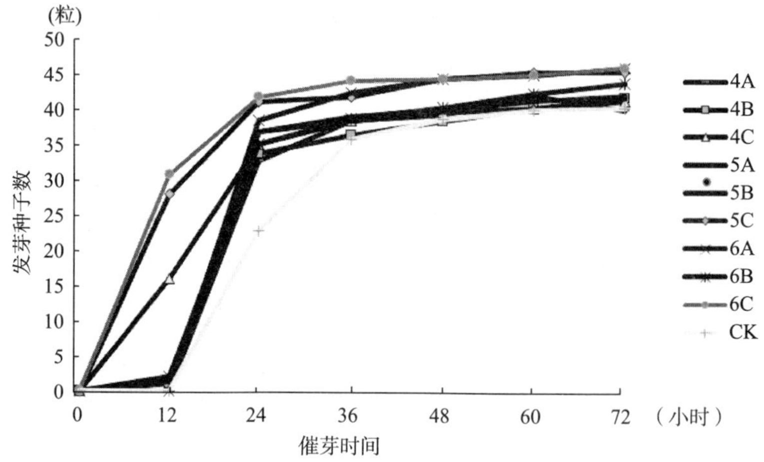

图 1 荧光假单胞菌生物引发对老化黄瓜种子萌发的影响

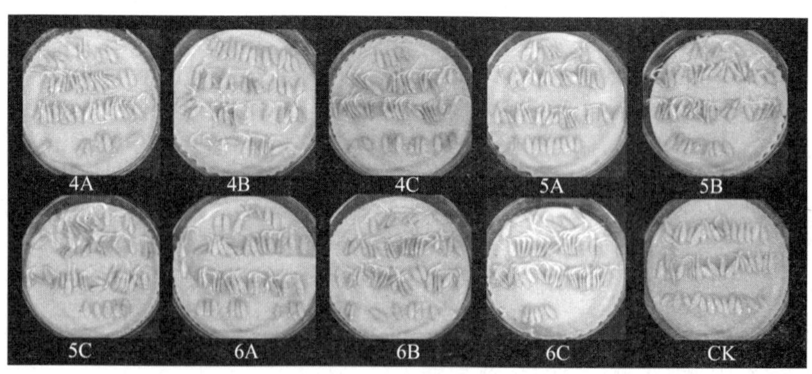

图 2 荧光假单胞菌处理后催芽 48 小时的出芽情况对比

种子发芽率是衡量种子质量好坏的重要指标。从图 3 可以看出，荧光假单胞菌生物引发处理对种子发芽率有一定的影响，其中5C、6A和6C处理发芽率达到了90%以上，而对照处理的黄瓜种子发芽率只有80.6%。

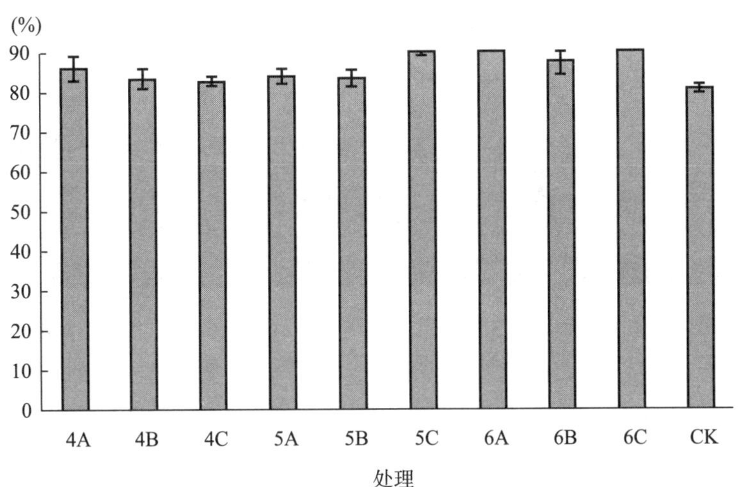

图3　荧光假单胞菌生物引发对老化黄瓜种子发芽率的影响

发芽势也是检测种子质量的重要指标之一。从图4可以看出，荧光假单胞菌生物引发处理对黄瓜种子发芽势有明显的提高作用，尤其是6C处理最高达到了83.3%，相比提高了27.82%。发芽势还是计算播种量的因子之一。在发芽率相同时，发芽势高的种子生命力强，在田间播种的发芽率较高，出苗快而整齐、苗壮。若发芽率高、发芽势弱，预示着出苗不齐、弱苗多。一般来说，陈种发芽率不一定低，但发芽势不高。从图5可以看出，荧光假单胞菌浓度为1.875×10^7孢子/种子，处理温度30℃的6C处理的出苗明显比未经过任何处理的对照组整齐一致。综合表1的数据可以看出，经过荧光假单胞菌生物引发处理的黄瓜种子发芽率和发芽势均比对照组高，在田间播种有着极大的优势。而经过荧光假单胞菌生物引发处理的种子发芽指数也明显比对照组的发芽指数高得多。

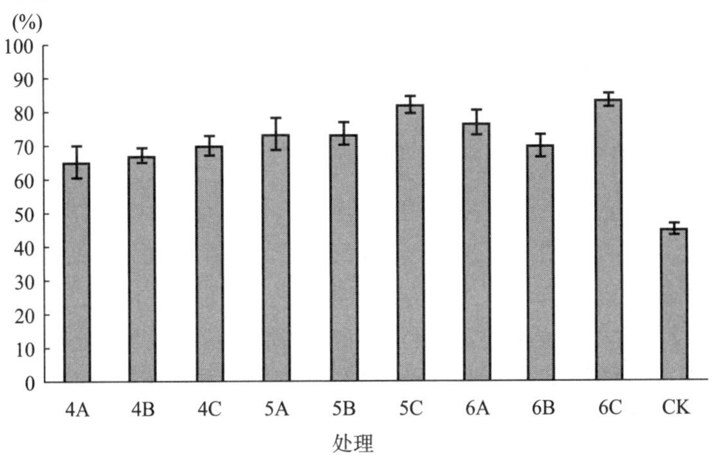

图4　荧光假单胞菌生物引发对老化黄瓜种子发芽势的影响

图 5　荧光假单胞菌生物引发处理对 6C 处理和 CK 处理出苗的影响
（左边两列为 6C 处理，右边两列为 CK 处理）

表 1　荧光假单胞菌生物引发对老化黄瓜种子萌发的影响

处理	发芽率（%）	发芽势（%）	发芽指数
4A	86.00±3.00 abc	65.30±4.51 c	65.68±6.79
4B	83.33±2.52 bc	67.30±2.31 c	66.75±4.13
4C	82.67±1.15 bc	70.00±3.00 bc	68.62±4.09
5A	84.00±2.00 bc	73.30±4.93 abc	70.70±6.87
5B	83.33±2.31 bc	73.30±3.51 abc	70.45±5.97
5C	90.67±1.53 ab	82.00±2.65 ab	78.25±4.25
6A	92.00±1.73 a	76.70±3.51 abc	75.78±5.13
6B	87.33±3.21 ab	70.00±3.46 bc	69.72±5.58
6C	92.00±1.00 a	83.30±2.08 a	79.18±2.85
CK	80.67±1.15 c	45.30±1.53 d	55.48±1.97

同列数据后的不同字母表示在 0.05 水平下差异显著。

2.2　荧光假单胞菌生物引发对种子脱氢酶活性的影响

伴随着种子的衰老，脱氢酶活性显著降低，脱氢酶活性可作为衡量种子活力的较好指标之一[7]。由图 6 可以看出，荧光假单胞菌生物引发处理对黄瓜种子脱氢酶活性有明显的提高作用，尤其 6C 处理在波长 490 纳米处的吸光值达到了最高值 0.05。对照组处理的脱氢酶活性甚至不到 6B、4C、6C 处理的一半值。从图 6 还可以看出，能显著提高黄瓜种子脱氢酶活性的最佳处理是 6C，即 30℃下荧光假单胞菌浓度为 1.875×10^{7} 孢子/种子的处理适合有利于黄瓜老化种子的修复。

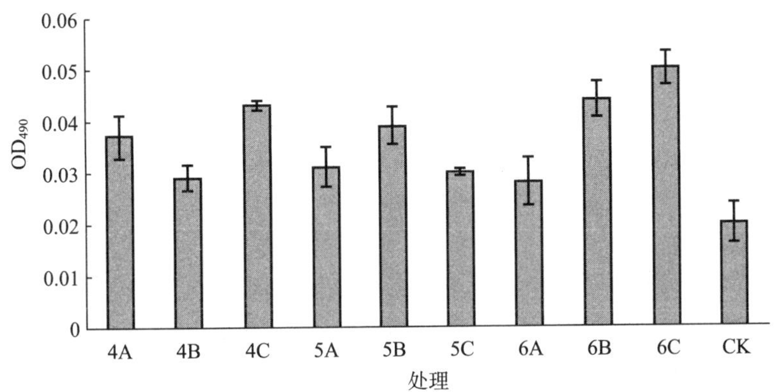

图 6　荧光假单胞菌生物引发对种子脱氢酶活性的影响

2.3　荧光假单胞菌生物引发对种子浸出液相对电导率的影响

新收获的种子活力高，随着存放时间延长，种子衰老，种子活力逐渐降低，细胞膜透性增大，细胞内含物渗出增多，种子浸出液的导电率也随之变大[8]。由图 7 可以看出，对照组的种子浸出液相对电导率明显高于经过荧光假单胞菌生物引发处理过的种子浸出液的电导率，说明细胞膜透性增大，细胞内含物外渗增多。其中，6A 处理种子浸出液的电导率低至 12.7%，5B 处理种子浸出液的电导率低至 13.1%，说明荧光假单胞菌生物引发处理有修复受损细胞膜的效果，有效降低了细胞内含物的流出。

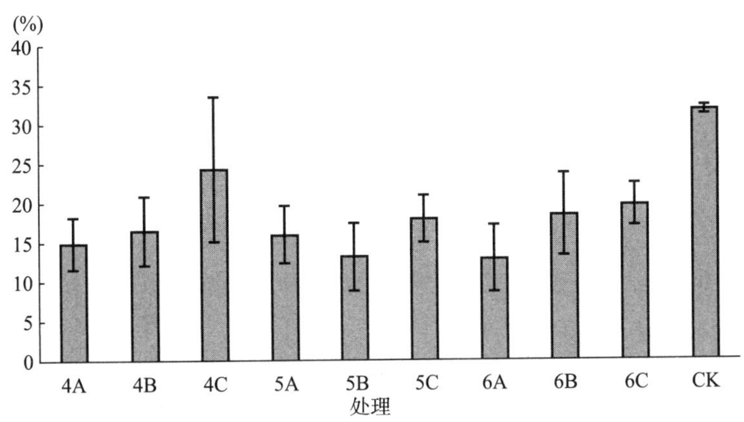

图 7　荧光假单胞菌生物引发对种子浸出液相对电导率的影响

2.4　荧光假单胞菌生物引发对种子浸出液可溶性糖含量的影响

由图 8 可知，4A、5C、6A、6C 处理的种子浸出液可溶性糖含量明显比其他处理少，说明处理 4A、5C、6A、6C 对黄瓜老化种子细胞膜的修复较好，质膜透性减小，细胞内含物外渗减少。而 CK 则为所有处理中种子浸提液可溶性糖含量最高的。可以看出，CK 处理细胞膜损失严重，质膜透性大，细胞内含物外渗多。

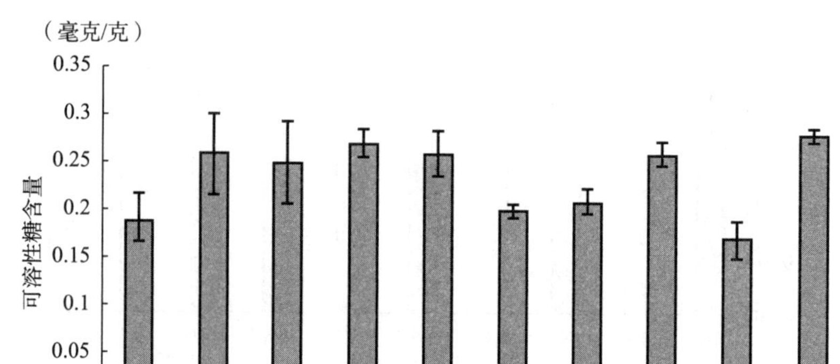

图 8　荧光假单胞菌生物引发对种子浸出液可溶性糖含量的影响

2.5　荧光假单胞菌生物引发对种子过氧化物酶（POD）活性的影响

由图 9 可以看出，相较于其他处理，处理 CK、5A、5B 和 6A 中黄瓜种子的过氧化物酶活性较小。当种子中 POD 的活性降低时，种子对过氧化物消除能力降低，会引起过氧化物积累过量，产生过氧化伤害，降低种子的发芽率和发芽势。Chiu 等（1995）认为，引发激活了 POD 从而使得西瓜种子内细胞得以修复[9]。处理 6C 中的 POD 活性显著比其他处理高，达到了 15 U/（克·分钟），结合图 7 和图 8 可以发现，处理 6C 种子浸出液的可溶性糖含量和相对电导率明显比 CK 处理少得多，可见荧光假单胞菌生物引发处理能修复老化损伤的细胞膜。

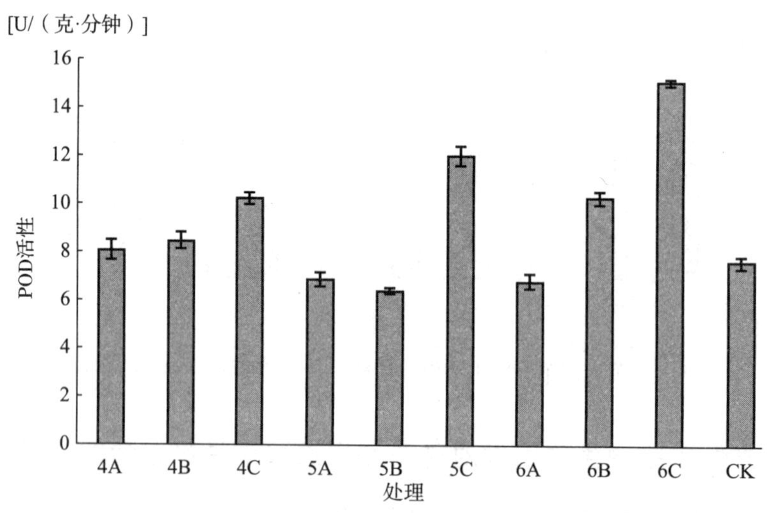

图 9　荧光假单胞菌生物引发对种子过氧化物酶（POD）活性的影响

2.6 荧光假单胞菌生物引发对种子下胚轴、子叶形态的影响

从图10中的对比可以明显看出，经过荧光假单胞菌生物引发处理的黄瓜种子细胞排列整体较为致密且整齐，细胞间隙小；而CK处理细胞排列松散较无规则，细胞间隙大。6C处理中，两子叶缝隙间的薄壁细胞细胞层数明显增多，比CK处理厚，储存的营养物质比CK多，有利于种子的萌发。且6C中种子的胚芽已明显突出，生长状态良好，而CK处理中种子胚芽没有明显突起。下胚轴中，经过荧光假单胞菌生物引发处理的6C根冠部分比CK处理细胞层明显增多，对今后种子萌发时根尖的保护起到良好的保护作用。

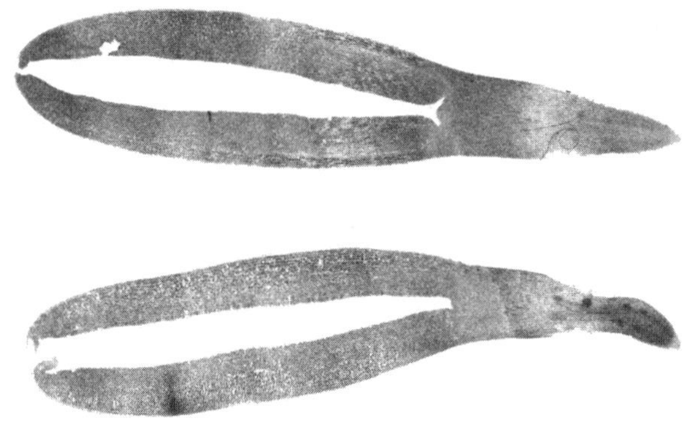

图10　黄瓜种子石蜡切片纵切图
（上为6C处理，下为CK处理，×400倍）

3 讨论

生物引发是1990年Callan等提出的将种子生物处理与播前控制吸水方法相结合的种子处理新技术，能有效提高种子发芽率和发芽势[10]。生防菌荧光假单胞菌是植物根围和土壤中常见的一种有益细菌，分布广泛，易于繁殖。对植物病害，尤其是土传病害如根腐病、枯萎病等均有很好的防治作用，是重要的有益微生物，保护植物体免受病菌危害[11]。本实验结合生物引发技术，用生防菌荧光假单胞菌处理自然老化的黄瓜种子。但是，生物引发的效果受温度、水分的影响，找到最佳的温度及最佳的水分配比才是本实验的难点。

本实验中，荧光假单胞菌生物引发处理过的种子发芽率、发芽势和发芽指数都明显高于未经任何处理的CK，可见荧光假单胞菌生物引发可以促进种子的萌发。这与Reese等生物引发甜玉米种子，提高种子吸湿速率，并导致金假单胞菌（*Pseudomonas aureofaciens*）在表面大量繁殖而明显提高田间出苗率[12]的结果一致。其中，6C处理的效果最为显著，相较于CK处理表现为发芽率提高了11.3%，发芽势提高了38.0%，发芽指数提高了23.7%。可见，促进黄瓜种子发芽的最适温度为30℃，荧光假单胞菌浓度为1.875×10^7孢子/种子。

脱氢酶活性和过氧化物酶活性是检验种子活性的重要指标，酶活性越高，则种子活性越高。种子浸出液的相对电导率和可溶性糖含量可以用来衡量种子细胞内含物的外渗程度，评估种子细胞膜的完整程度。6C 处理的种子脱氢酶活性和过氧化物酶活性是 CK 处理的 2.51 倍和 1.99 倍，而相对电导率降低了 12%，说明荧光假单胞菌生物引发处理在孢子浓度量为 1.875×10^{7} 孢子/种子且处理温度为 30℃时，种子过氧化物酶活性和脱氢酶活性大大提高，细胞内含物外渗减少，细胞膜得到了较好的修复。

参考文献

[1] 李明，姚东伟，陈利明．园艺种子引发技术［J］．种子，2004（9）：59-63.

[2] 黄瑶，乔爱民，孙敏，等．渗调修复黄瓜陈种子基因组 DNA 损伤的 RAPD 研究［J］．西南师范大学学报（自然科学版），2005，30（1）：141-144.

[3] 侯红利，李健强，周向阳．黄瓜种子生防菌引发处理研究现状［J］．种子科技，2008，26（3）：36-38.

[4] 李杨，满振鸿，张霞，等．沙拐枣的种子引发技术及生理生化变化的研究［C］．第二届中国甘草学术研讨会暨第二届新疆植物资源开发、利用与保护学术研讨会论文摘要集，2004.

[5] 王云，孙守钧，李凤山，等．PEG 引发对蓖麻种子活力的影响［J］．内蒙古民族大学学报，1996（1）：13-16.

[6] 王彦荣，张建全，刘慧霞，等．789 引发紫花苜蓿和沙打旺种子的生理生态效应［J］．生态学报，2004.

[7] 薛刚，张文明，姚大年．小麦种子活力及其与脱氢酶活性的相关性研究［J］．安徽农业科学，2009，37（9）：3905-3908.

[8] 邢燕，王吉庆，訾广宇，等．不同引发剂处理对西瓜种子萌发及生理特性的影响［J］．中国农学通报，2009，25（11）：133-136.

[9] 孙春青，杨伟，戴忠良，等．人工老化处理对结球甘蓝种子生理生化特性的影响［J］．西北植物学报，2012，32（8）：1615-1620.

[10] 李皓，李传中，曾瑞珍，等．种子引发技术研究进展［J］．热带农业工程，2012，36（3）：20-23.

[11] 岳东霞，张要武，陈融，等．荧光假单胞菌工程菌株的构建及对黄瓜枯萎病的防治效果［J］．华北农学报，2008，23（6）：101-104.

[12] Reese C D，Fritz V A，Pfleger F L. Impact of pressure infusion of sh-2 sweet corn seed with *Pseudomonas aureofaciens* on seedling emergence［J］．HortScience，1998，33（1）：24-27.

不同嫁接组合对南水系列水果黄瓜果实品质及相关酶活性的影响

周乐霖　陈劲枫

（南京农业大学园艺学院　江苏南京　210095）

摘　要：水果黄瓜，又称迷你黄瓜，是一种高产优质、风味优良的蔬菜品种，因可作为水果食用得名。水果黄瓜种植通常采用设施栽培，设施栽培土壤连作导致土传病害严重，嫁接是防治土传病害的重要措施。但嫁接可能会对果实品质造成不可避免的影响。因此，本试验以两种南水系列水果黄瓜以及黑籽南瓜和白籽南瓜甬砧8号为试验材料，通过分别配制嫁接组合，对各嫁接组合植株生长发育以及果实外观品质、营养品质和风味品质进行研究，同时研究了嫁接对果实品质相关酶活性的影响，以筛选出适合用于水果黄瓜嫁接且对果实品质影响较小的砧木。

关键词：水果黄瓜　嫁接　果实品质　酶活性

黄瓜（*Cucumis sativus* L.），是葫芦科甜瓜属一年生攀缘性草本植物，别名胡瓜，是世界各地广为栽培的重要蔬菜作物之一，常用于设施栽培。水果黄瓜又称小黄瓜、迷你黄瓜，是我国引自于欧洲的优质品种，多为强雌或全雌，单性结实性强，产量高，植株长势好，抗病性强，耐储运，果实呈短棒状，瓜长度大多10～15厘米，直径约3厘米，一般果皮光滑无刺，口感鲜脆甘甜，风味好且营养价值高，含有丰富的活性物质如丙醇二酸、黄瓜酶等，还富含维生素E和胡萝卜素，适合鲜食。近年来，水果黄瓜发展较快，全国各地均已栽培。随着社会的发展，人们生活水平逐渐提高，饮食观念和消费意识也发生转变，人们更加关注食品保健功能，水果黄瓜已逐渐成为畅销的水果蔬菜产品。

我国蔬菜种植面积居世界首位，2010年底，我国设施蔬菜全年种植面积达到了466.7万公顷，占我国设施栽培总面积的95%，占世界设施园艺面积的80%，表明我国已成为世界设施栽培面积最大的国家[1]。黄瓜是我国消费者十分喜爱的主要蔬菜之一，市场需求量大，种植面积及产量连年增长。2004年，我国黄瓜种植面积达到93万公顷[2]；到2012年，我国黄瓜种植面积已增长至111.2万公顷[3]。在设施蔬菜不断发展的同时，设施内连作障碍越发严重。嫁接对克服连作障碍效果显著，目前已成为设施蔬菜栽培的主要配套技术，广泛应用于黄瓜、茄子、甜瓜、西瓜等作物。因此，我国大部分地区已大规模将嫁接苗应用于生产当中。

许多研究表明，嫁接对果实品质的影响往往是负面的。目前，随着人们生活水平发展，对嫁接果实品质的研究不断深入。嫁接果实品质主要包括商品品质、营养品质及风味品质，果实商品品质包括果皮颜色、果肉颜色、光泽、蜡粉、果瘤、果刺、瓜长、瓜粗、匀直度等性状，营养品质包括人体需要的营养物质如可溶性固形物、可溶性糖、维生素 C 及矿物质等，风味品质包括果实质地和风味，果实质地包括坚韧度、紧密度和硬度，风味指黄瓜特有的香气和味道[4]。目前，有关于水果黄瓜嫁接栽培的相关研究仍很缺乏，对于嫁接对水果黄瓜果实品质的影响还有待研究。

1 材料与方法

1.1 材料及处理

试验于南京农业大学牌楼实验基地进行。供试黄瓜接穗品种为南水 2 号和南水 3 号，砧木为黑籽南瓜（*Cucurbita ficifolia*）和白籽南瓜（*Cucurbita moschata*）甬砧 8 号。黄瓜种子来源于南京农业大学葫芦科作物遗传与种质创新实验室，黑籽南瓜为网上购买，白籽南瓜购于浙江省宁波市农业科学研究院。

试验共设 6 个处理：T1：南水 2 号/黑籽南瓜；T2：南水 2 号/白籽南瓜；T3：南水 3 号/黑籽南瓜；T4：南水 3 号/白籽南瓜；CK1：南水 2 号自根苗；CK2：南水 3 号自根苗。于 2015 年 9 月 17 日播种，9 月 25 日用插接法进行嫁接。10 月 9 日，选取长势一致的黄瓜幼苗采用大小行定植，大行距 70 厘米，小行距 30 厘米，株距 30 厘米，随机排列，重复 3 次，田间管理按常规进行。

1.2 测定项目及方法

分别用手持糖量仪、考马斯亮蓝 G-250 法、蒽酮比色法、2,6-二氯酚靛酚法、酸碱中和滴定法、水合茚三酮法、高锰酸钾比色法、水杨酸比色法及活体法测定果实中可溶性固形物、可溶性蛋白、可溶性糖、维生素 C、可滴定酸、游离氨基酸、单宁、硝酸盐含量及硝酸还原酶活性。黄瓜风味物质采用固相微萃取技术（SPME）和气相色谱质谱联用仪（GC-MS）测定。

抗坏血酸过氧化物酶（APX）活性参照徐坤范（2006）的方法[5]：3 毫升反应液中含 50 毫摩尔/升磷酸缓冲液（pH＝7.0），0.3 毫摩尔/升抗坏血酸，0.06 毫摩尔/升 H_2O_2和 0.1 毫升酶液。加入 H_2O_2后，立即在 20℃下测定 10～30 秒内的 OD_{290}值变化。

蔗糖磷酸合成酶（SPS）活性同样参照徐坤范的方法[5]：200 微升酶液中加入 50 微升磷酸缓冲液（pH＝7.5）、20 微升 50 毫摩尔/升 $MgCl_2$、20 微升 100 毫摩尔/升二磷酸尿苷葡萄糖（UDPG）和 20 微升 100 毫摩尔/升 6-磷酸果糖，34℃条件下反应 30 分钟，然后加入 200 微升 40% NaOH 终止反应，再加入 1.5 毫升 HCl 和 0.5 毫升 1%间苯二酚，摇匀后，80℃水浴 10 分钟，测定 470 纳米下吸光度，SPS 活性用单位样品在单位时间内生成的磷酸蔗糖含量表示。

脂氧合酶（LOX）活性参照 Axelrod 等（1981）的方法[6]，略有改动。取 2 克黄瓜果肉置于研钵中液氮研磨，加入 10 毫升预冷的 0.2 摩尔/升 PBS 缓冲液（pH＝7.0），冰上研磨，12 000 转/分（4℃）离心 30 分钟，上清液用于 LOX 活性测定。

3 毫升反应体系中包括：100 微升亚油酸钠母液（10 毫摩尔/升）；2 700 微升 0.2 摩尔/升 PBS 缓冲液（pH=7.0）；200 微升粗酶液。反应温度为 40℃，于 234 纳米处测定 LOX 活性。加酶液 15 秒后开始计时，记录 2 分钟内 OD_{234} 值变化，酶活性以 ΔOD_{234}/（克鲜重·分钟）表示。

1.3 数据处理

方差分析采用 SPSS 统计软件，Duncan's 新复极差法进行多重比较（$P<0.05$），并进行相关性分析，使用 Microsoft Excel 2007 作图。

2 结果与分析

2.1 嫁接对果实营养品质的影响

2.1.1 可溶性固形物

图 1 可以看出，T2 中可溶性固形物含量最高，与 CK1 相比增长了 13.75%；其次是 T4，与 CK2 相比增长 3.53%；T1 中可溶性固形物含量最低，比 CK1 降低了 2.5%。分别对不同砧木的嫁接组合进行显著性分析表明，不同砧木的嫁接组合对可溶性固形物含量均无显著影响。但 T1 与 T2 相比差异显著，T1 果实中可溶性固形物含量显著低于 T2，且 T3 果实中可溶性固形物含量也低于 T4，说明甬砧 8 号作砧木对南水 2 号果实中可溶性固形物含量的影响较好，黑籽南瓜作砧木可能会造成负面影响。

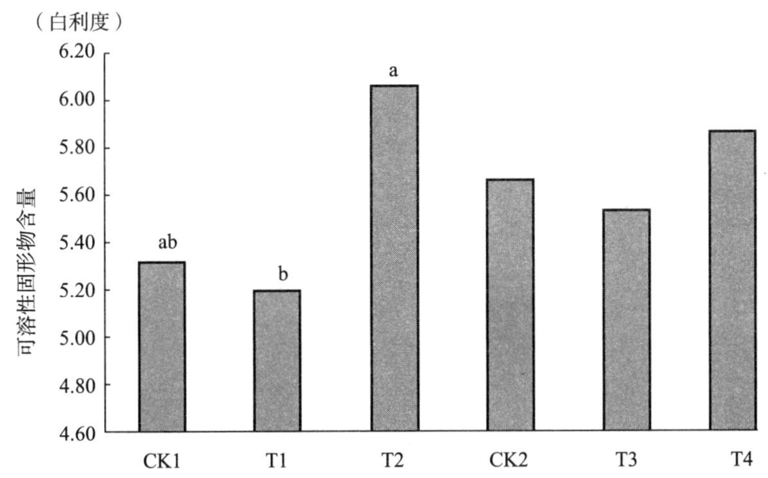

图 1　不同嫁接组合对黄瓜果实中可溶性固形物含量的影响

注：a、b 分别表示 $P=0.05$ 水平下差异显著性。未标注的表示无显著差异。

2.1.2 可溶性蛋白

可溶性蛋白含量的高低间接反映了果实代谢活动的强弱。根据图 2 可知，不同嫁接组合黄瓜果实的可溶性蛋白含量均低于对照黄瓜果实，T1<T2<CK1，T3<

T4<CK2。分别对不同砧木的嫁接组合进行显著性分析表明，与对照相比，T1、T3及T4的果实可溶性蛋白含量均表现出显著差异，仅T2差异不显著；T1显著小于T2，T3和T4之间差异不显著。说明嫁接使果实中可溶性蛋白含量降低，黑籽南瓜对可溶性蛋白含量的负面影响更为严重。

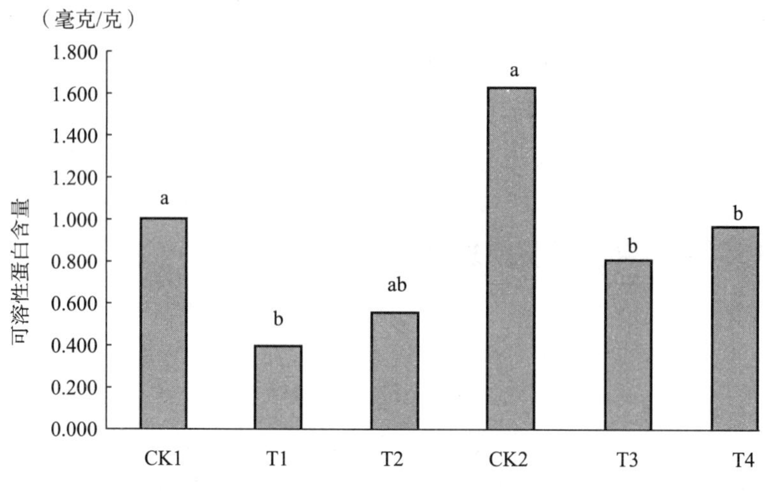

图2　不同嫁接组合对黄瓜果实中可溶性蛋白含量的影响

注：a、b分别表示 $P=0.05$ 水平下差异显著性。

2.1.3　维生素C及APX活性

由图3可知，以南水2号为接穗的嫁接组合果实中维生素C含量都小于对照，分别降低0.36%和0.94%；以南水3号为接穗的嫁接组合，T3的维生素C含量比对照降低0.44%，T4的维生素C含量略高于对照约0.04%。分别对不同砧木的嫁接组合进行显著性分析表明，各组合间相比较及与对照相比维生素C含量均无显著差异。由此可以说明，嫁接黄瓜果实中维生素C含量虽略有降低，但影响并不大，不同砧木的影响也不显著。

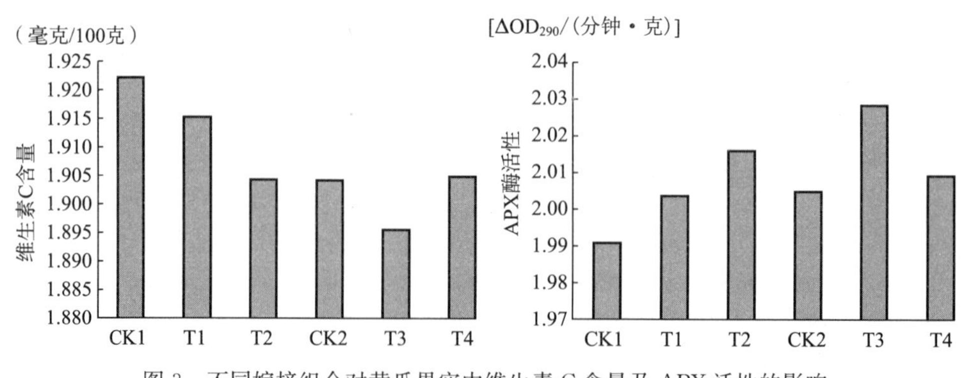

图3　不同嫁接组合对黄瓜果实中维生素C含量及APX活性的影响

APX是与抗坏血酸（AsA）代谢相关的十分关键的一种过氧化物酶，它存在于叶绿体基质中，以AsA为电子供体，用于清除氧化胁迫时产生的H_2O_2。对APX活性与维生素C含量进行相关性分析，结果表明APX与维生素C含量在0.05水平上呈负相关（$r=-0.917$）。由图3可知，4种嫁接组合APX活性进行比较：T2＞T1＞CK1，T3＞T4＞CK2，T1和T2的APX活性分别比CK1提高0.65％和1.26％，T3和T4分别比CK2提高1.15％和0.19％。分别对不同砧木的嫁接组合进行显著性分析表明，各个处理间差异不显著，因此嫁接对APX活性无显著影响。

2.1.4　游离氨基酸

氨基酸对黄瓜独特风味的形成起重要作用，是黄瓜果实鲜味的主要来源。图4表明，各嫁接组合果实中游离氨基酸含量均比自根果实有所降低，T1和T2分别比自根苗降低6.71％和4.47％，T3、T4分别降低7.14％和6.37％。分别对不同砧木的嫁接组合进行显著性分析表明，T1、T2间差异不显著，与自根苗相比差异也不显著；T3、T4间差异不显著，但T3、T4与自根苗相比游离氨基酸含量显著降低。说明嫁接会降低果实中游离氨基酸含量，但不同砧木嫁接对游离氨基酸含量的影响并不明显。

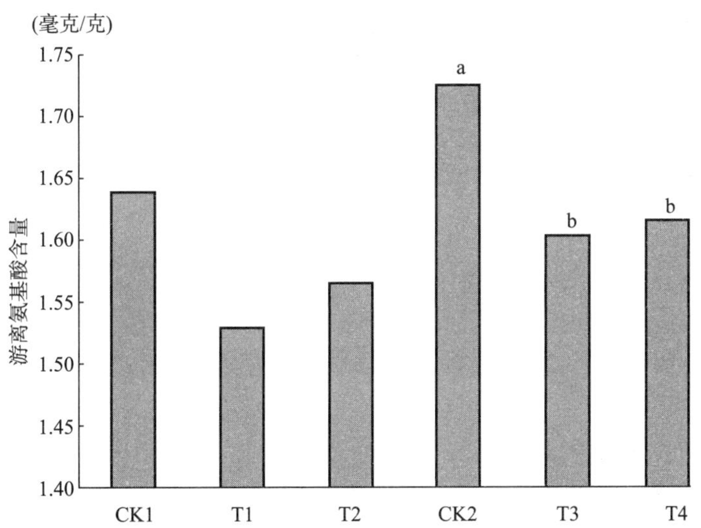

图4　不同嫁接组合对黄瓜果实中游离氨基酸含量的影响

注：a、b分别表示$P=0.05$水平下差异显著性。未标注的表示无显著差异。

2.1.5　硝酸盐及NR活性

硝酸盐是致癌物亚硝胺的前体，果实中硝酸盐含量的高低密切关系着人体健康。嫁接明显增加了果实中硝酸盐含量，图5可以看出，各个嫁接组合果实中硝酸盐含量明显高于对照自根苗果实。分别对不同砧木的嫁接组合进行显著性分析表明，T1、T2硝酸盐含量与CK1相比差异显著，T1和T2相比差异显著，T1的硝酸盐含量更高，比自根苗增长31.73％；T3、T4硝酸盐含量与CK2相比差异显著，T3 和 T4 相比差异显著，T3 的硝酸盐含量更高，比自根苗增长 36.11%。由此可以说明，黑籽南瓜嫁接对黄瓜果实中硝酸盐含量的影响比白籽南瓜大。

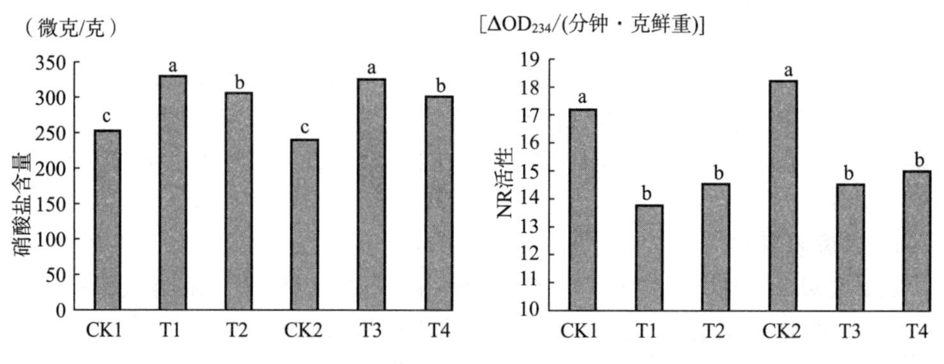

图 5　不同嫁接组合对黄瓜果实中硝酸盐含量及 NR 活性的影响

注：a、b、c 分别表示 $P=0.05$ 水平下差异显著性。

对 NR 活性和硝酸盐含量进行相关性分析，结果表明 NR 活性与硝酸盐含量在 0.01 水平上呈负相关（$r=-0.982$）。4 种嫁接组合 NR 活性均低于对照，T1＜T2＜CK1，T3＜T4＜CK2，T1 和 T2 的 NR 活性分别比 CK1 降低 20.17%和 15.57%，T3 和 T4 分别比 CK2 降低 20.59%和 18.04%。分别对不同砧木的嫁接组合进行显著性分析表明，嫁接能够明显减低果实中 NR 活性，但不同砧木的嫁接组合间 NR 活性差异不明显，说明不同砧木对 NR 活性影响不显著。

2.2　嫁接对呈味物质含量的影响

2.2.1　可溶性糖及 SPS 活性

可溶性糖含量的多少与植物体内可利用物质和能量的供应息息相关，而且许多研究认为，可溶性糖含量越高，果实风味口感就越好。因此，可溶性糖含量是评价黄瓜果实风味品质的重要指标。图 6 可以看出，嫁接组合中 T1 果实中可溶性含量最低，比 CK1 降低 18.67%，T4 果实中可溶性糖含量最高，但也比对照降低了 3.95%，各组合果实中可溶性糖含量均低于各自对照果实中可溶性糖含量。但分别对不同砧木的嫁接组合进行显著性分析表明，各处理间无显著差异，不同组合与各自对照相比也无显著差异。因此，嫁接虽然降低了果实中可溶性糖含量，但影响不显著。

黄瓜果实中可溶性糖含量与叶片中 SPS 活性相关系数较高，而与果实中 SPS 活性相关性不明显[5]。因此，对黄瓜叶片中的 SPS 活性进行测定。从图 6 可以看出，每种嫁接组合的 SPS 活性都低于对照，T1＜T2＜CK1，T3＜T4＜CK2，T1 和 T2 的 SPS 活性分别比 CK1 低 2.13%和 1.51%，T3 和 T4 分别比 CK2 低 3.78%和 2.45%。对可溶性糖含量与 SPS 活性进行相关性分析，结果表明二者在 0.05 水平呈显著正相关（$r=0.880$）。分别对不同砧木的嫁接组合进行显著性分析表明，除 T3 的 SPS 活性显著低于 CK 外，其他嫁接组合对 SPS 活性影响不显著。

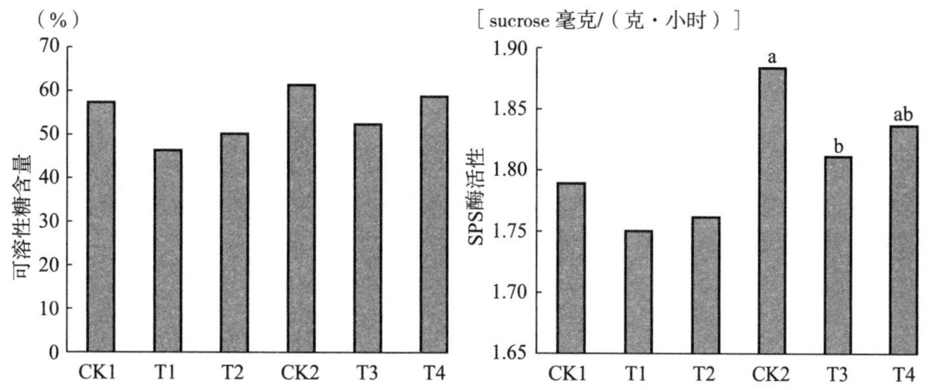

图 6　不同嫁接组合对黄瓜果实中可溶性糖含量及 SPS 活性的影响

注：a、b 分别表示 $P=0.05$ 水平下差异显著性。未标注的表示无显著差异。

也就是说，黑籽南瓜做砧木比白籽南瓜对 SPS 活性影响大。

2.2.2　可滴定酸

蔬菜、水果中普遍存在有机酸，有机酸含量也是蔬菜、果实品质十分重要的指标。图 7 可以看出，各嫁接组合果实中可滴定酸含量均高于对照，其中，T1、T3 较高，分别高于对照 31.27%和 37.17%；T2、T4 较低，分别高于对照 12.71%和 24.16%，即以黑籽南瓜为砧木的组合果实中可滴定酸含量的增加量大，以白籽南瓜为砧木的组合果实中可滴定酸含量的增加量小。分别对不同砧木的嫁接组合进行显著性分析表明，与对照相比，T1、T3、T4 可滴定酸含量显著增加，T2 无显著差异。说明嫁接对果实中可滴定酸的影响较大，且白籽南瓜作砧木的组合比黑籽南瓜对可滴定酸的影响小。

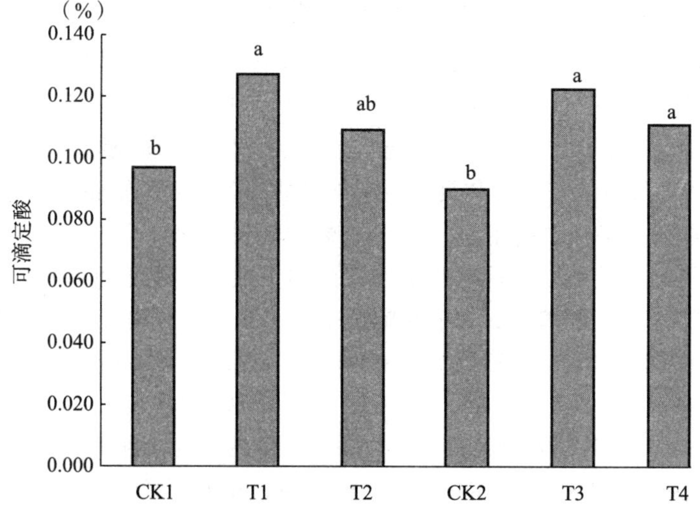

图 7　不同嫁接组合对黄瓜果实中可滴定酸含量的影响

注：a、b 分别表示 $P=0.05$ 水平下差异显著性。

2.2.3 单宁

单宁是果实中涩味的主要来源，单宁含量高低不仅与黄瓜口感相关，还可能与蛋白质作用生成难溶性络合物，使蛋白质可消化性及利用率降低。图8及显著性分析表明，每个组合的果实单宁含量与自根黄瓜相比均明显增加。其中，T1和T3果实中单宁含量最多，分别比对照增加67.44%和89.09%；而T2和T4果实中单宁含量较少，分别比对照增加50.39%和60.91%。说明嫁接显著提高了黄瓜果实中的单宁含量，黑籽南瓜对单宁含量的影响比白籽南瓜更大。

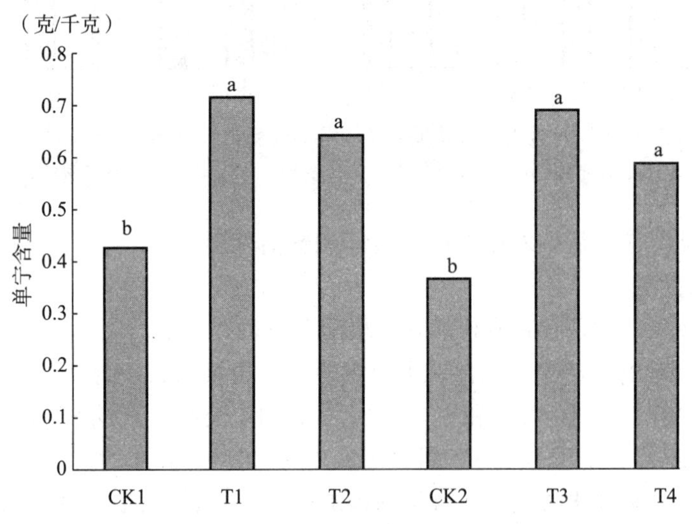

图8　不同嫁接组合对黄瓜果实中单宁含量的影响

注：a、b分别表示 $P=0.05$ 水平下差异显著性。

2.3　嫁接对果实风味物质及相关酶的影响

对4种嫁接组合和2种自根黄瓜对照果实中挥发性代谢物质含量进行检测，由表1可知，嫁接黄瓜果实中，风味物质的种类与自根黄瓜果实没有差别，但某些风味物质的含量有一定差异。这一结果与李红丽等（2006）研究结果一致[7]。嫁接果实中，具有青草气息的正己醛和具有牛脂气息的2E-壬烯醛含量显著增加，但黄瓜风味特征物质2E,6Z-壬二烯醛和2,6-壬二烯醇含量显著降低了，同时具有清香气息的沉香醇和E-石竹烯以及具有橙子香气息的壬酸含量也显著降低；一些不知风味特征的物质如2-戊烯醛、2-戊基呋喃、壬醛、2,4-己二烯醛、6-壬烯醛、2E,4-壬二烯醛、十二醛、3E-壬烯醇等含量有所降低，也增加了一些物质含量，如壬醛、2,4-庚二烯醛、乙酸-2-乙基乙酯、十三醛、2-壬烯醇、3,6-壬二烯醇和庚酸等，与前人研究一致[7]。2种砧木对嫁接果实风味物质的影响并不相同，如黑籽南瓜作砧木的组合T1和T3果实中的2E,6Z-壬二烯醛和2,6-壬二烯醇含量降低更多，白籽南瓜作砧木的组合T2和T4果实中这2种物质降低较少，而T1和T3果实中正己醛和2E-壬烯醛含量却分别高于T2和T4。此外，以黑籽南瓜为砧木的组合T1、

T3果实中戊醛含量分别比自根苗显著降低，而以白籽南瓜为砧木的组合T2、T4果实中戊醛含量分别比自根苗显著增高；T1果实中2,4-壬二烯醛含量显著增加，且显著高于T2。

表1 不同嫁接组合对黄瓜果实中风味物质含量的影响

风味物质相对含量	风味特征	CK1	T1	T2	CK2	T3	T4
戊醛		4.269 5b	1.714 5c	6.817 9 a	4.762 9b	1.844 3c	6.906 3a
正己醛	青草	4.772 0c	9.877 1a	6.905 4b	4.382 8c	9.843 2a	7.415 4b
2-戊烯醛		2.609 5a	1.778 9c	1.920 5b	2.518 3a	1.801 1c	1.976 5b
2E-己烯醛	灰尘、苹果	21.051 6	21.893 3	21.077 5	21.003 6	21.485 3	20.063 3
2-戊基呋喃		0.664 4a	0.456 2b	0.347 8c	0.646 8a	0.442 7b	0.338 0c
壬醛		4.643 9c	5.744 9a	5.196 6b	4.624 7c	5.782 0a	5.210 0b
2,4-己二烯醛		3.347 8a	3.335 0a	2.598 2b	3.372 6a	3.361 4a	2.634 5b
2,4-庚二烯醛		0.574 8c	1.189 9a	0.992 0b	0.574 1c	1.230 1a	1.026 3b
乙酸-2-乙基乙酯		0.549 7b	0.799 1a	0.834 5a	0.542 7b	0.834 4a	0.600 6b
2E-壬烯醛	牛脂	0.235 7a	0.290 4b	0.285 0b	0.225 7a	0.290 3b	0.292 3b
6-壬烯醛		16.336 5a	13.699 3b	15.277 8a	16.312 5a	13.792 6b	15.413 2ab
沉香醇	清香	0.106 4a	0.077 5b	0.085 8b	0.118 8a	0.079 9c	0.093 5b
2E,6Z-壬二烯醛	黄瓜	31.797 3a	28.804 3b	29.859 4b	33.072 6a	28.897 3c	29.772 7b
E-石竹烯	清香	0.440 6a	0.304 1c	0.351 0b	0.450 5a	0.296 2c	0.355 1b
2E,4-壬二烯醛		0.134 9a	0.046 9b	0.040 5b	0.136 2a	0.049 8b	0.043 0b
十二醛		0.218 9a	0.048 5c	0.064 3b	0.223 0	0.050 4	0.439 4
2,4-壬二烯醛		2.692 1b	3.544 5a	2.259 6c	2.128 3b	3.208 0a	2.183 7b
3E-壬烯醇		0.475 4a	0.435 8ab	0.385 4b	0.451 2	0.426 2	0.393 0
十三醛		1.968 0	2.198 5	2.057 3	1.992 6	2.346 9	2.141 6
2-壬烯醇		0.248 3b	0.354 3a	0.270 7b	0.245 6b	0.368 0a	0.270 8b
2,6-壬二烯醇	黄瓜	3.884 7a	3.174 2b	3.198 8b	3.986 8a	3.182 0c	3.220 1b
3,6-壬二烯醇		0.186 3b	0.301 9a	0.271 4a	0.189 6b	0.302 6a	0.282 5a
庚酸		0.141 5b	0.158 0ab	0.205 4a	0.124 9c	0.183 1b	0.207 1a
壬酸	橙子香	0.504 3a	0.422 9b	0.436 3b	0.492 0a	0.414 1c	0.436 4b

注：a、b分别表示 $P=0.05$ 水平下差异显著性。

酶是黄瓜果实风味物质合成的重要条件，果实中芳香物质含量与酶活性的高低有很大关系。图9可以看出，嫁接对果实中LOX酶活性有显著影响，4种嫁接组合与CK相比LOX酶活性都显著降低了，相同接穗的嫁接组合对LOX活性进行比较，T1＜T2＜CK1，T3＜T4＜CK2，T1和T2分别比CK1降低24.05%和16.48%，T3

和 T4 分别比 CK2 降低 24.17%和 21.73%。对果实中 2E,6Z-壬二烯醛含量与 LOX 活性进行相关性分析得出，二者在 0.01 水平上呈明显正相关（r=0.989）。显著性分析表明，T1 和 T3 的 LOX 酶活性虽然分别低于 T2 和 T4，但不同砧木之间对 LOX 酶活性的影响无显著差异。

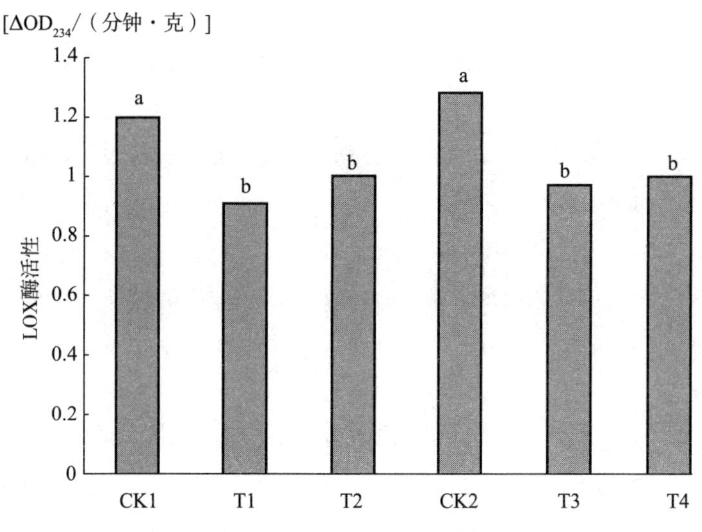

图 9　不同嫁接组合对黄瓜果实中 LOX 酶活性的影响

注：a、b 分别表示 P=0.05 水平下差异显著性。

3　讨论

3.1　不同嫁接组合果实营养品质差异

嫁接能改变黄瓜果实品质，这与黄瓜品种和环境条件也有关联，但主要原因可能是砧木强大的根系取代了黄瓜根系，促进黄瓜植株对水分和养分的吸收，使根系对地上部分激素的供给比例发生变化，从而影响到植株生长发育，进一步影响果实营养品质。不同砧木对嫁接黄瓜果实品质的影响也不同，前人研究表明，不同砧木嫁接会影响番茄的生长势和产量，还显著影响了果实营养品质，特别是对维生素 C 含量影响较大，对可溶性固形物影响较小，但不同砧木嫁接均显著改善了番茄果实的营养品质[8]。黄翠英等（2009）研究表明，嫁接对西瓜果实品质的影响随砧木不同而有所差异，以金凤凰（南瓜）为砧木的嫁接组合品质较差，而其他以葫芦和野生西瓜为砧木的嫁接组合品质较优[9]。

可溶性固形物是指包括糖、酸、维生素、矿物质等物质的混合物，其在果实中的含量可用于衡量果实成熟情况。可溶性蛋白大多是参与代谢的各种酶类，其含量影响着植物体代谢，同时也是重要的营养品质指标。刘春香研究表明，提高蛋白质含量可以改善黄瓜果实品质。氨基酸是形成黄瓜独特风味的重要物质，也是黄瓜果实鲜味的主要来源。本试验中，与自根黄瓜相比，嫁接黄瓜果实中可溶性固形物含量差异不显著，可溶性蛋白含量显著降低。对于以南水 2 号为接穗的嫁接组合，嫁接对果实中游离氨基酸含量影响无显著差异，对于以南水 3 号为接穗的嫁接组合，嫁接显著降低了果实中游离氨基酸的含量。T1 果实中可溶性固形物和可溶性蛋白含量显著小于 T2，游离氨基酸含量比 T2 小；T3 果实中可溶性固形物、可溶性蛋白和游离氨基酸含量小于 T4。根据本试验结果分析得出，采用黑籽南瓜嫁接可能会对水果黄瓜果实品质产生负面影响，影响果实风味和口感；而白籽南瓜对果实品质影响较小，较为适合作砧木。这表明，通过选择合适的砧木可以适当降低嫁接对果实品质的负面影响，为改善水果黄瓜果实品质、选育优秀的砧木品种提供了一定的理论依据。

抗坏血酸（AsA）即维生素 C，不仅是果实中重要的营养物质，还在植物体内清除活性氧，使植物免受氧化胁迫的伤害，维持正常代谢活动。APX 是 AsA 代谢的关键酶，它能够利用植物细胞中的 AsA 还原清除 H_2O_2，若不及时清除 H_2O_2，它会反应生成羟基自由基（·OH），破坏细胞组分。因此，APX 能够降低细胞中的氧化胁迫[10]。APX 是抗坏血酸的主要消耗者，许多报道指出 APX 与 AsA 含量呈负相关。根据植物体内抗坏血酸的代谢途径，影响 AsA 代谢的酶不止一种，植物体中 AsA 含量受多种酶同时调控。本试验中，嫁接果实中维生素 C 含量与自根果实相比有所下降，但差异不显著，相同接穗不同砧木的组合相比，T1＞T2，T3＜T4，不同砧木对黄瓜果实中维生素 C 含量的影响不一致。根据相关性分析得出 APX 活性与维生素 C 含量呈显著负相关。因此，嫁接组合中维生素 C 含量比自根果实低，可能是由于嫁接使 APX 活性升高，APX 越高，消耗的电子供体维生素 C 就越多，从而导致果实中维生素 C 含量降低。

硝酸盐是致癌物亚硝胺的前体物质，果实中硝酸盐含量的高低与人们身体健康关系十分密切。硝酸还原酶是植物体内硝酸盐同化过程的关键酶，其活性的高低与植物体内硝酸盐的同化和积累密切相关，是硝酸盐还原的主要限速因子。蔬菜中易于积累硝酸盐，虽然无损于植物自身，但对人体健康存在潜在的威胁[11]。NR 活性越高可以更多地同化硝酸盐，降低硝酸盐在植物体内积累，并提高氮素的利用率，从而明显减少黄瓜果实中的硝酸盐含量。储昭胜（2011）研究表明，嫁接方式和氮素水平互作会对 NR 活性产生极显著影响[12]。本试验中，嫁接果实中硝酸盐活性明显高于对照，T1 和 T2 以及 T3 和 T4 之间均有显著差异，T1 和 T3 的硝酸盐含量较高，说明黑籽南瓜嫁接对果实硝酸盐含量影响较大。刘润秋等（2003）研究表明，砧木对嫁接西瓜果实中硝酸盐含量影响不显著，与本试验得出的结果不一致[13]。显著性分析表明，嫁接明显降低了黄瓜果实中的 NR 活性，由于 NR 活性与硝酸盐含量呈负相关，NR 活性降低导致果实中硝酸盐含量增加。因此，嫁接果实中硝酸盐含量增加可能是因为嫁接降低了 NR 活性，从而影响果实营养品质。不同砧木对 NR 活性影响不显著，但根据试验结果可以看出，黑籽南瓜作砧木的嫁接组合与白籽南瓜相比 NR 活性较低。因此认为，黑籽南瓜可能对 NR 活性的负面影响较大。

3.2 不同嫁接组合果实呈味物质差异

3.2.1 可溶性糖及 SPS 活性

黄瓜果实风味品质是由挥发性芳香物质及一些非挥发性呈味物质决定的。可溶性糖主要为葡萄糖、果糖和蔗糖，是合成淀粉的前体，可以间接反映出植株的营养代谢情况；同时，可溶性糖、维生素 C 和可溶性蛋白也是重要的呈味物质，可溶性糖作用最突出，能够产生甜味。

SPS 主要存在于合成蔗糖的叶片细胞中，对蔗糖合成、运输及代谢库的糖代谢起重要作用[14~16]。SPS 是蔗糖进入各种代谢途径必需的关键酶，它的活力大小直接影响植物中的光合产物在淀粉与蔗糖之间的分配，与蔗糖积累呈正相关[17]。在果实细胞中，SS（蔗糖合酶）既可催化蔗糖合成，也可催化蔗糖分解，一般认为 SS 和 AI（蔗糖酸性转化酶）主要催化降解蔗糖，SPS 催化蔗糖的再合成。孟文慧等（2009）研究表明，野生西瓜 2 号/早佳组合的果实糖分积累极显著增加，而其他组合糖积累降低，SPS 活性变化趋势与蔗糖积累一致[18]。

本试验中，嫁接果实的可溶性糖含量均低于对照果实，但差异不显著，T1 可溶性糖含量最低，T4 最高；嫁接组合的 SPS 活性也低于对照，对 2 种砧木进行比较并无显著差异；砧木对嫁接果实的糖含量和 SPS 活性影响不显著。相关性分析表明，可溶性糖含量与 SPS 活性呈显著正相关。因此，推测可能是由于嫁接使 SPS 活性降低，导致嫁接果实中可溶性糖含量较低。但果实糖分积累是一个非常复杂的过程，蔗糖代谢酶的调控仅是其中的一个方面，果实中糖含量还可能受到水分胁迫造成的活跃渗透、矿质元素含量以及 ABA 的调节影响[18]。

3.2.2 可滴定酸及单宁

有机酸是果实中酸味的主要来源，单宁主要使果实产生涩味，还可能与蛋白质作用生成难溶性络合物，降低蛋白质的可消化性和利用率。本试验中，嫁接黄瓜与自根黄瓜相比，可滴定酸和单宁含量显著增加，以黑籽南瓜为砧木的组合 T1 和 T3 果实中的可滴定酸和单宁含量分别大于以甬砧 8 号为砧木的组合 T2 和 T4。说明嫁接显著增加了果实中可滴定酸和单宁含量，影响果实品质，黑籽南瓜对黄瓜果实品质负面影响比甬砧 8 号更大。

3.3 不同嫁接组合果实风味物质及 LOX 活性差异

2E,6Z-壬二烯醛是黄瓜特征风味物质。本试验中，虽然各嫁接组合间风味物质含量存在一些差异，但果实中 2E,6Z-壬二烯醛含量均为最高。嫁接显著降低了具有黄瓜特征气息的风味物质 2E,6Z-壬二烯醛和 2,6-壬二烯醇含量，同时具有清香气息的沉香醇和 E-石竹烯以及具有橙子香气息的壬酸含量也显著降低，嫁接还降低了一些不知风味特征的物质含量，如 2-戊烯醛、2-戊基呋喃、壬醛、2,4-已二烯醛、6-壬烯醛、2E,4-壬二烯醛、十二醛、3E-壬烯醇等，同时也增加了一些物质含量，如壬醛、2,4-庚二烯醛、乙酸-2-乙基乙酯、十三醛、2-壬烯醇、3,6-壬二烯醇和庚酸等。对于以南水 2 号为接穗的嫁接组合，T1 与 T2 相比，果实中特征风味物质 2E,6Z-壬二烯醛和 2,6-壬二烯醇含量较低，具有清香气息的 E-石竹烯和橙子香的壬酸以及不知风味特征的戊醛、2-戊烯醛、6-壬烯醛、十二醛含量低于 T2，具有青草气息的正己醛及其他不知风味特征的物质含量都高于 T2；以南水 3 号为接穗的嫁接组合，T3 与 T4 相比，T3 果实中特征风味物质 2E,6Z-壬二烯醛和 2,6-壬二烯醇含量显著低于 T4，具有清香气息的 E-石竹烯和橙子香的壬酸以及不知风味特征的戊醛、2-戊烯醛、6-壬烯醛、十二醛含量也显著低于 T4，而具有青草气息的正己醛及其他不知风味特征的物质含量显著高于 T4。这些不知风味特征的物质对黄瓜风味的影响仍有待研究。试验结果表明，嫁接使黄瓜果实中的香气构成发生了改变，黑籽南瓜作砧木对嫁接黄瓜果实风味物质的负面影响较大，白籽南瓜影响较小。

黄瓜风味物质的形成主要是通过脂肪酸途径。在黄瓜特征风味物质形成过程中，LOX 起着十分关键的作用。LOX 以亚油酸和亚麻酸为底物，反应生成 C6 和 C9 醛类，组成了黄瓜主要芳香物质，而目前对于壬醛、乙醛、丙醛和呋喃等物质的合成途径仍不清楚。刘春香等分析表明，不同品种的 LOX 和 2E,6Z-壬二烯醛含量变化相关性不显著。陈昆松等（1998）认为，LOX 活性还与果实的成熟和衰老密切相关，在后熟过程中，猕猴桃果实的硬度与 LOX 活性变化呈显著负相关，而且 LOX 能够诱导乙烯的合成，促进乙烯自我催化，加速果实成熟衰老。目前，对于果实成熟衰老过程中 LOX 的作用机理仍不清楚，尚待进一步研究。

比较本试验中各处理的 LOX 酶活性，嫁接组合与对照相比差异显著；比较不同砧木的嫁接组合，T1 与 T2 以及 T3 与 T4 之间差异不显著，T1 的 LOX 活性小于 T2，T3 小于 T4，而对果实中 2E,6Z-壬二烯醛含量对比，T1 低于 T2，T3 低于 T4，但相互之间也无显著差异。显著性分析表明，果实中 2E,6Z-壬二烯醛含量与 LOX 活性呈明显正相关。可以看出，LOX 活性的降低是引起果实中 2E,6Z-壬二烯醛含量降低的重要原因，间接影响了果实的风味品质。

此外，黄瓜果实中风味物质变化还与其他酶有关，如 HPL、异构酶以及 ADH，LOX 虽然是催化黄瓜果实中主要芳香物质合成的关键酶，但可能还受其他酶的影响。目前，对于 LOX 和 HPL 酶的研究较多，另外两种酶可能对于黄瓜风味品质影响不如前两种酶重要，因此研究较少。

4　结论

嫁接使黄瓜植株生长发育显著增强，对果实品质影响显著。嫁接黄瓜果实与自根黄瓜果实相比，果长、果径、果实硬度和单果重均较大，但差异不显著；可溶性固形物、可溶性糖和维生素 C 含量无显著差异；南水 2 号为接穗嫁接组合果实中游离氨基酸含量对比自根果实无显著差异，南水 3 号嫁接组合氨基酸含量显著降低；嫁接使果实中特征风味物质含量降低，影响其他芳香物质含量；2 种砧木对比，白籽南瓜对果实品质的负面影响较低，更适合作砧木。

嫁接使黄瓜果实品质相关酶活性发生变化。嫁接显著降低了 LOX 和 NR 活性，而对 SPS 和 APX 活性无显著影响；黄瓜特征风味物质含量、可溶性糖含量、维生素 C 含量和硝酸盐含量分别与 LOX、SPS、APX 和 NR 活性显著相关，酶活性变化是导致嫁接黄瓜果实品质变化的原因；白籽南瓜对酶活性影响较低。

参考文献

[1] 张真和，陈青云，高丽红，等．我国设施蔬菜产业发展对策研究（上）[J]．蔬菜，2010（5）：1-3.

[2] 顾兴芳，张圣平，王烨．“十五”期间我国蔬菜科研进展（四）：我国黄瓜育种研究进展[J]. 中国蔬菜，2006（12）：1-7.

[3] 雷刘功，袁惠民．中国农业年鉴 [M]．北京：中国农业出版社，2012.

[4] 王敏，董邵云，张圣平，等．黄瓜果实品质性状遗传及相关基因分子标记研究进展 [J]．园艺学报，2013，40（9）：1752-1766.

[5] 徐坤范．不同季节黄瓜果实芳香物质含量变化及氮对风味品质的影响 [D]．济南：山东农业大学，2006.

[6] Axelrod B, Cheesbrough T M, Leakso S. Lipoxygenase from soybeans [J]. Methods in Enzymology, 1981 (7): 443-451.

[7] 李红丽，王明林，于贤昌，等．不同接穗/砧木组合对日光温室黄瓜果实品质的影响 [J]．中国农业科学，2006，39（8）：1611-1616.

[8] 高方胜，王磊，徐坤．砧木与嫁接番茄产量品质关系的综合评价 [J]．中国农业科学，2014，47（3）：605-612.

[9] 黄翠英．不同砧木嫁接对西瓜生理生化特性和品质影响的研究 [D]．成都：四川农业大学，2009.

[10] 刘啸然．苗期低氮处理对水培黄瓜生长及 AsA 代谢相关酶活性的影响 [D]．北京：中国农业科学院，2011.

[11] 高祖明，张耀栋，张道勇，等．氮磷钾对叶菜硝酸盐积累和硝酸还原酶、过氧化物酶活性的影响 [J]．园艺学报，1989，16（4）：293-298.

[12] 储昭胜．双砧木嫁接对黄瓜生理特性和产量品质的影响 [D]．南京：南京农业大学，2011.

[13] 刘润秋，张红梅，徐敬华，等．砧木对嫁接西瓜生长及品质的影响 [J]．上海交通大学学报（农业科学版），2003，21（4）：289-294.

[14] Lingle S E, Dunlap J R. Sucrose metabolism in netted muskmelon fruit during development [J]. Plant Physiol, 1987 (84): 386-389.

[15] Dali N, Michaud D, Yelle S. Evidence for the involvement of sucrose phosphate synthase in the pathway of sugar accumulation in sucrose-accumulating tomato fruits [J]. Plant Physiol, 1992 (99): 434-438.

[16] 王惠聪，黄辉白，黄旭明．荔枝果实的糖积累与相关酶活性 [J]．园艺学报，2003，20（1）：1-5.

[17] Huber S C. Role of sucrose-phosphate synthase in partitioning of carbon in leaves [J]. Plant Physiol., 1983 (71): 818-821.

[18] 孟文慧，张显，罗婷．嫁接砧木对西瓜果实糖分积累及蔗糖代谢相关酶活性的影响 [J]．西北农林科技大学学报（自然科学版），2009（37）：127-132.

不同砧木嫁接对秋季黄瓜植株生长、产量及果实品质的影响

张红梅　金海军*　丁小涛　余纪柱*

（上海市农业科学院园艺研究所/上海市设施园艺技术重点实验室　上海　201403）

摘　要： 试验采用5种不同的砧木与春秋王2号（*Cucumis sativus* 'Chunqiuwang No. 2'）黄瓜嫁接，研究了不同砧木对嫁接黄瓜生长、光合、果实产量和品质的影响。结果表明：以日本南瓜（*Cucurbita moschata*）和甬砧8号（*Cucurbita maxima*×*Cucurbita moschata* 'Yongzhen No. 8'）为砧木的嫁接植株有着较强的生长势，其次是以五叶香丝瓜（*Luffa cylindrica* 'Wuyexiang'）为砧木的嫁接植株、以黑籽南瓜（*Cucurbita ficifolia Bouché*）和傲美苦瓜（*Momordica charantin* 'Aomei'）为砧木的嫁接植株生长较弱；嫁接黄瓜植株的叶绿素含量都显著高于自根植株，其中以黑籽南瓜为砧木的嫁接植株叶绿素含量最高，其次是以丝瓜为砧木的嫁接植株。以日本南瓜、甬砧8号和丝瓜为砧木的嫁接植株有着较高的净光合速率（*Pn*）、胞间CO_2浓度（*Ci*）、气孔导度（*Gs*）和蒸腾速率（*Tr*），单株产量和果实中的可溶性糖、维生素C、游离氨基酸含量均高于自根植株。因此，在黄瓜夏秋季嫁接栽培生产中可以选择日本南瓜、甬砧8号和丝瓜作砧木。

关键词： 嫁接　黄瓜　生长指标　光合参数　果实品质

黄瓜（*Cucumis sativus* L.）嫁接是现代温室黄瓜生产的栽培技术之一，选择抵抗性较强的砧木进行黄瓜嫁接，可以有效地控制易感病接穗的土壤传染疾病，抵御环境胁迫，增加产量[1]。然而，在这些情况下，蔬菜品质特点可能会受到砧木通过木质部传递给接穗的与果实品质相关的代谢产物或接穗的生理过程的影响。前人等用黑籽南瓜作砧木，提高黄瓜的耐冷及抗病能力，并对后期的生长、产量及品质进行了研究[2~4]；在丝瓜方面的研究多数在提高黄瓜耐涝及苦瓜抗病等方面[5,6]。杨冬艳（2015）采用8种不同类型的砧木与华铃西瓜嫁接，8种砧木均能显著提高西瓜生长势、增加产量、增加西瓜果皮厚度，但对果形指数影响较小，对于维生素C含量影响最大，变异系数达56.78%，其次为可溶性糖、边糖和中心糖含量[7]。本试验在大棚栽培条件下，对不同砧木嫁接植株的生长、光合、产量和品质方面进行了研究，以期筛选性状优良的砧木，为生产上利用嫁接促进黄瓜生长、提高果实品质提供一定的理论依据。

---

* 为通讯作者。

1 材料与方法

1.1 试验材料

黄瓜砧木品种选用适合在夏季种植的5种瓜类作物：黑籽南瓜（*Cucurbita ficifolia* Bouché.）（山东省寿光市洪亮种子有限公司）、日本南瓜（*Cucurbita moschata*）（北京中农金玉农业科技开发有限公司）、甬砧8号白籽南瓜（*Cucurbita maxima*×*Cucurbita moschata* 'Yongzhen No.8'）（浙江省宁波市农业科学研究院）、五叶香丝瓜（*Luffa cylindrica* 'Wuyexiang'）（吉林省兴农种业有限公司）、傲美苦瓜（*Momordica charantin* 'Aomei'）（河北青县纯丰蔬菜良种繁育场）。黄瓜（*Cucumis sativus* L.）品种选用上海市农业科学院园艺研究所提供的欧洲类型黄瓜春秋王2号。

1.2 试验方法

试验于2015年8～12月在上海市农业科学院庄行综合试验站进行。8月14日，将5个砧木品种温烫浸种，置于30℃培养箱中催芽，出芽后播于50孔穴盘中，基质配比为草炭∶蛭石∶珍珠岩=7∶2∶1。8月19日，将黄瓜接穗直播于方盘中。8月22日，砧木第一片真叶露出，接穗2片子叶展开时采用劈接法进行嫁接。嫁接苗置于提前准备好的保湿、避光的小拱棚中，3天后可逐渐通风见光，7～10天后嫁接伤口基本愈合，即可进行正常管理，及时去除嫁接苗砧木心叶，以免影响接穗的生长。待嫁接苗的第一片真叶展开时，即可进行移栽定植。本试验分5种不同砧木的嫁接苗和黄瓜自根苗共6个处理，每个处理3个重复，每个重复60株，定植在一个0.4米×24米的小区内，株距40厘米，行距40厘米。

1.3 测定项目与方法

1.3.1 生长指标测定

嫁接苗定植后定期测定植株生长指标，用尺子测量子叶到生长点的高度作为株高；用游标卡尺测定上胚轴的茎粗；测量地上部所有叶片的长与宽，根据公式计算叶面积[8]，叶面积（S）=0.743×长×宽。

1.3.2 光合参数测定

在黄瓜嫁接植株开花结果旺盛期用LI-6400型光合仪（美国LI-COR公司生产）于晴天上午测定净光合速率（*Pn*）、胞间CO_2浓度（*Ci*）、气孔导度（*Gs*）、蒸腾速率（*Tr*），测量的光强均设置为600微摩尔/（平方米·秒），CO_2浓度为（400±10）微升/升，测定部位选取嫁接植株生长点以下第五片功能叶，每个处理重复测定5株。利用SPAD-502型手提式叶绿素含量仪测定叶片的相对叶绿素含量。

1.3.3 产量及品质测定

进入收获期后每隔1天采摘一次商品瓜，并计算单株产量；结果中期采摘黄瓜果实样品，品尝并记录果实口感，参照李合生（2002）的方法[9]测定黄瓜果实中抗坏血酸（维生素 C）、可溶性糖、可溶性蛋白、游离氨基酸的含量。

1.4　数据分析

每个指标测定重复 3 次，取平均值。采用 Microsoft Excel（Office 2007）软件对试验数据进行处理，用 SPSS 20.0 统计软件进行方差分析和 Duncan's 多重比较。

2　结果与分析

2.1　不同砧木黄瓜嫁接植株在大棚内的生长差异

从图 1 可以看出，以日本南瓜和甬砧 8 号为砧木的嫁接植株的株高、叶片数、叶面积都明显大于其他嫁接苗和自根苗。以丝瓜和苦瓜为砧木的嫁接苗株高和叶片数与对照相差不大，叶面积低于对照。以黑籽南瓜和苦瓜为砧木的嫁接苗茎粗值较低。黑籽南瓜砧木在夏季嫁接育苗时出现根部腐烂倒苗现象，导致嫁接苗成活率低、生长较弱，而春季嫁接时黑籽南瓜表现较好。由此可见，黑籽南瓜的耐热性不是很好。

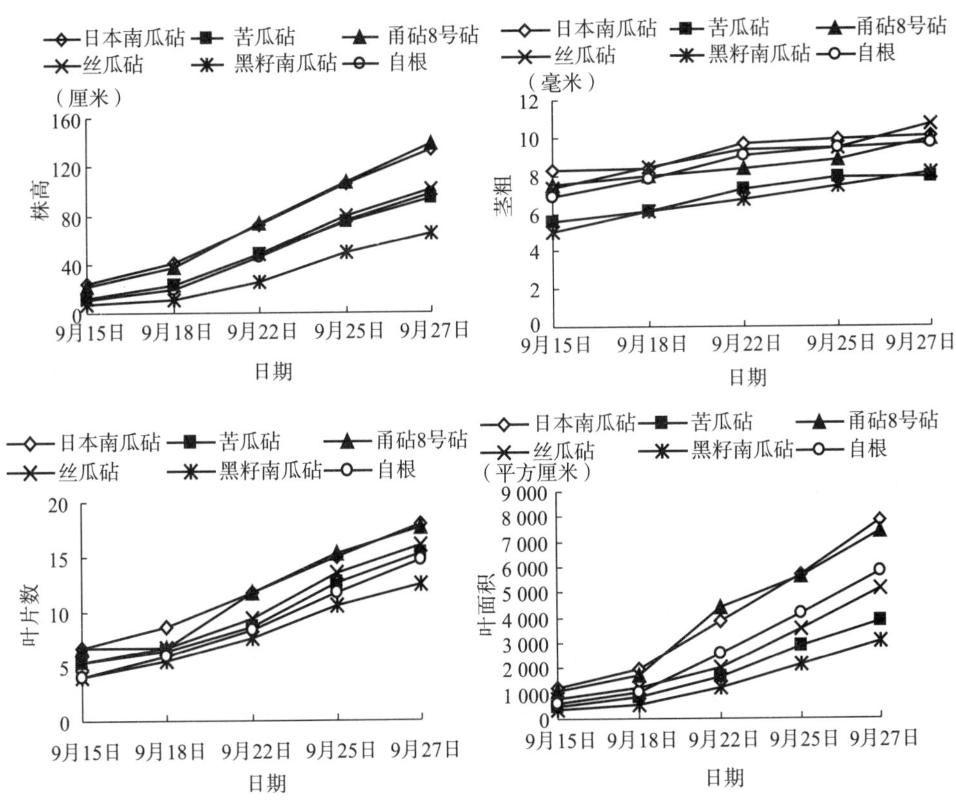

图 1　不同砧木嫁接植株株高、茎粗、叶片数和叶面积的生长差异

2.2 不同砧木黄瓜嫁接植株叶片叶绿素含量差异

在黄瓜植株开花结果旺盛期测定了不同砧木嫁接植株叶片的相对叶绿素含量。如图2所示，所有嫁接植株的相对叶绿素含量都高于自根植株，差异显著。以黑籽南瓜为砧木的嫁接植株叶片的叶绿素含量最高，为35.30%；其次是丝瓜砧，为35.06%。4种嫁接砧木中，以苦瓜为砧木的嫁接植株叶绿素含量最低。

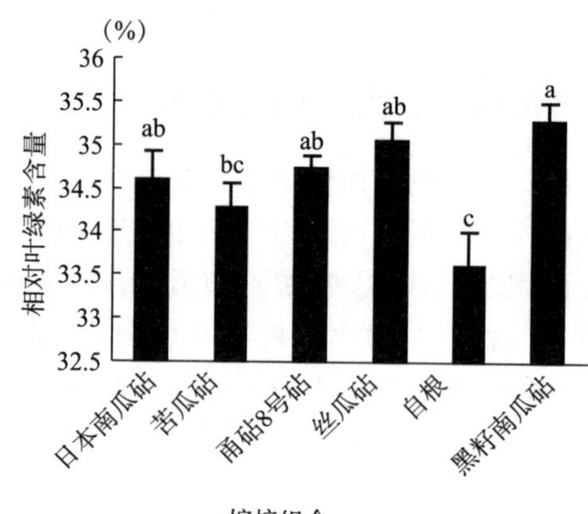

图2 不同砧木嫁接黄瓜植株叶片的相对叶绿素含量差异

注：不同字母表示差异达5%显著水平。

2.3 不同砧木嫁接黄瓜植株叶片的光合参数比较

从图3可知，以日本南瓜为砧木的嫁接植株净光合速率（*Pn*）最高，与其他处理相比差异显著，其次较高的是以甬砧8号和丝瓜为砧木的黄瓜嫁接植株，自根苗和以苦瓜为砧木的嫁接植株净光合速率最低。以丝瓜为砧木的嫁接植株有着较高的气孔导度（*Gs*），明显高于其他处理。以日本南瓜为砧木的嫁接植株有着较高的胞间CO_2浓度（*Ci*），与其他处理相比差异显著。以甬砧8号、丝瓜为砧木的嫁接植株和自根苗有着较高的蒸腾速率（*Tr*）。以苦瓜为砧木的嫁接植株的光合参数都低于其他处理，这可能与苦瓜的嫁接亲和性有关。

2.4 不同砧木嫁接黄瓜植株的产量和果实品质

从表1可知，以日本南瓜、甬砧8号和丝瓜为砧木的嫁接黄瓜单株产量较高，三者之间无显著差异，但与其他嫁接组合和自根黄瓜相比，差异显著。以黑籽南瓜和苦瓜为砧木的嫁接黄瓜单株产量大大低于自根黄瓜。以日本南瓜和丝瓜为砧木的嫁接黄瓜果实中可溶性糖含量最高，与其他处理相比差异显著，自根黄瓜果实可溶性糖含量最低。以丝瓜为砧木的嫁接黄瓜果实中维生素C和游离氨基酸含量最高，与其他处理相比，差异显著；其次含量较高的是以日本南瓜和甬砧8号为砧木的嫁接黄瓜，两者差异不显著；自根黄瓜果实中的维生素C和游离氨基酸含量最低。所有嫁接组合和自根黄瓜果实中可溶性蛋白含量相差不大。

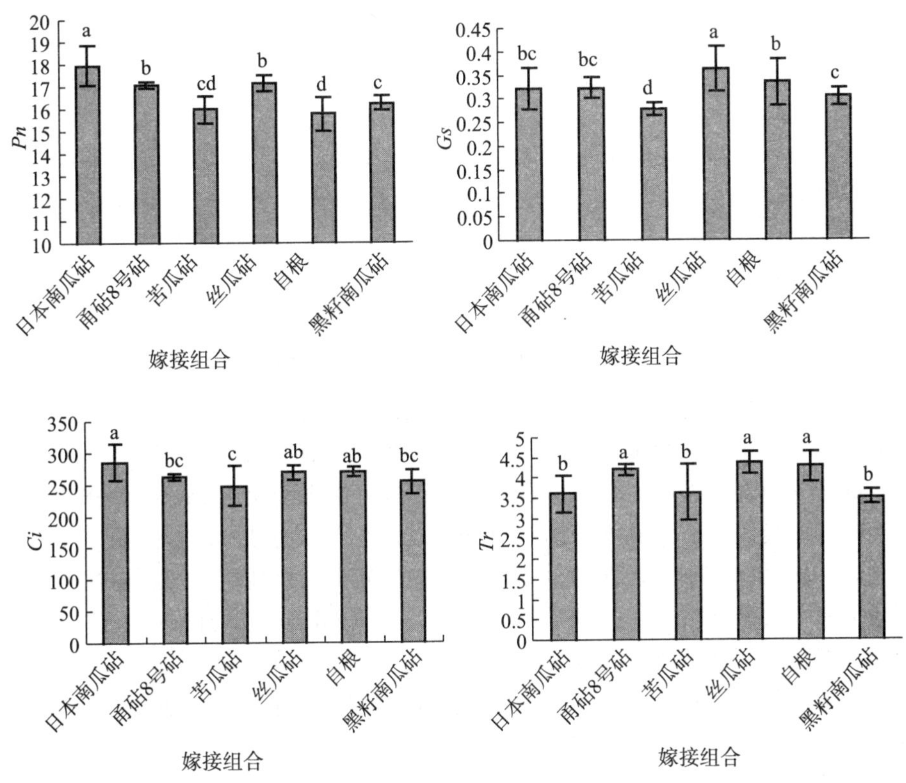

图 3　不同砧木嫁接黄瓜植株的光合参数比较

注：不同字母表示差异达 5%显著水平。

表 1　不同砧木嫁接对黄瓜产量和果实品质的影响

嫁接组合	单株产量（千克）	可溶性糖含量（%FW）	可溶性蛋白含量（微克/克鲜重）	维生素 C 含量（毫克/千克鲜重）	游离氨基酸含量（微克/100 克鲜重）
日本南瓜砧	0.81±0.03a	7.08±0.15a	12.16±0.22ab	11.05±0.21b	10.04±0.18b
甬砧 8 号砧	0.82±0.01a	6.83±0.17b	12.55±0.21a	10.91±0.55b	9.80±0.17b
苦瓜砧	0.47±0.01d	6.45±0.08cd	11.52±0.11b	9.03±0.31cd	7.79±0.22d
丝瓜砧	0.80±0.01a	7.26±0.21a	12.62±0.12a	12.12±0.43a	11.38±0.23a
黑籽南瓜砧	0.64±0.02c	6.61±0.13bc	11.65±0.19b	9.74±0.72c	8.43±0.14c
自根	0.70±0.02b	6.24±0.23d	12.52±0.16a	8.37±0.24d	6.71±0.13e

注：表中数据为平均值±标准差，同列数据后的不同字母表示差异达 5%显著水平。

3　结论与讨论

嫁接体是个复合体，由于砧木根系的差异及砧木与接穗间的互作，改变了植株原有的吸收能力，从而影响植株的生长发育[10]。王汉荣（2009）经过多年的番茄嫁接试验发现，番茄嫁接后表现出生长势增强、植株高大、茎秆粗壮，根系量比对照增加 40%～60%[11]。朱进（2006）研究认为，采用 4 种砧木嫁接对黄瓜生长速率无显著影响[12]。而张红梅（2008）研究发现，不同类型黄瓜嫁接后生长势都明显增强[13]。本试验中，不同砧木嫁接的黄瓜植株的各生长指标存在差异。以日本南瓜和甬砧 8 号为砧木的嫁接植株有着较强的生长势，其次是以丝瓜为砧木的嫁接植株。以黑籽南瓜为砧木的嫁接植株在夏秋季育苗过程中出现了根部腐烂倒苗现象，说明耐热性比较差。

砧木与接穗嫁接后，对接穗生长发育的影响主要表现为提高根系活力，增强养分吸收，提高叶片叶绿素含量和光合速率[14]。曾义安（2005）对黄瓜嫁接植株的光合指标进行了研究，认为嫁接植株的净光合速率、气孔导度和胞间 CO_2 浓度都极显著高于自根植株[15]。张红梅（2008）研究认为，不同类型黄瓜嫁接后嫁接植株叶片的叶绿素含量及光合速率都高于自根苗[13]。本试验中，所有砧木嫁接黄瓜植株的叶绿素含量都显著高于自根植株，其中以黑籽南瓜为砧木的嫁接植株叶绿素含量最高，其次是以丝瓜为砧木的嫁接植株。以日本南瓜为砧木的嫁接植株净光合速率最高，其次是丝瓜砧，自根植株和苦瓜砧的净光合速率最低。嫁接植株叶片的净光合同化速率大于自根苗，特别是早期的 Pn，显著高于黄瓜自根苗。这与前人研究的通过嫁接提高逆境下黄瓜植株的生长和光合能力相一致[16,17]，可能是嫁接提高了植株中氮素向氨基酸的转化，进而提高了植物抵御逆境胁迫的伤害，增强了叶片的光合能力[18]。

接穗和砧木相互联系，以应对不同的环境刺激，从而影响嫁接植株的生长发育及果实的产量和品质。不同砧木嫁接植株的单株产量不同。以日本南瓜、甬砧 8 号和丝瓜为砧木的嫁接植株单株产量高于自根植株，以黑籽南瓜和苦瓜为砧木的嫁接植株由于长势弱，单株产量低于自根植株。嫁接对黄瓜品质也造成了一定的影响。张红梅（2007）研究了不同南瓜砧木对嫁接黄瓜品质的影响，发现嫁接果实中维生素 C 含量下降，而可溶性糖含量增加[4]。李红丽（2008）等研究认为，自根黄瓜果实的感官评价优于嫁接黄瓜，黄瓜果实的感官评价与可溶性蛋白、游离氨基酸、可溶性糖、维生素 C 正相关，与单宁和可滴定酸负相关[19]。朱进（2006）认为，通过嫁接可显著提高植株黄瓜果实可溶性蛋白含量，而嫁接对黄瓜的单株产量、果实长度、果实颜色、风味、口感、可溶性糖及游离氨基酸含量均无显著影响[12]。可见，不同的砧木对黄瓜果实内在品质和外在品质影响不同，前人的报道也存在着不同的意见。本试验中，以日本南瓜和丝瓜为砧木的嫁接植株黄瓜果实中的可溶性糖、维生素 C 和游离氨基酸含量较高，而自根黄瓜果实中这三者的含量最低。这与前人的研究结果也有所不同，造成品质差异的原因与黄瓜品种类型以及所选择的砧木类型都有很大的关系。

综上所述，在夏秋季黄瓜栽培生产中，以日本南瓜、甬砧 8 号和丝瓜作砧木，可以促进黄瓜植株生长，增强光合能力，提高夏秋季黄瓜单株产量，特别是早期产量，增加果实中可溶性糖、维生素 C 和游离氨基酸含量，改善品质，可考虑其作为夏秋季节黄瓜栽培的嫁接砧木材料。

参考文献

[1] 樊勇，陶承光，刘爱群．不同砧木嫁接黄瓜盛瓜期光合特性研究［J］．西北农业学报，2009，18（5）：253-257.

[2] 孙艳，黄炜，田霄鸿，等．黄瓜嫁接苗生长状况、光合特性及养分吸收特性的研究［J］．植物营养与肥料学报，2002，8（2）：181-185.

[3] 王汉荣，茹江水，王连平．黄瓜嫁接防治枯萎病和疫病技术的研究［J］．浙江农业学报，2004，16（5）：336-339.

[4] 张红梅，金海军，余纪柱，等．不同南瓜砧木对嫁接黄瓜生长和果实品质的影响［J］．内蒙古农业学报，2007，28（3）：177-181.

[5] 张健，刘美艳，肖炜．丝瓜作砧木提高黄瓜耐涝性的研究［J］．植物学通报，2003，20（1）：85-89.

[6] 张玉灿，赖正锋，张少平，等．丝瓜砧木对夏秋连作苦瓜产量及品质影响［J］．中国农学通报，2013，29（4）：189-194.

[7] 杨冬艳，于蓉，冯海萍，等．不同砧木对设施嫁接西瓜生长及品质影响的综合评价［J］．甘肃农业大学学报，2015（6）：62-66.

[8] 裴孝伯，李世城，蔡润，等．温室黄瓜叶面积计算及其与株高的相关性研究［J］．中国农学通报，2005，21（8）：80-82.

[9] 李合生．植物生理生化实验原理和技术［M］．北京：高等教育出版社，2002：167-169.

[10] 陶燕娟，王丽萍，高攀，等．嫁接提高蔬菜作物抗逆性及其机制研究进展［J］．长江蔬菜，2013（22）：1-10.

[11] 王汉荣，茹水江，王连平，等．嫁接防治番茄青枯病的研究［J］．浙江农业学报，2009，21（3）：283-287.

[12] 朱进，别之龙，徐容，等．不同砧木嫁接对黄瓜生长、产量和品质的影响［J］．华中农业大学学报，2006，25（6）：668-671.

[13] 张红梅，谢静，余纪柱，等．不同类型黄瓜嫁接后的生长、光合及品质特性［J］．上海农业学报，2008，24（1）：40-43.

[14] 赵卫星，徐小利，常高正，等．嫁接对西瓜生长及抗逆性影响的研究进展［J］．江西农业学报，2011，23（5）：63-65.

[15] 曾义安，朱月林，黄保健，等．嫁接黄瓜的光合特性及叶片激素含量和可溶性蛋白研究［J］．南京农业大学学报，2005，28（1）：16-19.

[16] Huang Y，Bie Z L，Liu Z X，et al. Improving cucumber photosynthetic capacity under NaCl stress by grafting onto two salt-tolerant pumpkin rootstocks［J］．Biologia Plantarum，2011，55（2）：285-290.

[17] Zhou Y H，Zhou J，Huang L F，et al. Grafting of cucumis sativus onto cucurbita ficifolia leads to improved plant growth，increased light utilization and reduced accumulation of reactive oxygen species in chilled plants［J］．Journal of Plant Research，2009（122）：529-540.

[18] Liu Z X，Bie Z L，Huang Y，et al. Rootstocks improve cucumber photosynthesis through nitrogen metabolism regulation under salt stress［J］．Act a Physiologiae Plantarum，2013（35）：2259-2267.

[19] 李红丽，于贤昌，高俊杰，等．嫁接和自根黄瓜果实感官评价与营养品质的相关性［J］．中国蔬菜，2008（3）：23-26.

高温下丝瓜砧木对嫁接黄瓜生长、产量及果实品质的影响

王 平[1,2] 郝 婷[1] 张红梅[2] 金海军[2] 丁小涛[2] 余纪柱[2]*

([1]南京农业大学园艺学院 江苏南京 210095；[2]上海市农业科学院园艺研究所/上海市设施园艺技术重点实验室 上海 201403)

摘 要： 为了探究嫁接对黄瓜生长、产量及果实品质的影响，将荷兰型短黄瓜春秋王2号嫁接到五叶香丝瓜砧木上，对植株田间生长、发病情况及后期产量、品质进行了测定。结果表明：移栽后丝瓜嫁接苗在各时期测定的株高、茎粗叶片数、叶面积及净光合速率（*Pn*）都大于黄瓜自根嫁接苗，且病毒病发病率低，始花期比自根苗提早6天，早期产量也较自根苗高，但后期增产不明显；果实中维生素C及可溶性蛋白的含量与自根苗相差不大，可溶性糖含量显著降低，但游离氨基酸含量显著升高，说明以五叶香丝瓜为砧木嫁接黄瓜，在一定程度上能提高高温季节下黄瓜的产量，且该嫁接使得果实中游离氨基酸含量增大，提高了黄瓜的营养价值。

关键词： 黄瓜 发病 嫁接 丝瓜 品质 产量

嫁接作为一种简单、有效的技术，可以改善蔬菜作物的抗病、耐逆及产量等，在生产上应用广泛。目前，对黄瓜嫁接的研究大多数只限于黄瓜的越冬栽培，如用黑籽南瓜作砧木，提高黄瓜的耐冷及抗病能力，并对后期的生长、产量及品质进行研究[1~3]；对丝瓜作砧木的研究也只限于提高黄瓜耐涝及苦瓜抗病[4,5]等方面；针对夏秋季黄瓜嫁接生产的研究很少[6]，利用丝瓜砧提高黄瓜的耐高温方面还未涉及。本次试验在前期研究的基础上，对丝瓜作砧木嫁接黄瓜所得植株的生长和发育，以及结果期黄瓜产量和品质方面进行了研究，旨在为生产上利用丝瓜耐高温高湿的特性来增强黄瓜的耐高温能力提供一定的理论依据。

1 材料与方法

1.1 试验材料

试验用黄瓜品种春秋王2号，为欧洲类型短黄瓜，由上海市农业科学院园艺研究所提供。嫁接砧木五叶香丝瓜，为长棒型无棱丝瓜，耐热性和抗病性强，与黄瓜嫁接亲和性好，购买于江苏南京嘉华农业发展有限公司。

* 为通讯作者。

1.2　试验方法

试验于 2013 年 8～12 月在上海市农业科学院庄行综合试验站进行。分别于 8 月 7 日播种砧木丝瓜和黄瓜的种子（为避免嫁接手法对试验的影响，本试验对照为黄瓜-黄瓜嫁接苗，即黄瓜自根嫁接苗），8 月 12 日播种黄瓜接穗，8 月 16 日砧木第一片真叶露出，接穗两片子叶展开时采用劈接法进行嫁接。初期嫁接棚为嫁接苗提供一个高温、高湿、弱光的环境，伤口愈合后，即可进行正常管理，待幼苗的第一真叶展开时，即可进行移栽定植。本次试验分黄瓜自根苗与丝瓜嫁接苗 2 个处理，每个处理 3 个重复，每个重复 60 株定植在一个小区，共 6 个小区。

1.3　测定项目与方法

试验中气温及根际温度（地表下约 12 厘米深的土壤温度）采用温度记录仪（型号：DL-W111）自动记录，购自杭州尽享科技有限公司，设定每 30 分钟记录一次数据；用尺子测量子叶到生长点的高度作为株高；用游标卡尺测定上胚轴的茎粗；测量地上部所有叶片的长与宽，根据公式计算叶面积，叶面积（S）＝0.743×长×宽[7]；用 LI-6400 型光合仪（美国 LI-COR 公司生产）于晴天上午 10：00 测定净光合速率（Pn），测量的光强均设置为 600 微摩尔/（平方米・秒），CO_2浓度为（400±10）微升/升，试验选取处理后新长出的功能叶片，每个处理重复测定 5 株，每周测定一次。对田间植株的病毒病发病情况进行统计并记录嫁接苗的开花时间；进入收获期后每隔 2 天采摘一次黄瓜，并记录小区产量并折合亩产量；结果中期采摘黄瓜样品，记录果实口感，并参照李合生（2000）的方法[8]测定抗坏血酸（维生素 C）、可溶性糖、可溶性蛋白、游离氨基酸含量的测定。

1.4　数据分析

试验数据用 Microsoft Excel 绘图，采用 SPSS 统计软件对试验数据进行方差分析和 Duncan's 多重比较。

2　结果与分析

2.1　大棚 8～12 月日平均气温及根际温度的变化

由图 1A 可知，不同月份的大棚平均气温随着一天中时间的变化趋势基本一致，都表现为 10：00～14：00 最高，在此之前、之后，气温都有所降低；不同月份相同时间点下的气温表现为 8 月最高，其次是 9 月，平均最高气温分别为 39.6℃与 36.2℃。由图 1B 可知，黄瓜根际温度随着月份的变化与气温变化表现一致，都表现为随着月份的递增温度下降，但一天中根际温度随时间变化的波动不大，最高温度出现在 16：00～18：00，8 月与 9 月平均最高根际温度为 32.9℃与 31.4℃。这说明从 8 月初到 11 月底，随着月份的递增，大棚中气温和根际温度在不断降低，气温下降尤为明显。

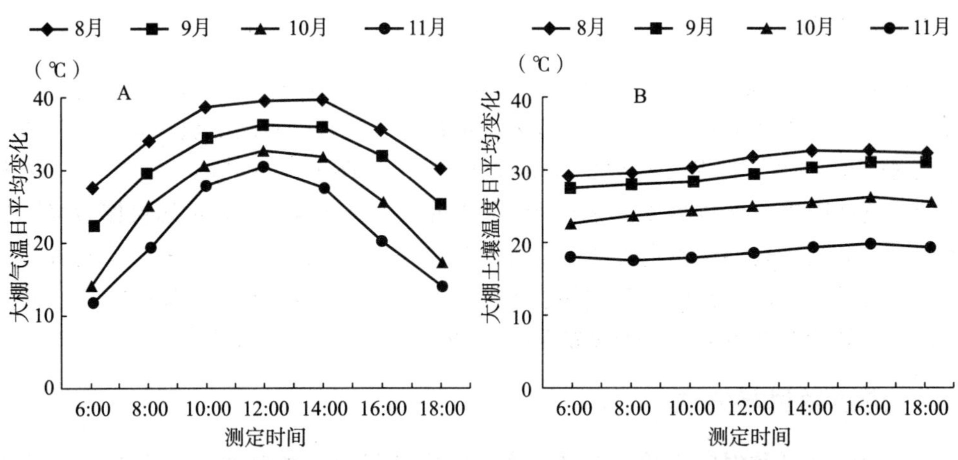

图1　大棚8～12月日平均气温（A）及根际温度（B）变化情况

2.2　生长指标的比较

由图2可知，嫁接苗移栽后不同时期下测定的茎粗都表现为，丝瓜嫁接苗大于

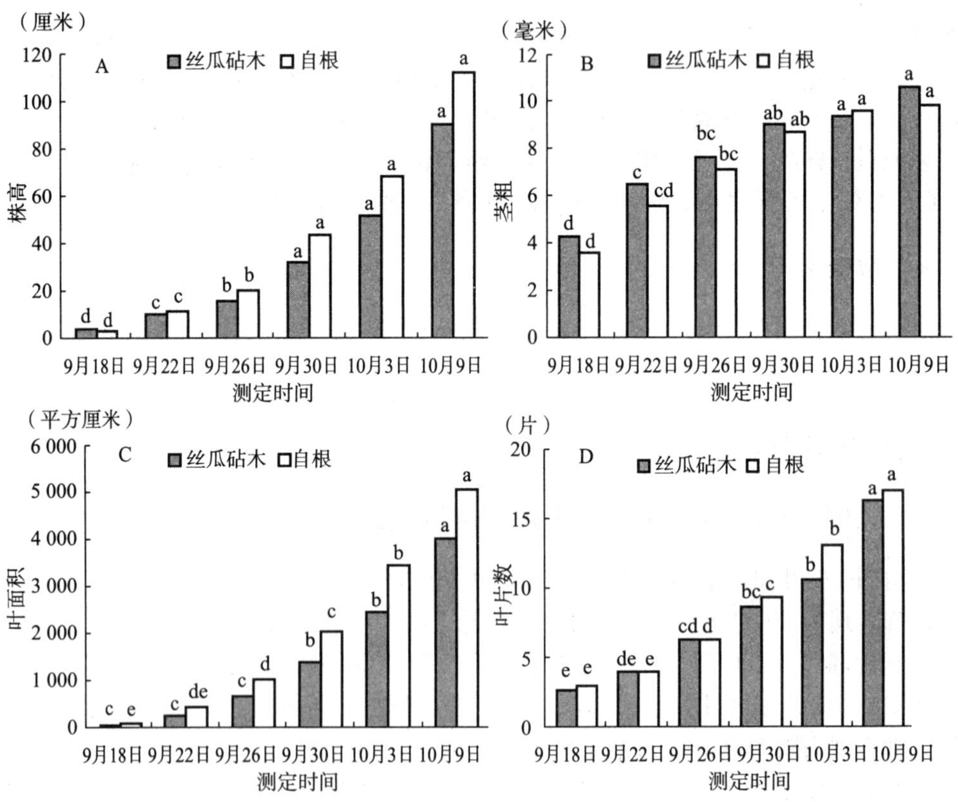

图2　丝瓜砧木嫁接对黄瓜株高（A）、茎粗（B）、叶面积（C）、叶片数（D）的影响

注：不同字母表示差异达5%显著水平。

黄瓜自根嫁接苗，但二者差异不显著；嫁接苗移栽后不同时期下测定的株高都表现为，丝瓜嫁接苗的株高低于黄瓜自根苗，但二者差异不显著；嫁接苗移栽后不同时期下测定的叶片数都表现为，丝瓜嫁接苗的叶片数低于黄瓜自根苗，但二者差异不显著；嫁接苗移栽后不同时期下测定的叶面积都表现为，丝瓜嫁接苗的叶面积低于黄瓜自根苗，前几个时期差异显著，后几个时期差异不显著。

2.3　净光合速率的差异

由表 1 可知，嫁接苗移栽后不同时期下植株生长期叶片 Pn 表现为丝瓜嫁接苗大于黄瓜自根苗，且生长前期丝瓜嫁接苗叶片 Pn 显著高于黄瓜自根嫁接苗，但后期二者差异不明显。

表 1　丝瓜砧木嫁接对黄瓜净光合速率的影响

处理	净光合速率 Pn［微摩尔/（平方米·秒）］		
	9 月 27 日	10 月 4 日	10 月 11 日
S-S	13.02±0.21b	16.31±0.64b	16.79±0.86a
G-S	16.72±0.44a	17.75±0.87a	16.82±0.45a

注：S-S 为黄瓜自根嫁接苗、G-S 为丝瓜砧木嫁接苗。不同字母表示差异达 5%显著水平。

2.4　抗病性、开花及产量的差异

由表 2 可知，每小区丝瓜嫁接苗的田间病毒病株数显著少于黄瓜自根苗，发病率也较低，比自根苗降低 12.09%；且丝瓜嫁接苗植株开花早，比自根苗始花期提早 6 天；对产量进行统计，发现丝瓜嫁接苗的前期产量显著高于黄瓜自根苗，后期产量增加不明显，但折合成每亩的总产量较黄瓜自根苗高。

表 2　丝瓜砧木嫁接对黄瓜植株抗病、开花及产量的影响

处理	发病株数	移栽成活株数	发病率	始花期	黄瓜产量折合/亩
S-S	23±1.73a	55.33±2.51b	41.57%	9 月 24 日	1 422.38
G-S	17±2.00b	57.67±3.05a	29.48%	9 月 18 日	1 503.67

注：S-S 为黄瓜自根嫁接苗、G-S 为丝瓜砧木嫁接苗。不同字母表示差异达 5%显著水平。

2.5　果实品质的分析

丝瓜砧木嫁接苗果实中维生素 C 及可溶性蛋白的含量稍低于黄瓜自根苗，但二者差异均不显著；黄瓜自根苗的可溶性糖含量显著高于丝瓜嫁接苗，但丝瓜嫁接苗果实中游离氨基酸的含量显著升高，比自根苗高出 50%；用丝瓜作砧木对黄瓜果实的口感没有影响（表 3）。

表 3　丝瓜砧木嫁接对黄瓜果实品质的影响

处理	维生素 C 含量	可溶性糖含量	可溶性蛋白含量	游离氨基酸含量	口感
S-S	104.33±0.58a	2.35±0.25a	4.31±0.15a	7.47±0.71b	甜、脆
G-S	103.66±0.56a	2.05±0.14b	4.08±0.25a	11.21±0.15a	甜、脆

注：S-S 为黄瓜自根嫁接苗、G-S 为丝瓜砧木嫁接苗。不同字母表示差异达 5%显著水平。

3　讨论

蔬菜栽培中利用嫁接可以提高其抗逆、抗病性，如利用嫁接提高番茄的耐高温能力[9]及耐干旱能力[10]；利用黑籽南瓜强大的根系提高黄瓜对矿质元素的吸收进而提高植株抗病、耐低温的能力[11,12]；嫁接还能减小土壤中的重金属对作物的毒害[13]。嫁接通过改善根系的生长，进而改变整个植株的生长状况。本试验在夏秋季节进行，棚内平均温度在 40℃左右，黄瓜根际温度也在 33℃左右，通过对嫁接苗不同时期的株高、叶片数、叶面积的测定可知，该天气情况下黄瓜自根苗的株高、叶片数、叶面积要大于丝瓜砧木嫁接苗，这次调查的数据是嫁接苗初期的生长指标，丝瓜和黄瓜嫁接的愈合期比黄瓜自根嫁接苗的愈合期要长，所以黄瓜自根嫁接苗的株高、叶片数、叶面积高于丝瓜嫁接苗。

通过对嫁接苗不同时期的株高、茎粗、叶片数、叶面积和 Pn 的测定可知，该天气情况下丝瓜砧木嫁接苗的株高、茎粗、叶片数、叶面积、Pn 要大于黄瓜自根苗。这说明丝瓜砧嫁接苗的长势好，且叶片的净光合同化速率大于自根苗，特别是早期的 Pn，显著高于黄瓜自根苗。这与前人研究的通过嫁接提高逆境下黄瓜植株的生长和光合能力相一致[14,15]，可能是嫁接提高了植株中氮素向氨基酸的转化，进而提高了植物抵御逆境胁迫的伤害，增强了叶片的光合能力[16]。

嫁接通过提高根系对水分和矿物营养的吸收，并改善对各种矿物质吸收的比例，来影响植株整体的生长、发育及果实品质。嫁接能提高丝瓜[17]、苦瓜[15]及黄瓜[18]的抗病能力。秋季黄瓜病毒病的发病率较高，本试验中丝瓜砧嫁接苗病毒病发病率较低。丁潮洪等[19]研究的不同砧木嫁接黄瓜可使植株开花提早 1～5 天，本试验中丝瓜砧嫁接苗始花期也提早，这与前人研究结果一致。嫁接可提高黄瓜产量[20]，试验中丝瓜砧嫁接苗的产量前期较高，后期增加不明显，这可能与栽培季节及试验所用的嫁接材料有关，前期气温和根际温度较高，适合嫁接苗的生长而后期随着温度的降低，嫁接苗的优势无法发挥，这与叶片 Pn 的变化相一致。嫁接通过提高光合作用及根系对 N、P、K 等元素的吸收，来改变果实品质，陈利平等[21]和冯春梅等[22]认为不同砧木嫁接黄瓜果实风味均较自根苗差，但本试验中在果实口感上嫁接并没有改变黄瓜的风味，对果实中维生素 C、可溶性糖和可溶性蛋白及游离氨基酸含量进行了测定，发现维生素 C 和可溶性蛋白含量与自根苗相差不大，而游离氨基酸含量却显著大于自根苗，这与张玉灿等[5]研究的丝瓜砧对苦瓜品质的影响一致，也与张健等[6]研究的丝瓜砧使得黄瓜果实中糖含量减少但口味正常一致，但与李红丽等[23]研究的以黑籽南瓜及新土佐南瓜为砧木嫁接黄瓜所得果实中游离氨基酸含量降低不一致，究其原因，可能是砧木品种不同造成的。

综上所述，以五叶香丝瓜作砧木，可以使黄瓜植株提早开花，提高夏秋季黄瓜产量，特别是早期产量，还能降低病毒病发病率，增大果实中游离氨基酸含量，提高品质，可考虑其作为夏秋季节黄瓜栽培的嫁接砧木材料。

参考文献

[1] 孙艳，黄炜，田霄鸿．黄瓜嫁接苗生长状况、光合特性及养分吸收特性的研究[J]．植物营养与肥料学报，2002，8（2）：181-185.

[2] 王汉荣，茹江水，王连平．黄瓜嫁接防治枯萎病和疫病技术的研究[J]．浙江农业学报，2004，16（5）：336-339.

[3] 张红梅，金海军，余纪柱．不同南瓜砧木对嫁接黄瓜生长和果实品质的影响[J]．内蒙古农业大学学报，2007，28（3）：177-181.

[4] 张健，刘美艳，肖炜．丝瓜作砧木提高黄瓜耐涝性的研究[J]．植物学通报，2003，20（1）：85-89.

[5] 张玉灿，赖正锋，林永胜，等．丝瓜砧木对夏秋连作苦瓜产量及品质影响[J]．中国农学通报，2013，29（4）：189-194.

[6] 张健，刘美艳，肖炜，等．丝瓜作砧木在夏秋黄瓜栽培中的应用研究[J]．北方园艺，2002（6）：46-47.

[7] 裴孝伯，李世城，蔡润，等．温室黄瓜叶面积计算及其与株高的相关性研究[J]．中国农学通报，2005，21（8）：80-82.

[8] 李合生．植物生理生化实验原理和技术[M]．北京：高等教育出版社，2000.

[9] 范双喜，王绍辉．高温逆境下嫁接番茄耐热特性研究[J]．农业工程学报（增刊），2005，21（12）：60-63.

[10] Eva S R，Luis R，Juan M R. Role of grafting in resistance to water stress in tomato plants：ammonia production and assimilation [J]. Journal of Plant Growth Regulation，2013（32）：831-842.

[11] 季俊杰，朱月林，皇娟，等．云南黑籽南瓜砧木对低温下嫁接黄瓜生理特性的影响[J]．植物资源与环境学报，2007，16（2）：48-52.

[12] 曾义安，朱月林，杨立飞，等．黑籽南瓜砧木对黄瓜生长结实、抗病性及营养元素含量的影响[J]．植物资源与环境学报，2004，13（4）：15-19.

[13] Rouphael Y，Cardarelli M，Rea E. Grafting of cucumber as a means to minimize copper toxicity [J]. Environmental and Experimental Botany，2008（63）：49-58.

[14] Huang Y，Bie Z L，Liu Z X，et al. Improving cucumber photosynthetic capacity under NaCl stress by grafting onto two salt-tolerant pumpkin rootstocks [J]. Biologia Plantarum，2011，55（2）：285-290.

[15] Zhou Y H，Zhou J，Huang L F，et al. Grafting of cucumis sativus onto cucurbita ficifolia leads to improved plant growth，increased light utilization and reduced accumulation of reactive oxygen species in chilled plants [J]. Journal of Plant Research，2009（122）：529-540.

[16] Liu Z X，Bie Z L，Huang Y，Zhen A，et al. Rootstocks improve cucumber photosynthesis through nitrogen metabolism regulation under salt stress [J]. Acta Physiologiae Plantarum，

2013（35）：2259-2267.

[17] 唐锷，旷碧峰，欧阳丰，等．日光温室丝瓜嫁接与栽培试验［J］．中国园艺文摘，2011（12）：30-31.

[18] 王汉荣，茹江水，王连平．黄瓜嫁接防治枯萎病和疫病技术的研究［J］．浙江农业学报，2004，16（5）：336-339.

[19] 丁潮洪，王雪武，杜黎明，等．不同砧木嫁接对高山黄瓜生长的影响［J］．浙江农业学报，2007，19（3）：241-244

[20] 杨伟力，吴波，周宝利．瓜类蔬菜嫁接栽培及生理研究进展［J］．辽宁农业科学，2005（3）：39-41.

[21] 陈利平，宋增军，马兴庄，等．嫁接对日光温室黄瓜产品品质的影响［J］．西北农业学报，2004，13（2）：170-171.

[22] 冯春梅，莫云彬，陈海平．不同砧木嫁接对黄瓜抗病性及主要经济性状的影响［J］．中国农学通报，2006，22（6）：283-284.

[23] 李红丽，王明林，于超，等．不同接穗/砧木组合对日光温室黄瓜果实品质的影响［J］．中国农业科学，2006，39（8）：1611-1616.

高温对不同砧木黄瓜嫁接苗生长、光合和叶绿素荧光特性的影响

张红梅[1]　王　平[2]　金海军[1]　丁小涛[1]　余纪柱[1]*

([1] 上海市农业科学院园艺研究所，上海市设施园艺技术重点实验室
上海　201403；[2] 南京农业大学园艺学院　江苏南京　210095)

摘　要： 采用基质栽培法，以黑籽南瓜（*Cucurbita ficifolia* Bouché）、白籽南瓜（*Cucurbita maxima* × *Cucurbita moschata*）、丝瓜（*Luffa cylindrica*）和冬瓜（*Benincasa hispida* Cogn.）为砧木，春秋王 2 号黄瓜（*Cucumis sativus* 'Chunqiuwang No. 2'）为接穗，在智能光照培养箱中研究了黄瓜自根苗和 4 种嫁接苗在高温处理下的生长、光合及叶绿素荧光特性变化。结果表明：高温处理下嫁接苗和自根苗的生长量都有不同程度的增长，白籽南瓜砧和丝瓜砧的增长量较大；嫁接苗和自根苗叶片的叶绿素含量、净光合速率（*Pn*）、实际光化学量子产量（Yield）、表观光合电子传递速率（ETR）、光化学猝灭系数（qP）明显降低，气孔导度（*Gs*）、胞间 CO_2 浓度（*Ci*）、蒸腾速率（*Tr*）和非光化学淬灭系数（NPQ）明显升高。综合生长、光合和荧光特性，以白籽南瓜和丝瓜为砧木的嫁接苗在高温胁迫下耐性较强。

关键词： 黄瓜嫁接　高温　生长　光合　叶绿素荧光

随着日光温室面积的扩大和先进栽培技术的推广普及，嫁接技术在黄瓜栽培中已得到普遍应用。嫁接在改善作物耐盐性[1]、抗冷性[2,3]、抗病性[4,5]等方面有明显的优势。孙艳等[6]认为，黄瓜嫁接苗光合特性和养分吸收均优于自根苗，嫁接黄瓜根系发达，根系活力提高，从而促进了对大多数矿质营养和水分的吸收，根、茎、叶等各器官和全株的生长势明显增强。目前，生产上大面积推广的黄瓜嫁接苗是以黑籽南瓜为主要砧木，其主要利用了黑籽南瓜根系强大的吸水吸肥能力、抗寒力和抗土传病害侵染的能力。

随着全球气温的不断变暖，在中国北方夏秋茬黄瓜及南方黄瓜生产中，高温往往是影响其生长发育的主要环境因子，高气温不仅影响植物体内保护酶活性及渗透胁迫物质的含量，还对光合机构造成伤害，生长发育受到抑制，产量、品质急剧下降[7]。有些研究表明，嫁接可以增加黄瓜的抗高温能力[8]，提高夏季黄瓜的产量。郝婷等[9]发现，五叶香丝瓜具有较高的耐根际高温的能力。为了筛选耐高温的黄瓜

* 为通讯作者。

砧木材料，本试验以黑籽南瓜、白籽南瓜、丝瓜和冬瓜为砧木，黄瓜为接穗，研究了高温胁迫对嫁接苗和自根苗的生长、光合和叶绿素荧光特性，以期探讨高温对不同砧木黄瓜嫁接苗的地上部生长、光化学效率及光合作用的影响机制，为耐热黄瓜砧木的选育和推广提供理论依据。

1 材料与方法

1.1 材料

试验所用砧木品种为黑籽南瓜（*Cucurbita ficifolia* Bouché）（山东省寿光市宏亮种子有限公司）、白籽南瓜（*Cucurbita maxima* × *Cucurbita moschata*）（浙江省宁波市农业科学研究院）、五叶香丝瓜（*Luffa cylindrica*）（吉林省兴农种业有限公司）、冬瓜（*Benincasa hispida* Cogn.）（河北省青县纯丰蔬菜良种繁育场），接穗为黄瓜品种春秋王 2 号（*Cucumis sativus* ‘Chunqiuwang No. 2’），由上海市农业科学院园艺研究所提供。

1.2 方法

1.2.1 试验方法

试验于 2015 年 2～4 月在上海市农业科学院庄行综合试验站和设施园艺技术重点实验室进行。砧木种子经过温烫浸种后置于 30℃培养箱中催芽，出芽后播于 15 厘米×15 厘米的营养钵中，基质配比为草炭∶蛭石∶珍珠岩=7∶2∶1，营养钵置于电加温线苗床上。一周后播种黄瓜接穗，黄瓜直播于方盘中。出苗前，苗床温度控制在 30℃（昼/夜）；出苗后，调整为 25℃/18℃（昼/夜）。黄瓜子叶平展后，采用劈接法进行嫁接，留取黄瓜自根苗作为对照。嫁接后放在遮光保湿的环境下 3 天，之后逐步通风见光，10 天后选取生长较为一致的嫁接苗和自根苗，置于 25℃/18℃（昼/夜均为 12 小时）的 ESW-1000 型全自动智能人工气候箱（杭州钱江生化仪器公司生产）中。

待幼苗长到 3 叶 1 心时，将每个嫁接组合和黄瓜自根苗分成两批，每批每个嫁接组合和自根苗各 15 株，重复 3 次。一批放在正常温度 25℃/18℃（昼/夜为 10 小时/14 小时）下继续培养；另一批放在高温 42℃/30℃（昼/夜为 10 小时/14 小时）下进行高温胁迫处理，处理 72 小时后，恢复到正常温度 25℃/18℃下（昼/夜为 10 小时/14 小时）继续培养。测定各处理生长指标、叶绿素含量、光合和荧光参数，并取样于－80℃冰箱中保存。

在高温处理 72 小时后，测定 4 种嫁接苗和自根苗的株高、砧木茎粗、接穗茎粗、全部叶片叶面积。在高温处理 0 小时、24 小时、72 小时及恢复 48 小时时测定相对叶绿素含量、光合参数和叶绿素荧光参数。

1.2.2 测定项目和方法

在高温处理 72 小时后测定 4 种嫁接苗和自根苗的生长指标。株高是黄瓜子叶到生长点的高度，用卷尺测量；砧木茎粗是砧木子叶下胚轴茎粗，接穗茎粗是黄瓜子叶上胚轴茎粗，用游标卡尺测量；叶面积采用文献[10]中黄瓜群体叶面积无破坏性速测方法测量。在高温处理0小时、24小时、72小时及恢复48小时时参照李合生[11]的方法测定幼苗的叶绿素含量；利用LI-6400光合仪（美国LI-COR公司生产）于上午9：00～11：00测定净光合速率（Pn）、气孔导度（Gs）、胞间CO_2浓度（Ci）和蒸腾速率（Tr），测定时光照强度约为600微摩尔/（平方米·秒），CO_2浓度为（400±10）微升/升；将试验样品暗适应处理20分钟以上，利用PAM-2100型便携式调制叶绿素荧光仪（德国Walz公司）测定实际光化学量子产量（Yield）、光化学猝灭系数（qP）、电子传递速率（ETR）和非光化学淬灭系数（NPQ）。

1.3　统计分析

每个指标测定重复3次，取平均值。试验数据采用Excel 2003绘图，用SPSS 20.0统计软件进行方差分析和Tukey多重比较。

2　结果与分析

2.1　高温处理对不同砧木黄瓜嫁接苗生长量的影响

从表1可以看出，高温下嫁接苗和自根苗株高的生长量都大于常温生长下的幼苗，而砧木粗、接穗茎粗和叶面积的生长量都小于常温下生长的幼苗。因此，高温容易造成幼苗徒长。在高温下以黑籽南瓜为砧木的嫁接苗的株高、砧木粗和接穗茎粗的生长量都明显低于其他嫁接苗和自根苗，以白籽南瓜和丝瓜为砧木的嫁接苗株高、接穗茎粗和叶面积的生长量都显著高于其他嫁接苗和自根苗。说明42℃高温胁迫对以白籽南瓜和丝瓜为砧木的嫁接苗的生长影响较小。

表1　高温处理对不同砧木黄瓜嫁接苗生长量的影响

处理		株高（厘米）	砧木粗（毫米）	接穗茎粗（毫米）	叶面积（平方厘米）
黑籽南瓜砧	42℃	2.271±0.050de	0.132±0.001ef	0.174±0.003f	96.680±3.433de
	25℃	1.872±0.291f	0.432±0.061a	0.273±0.020ef	136.814±3.891c
白籽南瓜砧	42℃	5.562±0.261a	0.154±0.004e	0.742±0.006b	172.925±5.892b
	25℃	2.275±0.252de	0.364±0.071ab	0.965±0.028a	191.813±7.513a
丝瓜砧	42℃	3.494±0.108b	0.092±0.002f	0.544±0.004c	102.212±4.621d
	25℃	2.982±0.231c	0.249±0.036cd	0.822±0.026ab	136.58±5.123c
冬瓜砧	42℃	2.313±0.170de	0.215±0.005d	0.337±0.005def	53.145±1.063g
	25℃	2.167±0.214de	0.293±0.003bc	0.545±0.012c	74.218±5.715f
自根	42℃	2.433±0.132d	—	0.374±0.003de	42.866±2.374g
	25℃	2.136±0.184ef	—	0.482±0.006cd	92.643±4.731e

表中数据为平均值±标准差，同列数据后的不同字母表示差异达5%显著水平。

2.2 高温处理对不同砧木黄瓜嫁接苗叶绿素含量的影响

从图1可知，随着高温胁迫时间的增加，嫁接苗和自根苗的叶绿素a、叶绿素b和叶绿素（a+b）含量不断减少而类胡萝卜素含量不断增加；结束胁迫恢复正常生长温度后，叶绿素含量逐渐回升而类胡萝卜素含量降低。高温处理72小时后，以白籽南瓜为砧木的嫁接苗的叶绿素a、叶绿素b和叶绿素（a+b）含量分别降低了40.48%、54.17%和38.04%，丝瓜砧分别降低了42.97%、47.78%和30.66%，降低幅度都小于自根苗；恢复正常生长温度48小时后叶绿素含量有所回升，但还是低于处理前的含量。以白籽南瓜、丝瓜和冬瓜为砧木的嫁接苗的类胡萝卜素含量在高温处理72小时后分别增加了61.39%、44.22%和53.76%，恢复常温后，类胡萝卜素含量有所下降，黑籽南瓜砧嫁接的幼苗含量最低。在高温胁迫下以及恢复正常温度48小时后，以白籽南瓜和丝瓜为砧木的嫁接苗一直保持着较高的叶绿素含量。

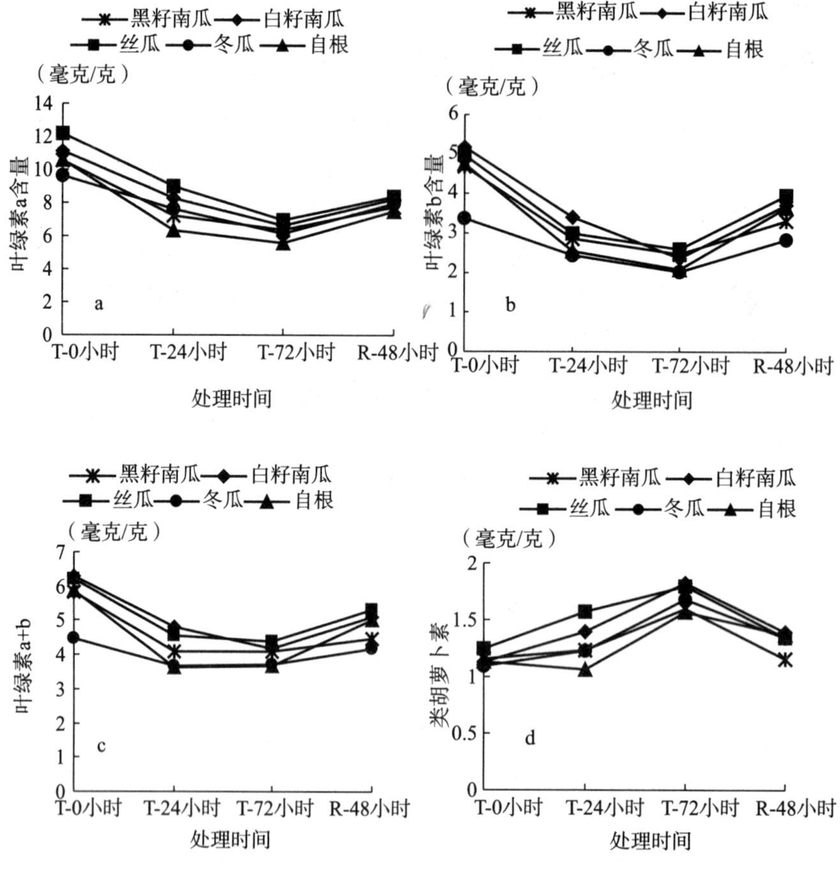

图1 高温处理对不同砧木黄瓜嫁接苗叶片叶绿素含量的影响

“T”表示处理，“R”表示恢复。

2.3　高温处理对不同砧木黄瓜嫁接苗光合参数的影响

由图2a可以看出：在高温胁迫下，嫁接苗和自根苗的净光合速率随着胁迫时间延长均呈下降的趋势，并且在处理72小时后下降到最低点，以白籽南瓜为砧木的嫁接苗下降程度最小，降低了19.89%，其次降低较少的是黑籽南瓜砧和丝瓜砧。恢复48小时后，嫁接苗和自根苗的净光合速率虽有所提高但仍然低于对照。高温胁迫引起嫁接苗和自根苗的气孔导度（*Gs*）的升高（图2b）。在处理72小时时，以白籽南瓜为砧木的嫁接苗*Gs*升高幅度最大，为252.02%。恢复生长后，嫁接苗和自根苗的*Gs*有所下降，但仍然高于处理前。高温胁迫下，嫁接苗和自根苗的胞间CO_2浓度（*Ci*）和蒸腾速率（*Tr*）明显增加。在高温处理72小时时，以白籽南瓜和丝瓜为砧木的嫁接苗的*Tr*值最高，说明这两个砧木的嫁接苗能以较高的蒸腾速率来降低高温的伤害。

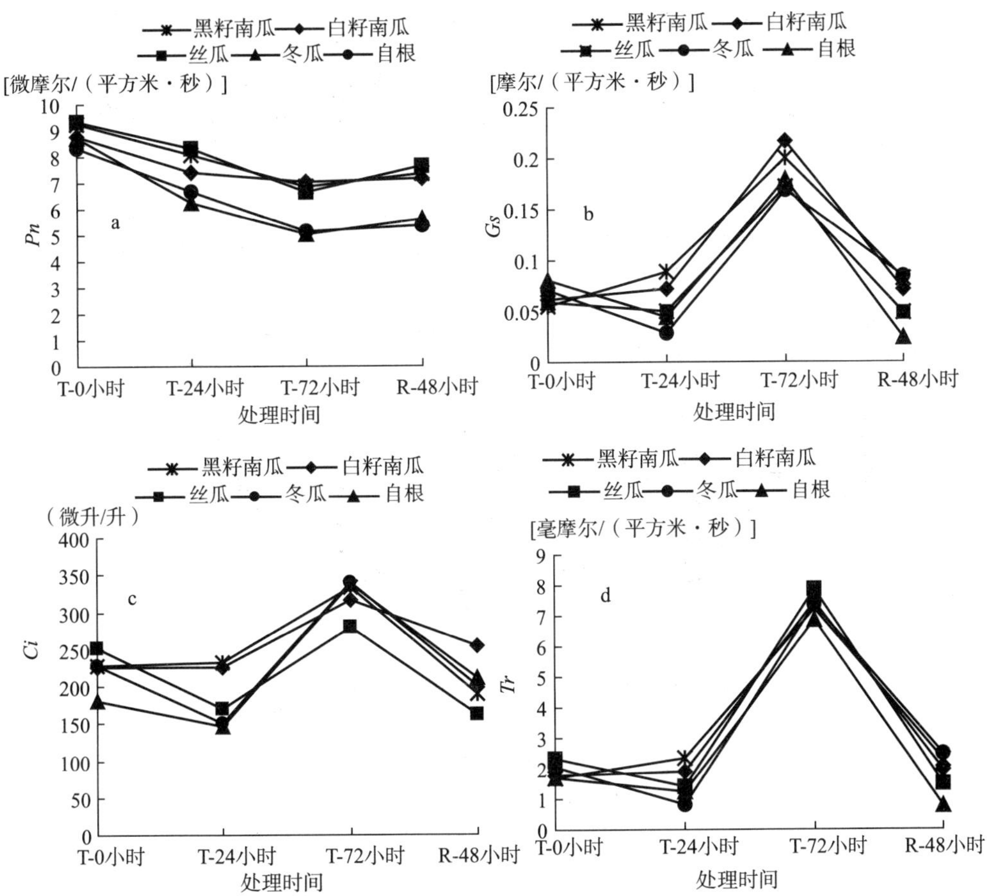

图2　高温处理对不同砧木黄瓜嫁接苗叶片净光合速率（*Pn*）、气孔导度（*Gs*）、胞间CO_2浓度（*Ci*）和蒸腾速率（*Tr*）的影响

"T"表示处理，"R"表示恢复。

2.4 高温处理对不同砧木黄瓜嫁接苗叶绿素荧光参数的影响

从图3可以看出，高温处理下，嫁接苗和自根苗的Yield、ETR和qP值逐渐下降，在72小时时下降到最低，此时，以白籽南瓜为砧木的嫁接苗的Yield、ETR保持最高，其次是丝瓜嫁接苗。恢复正常生长后，幼苗的Yield、ETR和qP值有所回升，但仍低于处理前。在高温处理及恢复期间，自根苗的Yield、ETR和qP值一直最低。嫁接苗和自根苗的NPQ随着胁迫时间的增加不断上升，处理72小时时，自根苗的NPQ最高，其次是冬瓜嫁接苗和黑籽南瓜嫁接苗，白籽南瓜嫁接苗和丝瓜嫁接苗保持着较低的NPQ。

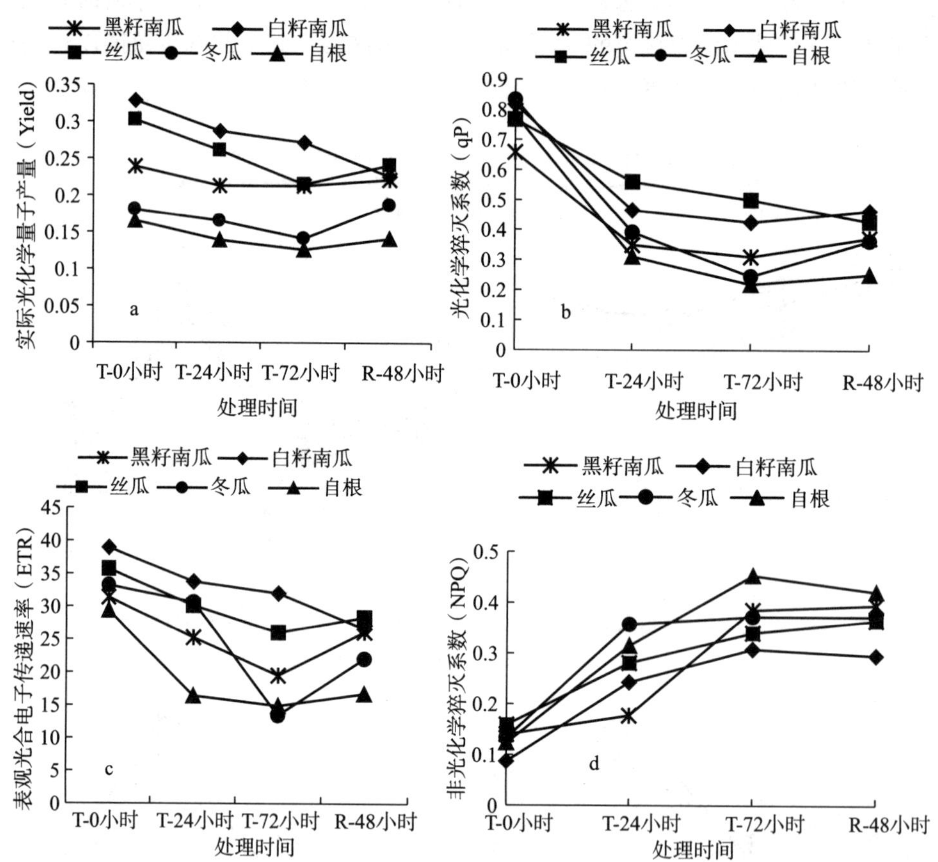

图3 高温胁迫对不同砧木黄瓜嫁接苗叶绿素荧光参数的影响

"T"表示处理，"R"表示恢复。

3 结论与讨论

嫁接能够增强黄瓜植株的生长势，提高植株抗逆境的能力，这是许多试验研究的结果[12,13]，也是本试验利用嫁接来进行生产的重要原因之一[14]。短时间的高温处理能够促进黄瓜幼苗的生长[8]。本试验中，在高温 42℃/30℃处理 72 小时后，嫁接苗和自根苗比常温对照都有不同程度的增长，白籽南瓜嫁接苗和丝瓜嫁接苗的生长量较大，说明其对高温的忍耐性最强。

叶绿素含量既可以反映植物的光合能力，又可以作为衡量植物抗逆性的指标。马德华等[15]研究认为，高温胁迫使叶绿素含量明显降低，而且以叶绿素 a 下降为主。董灵迪等[16]研究表明，嫁接番茄高温胁迫下，叶绿素 a 含量、叶绿素总含量均高于对照。耐性好的品种在高温下可维持较高的叶绿素，保持一定的光合潜能。本试验中，高温胁迫下嫁接苗和自根苗的叶绿素含量呈降低趋势，恢复生长后又有所回升，类胡萝卜素含量的变化正好相反。类胡萝卜素既是光合色素，又是细胞内源抗氧化剂，在细胞内可以吸收剩余能量，猝灭活性氧，防止膜质过氧化[17]。高温胁迫下，维持较高的叶绿素含量是保证较高的光合水平，保持较大的生长量的基础，从而提高植株耐热性。本研究中以白籽南瓜和丝瓜为砧木的嫁接苗一直保持较高的叶绿素含量，在高温下表现出较强的生长势。

光合作用是作物生长的基础，其强弱对于植物生长、产量及其抗逆性都具有十分重要的影响。马德华等[15]研究认为，高温处理后黄瓜叶片光合速率明显降低。逆境下引起植物光合速率降低的因素可分为气孔限制因素和非气孔限制因素 2 类：若 *Gs* 和 *Ci* 均下降，说明导致光合速率降低的是气孔限制因素；若 *Gs* 下降而 *Ci* 升高，则说明导致光合速率降低的是非气孔限制因素[18]。本试验中，高温胁迫后，以黑籽南瓜、白籽南瓜、丝瓜为砧木的嫁接苗和黄瓜自根苗的 *Pn* 下降，但 *Gs* 和 *Ci* 升高，表明 *Pn* 的降低是由于非气孔因素所致。在胁迫 24 小时后，冬瓜的 *Pn* 下降，*Ci* 降低，说明光合速率的降低是由于气孔因素所致。而 *Tr* 的升高说明在高温胁迫过程中，植株可以通过改变蒸腾速率来调节体温和矿质盐的运转，从而减轻高温的伤害。本试验中以白籽南瓜和丝瓜为砧木的嫁接苗在高温胁迫下有着较高的光合速率，说明其对高温表现出较好的适应能力。

叶绿素吸收的光能除了用于光合作用外，还有一部分在形成同化力之前以热耗散的形式流失和以荧光的形式重新发射出来[19]。叶绿素荧光为研究光系统及其电子传递过程提供了丰富的信息，是研究植物光合生理状况以及植物与逆境胁迫关系的理想探针[20]。刘凯歌等[21]研究发现，高温胁迫导致辣椒叶片 Fv/Fm（最大光化学效率）、Yield、φ_{PSII}（光系统Ⅱ实际光化学效率）降低，NPQ 增大。张红梅等[22]研究发现，黄瓜幼苗的 Fm（最大荧光）、Yield、qP（光化学猝灭系数）、φ_{PSII} 随着胁迫温度的升高不断下降。本研究中，高温胁迫导致嫁接苗和自根苗叶片的 Yield 、qP、ETR 降低，NPQ 升高。这与前人的研究结果相一致[21、22]。高温胁迫下黄瓜植株叶绿体结构受到破坏，叶片的捕光能力降低，用于光化学反应的能量减少，进而导致了 Yield 的降低。当植物受到光抑制时，常常伴随着 NPQ 的增加[20]。qP 显著下降说明高温胁迫降低了 PSⅡ反应中心的电子传递量子产量，这与早熟花椰菜上的研究结果一致[23]。高温胁迫下，植物叶片通过这种 PSⅡ电子传递的量子效率下调机制使 ATP 和 NADPH 的产量能够配合卡尔文循环中对还原力需求的减少以达到平衡。本试验中以白籽南瓜和丝瓜为砧木的嫁接苗的 Yield、 qP、ETR 降低速率及 NPQ 升高速率慢于其他嫁接苗和自根苗，表现出较强的耐高温的特性。

综上所述，高温胁迫不同程度地影响了嫁接苗和自根苗的生长，嫁接苗适应高温逆境的能力高于自根苗，一个重要的原因是通过减缓植株叶片叶绿素的降解和光化学效率的降低而实现的，以白籽南瓜和丝瓜为砧木的嫁接苗表现出较高的耐热性，可以作为黄瓜耐高温砧木加以利用。

参考文献

[1] 赵源，吴凤芝．盐碱胁迫对不同砧木黄瓜嫁接苗生长及根区土壤酶活性的影响［J］．中国蔬菜，2014（5）：33-38.

[2] 胡春梅，朱月林，杨立飞，等．低温条件下黄瓜嫁接株与自根株光合特性的比较［J］．西北植物学报，2006，26（2）：247-253.

[3] 高俊杰，秦爱国，于贤昌．低温胁迫下嫁接对黄瓜叶片 SOD 和 CAT 基因表达与活性变化的影响［J］．应用生态学报，2009，20（1）：213-217.

[4] 陈振德，王佩圣，周英，等．不同砧木对黄瓜产量、品质及南方根结线虫防治效果的影响［J］．中国蔬菜，2012（8）：57-62.

[5] 高彦魁，李欣，赵志军．不同基因型砧木对黄瓜产量、果霜及抗病性和抗寒性的影响［J］．西北植物学报，2011，2（3）：180-183.

[6] 孙艳，黄炜，田霄鸿，等．黄瓜嫁接苗生长状况、光合特性及养分吸收特性的研究［J］．植物营养与肥料学，2002，8（2）：181-185.

[7] 田婧，郭世荣．黄瓜的高温胁迫伤害及其耐热性研究进展［J］．中国蔬菜，2012（18）：43-52.

[8] 张珂珂，罗庆熙，杨萍．高温胁迫对嫁接黄瓜幼苗生长的影响［J］．长江蔬菜，2010（2）：22-25.

[9] 郝婷，朱月林，丁小涛，等．根际高温胁迫对 5 种瓜类作物生长及叶片光合和叶绿素荧光参数的影响［J］．植物资源与环境学报，2014，23（2）：65-73.

[10] 龚建华，向军．黄瓜群体叶面积无破坏性速测方法研究［J］．中国蔬菜，2001（4）：7-9.

[11] 李合生．植物生理生化实验原理和技术［M］．北京：高等教育出版社，2004：95-98.

[12] 王艳飞，庞金安，马德华，等．黄瓜嫁接栽培研究进展［J］．北方园艺，2002（1）：35-37.

[13] 费玉兰，王晶，沈佳，等．不同砧木嫁接对黄瓜长势及果实品质的影响［J］．江苏农业科学，2013，41（12）：147-149.

[14] 张红梅，金海军，余纪柱，等．不同南瓜砧木对嫁接黄瓜生长和果实品质的影响［J］．内蒙古农业学报，2007，28（3）：177-181.

[15] 马德华，庞金安，李淑菊．高温对黄瓜幼苗叶片光合及呼吸作用的影响［J］．天津农业科学，1997，3（专集）：38-40.

[16] 董灵迪，石琳琪，郭敬华．高温逆境下嫁接番茄生长发育及耐热性研究［J］．河北农业大学学报，2010，1（33）：27-29.

[17] 李伟，袁学平，杨迤然，等．弱光对两品种黄瓜光合特性和生长发育的影响［J］．东北农业大学学报，2012，43（1）：97-103.

[18] Farquhar G D，Sharkey T D. Stomatal conductance and photosynthesis［J］．Annu Rev Plant

Physiol，1982（33）：317-345.
[19] 林达定，张国防，于静波，等. 芳樟不同无性系叶片光合色素含量及叶绿素荧光参数分析[J]. 植物资源与环境学报，2011，20（3）：56-61.
[20] 陈建明，俞晓平，程家安 . 叶绿素荧光动力学及其在植物抗逆生理研究种的应用 [J]. 浙江农业学报，2006，81（1）：51-55.
[21] 刘凯歌，朱月林，郝婷，等 . 叶面喷施 6-BA 对高温胁迫下甜椒幼苗生长和叶片生理生化指标的影响 [J]. 西北植物学报，2014，34（12）：2508-2514.
[22] 张红梅，金海军，丁小涛，等 . 高温胁迫对不同类型黄瓜幼苗叶绿素荧光特性的影响 [J]. 上海农业学报，2012，28（1）：11-16.
[23] 汪炳良，徐敏，史庆华，等. 高温胁迫对早熟花椰菜叶片抗氧化系统和叶绿素及其荧光参数的影响 [J]. 中国农业科学，2004，37（8）：1245-1250.

景甜 1 号甜瓜嫁接试验

李　英　郦月红　戴惠学　唐懋华

（南京市蔬菜科学研究所　江苏南京　210042）

摘　要：选用 8 种砧木进行景甜 1 号嫁接试验，综合嫁接成活率、抗病性、产量、可溶性固形物等指标，结果表明：日本雪松、根力神、金霸王可作为景甜 1 号嫁接的理想砧木。

关键词：景甜 1 号　嫁接

景甜 1 号是黑龙江省景丰良种开发有限公司育成，1998 年通过黑龙江省农作物品种审定的甜瓜品种，在我国东北以及河北、山东、江苏、广西均有大面积种植。该品种果实长圆形，白绿色，肉厚 4 厘米左右，中心可溶性固形物含量最高达 18%，单果重 1 000～1 500 克；抗病性强；早熟，产量较高。

近年来，随着保护地的发展，景甜 1 号甜瓜的栽培面积不断扩大，但由于重茬连作，造成生理障害和病害的发生，大大影响了甜瓜的产量和产值。而利用砧木进行嫁接栽培，可有效地控制土传病害的发生，并利用砧木根系对低温的适应性及旺盛的吸肥能力来抵御不良条件和生理障碍，达到增产增收的目的。2013 年 1～6 月，南京市蔬菜科学研究所引进了 8 个砧木品种进行了景甜 1 号甜瓜嫁接试验，现将结果总结如下：

1　材料与方法

1.1　供试品种

接穗：景甜 1 号甜瓜（景丰良种开发有限公司）。

砧木：日本雪松、根力神、青藤台木、黑籽南瓜（山东寿光市洪亮种子有限公司），日本香砧（北京凤鸣雅世科技发展有限公司），金霸王（烟台奇山种业有限责任公司），甬砧 1101（宁波市农业技术开发公司），长颈葫芦（南京市良华生态农业有限公司）。

1.2　嫁接

试验采用轻基质穴盘育苗，于 2013 年 2 月 1 日进行砧木浸种催芽，3 日播种于 50 穴穴盘；接穗 2 月 8 日浸种催芽，9 日播种于 128 穴穴盘。砧木第一片真叶 3 厘米时去心，接穗第一片真叶露尖时，顶插接。

1.3 试验设计

试验采用随机区组设计，重复3次，小区面积10平方米，每小区种植12株。每亩施入腐熟鸭粪1 000千克、45%硫酸钾复合肥50千克，耕翻后整地，畦宽1.6米，沟宽0.4米，定植前扣棚7天。3月21日定植于塑料大棚内，双行种植，株距40厘米，搭设弓棚，采用三蔓整枝。其他栽培管理与常规生产相同。

嫁接后20天，调查各处理嫁接苗的成活率，成熟期每处理选3个样品测其单瓜重、可溶性固形物含量，并调查小区产量和植株病害情况。

2 结果与分析

2.1 不同砧木嫁接成活率比较

供试8个砧木品种嫁接成活率均在80%以上，日本雪松的嫁接成活率最高，达到91.7%，但与根力神、金霸王的嫁接成活率差异不显著，甬砧1101的嫁接成活率最低。

表1 不同砧木嫁接景甜1号成活率比较

砧木名称	实测小区成活率（%）				差异显著性	
	Ⅰ	Ⅱ	Ⅲ	平均值	5%	1%
日本雪松	92	90	93	91.7	a	A
日本香砧	91	87	88	88.7	abc	AB
青藤台木	87	88	87	87.3	bc	AB
根力神	90	91	92	91	a	A
金霸王	90	89	92	90.3	ab	AB
甬砧1101	83	84	80	82.3	d	C
黑籽南瓜	86	88	84	86	c	BC
长颈葫芦	92	89	87	89.3	ab	AB

注：倒数第二列的不同小写字母表示差异显著（$P<0.05$），最后一列的不同大写字母表示差异显著($P<0.01$)。

2.2 不同砧木嫁接对景甜1号产量、抗病性的影响

从表2可以看出，景甜1号自根苗枯萎病发生率高达22.2%，采用日本雪松、日本香砧、根力神嫁接后，枯萎病基本不发生，采用金霸王嫁接后，枯萎病发生率为3.3%，4种砧木在0.01水平上差异不显著。从产量进行比较，景甜1号采用日本雪松嫁接后产量为2 088千克/亩，为8个嫁接砧木中最高，比自根苗高约34.9%。日本雪松、根力神、金霸王3种砧木在0.01水平上差异不显著。

表 2　不同砧木嫁接对景甜 1 号产量、抗病性的影响

砧木名称	枯萎病发病率（%）	平均单瓜重（千克）	实测小区产量（千克）				折合产量（千克/亩）	差异显著性	
			Ⅰ	Ⅱ	Ⅲ	平均值		5%	1%
日本雪松	0	1.56	22.3	22.6	24.7	23.2	2 088	a	A
日本香砧	0	1.22	19.7	20.2	20.9	20.3	1 827	c	C
青藤台木	3.3	1.36	20.9	22.4	22.2	21.8	1 962	ab	ABC
根力神	0	1.47	22.2	22.8	23.7	22.9	2 061	a	AB
金霸王	3.3	1.24	22.4	20.3	21.1	21.3	1 917	bc	ABC
甬砧 1101	8.9	1.38	21.1	20.1	21.7	21.0	1 890	bc	BC
黑籽南瓜	6.7	1.30	21.4	19.2	20.9	20.5	1 845	c	C
长颈葫芦	5.6	1.25	19.1	20.1	20.3	19.8	1 782	c	C
自根苗	22.2	1.28	17.2	16.4	18.1	17.2	1 548	d	D

注：倒数第二列的不同小写字母表示差异显著（$P<0.05$），最后一列的不同大写字母表示差异显著（$P<0.01$）。

2.3　不同砧木嫁接对景甜 1 号品质的影响

与自根苗相比，采用根力神、金霸王、长颈葫芦嫁接作砧木时，中心可溶性固形物含量有所提高，达到 18%以上，且在 0.05 和 0.01 水平上差异均显著。日本雪松、日本香砧、青藤台木作砧木时，与自根苗的差异不显著。在风味方面，长颈葫芦偶有苦味，黑籽南瓜、甬砧 1101 口感一般，其余砧木对景甜 1 号的风味、口感均没有影响。

表 3　不同砧木嫁接对景甜 1 号品质的影响

砧木名称	中心可溶性固形物含量（%）				差异显著性		风　味
	Ⅰ	Ⅱ	Ⅲ	平均值	5%	1%	
日本雪松	17	17.2	16.1	16.77	bc	BC	口感香甜、风味好
日本香砧	17	16	16.4	16.47	bc	BC	口感香甜、口味好
青藤台木	16.8	17.3	15.5	16.53	bc	BC	口感香甜、风味好
根力神	19	18	18.3	18.43	a	A	口感香甜、口味好
金霸王	19	19.2	18.5	18.90	a	A	口感香甜、风味好
甬砧 1101	15.7	15.6	16.0	15.77	c	C	口感一般
黑籽南瓜	14.2	16.3	16.1	15.53	c	C	口感一般
长颈葫芦	18.8	19.2	18.4	18.80	a	A	偶有苦味
自根苗	16.2	18	17.3	17.17	b	B	口感香甜、风味好

注：第六列的不同小写字母表示差异显著（$P<0.05$），第七列的不同大写字母表示差异显著（$P<0.01$）。

3　小结

利用砧木嫁接景甜 1 号后，枯萎病的发病率均较低，其中日本雪松、日本香砧、根力神嫁接的甜瓜枯萎病发病率为 0，表现出高抗病性，表明嫁接是防止甜瓜枯萎病的有效途径。日本雪松、根力神、金霸王作砧木的景甜 1 号产量显著提高，但采用日本雪松嫁接后产量提高不大。根力神、金霸王作砧木的景甜 1 号中心可溶性固形物含量有所提高，风味与对照相似。综合以上几点，日本雪松、根力神、金霸王可作为景甜 1 号嫁接的理想砧木。

参考文献

盖钧镒，2000. 试验统计方法［M］. 北京：中国农业出版社，225-245.

王爱武，2007. 甜瓜病虫害的综合防治措施［J］. 现代农业科技（13）：88.

杨小锋，陈冠铭，曹兵，等，2007. 厚皮甜瓜细菌性枯萎病发生原因及防治措施［J］. 安徽农业科学，35（1）：43.

安徽省沿江地区大中棚多层覆盖早熟番茄吊蔓栽培技术模式

王 艳 严从生 王明霞 田红梅 张 建 贾 利 王朋成*

（安徽省农业科学院园艺研究所 安徽合肥 230031）

摘 要：春季早熟番茄是安徽省番茄栽培主要的茬口之一，对市场番茄周年供应起到重要的作用，其种植效益高，近年来发展较为迅速。但早春番茄生产易遭遇冷害，目前早春大棚番茄种植多在立春后定植，5 月下旬开始成熟上市。安徽省沿江地区具有冬春季节弱光多湿、冬季受江水影响气温相对较高、春季气温回升较快的气候特点。针对这一特点，采用简易高效的保温覆盖技术、改造保温拱棚及番茄吊蔓骨架，优化整畦方式和定植密度，形成大中棚多层覆盖早熟番茄吊蔓栽培技术模式，实现了早熟番茄的高产高效。在安徽省巢湖、合肥、芜湖等沿江地区已大面积推广应用，效果良好，本文总结了该技术的要点。

关键词：早熟番茄 大中棚 技术要点

1 茬口安排及主要物候期

11 月上旬播种，12 月上旬定植，翌年 4 月中下旬开始采果，5 月下旬采收结束。

2 整地作畦及定植密度

6 米宽中棚整 2 大畦，畦面宽 2.0 米；8 米宽大棚整 2 大畦和 2 小畦，其中畦面宽 2.0 米、小畦面宽 1.0 米；大畦栽 4 纵行、小畦栽 2 纵行，纵向株间距 35 厘米、横向行距 50 厘米；折合亩栽植密度为 2 400～2 500 株。

3 多层覆盖方式及管理

3.1 多层覆盖方式

3.1.1 共 5 层覆盖

设施大棚膜、二道膜、畦面小拱架上覆盖膜及保温被、地膜。

---

* 为通讯作者。

3.1.2　畦面小拱架结构

跨度 1.5 米，由 2 根可拆卸的镀锌钢管（直径 32 毫米）做立柱，1 根略有弧度的钢筋（直径 15 毫米）插入立柱组成。插好后拱架最高处（距墒面高度）为 1.5 米，最低处（距墒面高度）1.3 米。每 1.5 米架 1 个小拱架，每畦在定植孔的垂直上方以小拱架为支持物纵向引 4 行或 2 行绳子，用作定植后的吊蔓绳横梁。

3.1.3　多层覆盖管理

定植前覆地膜、设施大棚膜、二道膜，定植后架设畦面小拱架，并覆盖小拱架上薄膜及保温被；2 月下旬揭除小拱架上覆盖的薄膜及保温被，3 月上中旬去除二道膜。

4　其他田间管理

4.1　品种选择

在低温高湿、低温弱光条件下坐果性好的早熟品种，如皖杂 15 等。

4.2　整枝理蔓

定植缓苗后及时打叉理蔓。单蔓整枝，抹去所有的侧蔓，用尼龙绳或专用的吊蔓绳将植株缠绕垂直吊起，上部固定在畦面小拱架的钢筋或纵向绳子上。待第五穗花现蕾后，在其花后留 2 片叶打顶，打顶时植株的高度在 1.5 米左右。在整个生长季节注意及时打叉理蔓，适当摘除下部老叶，以改善植株的通风透光性。

4.3　肥水管理

覆盖地膜前结合整地做墒施足基肥，整墒作畦后铺设膜下滴灌。可节省水分、降低棚内湿度，减少病虫害，节约人工浇水施肥的劳动成本。在第一穗果膨大期追施一次复合肥，以后每采收完 1 穗果追施一次复合肥，坐果中后期叶面喷施一次 0.2%的磷酸二氢钾溶液。

4.4　病虫害综合防控

加强田间管理，降低棚内湿度，减少高湿病害的发生，如采用膜下滴灌，及时揭开棚膜及棚内覆盖物通风换气。

揭除小拱架上覆盖的薄膜及保温被后，棚内可悬挂黄板、性诱剂装置等防治粉虱、夜蛾等害虫，减少病害的传播以及蛀果害虫的危害。

化学防治适宜在晴天上午进行，科学使用化学药剂，应做到严守农药安全间隔期及用法用量，并注意药剂的交替使用，以免产生抗药性。

冬春棚室番茄常见病害有灰霉病、叶霉病、晚疫病等。冬春棚室防治灰霉病最佳选择是利用喷粉器喷施粉剂灰霉型专用高效粉尘剂，每 7 天一次，与喷雾交替使用，主要防治位置在花、幼果、中下部叶片；叶霉病防治的关键部位是中下部叶片的正面与背面，常用药剂有 250 克/升嘧菌酯悬浮剂 3 000 倍液喷雾，或 4%可湿性粉剂春雷霉素、10%可湿性粉剂多抗霉素800倍液喷雾防治，晚疫病防治关键是发病早期的中下部叶片，可用霜脲锰锌72%可湿性粉剂800倍液或50%可湿性粉剂烯酰吗啉1 500倍液喷雾防治。

5 技术创新点

畦面小拱架即可做保温覆盖物支撑结构，也可用作吊蔓绳骨架，大大节省了番茄整枝理蔓的劳动量及成本。

通过合理的茬口安排，在植株高度达到畦面小拱架高度之前，田间环境的温度已经允许将畦面小拱架上的所有覆盖物揭除，此次番茄第五穗花已经现蕾，打顶后，植株向上的生长空间大概在20～30厘米，植株高度略微超出小拱架的高度，完全可以满足对顶端第五穗果的支撑作用，从而解决了覆盖栽培中覆盖与吊蔓之间的矛盾。

早熟与高产相协调。本技术模式针对安徽省沿江地区冬春季节气候特点，实现番茄小株安全越冬栽培，番茄上市时间提早到4月中下旬，较常规大棚春季栽培提早30～40天上市；番茄每亩定植2 400～2 500株，单株5穗果，可实现亩均产量7 000千克以上。

不同播种期对黄心乌农艺性状及营养品质的影响

宋　波　徐　海　樊小雪　陈龙正*　袁希汉

（江苏省农业科学院蔬菜研究所/江苏省高效园艺作物遗传改良重点实验室　江苏南京　210014）

摘　要： 以新秀 1 号黄心乌为材料，秋季分 4 个播种期进行播种，研究不同播种期对黄心乌农艺性状及营养品质的影响。研究表明：随着播种期推迟，株高、叶片长、叶片宽、叶柄长呈下降趋势，而株幅、叶柄宽、叶片数及产量呈先上升后下降的趋势；叶片和叶柄硝酸盐、淀粉含量呈先上升后降低的趋势，蛋白质、可溶性糖和维生素 C 含量呈先降低后上升的趋势；定植 30 天与定植 60 天的变化趋势基本相同。从农艺性状与营养品质综合分析，第四播种期为最佳播种期。

关键词： 黄心乌　播种期　农艺性状　营养品质

乌塌菜［(*Brassica campesttris* L. ssp. *chinesis*（L.）Makino var. *rosularis* Tsen et Lee)］是属于十字花科芸薹属芸薹种白菜亚种的一个变种，因美观、耐寒、维生素 C 含量高被称为“维他命菜”，深受大众喜爱。乌塌菜类型众多，其中黄心乌是栽培面积最广泛的一种类型[1,2]。环境因子对黄心乌农艺性状的影响研究，主要集中在施肥、种植密度等方面，播种期方面的研究甚少。前期研究发现，黄心乌生长过程中需要一定低温才能促进心叶转黄，而播种时间早，生长季节温度较高，会使植株株型松散，心叶转黄难，农艺性状难以完全表达；黄心乌生长速度慢，如果播种过晚，植株长势弱，产量锐减，这说明播种期对黄心乌的农艺性状影响甚大。在生菜、甜瓜等作物上研究得出，营养品质高低与播种期关系密切[3,4]，在乌塌菜上，研究主要集中在不同品种、肥料及施肥水平对维生素 C 和硝酸盐含量影响方面，而不同播种期对黄心乌营养品质未见报道[5~9]。本文通过分期播种，研究不同播种期对黄心乌农艺性状及营养品质的影响，旨在筛选出具有良好的外观和内在商品性的播种期，为黄心乌高品质栽培提供理论依据。

1　材料与方法

1.1　材料

以新秀 1 号黄心乌为材料，分别于 2015 年 8 月 1 日、8 月 11 日、8 月 21 日、

*　为通讯作者。

8 月 31 日分 4 个播种期，在江苏省农业科学院蔬菜研究所六合试验基地种植。苗龄 25 天定植于大田，种植畦宽 1.5 米，行距 0.25 米，株距 0.25 米，3 次重复，共 12 个小区。分别于定植后 30 天和 60 天，每个小区取有代表性的 5 株调查，调查项目包括株高、株幅、叶片长、叶片宽、叶柄长、叶柄宽、叶片数和单株质量，其中叶片数指叶宽大于 2 厘米的叶片总数。

1.2 品质测定方法：

参照李合生的方法测定可溶性糖、淀粉含量和可溶性蛋白含量[10]，分光光度计法测定维生素 C 含量[11]；水杨酸比色法测定硝态氮含量[12]。

1.3 方法

利用 DPS 分析软件，进行差异显著性分析。

2 结果与分析

2.1 不同播种期的农艺性状比较

从表 1 和表 2 可知，除了叶片长在定植 30 天后的不同播种期差异不显著外，其他性状在定植 30 天和 60 天后的 4 个播种期差异达显著或极显著；随着播种期推后，株高、叶片长、叶片宽、叶柄长 4 个性状呈下降趋势，均是第一播种期最大，第四播种期最小。定植 30 天后，第一播种期和第四播种期分别相差 7.67 厘米、1.33 厘米、1.00 厘米和 2.20 厘米；定植 60 天后，2 个播种期分别相差 5.57 厘米、2.67 厘米、3.17 厘米和 2.10 厘米；在定植 30 天和 60 天后，第三播种期和第四播种期的株高差异达显著，分别相差 4.50 厘米和 3.17 厘米，而其他 3 个性状差异不明显。而株幅、叶柄宽、叶片数和单株质量呈先上升后下降趋势，其中第二播种期的株幅最大，第四播种期最小，其他性状均是第三播种期最大，第一播种期最小。定植 30 天和定植的 60 天后，第三播种期的产量分别达到 630.00 克和 1 090.50 克，而第一播种期最低，产量分别仅为 330.00 克和 421.67 克。定植 30 天后，在叶柄宽、叶片数和单株质量上，第一播种期和第三播种期分别相差 1.16 厘米、8.67 片和 300.00 克；定植 60 天后，2 个播种期分别相差 0.80 厘米、23.34 片和 668.30 克；第三播种期和第四播种期在定植 30 天后，叶片数和单株质量差异达显著，产量分别相差 216.70 克，而其他 3 个性状差异不明显。而定植 60 天后，两播种期株幅、叶柄宽和单株质量差异达显著，其中产量分别相差 407.20 克，而叶片数差异不显著。从上可知，定植 60 天比 30 天对黄心乌农艺性状的表现影响更大。同一播种期随着收获期延迟，定植 60 天的株高、叶柄宽、叶片数、单株质量均高于定植 30 天，而株幅、叶片长、叶片宽、叶柄长均小于定植 30 天。

表 1　不同播种期对黄心乌农艺性状的影响（定植 30 天）

播种期	株高（厘米）	株幅（厘米）	叶片长（厘米）	叶片宽（厘米）	叶柄长（厘米）	叶柄宽（厘米）	叶片数（片）	单株质量（克）
1	19.67aA	35.67bAB	13.00aA	16.00aA	11.53aA	3.77cB	32.00cB	330.00dC
2	17.17bAB	39.50aA	11.83aA	14.47bA	9.43bA	4.43bAB	37.33bA	510.00bB
3	16.50bB	35.67bAB	13.00aA	15.67abA	9.33bA	4.93aA	40.67aA	630.00aA
4	12.00cC	32.67bB	11.67aA	15.00abA	9.33bA	4.70abA	37.67bA	413.30cC

注：同列数据后的不同小写字母表示差异显著（$P<0.05$），不同大写字母表示差异显著（$P<0.01$）。

表 2　不同播种期对黄心乌农艺性状的影响（定植 60 天）

播种期	株高（厘米）	株幅（厘米）	叶片长（厘米）	叶片宽（厘米）	叶柄长（厘米）	叶柄宽（厘米）	叶片数（片）	单株质量（克）
1	20.07aA	34.00abAB	12.00aA	15.67aA	10.10aA	4.17bB	40.33bB	421.67cC
2	19.17aA	36.67aA	11.17abA	15.33abA	9.00bB	4.53bAB	59.33aA	780.00bB
3	17.67aAB	35.33aAB	10.50abA	13.33bcA	8.33bcB	4.97aA	63.67aA	1 090.50aA
4	14.50bB	30.67bB	9.33bA	12.50cA	8.00cB	4.47bAB	59.33aA	683.30bB

注：同列数据后的不同小写字母表示差异显著（$P<0.05$），不同大写字母表示差异显著（$P<0.01$）。

2.2　不同播种期的营养品质比较

2.2.1　硝酸盐含量

4 个播种期的叶片和叶柄硝酸盐含量差异达极显著，随着播种期推后，硝酸盐呈先上升后下降趋势。在定植 30 天和 60 天后，第二播种期的叶片和叶柄的硝酸盐含量均最高，叶片分别达 660.39 毫克/千克和 680.42 毫克/千克；叶柄分别达到 2 036.38毫克/千克和1 805.87毫克/千克，可见硝酸盐积累主要在叶柄中，含量是叶片的 2～3 倍。第四播种期的叶片和叶柄的硝酸盐含量最低，叶片仅为 534.34 毫克/千克和 568.01 毫克/千克，叶柄为 1 888.35 毫克/千克和 1 665.66 毫克/千克。硝酸盐含量的高低顺序为：第二播种期>第三播种期>第一播种期>第四播种期。

2.2.2　蛋白质含量

4 个播种期的叶片和叶柄蛋白质含量差异达极显著，随着播种期推后，蛋白质含量呈先下降后上升趋势，蛋白质主要在叶片中积累，含量约为叶柄的 10 倍。在定植 30 天和 60 天后，第一播种期的叶片蛋白质含量最高，达到 13.96 毫克/克和 12.03 毫克/克，含量高低顺序为第一播种期>第四播种期>第三播种期>第二播种期。叶柄第四播种期含量高，达 1.32 毫克/克和 1.13 毫克/克，叶柄蛋白质含量高低顺序为四播种期>第一播种期>第二播种期>第三播种期。

2.2.3　可溶性糖含量

4 个播种期的叶片和叶柄可溶性糖含量差异达极显著，随着播种期推后，可溶性糖含量呈先下降后上升趋势，淀粉主要在叶片中积累，叶柄相对较少。在定植 30 天和 60 天后，第四播种期的叶片可溶性糖含量最高，达到 14.07 毫克/克和

23.42 毫克/克，第一播种期次之，第三播种期最低，分别为 8.25 毫克/克和 8.40 毫克/克；在叶柄上也是同样的趋势。可溶性糖含量的高低顺序为：第四播种期>第一播种期>第二播种期>第三播种期。

2.2.4 维生素 C 含量

4 个播种期的叶片和叶柄维生素 C 含量差异达极显著，维生素 C 含量呈先下降后上升趋势。在定植 30 天和 60 天后，第四播种期的叶片和叶柄含量均最高，叶片分别达到 31.19 毫克/100 克和 36.36 毫克/100 克，叶柄分别达到 19.62 毫克/100 克和 28.66 毫克/100 克，第一播种期次之，第三播种期含量最低，叶片仅有 10.82 毫克/100 克和 21.42 毫克/100 克，叶柄仅有 16.44 毫克/100 克和 18.84 毫克/100 克。维生素 C 含量的高低顺序为：第四播种期>第一播种期>第二播种期>第三播种期。

2.2.5 淀粉含量

4 个播种期的叶片和叶柄淀粉含量差异达极显著，随着播种期推后，淀粉含量呈先上升后下降趋势。淀粉含量主要在叶片中积累，叶柄中含量较少。在定植 30 天和 60 天后，第四播种期的叶片淀粉含量最高，分别达到 297.50 毫克/千克和 289.68 毫克/千克，第一播种期含量最低，含量仅为 136.03 毫克/千克和 126.40 毫克/千克；第四播种期的叶柄淀粉含量最高，为 11.47 毫克/千克和 76.33 毫克/千克。综合来看，淀粉含量的高低顺序为：第四播种期>第三播种期>第一播种期>第二播种期。

表 3 不同播种期对黄心乌营养品质的影响（定植 30 天）

播种期	硝酸盐（毫克/千克）		蛋白质（毫克/克）		可溶性糖（毫克/克）		维生素 C（毫克/100 克）		淀粉（毫克/千克）	
	叶片	叶柄	叶片	叶柄	叶片	叶柄	叶片	叶柄	叶片	叶柄
1	568.75bAB	1 618.69dBC	13.96aA	1.30aA	12.83bAB	11.84bAB	21.84bB	25.04aA	136.03cBC	11.36aA
2	660.39aA	2 036.38aA	10.57cB	1.23abAB	10.75cB	10.46bcB	12.85cC	19.34bB	147.09cB	3.56cC
3	549.59bcAB	1 727.08cB	11.29bcAB	1.16bB	8.25dC	6.64dC	10.82bcCD	16.44cC	227.89bAB	7.95bB
4	534.34bcAB	1 888.35bAB	12.29bA	1.32aA	14.07aA	13.76aA	31.19aA	19.62bB	297.50aA	11.47aA

注：同列数据后的不同小写字母表示差异显著（$P<0.05$），不同大写字母表示差异显著（$P<0.01$）。

表 4 不同播种期对黄心乌营养品质的影响（定植 60 天）

播种期	硝酸盐（毫克/千克）		蛋白质（毫克/克）		可溶性糖（毫克/克）		维生素 C（毫克/100 克）		淀粉（毫克/千克）	
	叶片	叶柄	叶片	叶柄	叶片	叶柄	叶片	叶柄	叶片	叶柄
1	619.40abAB	1 783.07bcAB	12.03aA	1.07aA	16.35bcBC	13.55bAB	29.15bB	25.43bAB	126.40bBC	70.48abA
2	680.42aA	1 805.87bAB	9.15bB	1.02abA	17.05bB	11.91cAB	31.32abAB	21.74bcB	136.24bBC	23.80cB
3	650.73abA	2 081.37aA	6.58cC	0.93bB	8.40cC	12.14bcAB	21.42cC	18.84cC	214.98abB	69.92abA
4	568.01bB	1 665.66cB	11.80aA	1.13aA	23.42aA	15.30aA	36.36aA	28.66aA	289.68aA	76.33aA

注：同列数据后的不同小写字母表示差异显著（$P<0.05$），不同大写字母表示差异显著（$P<0.01$）。

3 讨论

因为黄心乌生长和采收时间长，本试验故设置定植30天和60天这两个调查时间，以更为全面地评估不同播种期对黄心乌农艺性状和品质的影响。研究得出，随着播种期推迟，株高、叶片长、叶片宽、叶柄长呈下降趋势，而株幅、叶柄宽、叶片数及产量呈先上升后下降的趋势，尤其是定植60天后较定植30天的各性状差异更加显著。第三播种期黄心乌的产量最高，尽管第一播种期株高、叶柄长和叶片长均最大，但主要由于株型松散、叶柄较细且叶片数较少，导致产量最低。这与前人研究得出，叶片数、叶柄宽是影响黄心乌产量的关键因子是一致的[13,14]。目前，株型较矮、紧凑、产量高的黄心乌品种更受市场欢迎，与第三播种期比较，虽第四播种期的产量较低，但株型较矮、紧凑，心叶转黄较快。故从农艺性状的角度，笔者认为第四播种期是较为理想的播种时间。

随着播种期推后，叶片和叶柄的硝酸盐、淀粉含量是先上升后降低的趋势，蛋白质、可溶性糖含量、维生素C先降低后上升的趋势；定植60天与定植30天的变化趋势基本相同。从同一播种期的2个收获期比较，定植60天的叶片和叶柄在可溶性糖含量、维生素C含量高于定植30天，而硝酸盐和蛋白质含量相反；在植株不同部位，两者表现有差异，定植60天的叶片淀粉含量高于定植30天，而在叶柄中表现相反。从播种期来看，第四播种期叶片和叶柄的硝酸盐含量相对较低，淀粉含量、蛋白质、可溶性糖含量、维生素C含量最高。故此播种期营养品质最好，其次是第一播种期，品质最差为第三播种期。结合农艺性状来看，第四播种期外观商品性且内在营养品质最好，故为最佳播种期。本试验因设置播期较少，着重对提早播种进行观察，而未对延迟播种进行研究；为更全面了解播期对黄心乌生长及品质的影响，这将是下一步研究的重点。

参考文献

[1] 李曙轩．中国农业百科全书（蔬菜卷）[M]．北京：中国农业出版社，1990.

[2] 宋波，徐海，陈龙正，等．我国乌塌菜研究进展 [J]．中国蔬菜，2013（14）：9-16.

[3] 雷波，严妍，汪力威，等．不同播种期对水培生菜产量和品质的影响 [J]．长江蔬菜，2010（24）：49-51.

[4] 徐晨光，范国灿．秋季不同播种期对厚皮甜瓜产量及品质的影响 [J]．中国瓜菜，2007（4）：23-24.

[5] 舒英杰，周玉丽，王宏杰．品种、播种期和密度对乌塌菜农艺性状及产量品质的影响 [J]．中国农学通报，2008，24（6）：176-179.

[6] 田丰，张永成，曹青莉．施肥对乌塌菜硝酸盐含量的影响 [J]．西北农业学报，2004，13（2）：162-165.

[7] 舒英杰，周玉丽，徐俊．乌塌菜维生素C含量动态变化的初步研究 [J]．安徽技术师范学院学报，2005，19（3）：14-16.

[8] 马志宏，刘秀珍．不同有机肥对乌塌菜产量及品质的影响 [J]．山西农业大学学报（自然科

学版），2008，28（2）：183-185.
[9] 周玉丽，舒英杰，黄昌松．乌塌菜维生素C、可溶性糖及可溶性蛋白含量的变异和聚类分析[J]．长江蔬菜（学术版），2011（12）：18-21.
[10] 李合生．植物生理生化实验原理和技术[M]．北京：高等教育出版社，2000.
[11] 曹建康，姜微波，赵玉梅．果蔬采后生理生化试验指导[M]．北京：中国轻工业出版社，2007：34-46.
[12] 谢红伟．水杨酸比色法测定水中硝酸盐氮的含量[J]．贵州农业科学，1999（3）：40-41.
[13] 查振英．乌塌菜主要农艺性状与单株产量的相关、通径分析[J]．安徽农学通报，2004，10（2）：46.
[14] 宋波，徐海，陈龙正，等．乌塌菜主要农艺性状的杂种优势[J]．江苏农业科学，2012，40（7）：132-134.

宁波市设施甜瓜与大麦苗轮作高效栽培技术

张慧波[1,2]　应泉盛[2]　古斌权[2]　张华峰[2]　黄芸萍[2]　王毓洪[2]*

([1] 浙江农林大学　浙江杭州　311300；

[2] 宁波市农业科学研究院/宁波市瓜菜育种重点实验室　浙江宁波　315040)

摘　要： 嫁接甜瓜-高温闷棚-秋甜瓜-大麦苗的高效栽培技术，克服了甜瓜连作障碍，有效地提高了土地利用率，改良大棚土壤盐碱化，减少了化肥农药使用，增加了农民收入，大麦苗吸收甜瓜种植后土壤中多余肥料，减少肥料流失，是一种值得推广的高效栽培模式。

关键词： 甜瓜　麦苗　高温闷棚　嫁接

甜瓜属葫芦科甜瓜属，其生产规模在世界园艺业中居第九位，我国各地广泛栽培，是一种重要的经济作物。瓜类生产中，每年由于枯萎病等连作病害造成经济损失非常巨大，嫁接是一种既能克服瓜类连作障碍，又能提高瓜类产量和品质的有效手段。麦苗是禾本科大麦的幼苗，其根部分泌的麦根酸等有机酸和芳香类物质能显著影响根部土壤微生物生存，从而改良土壤环境；其地上部含有丰富的维生素、矿物质及蛋白质，具有排毒养颜、调控血糖、抗癌的功效，是一种新兴的保健产品。

采用嫁接甜瓜-高温闷棚-秋甜瓜-麦苗的栽培模式，有效提高了嫁接产量与产值。最终嫁接甜瓜亩产 2 500 千克，产值 12 000 元；秋甜瓜亩产 2 000 千克，产值 10 000 元；麦苗亩产 1 500 千克，产值 1 500 元，较露地种植产值提高 50%，较现行常规种植增收 500 元。

1　嫁接甜瓜栽培技术

1.1　品种选择

甜瓜品种选用甬甜 5 号，砧木品种选用甬砧 8 号。

1.2　嫁接育苗

12 月中旬播种育苗，砧木较接穗早播 7 天。选用健康饱满的甜瓜种子，冲洗干净后放入 55℃ 清水中浸种，砧木浸种 6～8 小时，接穗浸种 4～6 小时。浸种后，用消毒过的湿毛巾包住，放入 28℃ 培养箱催芽。砧木种子露白即可播种，接穗有 70%露白时播种。砧木选用 50 孔穴盘播种育苗，接穗选用方盘播种。播种后苗床

* 为通讯作者。

控制白天温度28～30℃，夜间15～18℃。砧木出土后控制浇水，防止徒长，嫁接前1～2天少浇水，防止嫁接时胚轴劈裂。接穗嫁接前1天适量浇水，使其适当徒长。

砧木1叶1心期，接穗第二片子叶转绿时即可嫁接。采用插接法。嫁接后前3天保持苗床密闭，温度25℃，湿度95%以上，促进接口愈合。光照强烈时需遮阳，避免因阳光直射导致嫁接苗萎蔫。3天后接口逐渐愈合，可少量通风降温，此后逐渐增加通风时间和面积。中午适量喷雾，保持湿度。嫁接7～10天后，嫁接苗成活长出新叶，即可按自根苗进行管理，及时除萌，促进接穗生长。定植前5～7天开始降温炼苗，晴天炼苗，炼苗强度逐渐增加，逐步降温至大棚温度。早春嫁接苗龄30～40天定植。

1.3 整地、施基肥、作畦

定植前30天整地施基肥。清除前茬作物采收后的植物残株，犁地深翻土壤，深度不少于20厘米。定植前施足基肥，结合深耕每亩撒施腐熟有机肥5 000千克，磷酸二铵30千克，硫酸钾40千克，尿素15千克，过磷酸钙60千克。作畦，畦面宽40厘米，沟宽20～30厘米，沟底每亩施硫酸钾型挪威三元复合肥（N∶P∶K）20千克、过磷酸钙10千克、有机肥10千克，将肥料与土壤混合拌匀。距定植孔25厘米处铺设滴管，方便浇水和追肥，覆盖地膜。

1.4 定植

1月中下旬定植，定植要求土温和棚内气温10℃以上，定植前后最好保持3个以上晴天，利于甜瓜缓苗。选择接穗有新叶、叶片完整、粗壮无病虫害的壮苗定植。栽苗时，将甜瓜苗连同基质一起移出穴盘，以保证根部完整。每亩种植2 000株，株距65厘米，嫁接口离地面1厘米防止土壤中细菌污染嫁接口。定植后用基质将定植孔封实，用移栽灵1 500倍液浇根以促进扎根。定植后覆盖小拱棚提高棚内温度。采用吊蔓栽培。

1.5 田间管理

1.5.1 温度管理

甜瓜不同生长时期对温度要求不同。定植后以保温为主。白天大棚温度保持在25～35℃，夜间不低于20℃，棚内温度超过35℃时适当揭膜通风降温。栽后3天查看瓜苗成活情况，出现缺苗死苗状况，立即补种。缓苗期后采用正常温度管理，白天温度18～35℃，夜间温度10～12℃，开花前可适当高温，控制在38℃以下。开花期温度不宜过高，控制在18～25℃。甜瓜是典型的虫媒花，需人工授粉。授粉时间以7：00～9：00为宜，阴天适当推迟。授粉前一天将第二天要开的雌花与雄花套袋。早春低温无花粉时可使用坐果灵辅助坐果。果实膨大期温度上升至18～37℃。

1.5.2 水肥管理

缓苗期一般不需要控水控肥。伸蔓期肥水需求量逐渐增加，要及时追肥。每亩施硫酸钾型挪威三元复合肥（N∶P∶K）5 千克。沟施，距植株根部 20 厘米处开沟，沟深 20 厘米，施肥后及时封沟浇水，保持土壤见干见湿。幼果长到鸡蛋大小时，植株需肥量逐渐达到最高峰，果实开始迅速膨大，此时重施膨瓜肥，促进瓜体膨大，并防止早衰。每亩施硫酸钾型挪威三元复合肥（N∶P∶K）15 千克、硫酸钾 10 千克、尿素 5 千克。施完膨瓜肥后及时浇膨瓜水，促进养分吸收，加快果实膨大。同时，疏去畸形瓜。10 天后可根据长势大小再追肥一次。采收前 10 天停止施肥浇水。

1.6 病虫害防治

甜瓜栽培过程中常见病害有白粉病、炭疽病、霜霉病等，常见虫害有蚜虫、烟粉虱、白粉虱等。一旦发现，及时防治。白粉病用 4% 朵麦可水乳剂 1 500 倍液，炭疽病用 60% 唑醚·代森联水分散粒剂 1 200～1 500 倍液，霜霉病用 72%克抗灵可湿性粉剂 800 倍液防治。蚜虫、白粉虱和烟粉虱用 10% 溴氰虫酰胺可分散油悬浮剂 1 000～1 500 倍液防治。

1.7 采收

5 月中下旬开始采收。成熟的甬甜 5 号果皮乳白色，果面有隐形棱沟、微皱，具有香味。采收时要轻拿轻放，防止碰伤。

2 高温闷棚

6 月中旬早春甜瓜采收完毕之后清除残株，进行高温闷棚。高温闷棚能杀灭病菌，降低土壤中枯萎病等有害病菌的残留，显著减少因重茬种植引发的枯萎病、根腐病等病害。同时，丰富了蔬菜所需的土壤中的营养成分，降解土壤中的有毒、有害成分，特别是土壤中的农药残毒。通过撒施石灰氮，还能降低农产品中硝酸盐含量，减轻土壤酸化，调节土壤 pH。

2.1 整地施肥

将地整平、整细。结合深翻，将有机肥均匀撒施到土壤中。有机肥能提高和保持地温，使杀菌效果更好。每亩施有机肥 3 000～5 000 千克、石灰氮 60～100 千克，深翻深度为 25～30 厘米。深翻耙平后作高低畦，使地膜与地面之间形成一个小空间，有利于提高地温。

2.2 杀菌灭虫

用氯化苦进行土壤消毒，杀死土壤中的病菌。每 50 平方厘米挖一穴，深度 10～15 厘米，将氯化苦注入穴中，每穴 4 毫升。在密闭大棚之前，棚体内表面喷施 1 遍杀菌药和杀虫剂，以杀死躲在墙缝中的病菌和害虫。

2.3 灌水增湿

土壤中的水分含量会影响杀菌效果，土壤含水量过低，达不到杀菌效果；土壤含水量过高，不利于提高地温。一般土壤含水量达到田间最大持水量的 60% 时效果最好。大棚四周堆高，中间形成凹地，灌水至高出地面 3～5 厘米，覆盖旧薄膜，关好大棚风口，盖好大棚膜，严格保持大棚的密闭性。

2.4 闭棚增温

灌水后，用大棚膜和地膜进行双层覆盖，保持大棚的密闭性，使地表下 10 厘米处最高地温达 70℃，20 厘米的地温达 45℃ 以上。杀菌率可达 80% 以上。

2.5 高温消毒

大多数病菌不耐高温，10 天左右的高温处理能将大部分病菌杀死，但根腐病病菌、枯萎病病菌等土传病害病原菌，分布土层较深，必须处理 30～50 天才能达到较好效果。

2.6 施生物菌肥

在高温闷棚后必须增施生物菌肥。生物肥料除具有产生大量活性物质的能力外，还具有固氮、溶磷、解钾、抑制植物根际病原菌等功能，能够调节土壤微生物区系的组成，缓冲和控制病害发展，防止甜瓜发生大面积病害。生物菌肥每亩施 80～120 千克。均匀施撒。

3 秋甜瓜种植技术

3.1 品种选择

甜瓜品种选择甬甜 5 号。

3.2 播种育苗

7 月下旬播种育苗。种子浸种催芽及播种方式同早春甜瓜。

3.3 整地作畦

高温闷棚后及时翻耕土壤，翻耕深度不宜超过 10 厘米。翻耕后晾晒 10～15 天可定植。定植前每亩撒施腐熟有机肥 2 000 千克、过磷酸钙 50 千克。畦面宽 40 厘米，沟宽 20～30 厘米，深 20 厘米，沟底每亩施硫酸钾型挪威三元复合肥（N∶P∶K）20 千克、过磷酸钙 10 千克、有机肥 10 千克，将化肥、有机肥与沟内土壤混合均匀。距定植孔 25 厘米处铺设滴管，方便浇水和追肥。覆盖地膜，大棚外覆盖遮阳网。

3.4　定植

8月上旬定植，定植前后最好保持3个以上晴天，利于甜瓜缓苗。选择茎秆粗壮无病虫害的壮苗定植。栽苗时，将甜瓜苗连同基质一起移出穴盘，以保证根部完整。每亩定植2 500株，株距60厘米。定植后用基质将定植孔封实，用移栽灵1 500倍液浇根以促进扎根。采用吊蔓栽培。

3.5　田间管理

3.5.1　温度管理

定植后温度控制在35℃左右，秋季高温，要适当通风降温。栽后3天查看瓜苗成活情况，出现缺苗、死苗情况，立即补种。伸蔓期白天温度不宜超过35℃，夜间不超过20℃。及时移除遮阳网，防止光照不足导致徒长不开花。结果期白天温度30℃左右，夜间不低于15℃。

3.5.2　水肥管理

缓苗期一般不需要控水控肥。定植后20天追肥，每亩施尿素7千克。秋季甜瓜生长快，及时整枝，留瓜节位高于早春栽培。开花坐果后每亩追硫酸钾20千克，幼果长到鸡蛋大小时施1次膨瓜肥，每亩施硫酸钾型挪威三元复合肥（N∶P∶K）30千克。根据长势大小可再追肥一次。后期进行叶面追肥，每5天追一次0.3%～0.4%磷酸二氢钾喷雾，喷2～3次。采收前10天停止施肥浇水。

3.6　病虫害防治

秋甜瓜病虫害同早春栽培，中后期注意水肥管理，防止因高温高湿发生霜霉病。

3.7　采收管理

10月中下旬开始采收。成熟的甬甜5号果皮乳白色，果面有隐形棱沟、微皱，具有香味。采收时要轻拿轻放，防止碰伤。

4　麦苗种植技术

4.1　品种选择

选用花30、华大麦8号等优质大麦品种。

4.2　施肥、整地、播种

11月上旬播种。播种前7天晒种1～2天。撤去地膜，深耕翻土，施基肥。每亩施15千克硫酸钾型挪威三元复合肥（N∶P∶K）作为基肥。开沟、作畦、整平畦面。每2.5米开一条竖沟，沟深20～30厘米。每3米开横沟，沟深30～40厘米。四周开排水沟，沟深80厘米。浇足水并晾晒2天后方可播种，每亩均匀播撒

20 千克大麦种子，播撒完毕之后将种子耕翻入土中。

4.3 水肥管理

出苗后 10 天每亩施硫酸钾型挪威三元复合肥（N∶P∶K）10 千克，根据土地肥沃程度适当追肥，根外追肥使用液体氨基酸肥料。采收前 20 天每亩施硫酸钾型挪威三元复合肥（N∶P∶K）20 千克。麦苗耐旱不耐涝，播种前浇足水，生长期可不浇水，若土壤较干可用沟灌适量浇水。

4.4 病虫害防治

麦苗生长过程中严禁使用农药，可用黄板、灯光等物理方法防治。

4.5 采收

12 月下旬麦苗约有 20 厘米时可采收。麦苗以叶片宽嫩，无黄叶，不拔节、不抽穗，无泥沙、杂草及其他异物为佳。采收口距地表 3～5 厘米，采收时不能掺水，采收后去除枯、黄、病叶并及时运输到工厂。从采收到运输麦苗保持清洁。

麦苗采收后清除植物残株，深耕翻土，密闭大棚进入修整期。

厚皮网纹甜瓜秋延后无土栽培技术

刘功兴　钱春桃

[南京农业大学（常熟）新农村发展研究院　江苏常熟　215534]

摘　要：随着温室大棚的发展，厚皮甜瓜“东移南进”，因甜瓜风味极佳，产量较高，经济效益好，市场前景广阔，其种植规模不断扩大，达到了农民增收、社会增益等效果。在长江中下游地区，甜瓜生产多为春提早与秋延后生产，随着有土种植规模不断扩大与连作，甜瓜生产的问题不断的凸显，许多甜瓜生产者因病虫害、天气等原因造成甜瓜减产严重、品质下降等情况时有发生，而在秋季生产尤以秋季温度高、授粉不易、虫害严重、空气湿度大、叶部和土传病害严重等危害最大；为了克服甜瓜土传病害和湿度等造成的严重病虫害以及进而造成的甜瓜生产产量与品质下降的问题，江苏常熟国家农业科技园引进了甜瓜无土栽培技术。甜瓜无土栽培技术拥有降低空气湿度、减少土传病害、克服连作障碍、调节水肥等有土栽培难以达到的优势，通过种植实践表明，要获得高产质优、达到无公害质量标准的甜瓜，选好品种是前提，掌握播种适期是基础，科学配制营养液和栽培基质、搞好田间管理是关键。

关键词：甜瓜　无土栽培　技术要点

甜瓜喜光照，每天需 10～12 小时光照来维持正常的生长发育，生长后期有早衰现象。故甜瓜栽培地应选择远离村庄和树林处，大棚南北排列或东西排列均可，避免遮阳。保护地栽培时，尽量使用透明度高、不挂水珠的塑料薄膜和玻璃。甜瓜喜温耐热，极不抗寒。种子发芽温度 15～37℃，植株生长温度以 30～35℃为宜，14～45℃内均可生长。开花温度最适 25℃，果实成熟适温 30℃。而气温的昼夜温差对甜瓜的品质影响很大。昼夜温差大有利于糖分的积累和果实品质的提高。

1　品种选择

常熟的秋季前期热、后期冷，适宜温度在 8 月初至 10 月下旬，宜选用 40～50 天成熟品种，如红珍珠等。

2　育苗

网纹甜瓜在常熟适播期为 6 月下旬至 7 月上旬。具体播种时间需根据当年的气候和品种生育期而定，要求花期避开高温，防止早期落果或坐果节位不高，形成不规则的网纹而影响外观。①种子处理。播种前应晒种 2～3 天，用磷酸三钠 800 倍液（防治种子带病毒病）或 50%多菌灵可湿性粉剂 500 倍液浸种消毒 1 小时左右，然后垫上极透气单层棉布（如医用纱布）催芽，再盖上单层棉布，催芽温度保持在 28～30℃，当芽长不超过 1 厘米即可播种。②播种育苗。采用穴盘育苗，以采用保水、透气、有一定养分的基质为好，温度控制在 32℃左右，保持基质湿润，2～3 天后幼苗出土。一般苗长到 2 叶 1 心便可移栽，夏季育苗防止种苗徒长尤为重要，可在种苗出土后，适当控制水分。期间，在真叶刚长出前，可用苗期叶面肥进行叶面喷肥，且在真叶长出前，宜适当控水，防止徒长。整个苗期 1 个月左右。

采用植物工厂育苗，可在 7 月上旬播种，植物工厂因温度、光照、湿度完全自控，可培育壮苗。

3 田间管理

3.1 基质消毒与栽培方式

基质以甜瓜专用基质为好，其特性要求基质保水性、保肥性、通气性良好，即基质总孔隙度在 75%以上，大小空隙比 1∶（2.5～3），基质 EC 值 1 毫西门子/厘米以下最好，且全部基质特性一样最好（若基质特性不定，造成甜瓜生长不整齐，部分甜瓜结果过晚，难以成熟。且管理难度加大）。采用袋式栽培，袋子半径要求 15 厘米以上，高 12 厘米以上，袋式栽培甜瓜后期土传病害不易传播或不发生。甜瓜生长整齐，开花结果期基本一致，利于甜瓜成熟与管理。

使用旧基质要进行消毒。消毒办法：将基质堆成 10～20 厘米厚的基质层，浇透，每立方米基质施用 400 毫升左右威百亩原液，覆膜后闷棚 7 天左右后，揭膜晾晒 5 天左右，将基质装入无纺布袋中，无纺布袋规格直径 26 厘米、高 18 厘米或以上为好。

3.2 定植办法

种苗要求：甜瓜秋季种植，种苗 2～3 叶 1 心时即可定植。刚从育苗室出来的苗要求在定植前进行炼苗 1～2 天，即控制水分，缓慢增加温度，使其适应高温天气。

定植前基质浇透水，并使用生根壮苗粉与恶霉灵，按说明书配制的药液浸透后再定植。

3.3 定植后管理

（1）光温湿调控。白天温度控制在 25～35℃。白天低于 20℃关闭天窗，高于 35℃打开湿帘-风机系统，无法控制温度再打开外遮阳，再无法控制打开部分或全部内遮阳。开花结果期前，夜温尽可能控制在 15℃左右，开花结果膨大期夜温控制在 18～20℃。成熟期温度控制在 16～18℃。总要求为在温度调控适宜的情况下，再考虑光照等调控。

（2）肥水调控。

根际肥水调控。根据基质 EC 值与含水量，探索浇水施肥次数、肥液浓度、EC 值与含水量的关系，找到合理的浇水施肥办法，使基质 EC 值前期在 0.5 毫西门子/厘米左右并逐步增加，开花结果膨大期在 2.5 毫西门子/厘米左右，成熟期在 2.0 毫西门子/厘米左右，土壤含水量在 50%～70%。调控办法为定植后 7 天晴天浇水 3 次或以上，每次 3～5 分钟，EC 值 0.5 毫西门子/厘米，以后 EC 值每周增加 0.3 毫西门子/厘米，阴天浇 1～2 次。浇水次数每 2 周增加 1 次（阴天一样），直到 5 次，到开花结果期 EC 值控制在 2.2～2.5 毫西门子/厘米，次数晴天 5～6 次，每次 4 分钟为好，阴天 2～3 次，成熟期在 1.8～2.0 毫西门子/厘米，并逐步减少次数，约 12 天左右降低 1 次，最低不低于 3 次，每次 3～4 分钟为好。阴天 2～3 次，实际与基质性质与施肥系统有关，需要根据出水量来计算施肥时间长短，或根据施肥后基质含水量来实际决定施肥时间，基质含水量保持在 70%左右。如表 1 所示，开花结果期前营养液配方使用山崎配方，开花结瓜期后使用自设配方。根据水质和资源，在生产中常用的微量元素配方剂量为：硫酸亚铁 13.9 克/立方米、乙二胺四乙酸二钠铁 18.6 克/立方米、硼酸 2.86 克/立方米、钼酸铵 0.02 克/立方米、硫酸锰 2.13 克/立方米、硫酸锌 0.44 克/立方米、硫酸铜 0.08 克/立方米。

表 1　大量元素配方表

单位：mg/L

营养液配方名称	硝酸钾	硝酸钙	硫酸镁	磷酸二氢铵	磷酸二氢钾	硫酸钾
山崎配方	607	826	370	153		
自配配方	950	1 077	456	153	57	100

叶面肥调控。无土栽培根系弱，叶面补肥就尤为重要，前期为促进真叶伸展，抑制节间长度，可喷施生长调节剂类叶面肥，每隔 7 天一次，配方可用曹氏控化素＋生根粉＋苗期叶面肥。开花结果期喷施含 B、Zn、K 等促进结果类叶面肥为主。后期以 P、K 肥等大量元素叶面肥为主，7～10 天一次。每次喷施可结合农药使用。

（3）整枝吊蔓落蔓。甜瓜生长到 40 厘米吊蔓，7～8 叶时，打掉 1～2 节位叶，留 13～18 节位侧枝，侧枝留 2 叶去顶。在此期间进行授粉坐果并挂牌留下日期，授粉时间以 8：00～10：00 为好，如遇到剪除侧枝与授粉冲突，可上午授粉，下午剪除侧枝。留瓜办法：当果实有鸭蛋大小时，留果形长、果柄短、果座小的果实，1 株留 1 个果，其余的果实和雌花连同侧枝一起去掉并去掉留瓜上面的花瓣。甜瓜 500 克左右时及时吊瓜，防止果实太重而造成瓜蔓断裂落瓜。整枝吊蔓最好在 10：00完成，也可在 14：00 后接着授粉。甜瓜留 28～30 节位叶最好、顶端留 2 个侧枝作营养枝（此段时期很忙，要合理安排人手及时完成）。

（4）病害防控。

病害：前中期易出现甜瓜叶片病害，后期易出现甜瓜蔓枯病、白粉病。

解决办法：以防为主，在定植后使用施肥机器浇一定 EM 菌剂（菌肥可在一定程度上抑制病害发生）。在甜瓜开花后，喷施以防霜霉病与炭疽病为主的药剂，喷施 2～3 次，7 天一次。推荐药剂为咪酰胺＋苯醚甲环唑 1 000 倍液，一般中期不会发生叶类病害，植株将正常生长。到甜瓜 3 斤左右时，植株逐渐老化，天气转凉，易发生蔓枯病、青枯病、茎腐病。此时使用青枯立克＋蔓枯病类药剂使用，7～10 天一次，能较好防治此类病害，保证后期甜瓜正常生长，达到预期结果。

虫害：根据种植地点的特点，如果上茬出现白粉虱、金色小虫、菜青虫，那么在全部生长期易发生白粉虱、金色小虫、菜青虫，秋延后种植要重点防范。白粉虱危害最大。

解决办法：白粉虱、菜青虫（棚内有蛾类或蝶类出现后，菜青虫就会出现）出现后每 3～4 天喷施农药防治，采用联苯菊酯＋阿维高氯（或苦生碱：生物制剂），到 9 月中旬后主要使用联苯菊酯，每 7 天一次（防治 2～3 次）即可。到国庆后使用联苯菊酯进行防治（白粉虱一旦发生很难根除，后期只能保证其对瓜成熟影响不大），每 10 天一次，直到完成此次茬口（侧窗门口两边植物是防治重点）。

（5）采摘。甜瓜品种不同，采收时间不同，可根据品种确定采收时间。还应根据甜瓜实际甜度来确定采收时间，如果甜度达到采收的程度，则视为成熟，采收后应及时运送到冷库。

温室厚皮甜瓜优良品种推介及有机生态型无土栽培技术

李 英 卢绪梁 柏广利

（南京市蔬菜科学研究所 江苏南京 210042）

摘 要：本文推介了玉姑、圣姑、脆梨、金蜜、亚细亚白流星、亚细亚黄皮红肉流星、景甜一号、东方蜜一号、橙蜜、翠蜜共10个厚皮或者介于薄皮与厚皮之间的甜瓜品种，经品比试验证明适于温室栽培，并详细介绍了配套的有机生态型无土栽培技术。

关键词：厚皮甜瓜 品种 有机生态型 栽培

厚皮甜瓜外形美观、果肉香甜且较耐储运，营养及经济价值较高，是温室种植高档蔬菜、水果的主要品种之一。近年来，引进了全国各地的厚皮甜瓜品种30余个，筛选出适宜温室栽培的甜瓜品种10个，配套有机生态型无土栽培技术，取得了较好的经济效益。现将其主要品种特性及栽培技术总结如下：

1 优良品种特性

玉姑：生育强健，早熟，糖度高而稳定。尤其在高温期日夜温差少的季节，糖度及品质也相当稳定。果实高球形，果皮白色，果面光滑或有稀少网纹，果肉淡绿而厚，子腔小，果重约1.5千克，可溶性固形物含量约17%。肉质柔软细腻，后熟待果肉软化后食用，品质才能发挥至极致。强结果力，果实发育期45～50天，高产量，不脱蒂，强储运力等特性。

圣姑：生育强健，抗病性强。果实短椭圆形，果皮白色，果面光滑或偶有稀少网纹，果实发育期45～50天，果重约2千克，肉色绿白，肉质柔软，细嫩多汁，可溶性固形物含量约16%，品质优良，不易脱蒂，耐储运。

脆梨：厚皮洋香瓜品种，早熟，果实发育期38天左右，果实椭圆形，果皮纯白，光滑靓丽，果肉纯白色，质地细密脆爽，香甜可口，单果重700～1 000克，可溶性固形物含量18%左右，耐储运性极强，自然条件下可存放30天。

金蜜：有“状元”品种之早生、易结果、大果、不裂果、不易脱蒂、耐储运等优点，果实发育期50天左右，果实外观及果肉与“状元”相似，金黄皮、白肉，品质细嫩，风味鲜美，果橄榄形，重约1.5千克，耐病力比“状元”更强。

亚细亚白流星：果皮白色带绿色流星，果肉翠绿色，可溶性固形物含量可达18度，单果重2千克左右，果实发育期35～40天，产量极高，抗病性强，商品性好。

亚细亚黄皮红肉流星：中早熟品种，果实发育期35～40天，生长势强，抗病，果形短椭圆，果皮金黄色并散布墨绿色斑点，果肉橘红色，松脆爽口，多汁无渣，可溶性固形物含量15%～18%，单瓜重2.5～3千克，耐储运，货架期长。

景甜一号：薄厚皮中间型甜瓜，生长势强，早熟，果实发育期35～40天。果皮白绿色，果肉绿色，肉厚4厘米，单瓜重1～2千克，可溶性固形物含量15%～18%，抗病性强。

东方蜜一号：近年来最受欢迎的厚皮哈密瓜品种，早中熟品种，春季栽培全生育期约110天，夏秋季栽培约85天，果实发育期约42天。植株长势健旺，坐果容易，果实椭圆形，果皮白色带细纹，平均单果重1.5千克，耐储运。果肉橘红色，肉厚约4.0厘米，肉质细嫩，松脆爽口，细腻多汁，中心可溶性固形物含量16%，口感风味极佳。丰产性好，耐湿耐弱光，耐热性好，抗病性较强。

橙蜜：网纹甜瓜品种，生育强健，果实短椭圆形，灰绿皮，网纹细密，果肉橙红色，肉质细嫩爽口，可溶性固形物含量约15%，开花后约55天成熟，耐储运，抗病性强。

翠蜜：网纹甜瓜品种，生育强健，栽培容易，果实高球乃至微长球形，果皮灰绿色，果重约1.5千克，网纹细密美丽，果肉翡翠绿色，可溶性固形物含量约17%，最高可达19%，肉质细嫩柔软，品质风味优良。开花后约55天成熟，不易脱蒂，果硬耐储运。本品种在冷凉期成熟时果皮不转色，宜计算开花后成熟日数。刚采收时肉质稍硬，经2～3天后熟后，果肉即柔软。

2　有机生态型无土栽培技术

2.1　播种

2.1.1　适期播种

温室内春茬种植甜瓜播种期选择在1月中下旬，秋茬选择在7月上旬为宜。

2.1.2　育苗方式

采用电热苗床穴盘基质育苗。基质配方为泥炭：珍珠岩：蛭石以7：2：1的体积比充分混合装盘，选用50穴的穴盘。基质育苗优点是疏松通气，排水性好，病菌少，幼苗根系发达。

2.1.3　催芽播种

种子先用50%的多菌灵500倍液浸种15～20分钟，捞出洗净，再用55℃的温水浸泡10分钟，搅拌冷却后，浸种6～8小时。然后用湿布包好，放在25～30℃条件下催芽18～24小时，待胚根露白时即可播种。播种前，穴盘浇透水，每穴播一粒种子，然后覆盖厚1.5厘米的基质。春茬播种完成后，床面覆盖地膜，接通电源，扣好小拱棚膜。秋茬播种完成后，床面覆盖遮阳网。

2.2　苗期管理

2.2.1　温度管理

春茬播种后苗床管理以防寒保温为主，苗期温度采用“二高二低”管理。即出苗前白天苗床气温控制在25～30℃，夜间17～20℃；出苗后适当降温，防止徒长，白天控制气温22～25℃，夜间15～17℃；第一片真叶出现后，稍提高气温，白天25～28℃，夜间17～19℃；定植前低温炼苗，白天20～24℃，夜间14～16℃。

秋茬播种后加强通风降温，白天保持温度30～32℃，夜晚温度30℃以下。

2.2.2 水分管理

视基质干湿程度浇水，只有在基质过干、幼苗略有萎蔫时才浇水，浇水一般在晴天上午进行。

2.3 田间管理

2.3.1 槽式或袋式栽培

栽培槽。根据温室建设具体情况，栽培槽长度30～40米，两端各留1米宽走道，离温室边缘1.5米，沿南北向向下挖深0.2米、宽0.6米的槽，槽间距1米，延长方向坡降0.5%，用0.1毫米厚、1.1米宽的聚乙烯棚膜铺于槽内与土隔开，槽边缘膜平铺在本槽间走道上0.05米，膜上压土厚0.05米并整平走道，最后形成深0.25米的槽，铺设基质厚度为0.18米。中间设置滴箭式滴灌，根据种植情况安装滴箭。

栽培袋。采用再生塑料加工的黑白膜或是有内膜的塑料编织袋加工成长1米、宽0.35米的栽培袋，每袋可放入基质30升，南北方向袋间距为0.2米，离温室棚1.5米放第一行，沿温室道路方向小行袋间距0.3米，大行袋间距0.5米。

2.3.2 基质选择

采用来源丰富、质优价廉的中药渣为栽培基质主料（占80%），以蛭石为辅料（占20%），将中药渣粗粉碎后进行高温好氧发酵处理，充分腐熟晒干后与蛭石混匀，加工成栽培基质。理化性状：容重0.25～0.30克/立方厘米，总孔隙度75%～85%，EC值≤2.8毫西门子/立方厘米，pH 6.5～7.0。有机质≥450克/千克，全N、P_2O_5、K_2O≥45克/千克。

2.3.3 种植方式和种植密度

厚皮甜瓜温室栽培以立式栽培为主，采用单蔓整枝每亩种植1 600～1 800株。槽式栽培大行距120厘米，小行距40厘米，株距50厘米；袋式栽培小行距50厘米，大行距70厘米，株距60厘米。

2.4 适时定植

春茬苗龄40天，选晴天定植。提前15天盖好温室棚膜闷棚，定植前5～7天盖好地膜。定植后浇透水，覆盖小拱棚，第二天复水。及时密封温室棚膜，保温保湿促缓苗。秋茬苗龄25～30天，定植后浇透水。

2.5 生育期管理

2.5.1 温度管理

春茬定植后7天内密封温室，若遇强寒流低温天气，应在小拱棚上铺设草苫或加厚无纺布，尽量保持棚内温度加速缓苗；伸蔓期白天 9：00～15：00，可揭开小拱棚膜增加光照，傍晚盖上。当瓜蔓爬地、温室内夜间气温不低于 15℃时，拆除小拱棚。白天温度超过 32℃要及时通风换气，晚上密封。进入果实膨大期，应加大昼夜温差，有利于养分运输、糖分积累、增加单果重、提高品质。秋茬 9 月之前降温通风，10 月下旬开始注意放棚保温。

2.5.2 水肥管理

根据植株大小、天气、季节及气候变化掌握浇水量。甜瓜开花前，基质水分含量维持在 60%～65%，开花坐果后基质湿度 70%～80%，采收前保持 60%～65%以防裂果。

追肥以 45%硫酸钾复合肥（N∶P_2O_5∶K_2O=15∶15∶15）为主，分别在幼苗期、坐果后、果实膨大期每株穴施 45%硫酸钾复合肥 10 克、15 克、15 克，距离根部 10～15 厘米。甜瓜果实膨大期，叶面喷施 0.2%磷酸二氢钾溶液 2～3 次。

2.5.3 立架吊蔓

小拱棚拆除后，应及时搭架吊蔓。搭架：每隔 3～4 米立一个竹柱，再用 14 号铁丝纵向拉成架子，架高 2.5～3 米。吊蔓：用细绳扎住瓜苗的基部，悬吊于铁丝上，再绕好瓜蔓。

2.5.4 理蔓整枝

采用单蔓整枝的方法，及时抹去主蔓叶腋内的侧芽，主蔓长出 10 片健壮叶后，留 11～13 叶位内的 3 个侧枝为结果枝，结果枝现瓜后留 2 叶摘心。结果枝以上和以下的侧枝一律抹去，主蔓留 25～30 叶摘心。

2.5.5 人工授粉

温室内昆虫活动少，须进行人工授粉并悬挂标注授粉日期的吊牌。人工授粉宜在 7：00～10：00 进行。也可使用 0.1%氯吡脲（每支 10 毫升）蘸花。具体方法：最佳使用时期和兑水量受品种特性、气温、栽培管理水平的影响，通常气温低于 17℃时，兑水 0.6～1.0 千克，气温介于 18～24℃，兑水 1.0～1.5 千克，气温介于 25～30℃，兑水 1.0～2.0 千克；甜瓜雌花开花当天或花前 1 天浸瓜胎 1 次，轻弹掉多余药液；宜在早上露水干后或 16：00 后使用。

2.5.6 疏果吊果

一般当果实鸡蛋大小时，每株选留一个果形圆正、皮色光亮的果实。疏果后进行吊瓜，可用尼龙绳缚住结果枝呈水平状将瓜吊起。

2.6 病虫害防治

主要病害有蔓枯病、病毒病、白粉病等；主要虫害有白粉虱、瓜蚜、蓟马、根结线虫等。

2.6.1 农业防治

每年种植 2 茬瓜果蔬菜后，基质需进行高温闷棚消毒；清洁田园，加强水肥管理。

2.6.2 物理防治

大棚内设置黄板、蓝板诱杀蚜虫、粉虱、潜叶蝇、蓟马等。黄板规格 20 厘米×30 厘米，20～30 块/亩。

2.6.3 化学防治

蔓枯病发病初期使用 70%甲基托布津可湿性粉剂调成糊状涂抹于茎秆。病毒病使用 2%宁南霉素水剂 600 倍液＋20%吗啉胍·乙铜水剂（16%盐酸吗啉胍＋4%硫酸铜）600 倍液或阿泰灵（6%氨基寡糖素＋3%极细链格孢激活蛋白），兑水 15 千克，防治 2～3 次。霜霉病使用 68%精甲霜·锰锌可湿性粉剂 500 倍液，25%嘧菌酯（阿米西达）悬浮剂 1 000～1 500 倍液，上述药轮换使用，每 10～15 天喷施 1 次，防治 2～3 次。白粉病 5 月初或 9 月底开始预防，使用 75%肟菌·戊唑醇水分散粒剂 3 000 倍液或 42.8%氟菌·肟菌酯悬浮剂 3 000 倍液交替使用，每 5～7 天喷施 1 次，防治 2～3 次。

蚜虫喷施 70%吡虫啉水分散粒剂（艾美乐）5 000 倍液 1～2 次；白粉虱、瓜蚜、蓟马使用蓟虱蚜蛛杀（异丙威 20%＋高效氯氰菊酯 25%＋毒死蜱 20%）每 5～7 天熏蒸 1 次，连续使用 2～3 次。红蜘蛛使用 43%联苯肼酯悬浮剂 3 000 倍液防治 1～2 次。

2.7 采收

采收期依据授粉日期、品种熟性和该品种果实固有色泽、花纹、网纹、香味等标志来判断。采收时，用剪刀带果柄剪下，套袋后装箱。

3 经济效益分析

温室内亩定植甜瓜 1 600～1 800 株，结果数 1～2 个，单株瓜重 1～3 千克，果形周正，着色均匀，糖度高，单价 6～10 元/千克，亩经济效益 20 000 元以上。

参考文献

黄锡志，庞英华，朱徐燕，等，2013. 大棚厚皮甜瓜优质高产立架栽培技术规程［J］. 蔬菜（4）：10-13.

马飞明，郝平琦，赵增寿，等，2014. 日光温室早春茬厚皮甜瓜优质高效栽培技术［J］. 西北园艺（3）：18-19.

孙国胜，孙春青，潘跃平，等，2014. 中国南方厚皮甜瓜栽培研究进展及育种展望［J］. 中国瓜菜（27）：17-20.

邢后银，唐懋华，沙进城，等，2007. 南京地区小型西瓜和厚皮甜瓜中药渣基质栽培技术［J］. 现代农业科技（4）：21-22.

长三角地区花椰菜生产机械化模式研究

高庆生　胡　桧　陈永生　管春松　杨雅婷

（农业农村部南京农业机械化研究所　江苏南京　210014）

摘　要：花椰菜生产机械化技术滞后已成为限制花椰菜产业发展的主要因素之一，而品种选择、耕种收主要作业环节农机农艺配套难是影响花椰菜生产机械化发展的关键难点。本文针对上述问题，以长三角地区典型农业生产生态园作为实验基地，农机农艺相结合，开展系统设计并提出宽垄双行、宽垄三行两种大棚花椰菜机械化作业模式，以期为花椰菜生产全程机械化提供解决思路。

关键词：花椰菜　全程机械化　种植模式

花椰菜又名青花菜、美国花菜、绿菜花等，原产于欧洲，属十字花科芸薹属甘蓝种变种[1]。因其营养价值高、质地脆嫩，深受消费者好评，是国际市场最畅销的五大蔬菜品种之一。花椰菜是劳动密集型作物，其田间生产环节主要包括育苗、移栽、耕整、移栽、田间管理、收获（剪切、捡拾、收集）等，其中整地、移栽、收获是劳动强度大、用工量较多的环节，尤其是收获环节，目前主要依靠人工完成。近年来，我国花椰菜产业发展迅速，2011 年花椰菜总产量 900 万吨，占全球花椰菜总产量的 43%，排名第一[2]。长三角作为我国花椰菜种植的主要区域，种植面积逐年扩大，其中浙江台州和温州、江苏南京、上海崇明岛等地的花椰菜种植规模排在全国前列，基本实现了花椰菜的周年供应，取得了良好的经济效益和社会效益。而我国设施农业机械化种植技术的落后却严重制约着花椰菜产业的进一步发展。在此前提下，进行花椰菜生产机械化模式研究具有重要的现实意义。

1　品种选择

花椰菜，植株高大，根系发达，适宜的生长温度为 16～22℃，开花现蕾期一般要求月均温度在 25℃以下。长三角属北亚热带湿润区，受季风环流影响，形成的气候特点是四季分明，气候温和，雨水充沛，日照充足，无霜期长，适宜于花椰菜生长[3]。露地种植花椰菜为满足花椰菜的生长温度要求一般在春季 2～4 月播种。设施花椰菜可通过温度调节装置实现花椰菜春秋双季栽培，充分利用土地资源。秋季栽培 7 月中旬至 8 月上旬播种育苗，选用遇低温不易变色、抗低温的品种，如贞心、雪冠、雪辉、兴申等；春节栽培 1 月下旬至 2 月中旬播种育苗，选用前期营养生长强的品种，如春美、雪辉、瑞雪等[1]。

2　种植模式对花椰菜机械化作业的影响

2.1　花椰菜种植模式

我国现行的花椰菜种植模式多样，垄作、平作皆有，但主要以垄作为主，种植规格有小垄单行、宽窄行、宽垄双行、宽垄四行。宽窄行种植时，宽行垄顶宽60～70 厘米，窄行垄顶宽 40～50 厘米；宽垄双行一般的种植垄距 120～140 厘米，行距 55 厘米；宽垄四行一般的种植垄距为 180～200 厘米，行距 35～45 厘米。其中，长三角地区的花椰菜种植模式主要以露地宽垄双行、露地宽垄四行以及设施宽垄双行为主。

2.2　花椰菜种植农艺要求

花椰菜属低温长日照植物，喜光、喜湿润环境，水分需求量较多，尤其是花芽分化后的花球形成期需要水分更多，水分缺失，抑制花球形成，降低产量和质量。对土壤养分要求较严格，以土层深厚、肥沃、排水良好的壤土或黏壤土较适宜[4]。因此，在耕整地时要起高垄，移栽时行株距要大，后期管理应及时补充水分。

2.3　作业装备

目前，花椰菜配套作业机具有自走式和牵引式两种，但自走式作业机具价格较高，所以在实际生产中以牵引式为主。我国拖拉机生产厂家较多，型号多样，生产的拖拉机动力配置、技术参数虽有标准，但具体结构、尺寸等细节却有很大差别。如马力相同的拖拉机，在轮距、轮宽上却不相同。牵引式拖拉机按其动力大小一般可分为：大型拖拉机（功率 35 千瓦以上）、中型拖拉机（功率 15～35 千瓦）、小型拖拉机（功率 15 千瓦以下）3 种。手扶式拖拉机因功率较小（功率 8～15 千瓦），作业效率低，在大棚生产中很少使用[5]。

不同功率的拖拉机对应不同的轮距和轮宽，国内机具一般可实现轮距的有级调节，但操作较为麻烦，在实际作业时很少变动，一般保持出厂设置。此外，拖拉机前轮轮距较小，作业时前轮印会被后轮覆盖，所以在选择拖拉机时主要考虑后轮参数。如表 1 所示，这里给出一组拖拉机参数。

表 1　拖拉机参数

机具型号	动力（千瓦）	后轮距（毫米）	尺寸（毫米）
鲁中大棚王 554/550	43/40.3	880～1 500	2 200×1 200×1 170
鲁中拖拉机 450	33.1	1 200～1 500	3 980×1 750×2 130
东方红-MF504/500	32.5	1 400～1 600	3 910×1 745×1 700
东方红-MF554/550	36.7	1 400～1 600	3 910×1 745×1 720
东方红-MF604/600	39.7	1 400～1 600	3 910×1 745×1 720

3 轮距、垄距对不同作业环节的影响

花椰菜大棚种植在耕整地、移栽、收获等环节所需配备动力和作业要求不同：耕整地时，拖拉机在前、起垄在后，所以拖拉机的轮距略小于垄宽即可。移栽、收获等环节是机具在垄已形成后的作业，移栽机、叶菜收获机等机具必须在垄沟中行走，所以机具工作幅宽要略大于垄宽。综合以上因素可知，动力上能满足作业要求的机具，并不一定就符合垄距要求。因此，必须对动力轮距和种植垄距进行合理配套。

4 大棚结构对机具选择影响

以钢架结构大棚为例，大棚建造形式主要有拱圆型和屋脊型两种，单栋的跨度为6～15米，每栋的占地面积约为1亩，连栋后占地为2～5亩，或10亩、几十亩。根据中华人民共和国机械行业标准中关于连栋大棚的建造标准，影响机具作业效率的大棚建造参数主要包括跨度、下弦高度（温室屋面主构架下沿离地面的高度）、大门的高度和宽度。建造标准中规定，当跨度为6米时，下弦高度应不小于1.8米；当跨度为7～8米时，下弦高度应不小于2.4米；当跨度为9～10米时，下弦高度应不小于3.0米；当跨度为12～15米时，下弦高度应不小于3.6米。专门用于操作人员进出的门，高度不低于1.8米，宽度不小于1.2米。机具进出门的高度一般不低于2.2米，宽度应比所通过的最大设备的宽度大0.4米以上。在选择机具时，主要考虑影响地边作业的大棚下弦高度和方便进出的大门高度。

5 适宜花椰菜机械化生产的作业模式研究

为解决上述问题，从起垄、移栽、收获等主要作业环节入手，农机农艺相结合，以经济适用为原则、高产高效为目标，综合作业区域自然条件和拖拉机保有量，开展系统设计，研究并提出宽垄双行和宽垄三行两种花椰菜机械化作业模式。其中，宽垄双行在露地种植和设施种植皆可适用，宽垄三行主要适用于露地种植。

5.1 宽垄双行作业模式

该模式垄面宽度70～75厘米，垄底宽度100～110厘米，垄距为100～110厘米（图1），垄高15厘米，适应于6米、8米大棚及连栋大棚。具有经济性较高、配套简单、适应性广、前期投入成本少等优势。配套动力可选用鲁中大棚王550、鲁中大棚王554、东方红-MF554、东方红-MF600等大中型大棚王拖拉机。整地机选择华龙1ZKNP-125偏置精整地机，工作幅宽为125厘米。移栽机工作幅宽应在整地机尺寸的基础上有所加大，可选用华龙2ZBZ-2A自走式双垄移栽机。收获作业时设施内选用收获推车，露地种植时还可选用收获拖车。

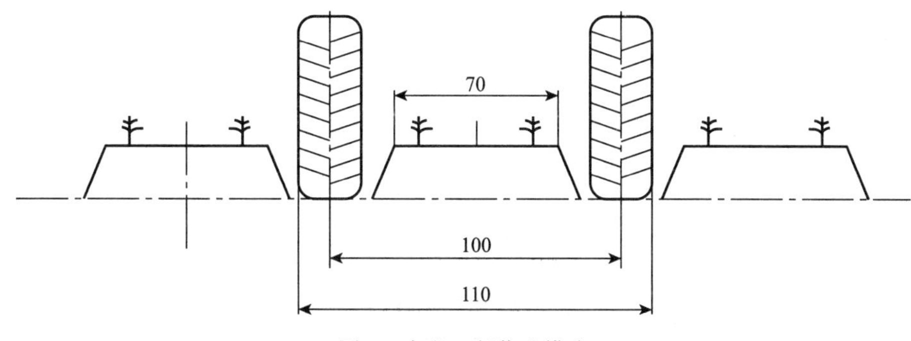

图 1　宽垄双行作业模式

5.2　宽垄三行作业模式

该模式垄面宽度 110～120 厘米，垄底宽度 120～130 厘米，垄距为 135～145 厘米（图 2），垄高 10 厘米，主要适用于 8 米大棚及连栋大棚。具有作业效率高、容易被规模化种植大户接受、前期投入成本高等特点。配套动力可选用鲁中大棚王 554、东方红-MF604 等大型大棚王拖拉机。整地机可选择华龙 1GZK-140 深松整地联合作业机，工作幅宽为 110～130 厘米。移栽机工作幅宽应在整地机尺寸的基础上有所加大，可配套使用华龙 2ZBX-3A 三行移栽机，收获作业时可选用收获推车。

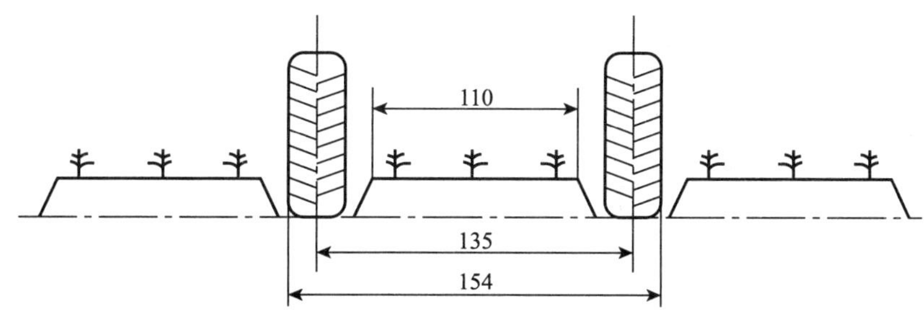

图 2　宽垄三行作业模式

6　建议

（1）我国花椰菜生产机械研发滞后，机具系列化、标准化和专业化程度低，整体水平还不高。花椰菜机械仍处在起步阶段，因此，各地在结合种植习惯、机具配置、经济条件等因素选择适宜的作业模式时，需先对当前的蔬菜种植现状进行调研分析，再作决策。

（2）花椰菜机械化栽培是一项系统工程，建立适宜的花椰菜移栽机械化技术体系，涉及园艺、农学、植保、机械设计与制造、自动控制等领域，需多学科联合攻关。为形成花椰菜全程机械化种植模式，需将农机与农艺、移栽机械与育苗技术相结合，在作物栽培工艺规范化、标准化上，深入研究栽植机构工作原理及与作物相适应的关系。

（3）花椰菜机械化种植与传统的人工栽植有所不同，为满足花椰菜种植的农艺要求，在前期的品种选择、育苗方式、整地质量等方面应进行不断调整和尝试，实现农机与农艺相融合。在此前提下，机具设计时应充分考虑调整的方便性，如旋耕起垄机具的垄宽和紧实度调整，移栽机具的行距和株距的调整等。

参考文献

[1] 杨东文，陈爽．西蓝花栽培技术研究进展［J］．现代农业科学，2008（10）：56-58.

[2] 李文萍，林俊城，等．全球花椰菜生产与贸易现状分析［J］．中国蔬菜，2014（9）：5-10.

[3] 陈谋，陆春燕，等．大棚西蓝花生产技术规程［J］．上海蔬菜，2013（6）：23-25.

[4] 徐冬．西蓝花高产栽培技术［J］．现代农业，2010（12）：11-12.

[5] 胡良龙，田立佳，等．甘薯生产机械化作业模式研究［J］．中国农机化学报，2014（5）：165-168.

不同绿色防控措施对辣椒疫病的控制效果

陈夕军[1]　孙佳佳[1]　陈银凤[2]　董京萍[1]　陈孝仁[1]
魏利辉[3]　黄奔立[1*]

([1] 扬州大学园艺与植物保护学院　江苏扬州　225009；[2] 扬州市邗江区植保植检站　江苏扬州　225100；[3] 江苏省农业科学院植物保护研究所　江苏南京　210014)

摘　要：以辣椒品种卞椒 1 号为试材，采用太阳能消毒、添加不同比例蚯蚓粪和使用生防菌剂灌根 3 种方法，研究不同防控措施对辣椒疫病的控制效果。结果表明，太阳能消毒可以杀灭土壤中的疫病病菌，且处理时间越长效果越佳，但对土壤菌群中各类微生物的影响不同；添加不同比例的蚯蚓粪均对辣椒幼苗具有明显的促生作用，添加 30% 蚯蚓粪的育苗基质对辣椒疫病的控制效果最佳。从蚯蚓粪中分离获得 2 株生防菌 A116 和 B107，均对辣椒疫病病菌有很好的拮抗作用。将太阳能消毒与生防菌剂灌根两种方法配合使用，对辣椒疫病的最高防效可达 91.67%。

关键词：绿色防控措施　辣椒　疫病　控制效果

辣椒疫病是由辣椒疫霉（*Phytophthora capsici*）引起的重要土传病害，在世界各辣椒产地均有发生，常造成辣椒的大幅减产甚至绝收[1,2]。随着我国辣椒设施栽培面积的不断扩大，由辣椒疫病导致的连作障碍已成为制约辣椒产业发展的重要因素之一。由于辣椒采收期长，病害常在棚中快速蔓延，造成毁棚；而长期过量地使用化学农药，又容易引起农药残留（Residue）、病菌抗药性（Resistance）和再猖獗（Resurgence）的“3R”问题。因此，发展绿色防控措施，保证市民“菜篮子”的丰富与安全，显得尤为重要。

辣椒疫霉病菌常以卵孢子在土壤中存活，且可以侵染多种植物[3,4]。而土传病害的化学防治往往用药量大且防治效果不佳。因而，经济有效、对环境友好、对人和非靶标生物安全的绿色防控措施受到了广泛关注。有机肥、堆肥水浸液、生防菌及肥菌结合等都被应用于辣椒疫病的防治中[5~9]，但防治效果却不尽如人意，一般情况下田间发病率的降低幅度均小于 50%。本试验通过多种防治措施选择与复合使用，拟寻得高效环保的辣椒疫病绿色防控方法，为指导生产实践提供理论依据。

* 为通讯作者。

1 材料与方法

1.1 试验材料

试验于 2009—2015 年进行。辣椒疫霉病菌由扬州大学植物病理学实验室分离自江苏辣椒疫病病株。供试辣椒品种为卞椒 1 号，由扬州大学园艺与植物保护学院蔬菜教研室提供。供试蚯蚓粪由扬州大学环境科学与工程学院蚯蚓粪实验基地提供，为蚯蚓在牛粪中养殖所产生的代谢物。

1.2 太阳能处理对土壤菌群的影响

试验在扬州大学园艺与植物保护学院园艺学科蔬菜基地露地进行，土壤为沙壤土。将试验田深翻后整平，灌水以保持土壤湿润。灌水后 24 小时用两层 0.1 毫米厚的聚乙烯薄膜覆盖于土壤表面，边缘用土盖严，进行太阳能消毒处理，以同一地块未覆膜区作对照。分别于处理 0 天、10 天、20 天、30 天后，在处理田块和对照田块 10 厘米土层随机取自然土样。将 1 克土样溶于 10 毫升无菌水中，双层纱布过滤后，分别取 100 微升溶液均匀展布于 NA 培养基（蛋白胨 10 克，牛肉粉 3 克，氯化钠 5 克，琼脂 17 克，水 1 000 毫升，pH=7.3）、马丁氏培养基（磷酸二氢钾 1.0 克，硫酸镁 0.5 克，蛋白胨 5.0 克，葡萄糖 10.0 克，琼脂 17.0 克，水 1 000毫升。每 1 000 毫升培养基中加入 1.0%孟加拉红水溶液 3.3 毫升，使用前每 1 000 毫升培养基中加入 1.0% 链霉素 0.3 毫升）和高氏 1 号培养基（可溶性淀粉 20 克，硝酸钾 1 克，磷酸氢二钾 0.5 克，硫酸镁 0.5 克，氯化钠 0.5 克，硫酸亚铁 0.01 克，琼脂 17 克，水 1 000 毫升）表面，并分别于 24 小时、48 小时、72 小时后，计数培养基表面细菌、真菌和放线菌菌落数。每处理 3 次重复。试验过程中实时记录天气情况。

1.3 辣椒疫霉病菌的耐热性

1.3.1 菌丝体耐热性测定

用直径 5 毫米的打孔器在未产孢子囊的辣椒疫霉病菌菌落边缘打孔，菌碟置于含有 5 毫升蒸馏水的无菌小试管中，然后将试管置于不同温度水浴锅中处理一定时间，共设 40℃、45℃、50℃、55℃、60℃、65℃ 6 个温度梯度及 5 分钟、10 分钟、15 分钟、20 分钟、25 分钟 5 个时间段。处理后将菌碟取出，置于 PDA 平板上 28℃培养，3 天后观察其生长情况。每处理 5 个平板，2 次重复。

1.3.2 孢子囊（游动孢子）耐热性测定

辣椒疫病病菌于 CA 平板（胡萝卜 200 克，琼脂 20 克，水 1 000 毫升）上 28℃黑暗培养 7 天后，加入 10 毫升无菌水，完全覆盖菌丝体，将 CA 平板置于 28℃光照恒温培养箱，连续光照培养 120 小时以上，以诱导孢子囊的产生[10]。用无菌水将孢子囊（游动孢子）洗出，置于无菌小试管中，设 6 个温度梯度、5 个时间段，同 1.3.1。处理后，将孢子（囊）悬浮液混入 PDA 制成平板，3 天后观察其生长情况。每处理 5 个平板，2 次重复。

1.4　太阳能处理对辣椒疫霉病菌的灭杀效果

将配好的辣椒疫霉病菌孢子（囊）液均匀拌入灭菌土制成病土，取 30 克病土置于灭菌的培养皿中，用 2 层纱布封口后，分别置于 5 厘米、10 厘米、15 厘米、20 厘米不同深度土层。将土面平整后，覆膜条件下进行太阳能处理。于处理 5 天、10 天、15 天、20 天、25 天后，分别取 1 克样土溶于 10 毫升灭菌水中，充分搅匀后用双层纱布过滤。吸取 100 微升滤液，用展棒均匀展布于 OMA 选择性培养基表面。72 小时后计数菌落数，计算太阳能对辣椒疫霉病菌的灭杀率。以未拌入孢子（囊）液的灭菌土作对照，每处理 5 次重复。

1.5　蚯蚓粪对辣椒幼苗的促生作用

将辣椒种子在 50～55℃ 温水中浸泡 1～2 分钟，然后在 30℃水中浸种 6～8 小时。取出种子，用湿润的纱布包好，放于 28℃培养箱中催芽。4～5 天后，选取芽长较一致的种子，播于 5 厘米×10 厘米规格的塑料穴盘中，每处理播 20 穴，3 次重复。穴盘中置有蛭石混合基质与蚯蚓粪的混合物，蚯蚓粪体积比分别为 30%、60%、100%，以未添加蚯蚓粪的蛭石混合基质作对照。辣椒播种后 7～11 天，逐日统计出苗数，第 25 天测定辣椒幼苗株高、地上部鲜质量和干质量等生长指标[11、12]。

1.6　蚯蚓粪对辣椒疫病的防效

将基质与不同比例的新鲜蚯蚓粪混合，蚯蚓粪所占体积比分别为 10%、30%、60%和 100%，以不加蚯蚓粪的基质为对照。另设一加入 30%灭菌蚯蚓粪的处理。将 50 毫升含孢子 5 000 个/毫升的辣椒疫病病菌孢子悬浮液与 1 千克蚯蚓粪和基质混合物混拌均匀，制成辣椒疫病病土。每处理栽种 24 株 6～8 叶期的辣椒幼苗，待对照植株大部分发病时开始调查，计算发病率和防效。将蚯蚓粪放置 1 年后，重复上述试验。防治效果 = ［1－（处理发病率 / 对照发病率）］ ×100%。

1.7　蚯蚓粪中拮抗菌的筛选

称取 1 克蚯蚓粪，向其中加入 10 毫升灭菌的去离子水，搅拌均匀后略静置，用吸管分别吸取 200 微升水溶液均匀展布于 PDA、NA 和高氏 1 号培养基平板表面，待平板出现单菌落后，根据微生物类型挑取至相应培养基斜面。采用平板对峙培养法测定拮抗菌活性。在 28℃恒温培养 4 天的辣椒疫霉病菌前沿用直径 5 毫米的打孔器打取菌丝块，将菌丝块接种于 PDA 平板中央，待病原菌菌落直径达 2～3 厘米时，将拮抗菌菌丝块置于平板四周，以不接拮抗菌平板作对照。28℃恒温培养箱中培养，至对照菌落接近培养皿边缘时，测量抑菌带大小。

1.8 运用不同绿色防控措施控制辣椒疫病

试验共设 3 个处理，即太阳能消毒处理、菌液灌根处理、太阳能消毒 + 菌液灌根处理，以清水处理为对照。每 100 克灭菌土中加入 10 毫升浓度为 5 000 个/毫升的辣椒疫霉病菌孢子（囊）悬浮液，混匀后的病土装入直径 10 厘米的塑料盆钵，将部分盆钵埋入土中，盆钵口与土表平齐，用双层聚乙烯薄膜覆盖进行太阳能处理。25 天后，将培育好的辣椒苗移入盆钵中，部分盆钵浇灌 1.7 中筛选出的拮抗菌发酵液 25 毫升，以无菌注射器注入根部土壤。待对照大部分发病时，调查发病情况并计算防效。

1.9 数据统计分析

采用 DPS v6.55 软件进行数据统计分析。

2 结果与分析

2.1 太阳能处理对土壤菌群的影响

太阳能消毒处理期间，气温与常年无显著差异，白天最高均温 30℃左右，晴天比率约 80%。与对照相比，太阳能处理后土壤中放线菌数量在处理 10 天后明显下降，30 天后与对照相差了近 100 倍（图 1A）；而真菌和细菌的数量在处理 10 天后比对照显著增加，且随着时间的延长增幅加大（图 1B、图 1C）。土壤中不同种类微生物数量变化趋势并不一致，可能是由于不同微生物对温度的敏感性不同。

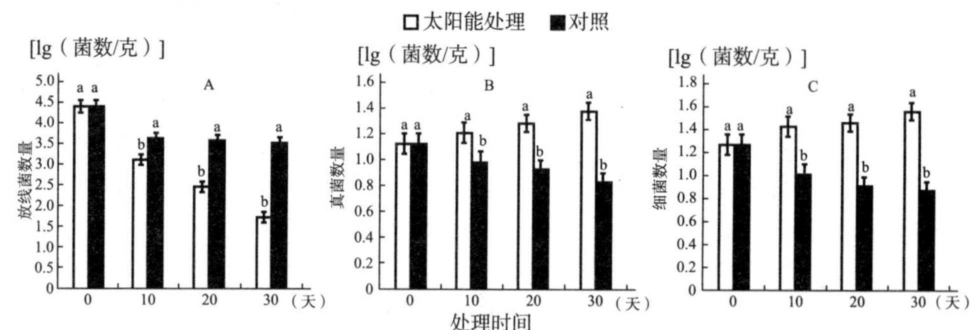

图 1　太阳能处理对土壤菌群的影响

2.2 辣椒疫霉病菌的耐热性

从表 1、表 2 可以看出，辣椒疫霉病菌孢子（囊）与菌丝相比具有更强的耐热性，45℃下处理 25 分钟菌丝体全部致死，而同样温度下绝大部分病菌孢子（囊）均能正常生长繁殖；50℃下处理 10 分钟所有菌丝体均已死亡，而孢子（囊）在 55℃下处理 5 分钟仍有部分可萌发生长。

表 1　辣椒疫霉病菌菌丝的耐热性

时间（分钟）	温度（℃）					
	40	45	50	55	60	65
5	+++++	+++++	+−−−−	−−−−−	−−−−−	−−−−−
10	+++++	++++−	−−−−−	−−−−−	−−−−−	−−−−−
15	+++++	+++−−	−−−−−	−−−−−	−−−−−	−−−−−
20	+++++	+−−−−	−−−−−	−−−−−	−−−−−	−−−−−
25	+++++	−−−−−	−−−−−	−−−−−	−−−−−	−−−−−

注：“+”表示能形成菌落，“−”表示不能形成菌落。

表 2　辣椒疫霉病菌孢子囊（游动孢子）的耐热性

时间（分钟）	温度（℃）					
	40	45	50	55	60	65
5	+++++	+++++	+++++	+−−−−	−−−−−	−−−−−
10	+++++	+++++	++++−	−−−−−	−−−−−	−−−−−
15	+++++	+++++	++−−−	−−−−−	−−−−−	−−−−−
20	+++++	+++++	−−−−−	−−−−−	−−−−−	−−−−−
25	+++++	++++−	−−−−−	−−−−−	−−−−−	−−−−−

注：“+”表示能形成菌落，“−”表示不能形成菌落。

2.3　太阳能处理对辣椒疫霉病菌的灭杀效果

由图 2 可知，太阳能处理时间≤ 10 天时，不同深度土层间疫霉病菌致死率无显著差异；当处理时间≥ 20 天时，不同深度土层辣椒疫霉病菌致死率大多差异显著，越接近土壤表面，太阳能对病菌的杀灭效果越好；当处理 25 天后，对 5 厘米土层土壤中辣椒疫霉病菌的灭杀效果可达 52.60%。可以看出，处理时间越长，土壤病菌的灭杀效果越好。

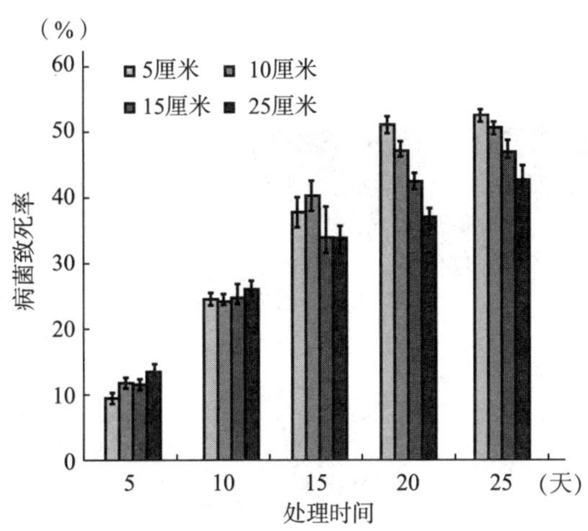

图 2　太阳能消毒对土壤中辣椒疫霉病菌的灭杀效果

2.4 蚯蚓粪对辣椒幼苗的促生作用

育苗基质中添加不同比例的蚯蚓粪可以促进辣椒的出苗率，且以添加 60% 蚯蚓粪的复合基质出苗率最高，播种 7～11 天的出苗率均显著高于对照，播种 11 天后出苗率可达 92.80%（表 3）。在育苗基质中添加蚯蚓粪对辣椒幼苗的生长有明显促进作用，株高、地上部鲜质量及干质量均以添加 60% 蚯蚓粪的复合基质处理最大（表 3）。

表 3 添加不同比例蚯蚓粪对辣椒种子出苗率和幼苗生长的影响

蚯蚓粪占比（%）	处理时间					株高（厘米）	地上部鲜质量（克）	地上部干质量（克）
	7 天	8 天	9 天	10 天	11 天			
0（CK）	13.35b	26.10b	42.05b	59.25b	73.05b	6.72d	3.56d	0.35d
30	23.35ab	35.75a	53.90a	71.10a	89.00a	7.86b	4.64c	0.43c
60	27.10a	40.05a	55.65a	72.75a	92.80a	8.01a	4.95a	0.49a
100	24.00a	38.35a	51.10ab	67.35ab	89.05a	7.35c	4.81b	0.47b

同列数据后的不同字母表示差异显著（$P<0.05$）。

2.5 蚯蚓粪对辣椒疫病的防控作用

每千克基质中加入 50 毫升含孢子 5 000 个/毫升的辣椒疫霉病菌孢子悬浮液，辣椒苗发病率可达 100%（图 3）。基质中加入不同比例的新鲜蚯蚓粪后，辣椒疫病的发生均受到一定程度的抑制（表 4），添加 30% 蚯蚓粪的复合基质对疫病的防效可达 79.17%，与其他处理差异显著。蚯蚓粪经灭菌处理后，其对病害的抑制效果大幅下降，基质中添加 30% 灭菌蚯蚓粪，其对辣椒疫病的防效仅为 20.83%。将新鲜的蚯蚓粪放置 1 年后再进行辣椒疫病的防控效果测定。结果表明（表 4），长期放置会降低蚯蚓粪对病害的防控效果，其中添加 100% 蚯蚓粪的防控效果最好，但其对病害的抑制率也仅为 20.83%。

图 3 辣椒疫霉病菌孢子悬浮液接种盆钵发病情况

表 4　蚯蚓粪对辣椒疫病的抑制作用

蚯蚓粪占比（%）	新鲜蚯蚓粪			放置 1 年的蚯蚓粪		
	死苗数	发病率（%）	防效（%）	死苗数	发病率（%）	防效（%）
0（CK）	24	100.00a	—	24	100.00a	—
10	11	45.83d	54.17c	22	91.67c	8.33d
30	5	20.83f	79.17a	21	87.50d	12.50c
60	9	37.50e	62.50b	20	83.33e	16.67b
100	13	54.17c	45.83d	19	79.17f	20.83a
30	19	79.17b	20.83e	23	95.83b	4.17e

同列数据后的不同字母表示差异显著（$P<0.05$）。

2.6　太阳能消毒与生防菌对辣椒疫病的控制作用

从蚯蚓粪中共分离出对辣椒疫霉病菌有拮抗活性的生防菌 31 株，其中真菌 6 株、细菌 3 株、放线菌 22 株。所有拮抗菌中以放线菌 A116 和细菌 B107 的拮抗效果最好，抑菌带大小分别为 0.65 厘米和 1.17 厘米（图 4）。B107 发酵菌液灌根和太阳能消毒处理对辣椒疫病均有很好的控制作用，盆栽试验结果表明（表 5），其防效可分别达 79.16% 和 62.50%；而将拮抗菌液灌根与太阳能消毒结合使用，防效更是高达 91.67%。

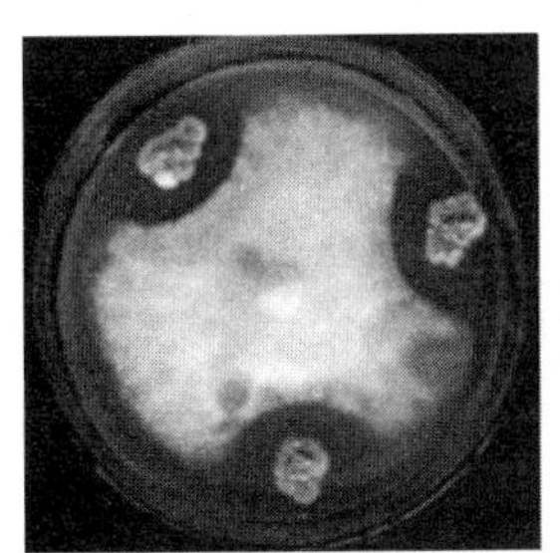
A116

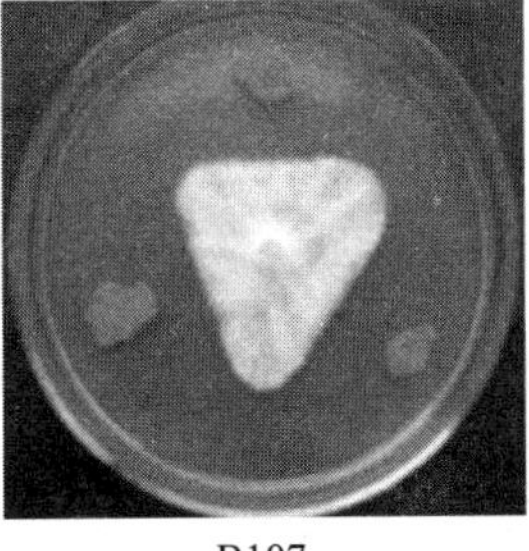
B107

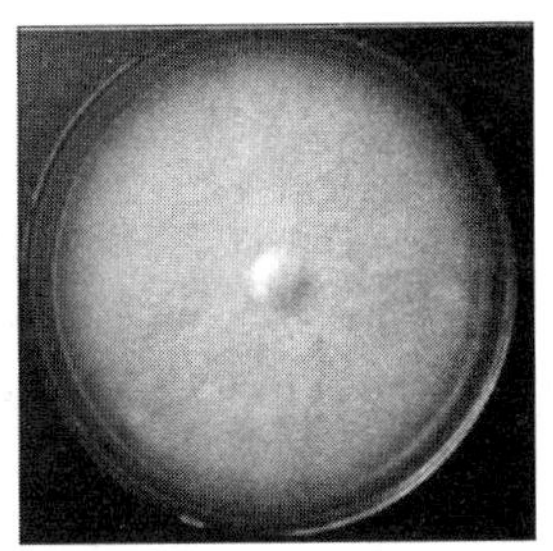
CK

图 4　蚯蚓粪中拮抗菌对辣椒疫霉病菌的抑制作用

表 5　太阳能消毒与菌液灌根对辣椒疫病的抑制作用

处理	死苗数	发病率（%）	防效（%）
太阳能消毒	9	30.00b	62.50c
太阳能消毒＋菌液灌根	2	6.67d	91.67a
菌液灌根	5	16.67c	79.16b
清水（CK）	24	80.00a	—

同列数据后的不同字母表示差异显著（$P<0.05$）。

3 结论与讨论

全球范围内，每年因有害生物（病原物、害虫、杂草）危害造成的作物产量损失约 35%[13]。化学防治因其快速、高效、易操作等特点而成为近年来有害生物综合治理的主要手段。但过量使用化学农药的弊端已日益显现，环境污染、人畜中毒、有害生物抗药性和再猖獗等问题日趋严重[14~17]，特别是辣椒、番茄、黄瓜、茄子等采摘期较长的设施蔬菜，长期用药已经严重影响了果实品质[18,19]。2006 年，在农业部召开的全国植保植检工作会议上，首次提出了“绿色植保”的理念。2011 年，发布了《农业部办公厅关于推进农作物病虫害绿色防控的意见》，提出对农作物病虫害要进行绿色防控，即用生态调控、生物防治、物理防治和科学用药等环境友好措施来控制病虫害，以达到确保我国农产品高产优质的目的。

太阳能土壤消毒对环境友好、操作简单、成本低廉、效果明显，近年来已经逐渐被应用于防治作物连作障碍，特别是设施果蔬因为土传病害而引起的连作障碍[20,21]。无论是在 0～20 厘米浅土层，还是在 20～40 厘米的深土层，太阳能消毒均可有效降低土壤中真菌、细菌和放线菌的数量[22]。但刘耕春、程子林（2010）的研究却发现，太阳能处理可促进土壤中细菌数量的增加，这可能是由于在太阳能消毒过程中，土壤湿润、温度高，微生物呼吸十分旺盛[23]，在覆膜封闭条件下，土壤中氧气逐渐消耗，呈缺氧还原状态，改变了土壤特性，一些嗜热、厌氧、能分解有机质的菌类大量繁殖造成的[24]。本试验发现，太阳能处理后，田间除放线菌数量明显下降外，细菌和真菌的数量却均有显著上升。这些试验结果与前人不同，可能是因为不同田块土壤菌群种类和土壤中菌群的耐热性不同。

近年来，蚯蚓粪在蔬菜育苗和栽培中已有研究应用[25~27]。蚯蚓粪作为有机废弃物，如畜禽粪便等的消化分解产物，具有很好的通气性、排水性和高持水量。蚯蚓粪中的大量细菌、真菌和放线菌不仅能使复杂的物质转变为植物易吸收的有效物质，而且还能合成一系列如糖、氨基酸和维生素等活性物质，显著促进植物生长。另外，蚯蚓粪中的大量有益菌还可以有效抑制病原菌的生长。本试验结果表明，利用太阳能可以很好地灭杀土壤中的辣椒疫霉病菌，而蚯蚓粪中的拮抗菌可明显抑制辣椒疫霉病菌的生长。将土壤消毒与生防菌液灌根结合运用，对辣椒疫病的防效可高达 91.67%，高于多数化学药剂[28]。若在育苗基质中再添加 30% 的蚯蚓粪，对控制该病害将更加有效。

参考文献

［1］ Aragaki M，Uchida J Y. Morphological distinctions between *Phytophthora capsici* and *P. tropicalis sp*. nov. ［J］. Mycologia，2001，93（1）：137-145.

［2］ 马云艳，王东胜，李玉龙，等. 辣椒疫病病株与健株根区土壤微生态研究［J］. 西北农业学报，2015，24（4）：129-137.

［3］ Lamour K H，Stam R，Jupe J，et al. The oomycete broad-host-rang pathogen Phytophthora capsici [J] . Molecular Plant Pathology, 2012, 13 (4): 329-337.

[4] Gilardi G, Demarchi S, Gullino M L, et al. Nursery treatments with non-conventional products against crown and root rot, caused by *Phytophthora capsici*, on zucchini [J]. Phytoparasitica, 2015, 43 (4): 1-8.

[5] 李胜华，谷丽萍，刘可星，等．有机肥配施对番茄土传病害的防治及土壤微生物多样性的调控 [J] ．植物营养与肥料学报，2009，15 (4)：965-969.

[6] Kyung S M, Jeong-Gyu K, Deok K K. Biocontrol activity and induction of systemic resistance in pepper by compost water extracts against *Phytophthora capsici* [J] . Phytopathology, 2010, 100 (8): 774-783.

[7] Sang M K, Kim K D. The volatile-producing Flavobacterium johnsoniae strain GSE90 shows biocontrol activity *Phytophthora capsici* in pepper [J] . Journal of Applied Microbiology, 2012, 113 (2): 383-398.

[8] 刘永亮，尹成林，田叶韩，等．拮抗真菌 HTC 的鉴定及其对辣椒疫病的生物防治潜力 [J]. 植物保护学报，2013，40 (5)：437-444.

[9] 常志州，马艳，黄红英，等．辅以拮抗菌的有机肥对辣椒疫病生防效果研究 [J] ．中国土壤与肥料，2005 (2)：28-30.

[10] 郑小波．疫霉菌及其研究技术 [M] ．北京：中国农业出版社，1997：86-87.

[11] Chen W D, Hoitink H A, Sohmitthenner A F. Factors affecting suppression of Pythium damping-off in container media amended with composts [J] . Phytopathology, 1987, 77 (5): 755-760.

[12] Cheryl M C, Eric B N. Microbial properties of composts that suppress damping-off root rot of creeping bentgrass caused by *Pythium graminicola* [J] . American Society for Microbiology, 1996, 62 (5): 1550-1557.

[13] Popp J, PetöK, Nagy J. Pesticide productivity and food security [J] . A review. Agronomy for Sustainable Development, 2013 (33): 243-255.

[14] 高希武．我国害虫化学防治现状与发展策略 [J] ．植物保护，2010，36 (4)：19-22.

[15] Ge L Q, Wang L P, Zhao K F, et al. Mating pair combinations of insecticide-treated male and female Nilaparvata lugens Stål (Hemiptera: Delphacidae) planthoppers influence protein content in the male accessory glands (MAGs) and vitellin content in both fat bodies and ovaries of adult females [J] . Pesticide Biochemistry and Physiology, 2010 (98): 279-288.

[16] Jiang L B, Zhao K F, Wang D J, et al. Effects of different treatment methods of the fungicide jinggangmycin on reproduction and vitellogenin gene (Nlvg) expression in the brown planthopper Nilaparvata lugens Stål (Hemiptera: Delphacidae) [J] . Pesticide Biochemistry and Physiology, 2012 (102): 51-55.

[17] Liang Y, Zhang S, Shao Z R, et al. Insecticide resistance in and chemical control of the cotton aphid, *Aphis gossypii* (Glover) [J] . Plant Protection, 2013, 39 (5): 70-80.

[18] 于淑晶，王满意，田芳，等．黄瓜棒孢叶斑病的防治及抗药性研究进展 [J] ．农药，2014 (1)：7-11.

[19] Bozena C A, Marta M D, Malgorzata G S. The effect of biological and chemical control agents on the health status of the very early potato cultivar Rosara [J] . Journal of Plant Protection Research, 2015, 55 (4): 389-395.

[20] 罗桢彬，白剑，李芬分．太阳能＋石灰氮高温闷棚技术 [J] ．中国果菜，2013 (7)：

41-42.
[21] 吉沐祥，陈宏州，庄义庆，等．设施草莓土传病害无害化综合防治技术［J］．江苏农业科学，2015（2）：126-127.
[22] 陈志杰，张锋，张淑莲，等．太阳能消毒对温室土壤环境效应及防治黄瓜根结线虫病效果［J］．生态学报，2009，29（12）：6664-6671.
[23] 刘耕春，程子林．太阳能消毒改土技术在保护地芹菜生产中的应用［J］．天津农业科学，2010，16（1）：94-96.
[24] 冯忠民，陈云槐，徐钦辉，等．利用太阳能热处理治理土壤连作障碍［C］//浙江省植物保护学会，浙江省植物病理学会，浙江省昆虫学会．植物保护与农产品质量安全论文集．北京：中国农业科学技术出版社，2008：152-154.
[25] 尚庆茂，张志刚．蚯蚓粪在番茄育苗上的应用效果［J］．中国蔬菜，2005（9）：10-11.
[26] 张晓蕾，王波，王亦丰，等．蚯蚓粪复合基质氮素添加量对番茄幼苗生长的影响［J］．中国蔬菜，2010（16）：47-53.
[27] 张宁，任亚丽，史庆华，等．蚯蚓粪对西瓜品质和产量的影响［J］．中国蔬菜，2011（6）：76-79.
[28] 章彦俊，尉文彬，马全伟，等．四种化学药剂防治辣椒疫病盆栽药效试验［J］．北方园艺，2013（2）：99-100.

高温闷棚防治黄瓜白粉病及其对黄瓜生长和生理代谢的影响

王　平[1,2]　张红梅[2]　金海军[2]　丁小涛[2]　余纪柱[2]　朱月林[1*]

([1]南京农业大学园艺学院　江苏南京　210095；

[2]上海市农业科学院园艺研究所/上海市设施园艺技术重点实验室　上海　201403)

摘　要：以春秋王黄瓜品种为材料，采用基质栽培法，在智能光照培养箱内通过模拟“高温闷棚”研究了高温处理对感染白粉病的黄瓜幼苗生长、叶绿素含量、叶绿素荧光参数、活性氧代谢及几丁质酶的缓解效应。结果表明：白粉病的侵染明显抑制了黄瓜幼苗的生长，降低了叶绿素含量及光能的捕获与转换效率，提高了抗氧化酶活性；高温处理使得正常植株（H-CK）的叶绿素含量、PSⅡ最大光化学效率（Fv/Fm）、光系统Ⅱ光能捕获效率（Fv'/Fm'）、实际光化学量子产量（Yield）、相对电子传递速率（ETR）以及抗氧化酶活性显著升高，非光化学猝灭（NPQ）显著降低；对于感染白粉病的黄瓜幼苗，高温处理降低了白粉病的病情指数，提高了叶绿素含量、PSⅡ最大光化学效率（Fv/Fm）、光系统Ⅱ光能捕获效率（Fv'/Fm'）、实际光化学量子产量（Yield）、相对电子传递速率（ETR），抗氧化酶活性显著升高。研究结果说明，高温处理可以降低白粉病菌的活性，增强感染白粉病菌的黄瓜植株的光能捕获与转换及抗氧化酶活性，并且正常植株比感染白粉病植株表现出对高温条件更强的适应能力。

关键词：黄瓜　白粉病　高温　叶绿素荧光参数　抗氧化酶活性

白粉病是塑料大棚黄瓜（*Cucumis sativus* L.）生产上严重发生的病害之一，在适宜发病的环境条件下从苗期到成株期均可发生。一般年份减产5%～10%，流行年份可减产30%～50%。应用农药虽能减缓白粉病的发生及蔓延，但会导致农药残留和环境污染等严重问题，而且长期使用农药，病菌很容易对农药产生抗药性，使防治更加困难[1]。生态防治因其具有环保、成本低等特点开始受到人们的重视。生态防治是利用黄瓜和病虫害生长环境的差异，创造出利于黄瓜生长而不利于病虫害生长的环境条件以达到防治病害作用[2]。高温闷棚是生态防治中最具有代表性、成效最明显的方法。目前，关于高温闷棚防治黄瓜病虫害方面的研究已经有一些报道。焦国信[3]认为，将高温闷棚的温度控制在46.0～48.5℃，持续时间1.5～2.0小时，对霜霉病和白粉病的最高防效分别为88.6%和91.1%。杨世兰等[4]研

* 为通讯作者。

究认为，45℃高温闷棚持续 2 小时，每隔 10 天左右闷一次，可以达到更好的防治病害效果。

目前，关于高温闷棚防治黄瓜病害的研究多集中在技术方法方面，而对于高温闷棚是如何诱导黄瓜对白粉病产生抗性以及植株在闷棚条件下会产生怎样的生理变化，这些方面的研究报道还比较少。许艳[5]等研究发现，黄瓜在喷施霜霉病菌后 8 小时进行高温处理防治霜霉病的效果最佳。笔者在前期高温处理条件的筛选试验中得出，45℃高温、相对湿度 80%的条件下处理 2 小时控制白粉病效果最显著。因此，本试验拟对感染白粉病的黄瓜幼苗在此高温条件下的生长指标、叶绿素含量、叶绿素荧光参数、抗氧化酶活性及几丁质酶活性的变化进行研究，初步了解感病植株在高温处理下的生长及生理变化，为生态防治方法更好地应用于田间生产提供理论依据。

1 材料与方法

1.1 试验材料

供试的黄瓜（*Cucumis sativus* L.）品种为春秋王，由上海市农业科学院园艺研究所提供。

黄瓜白粉病菌（*Podosphaera xanthii*）采自田间自然发病的黄瓜植株。采集发病严重的黄瓜叶片，冲去叶片上面的杂物和原有的孢子囊，在 20～24℃光照培养箱中保湿培养 24 小时，用毛笔将新长出的孢子囊刷入无菌水中，配制成 10 倍显微镜下每个视野有 10～15 个孢子的悬浮液用于接种。

1.2 试验设计

试验于 2015 年 9～11 月在上海市农业科学院园艺研究所重点实验室进行。干种子温汤浸种，在 30℃下催芽 14 小时，种子露白后播种于花盆内（草炭∶蛭石∶珍珠岩＝7∶2∶1），在人工气候室内培养幼苗。等幼苗长出第四片真叶时，选取生长一致的幼苗分成 4 组（每组 24 株，包括 3 次重复），其中 2 组喷洒病菌孢子悬浮液并保湿培养，剩下的 2 组幼苗正常培养。在接种病菌的 2 组黄瓜叶片上出现明显的病斑时（接种 7 天），将 1 组感染白粉病菌的黄瓜幼苗和 1 组正常幼苗放在温度为 45℃、相对湿度为 80%的智能光照培养箱内处理 2 小时。另外一组感染白粉病的幼苗和正常苗在常温下培养。将以上处理编号如下：①正常生长的幼苗（CK）；②正常生长的幼苗，在 45℃下处理 2 小时（H-CK）；③接种病菌，正常培养（I）；④接种病菌，在 45℃下处理 2 小时（H-I）。其他培养条件保证一致。分别于高温处理前 0 小时、高温处理 2 小时、恢复 24 小时、恢复 48 小时及恢复 72 小时对各个处理进行取第四片真叶保存在－80℃冰箱中，用于相应的生理指标的测定。在处理 72 小时时，各处理进行生长指标、叶绿素、荧光参数的测定。

1.3　测定指标及方法（分成生长指标、荧光、生理测定等）

1.3.1　生长指标测定

在处理 72 小时时，用尺子测量子叶到生长点的高度作为株高；用游标卡尺测定上胚轴的茎粗；测量地上部所有叶片的长与宽，根据公式计算叶面积[6]，叶面积（S）＝0.743×长×宽；用蒸馏水冲洗植株，擦干后称量其地上鲜重、地下鲜重，经 105℃杀青 15 分钟后置于 75℃烘干至恒重后再称取地上干重、地下干重。

1.3.2　白粉病病情指数调查

在接种 7 天时，调查黄瓜植株白粉病的病情指数（调查方法和公式）。

1.3.3　叶绿素荧光参数

参照李合生[7]的方法测定叶绿素含量；将试验样品暗适应处理 20 分钟以上，利用 IMAGING-PAM 荧光仪测定光系统Ⅱ最大光化学效率（Fv/Fm）、光系统Ⅱ光能捕获效率（Fv'/Fm'）、实际光化学量子产量（Yield）、非光化学淬灭（NPQ）及光曲线。

1.3.4　抗氧化酶测定

超氧化物歧化酶（SOD）活性测定采用氮蓝四唑（NBT）光还原法[8]，以抑制 NBT 光还原的 50％为一个酶活力单位（U）；过氧化物酶（POD）活性测定采用 Cakmak 等[9]的方法测定，以 OD_{470} 每变化 0.01 为一个酶活力单位（U）。抗坏血酸过氧化物酶（APX）活性测定采用 Nakano 等[8]的方法。过氧化氢酶（CAT）活性采用 Cakmak 和 Marschner 等[9]的方法测定，以 OD_{240} 每分钟减少 0.01 为 1 个酶活性单位（U）。几丁质酶活性测定参考文献[10]的方法分别测定几丁质内切酶和几丁质外切酶的活性。以每克鲜重每小时分解胶态几丁质产生 1 微克 N－乙酰葡萄糖胺为 1 个酶活性单位［U/（克鲜重·小时）］。

1.4　数据处理及分析

每个指标测定重复 3 次，取平均值。试验数据采用 Excel 绘图，用 SPSS 统计软件进行方差分析和 Tukey 多重比较。

2　结果与分析

2.1　高温处理对黄瓜白粉病株生长的影响

由表 1 可以看出，感染白粉病的黄瓜幼苗（I）的各个生长指标显著低于对照（CK）。与 I 处理相比，感染白粉病并进行高温处理的黄瓜幼苗（H-I）的株高、茎粗、叶面积、地上干重、根鲜重、根干重显著升高，分别升高了 2.91％、4.65％、5.16％、23.72％、14.33％、6.67％。高温处理的正常植株（H-CK）的茎粗、叶面积、地上鲜重、根部鲜重均显著低于对照（CK），分别下降了 4.35％、5.07％、4.40％、4.63％。高温处理 72 小时后，统计 H-I 处理和 I 处理的白粉病的发病率发现，H-I 处理的发病率明显低于 I 处理，降低了 62.04％。可见，白粉病的侵染抑制了黄瓜幼苗的生长，而高温处理有效缓解了白粉病对黄瓜幼苗的抑制作用。

表 1　高温处理对黄瓜白粉病株生长的影响

处理	株高（厘米）	茎粗（厘米）	叶面积（平方厘米）	地上鲜重（克）	地上干重（克）	根鲜重（克）	根干重（克）	病情指数
H-I	35.33±0.58ab	0.45±0.01a	439.83±9.27c	14.41±0.30c	1.46±0.11b	3.75±0.06c	0.16±0.01b	21.34±1.02
I	34.33±0.57b	0.43±0.01b	418.23±6.68d	13.73±0.79d	1.18±0.02c	3.28±0.14d	0.15±0.03b	56.21±3.33
CK	37±1.00a	0.46±0.01a	528.67±9.47a	15.92±0.70a	1.66±0.04a	6.47±0.25a	0.26±0.03a	—
H-CK	36.21±0.76a	0.44±0.01b	501.89±8.21b	15.22±0.64b	1.58±0.03a	6.17±0.21b	0.25±0.02a	—

表中数据为平均值±标准差，同列数据后的不同字母表示差异达 5%显著水平。

2.2　高温处理对黄瓜白粉病株幼苗叶片叶绿素含量的影响

从图 1 可以看出，白粉病的侵染（I 处理）导致黄瓜叶片的叶绿素 a 和叶绿素 b 含量显著低于对照（CK），在恢复 72 小时后，叶绿素 a 含量和叶绿素 b 含量分别降低了 46.11%、71.15%。与正常植株（CK）相比，高温处理 2 小时的正常植株叶片（H-CK）的叶绿素 a 含量显著升高了 35.25%，叶绿素 b 含量显著降低了 40.48%。与感染白粉病的植株（I 处理）相比，感染白粉病并进行高温处理的黄瓜幼苗（H-I 处理）的叶绿素 a 含量不断升高，在 48 小时升高了 36.90%；叶绿素 b 含量在高温处理 2 小时和恢复 24 小时时显著降低了 44.66%和 27.98%，在恢复 72 小时显著增加了 78.25%。从以上结果可以看出，白粉病的侵染（I 处理）使得黄瓜叶片中叶绿素含量不断降低，而高温处理可以缓解叶片叶绿素含量的降低，从而保证黄瓜幼苗正常的光合作用。

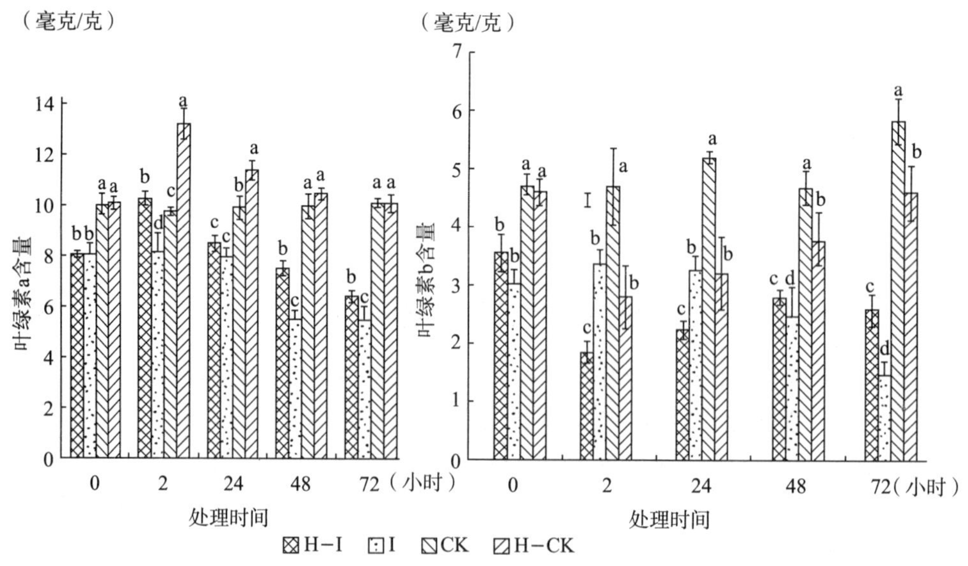

图 1　高温处理对黄瓜白粉病株叶片叶绿素含量的影响

图中标不同字母表示差异达 5%显著水平。

2.3　高温处理对黄瓜白粉病株幼苗叶片叶绿素荧光参数的影响

从表2可以看出，白粉病的侵染（I处理）使黄瓜叶片叶绿素荧光参数PSⅡ、Fv/Fm、Fv'/Fm'和Yield值显著低于CK；与CK相比，感染白粉病的黄瓜叶片（I处理）的Fv/Fm、Fv'/Fm'和Yield分别下降了16.78%、10.77%、71.43%。与感染白粉病的黄瓜幼苗（I处理）相比，感染白粉病并进行高温处理的黄瓜幼苗（H-I处理）的Fv/Fm、Fv'/Fm'和Yield显著增加，分别增加了2.90%、7.35%、150%。与CK相比，高温处理的正常黄瓜叶片（H-CK处理）的Fv/Fm、Fv'/Fm'和Yield显著升高，NPQ下降。与感染白粉病的黄瓜幼苗（I处理）相比，感染白粉病并进行高温处理的黄瓜幼苗（H-I处理）的NPQ显著降低，降低了22.08%。由此可见，白粉病降低了黄瓜叶片对光能的利用率，高温处理（H-I处理）不同程度地提高了Fv/Fm、Fv'/Fm'和Yield值，并降低了NPQ。

表2　高温处理对黄瓜白粉病株叶片叶绿素荧光参数 Fv/Fm、Fv'/Fm'、Yield、NPQ 的影响

处理	Fv/Fm	Fv'/Fm'	Yield	NPQ
H-I	0.60±0.02c	0.41±0.05bc	0.18±0.04c	0.43±0.05b
I	0.59±0.02d	0.38±0.03c	0.07±0.02d	0.55±0.07a
CK	0.70±0.01b	0.43±0.02b	0.25±0.02b	0.34±0.03c
H-CK	0.81±0.01a	0.52±0.01a	0.34±0.02a	0.21±0.03d

表中数据为平均值±标准差，同列数据后的不同字母表示差异达5%显著水平。

2.4　快速光曲线的分析

由图2可以看出，对照（CK）的表合光电子传递速率（ETR）呈衰减型指数函数，即随着光强的增大，ETR逐渐增大，但增大的速率变小。感染白粉病（I处理）幼苗的ETR显著低于对照（CK），并且在光强较弱的情况下，其ETR便达到

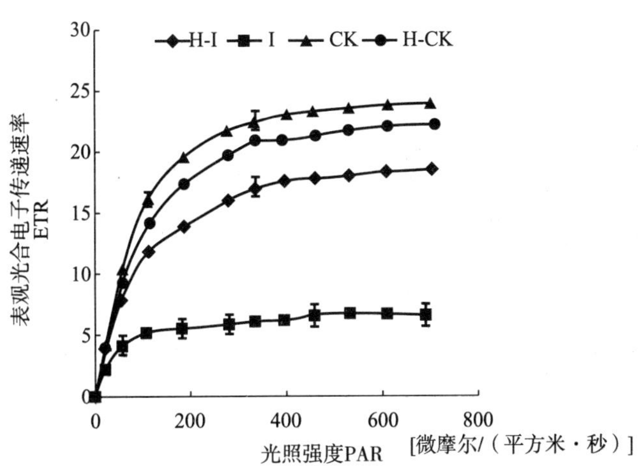

图2　高温处理对黄瓜白粉病株幼苗快速光曲线的影响

了饱和程度，说明这两组处理其叶片中发生了光抑制，因此导致光合量子传递效率的显著降低，其吸收的光能有很大比例通过非光化学过程而散失，这从表 2 中可以得到验证。感染白粉病并进行高温处理的黄瓜幼苗（H-I 处理）的 ETR 显著高于白粉病侵染的植株（I 处理），并且在 400 微摩尔/（平方米・秒）的光照强度之后增长的速率很小。在 701 微摩尔/（平方米・秒）光照强度下，与对照（CK）相比，感病幼苗（I 处理）的 ETR 显著降低了 71.95%；高温处理的白粉病株（H-I 处理）的 ETR 显著高于感病的植株（I 处理），增加了 168.26%。

2.5 高温处理对黄瓜白粉病株幼苗叶片抗氧化酶活性的影响

图 3 表明，与对照（CK）相比，感病幼苗（I 处理）的 POD 活性在恢复 24 小

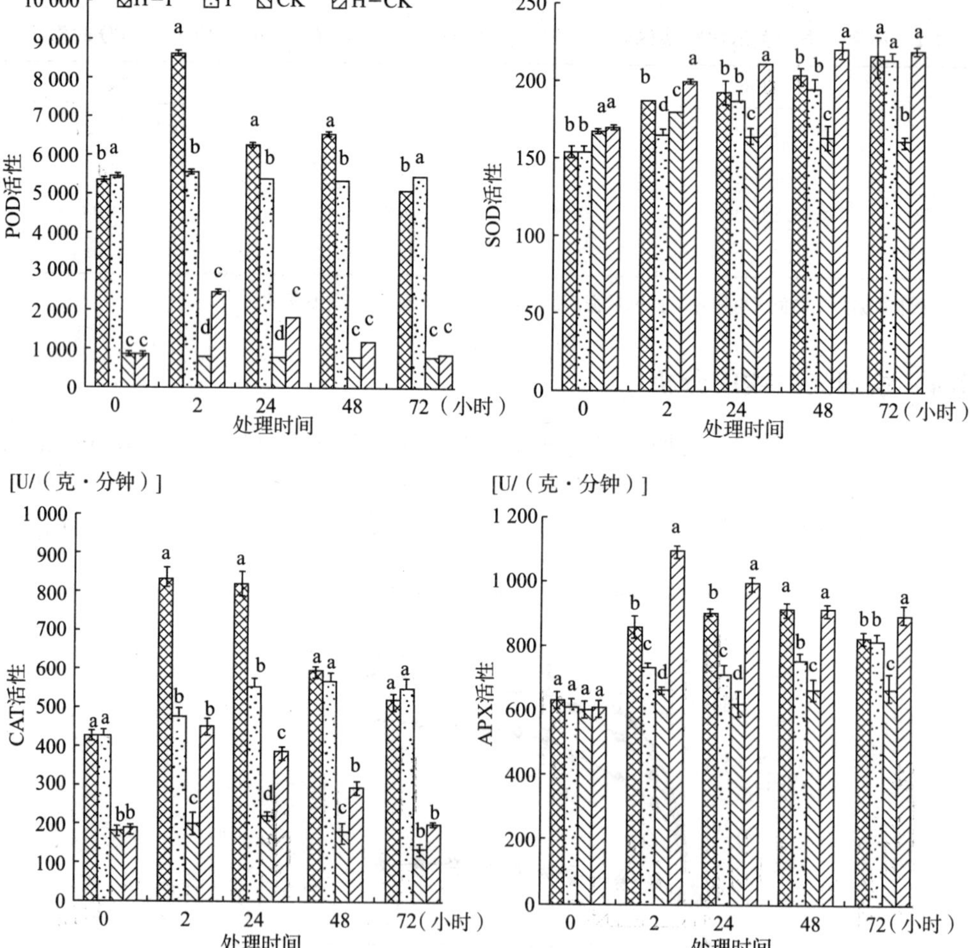

图 3　高温处理对黄瓜白粉病株幼苗叶片中抗氧化酶活性的影响

图中标不同字母表示差异达 5%显著水平。

时时增加最多，SOD、CAT 和 APX 酶活性在恢复 72 小时时增加最多。与感病幼苗（I 处理）相比，高温处理（H-I 处理）感病植株的黄瓜叶片中 POD、SOD 和 CAT 活性在高温处理 2 小时时升高最多，分别升高了 54.62%、14.42%、76.06%，APX 活性在恢复 24 小时时最高。由此可见，感染白粉病后黄瓜叶片中抗氧化酶活性有所升高，高温处理进一步提高感病幼苗的抗氧化酶活性，从而提高植株的抵抗力。

2.6　高温处理对黄瓜白粉病株幼苗叶片几丁质酶活性的影响

由图 4 可以看出，白粉病侵染（I 处理）的黄瓜叶片中外切几丁质酶活性和内切几丁质酶活性变化趋势一致，均呈上升趋势，在恢复 72 小时时均升高至最高。与对照（CK）相比，白粉病侵染（I 处理）的叶片中外切几丁质酶活性及内切几丁质酶活性显著升高，分别增加了 856.2% 、1229.5%。高温处理（H-I 处理）的叶片中外切几丁质酶活性和内切几丁质酶活性均缓慢增加，在恢复 72 小时活性达到最大值，分别升高了 33.91%、28.15%。在高温处理前后处理（H-CK）和对照（CK）叶片中外切几丁质酶和内切几丁质酶没有发生变化，均保持较低的水平。因此，白粉病的侵染能诱导黄瓜叶片中几丁质酶的表达，高温处理可以降低白粉病造成的胁迫。

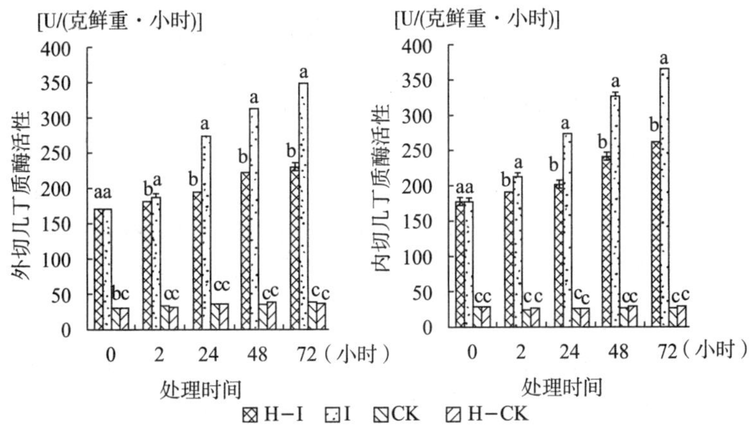

图 4　高温处理对黄瓜白粉病株幼苗叶片中几丁质酶活性的影响

图中标不同字母表示差异达 5% 显著水平。

3　结论与讨论

白粉病是一种广泛发生的世界性病害。高温闷棚作为一种生态防治措施，可以有效地防治黄瓜白粉病的发生。本试验中，感染白粉病的黄瓜植株在高温处理后，白粉病的病情指数降低了，说明高温处理能够在一定程度上杀死病菌，使得病菌的侵染能力降低。黄瓜幼苗生长指标在受到白粉病胁迫后显著降低，而高温处理后，其根系生长和地上部生长显著提高，表明高温处理对白粉病造成的生长抑制有所缓解。感染白粉病的黄瓜幼苗在高温处理后，叶绿素含量表现出先降低然后不断升高的趋势，这与郭晋云等[11]和倪国仕等[12]的研究结果一致。

叶绿素荧光是探测和分析植物光合功能的良好的探针[13]。李国景等[14]研究发现，接种白粉病的长豇豆（*Vigna unquiculata* W. ssp. *sesquipedalis* L. Verd）叶片PSⅡ光化学效率 Fv/Fm 和PSⅡ光合电子传递量子效率显著下降。本研究中感染白粉病的黄瓜植株幼苗及高温处理后的白粉病株的 Fv/Fm 显著降低，NPQ增加，说明黄瓜幼苗受到了光抑制，这与前人研究一致[15]。白粉病菌的侵染使得黄瓜植株叶绿体结构受到破坏，叶片的捕光能力降低，用于光化学反应的能量减少而以热形式耗散掉的光能增多，进而导致了Yield的降低和NPQ升高。高温处理后，正常植株和白粉病株均加强了PSⅡ反应中心的开放比例，使之捕获更多的光化学能，从而维持植株正常的光合作用。白粉病侵染后黄瓜叶片的ETR较低并且在较低光强下便达到饱和状态，表明在白粉病侵染下光合效率显著下降；高温处理后，处理H-I和处理H-CK的ETR均显著升高，说明高温处理对白粉病侵染下的黄瓜幼苗的光合效率有缓解作用。

SOD、POD、CAT、APX等抗氧化酶类在植物体内具有协同作用，在胁迫条件下清除过量的活性氧，维持活性氧代谢的平衡，保护膜结构，从而使植物在一定程度上忍耐、减轻或抵御胁迫伤害[16,17]。前人研究发现，甜椒[18]（*Capsicum annuum* L.）、甜瓜[19]（*Cumumis melo* L.）及黄瓜[20]在高温处理后SOD、POD、CAT和APX活性增加；而张红梅等[21]研究发现，38℃和42℃高温胁迫下SOD活性均下降。POD主要参与酚的氧化，形成对病菌毒性较高的醌类物质，并参与木质素的合成。刘元庆等[22]和李靖等[23]发现，POD、CAT活性的提高与黄瓜抗病性呈正相关。张富荣等[24]研究认为，高温闷棚后黄瓜植株通过提高抗氧化酶活性来增加对白粉病的抗性。本研究中黄瓜白粉病株在未进行处理之前其抗氧化酶活性显著高于正常黄瓜幼苗；高温处理之后黄瓜正常植株和白粉病株的叶片中的抗氧化酶活性均显著升高，并在恢复的过程中抗氧化酶活性在不断下降，并且正常植株的抗氧化酶活性的升高速率及恢复速率均高于白粉病株；而未进行高温处理的黄瓜白粉病株叶片中的APX、CAT和POD活性在不断升高。说明高温处理后，黄瓜植株通过提高抗氧化酶活性来增强对白粉病的抵抗能力。

几丁质酶是一种病程相关蛋白，可被多种生物因素和非生物因素诱导表达，与植物抗病性密切相关[25]。前人对外源物质提高感染白粉病的小麦[26]和黄瓜[27]叶片中的防卫相关酶系统与植株诱导抗性有关。黄瓜幼苗受到白粉病菌侵染后，几丁质酶活性迅速增加，经高温处理后，几丁质酶活性增加缓慢，且整个采样期活性低于未进行高温处理的黄瓜白粉病株，说明高温处理后病原菌的侵染能力降低，可能引起几丁质酶活性也随之降低。这与许艳等[5]对高温处理防治黄瓜霜霉病的研究结果保持一致。

综上所述，高温处理不仅可以杀死白粉病病原菌，降低白粉病菌对植株的侵染，还能提高感染白粉病的黄瓜幼苗叶片中叶绿素含量、光能利用率和抗氧化酶活性，有效地清除活性氧，降低膜脂过氧化伤害，并且提高叶片中几丁质酶的活性，使植株自身产生抗病性反应，对黄瓜白粉病的发生产生一定的抑制作用。因此，通过高温闷棚创造不利于发病的环境条件，并诱导黄瓜增强抗病性，达到防治黄瓜白粉病的目的是可行的。

参考文献

[1] Lebeda A，Cohen Y. Cucurbit downy mildew（Pseudo peronospora cubensis）-biology，ecology，epidemiology，host-pathogen interaction and control [J]. European Journal of Plant Pathology，2011，129（2）：157-192.

[2] 叶云峰，付岗，缪剑华，等．植物病害生态防治技术应用研究进展 [J]. 广西农业科学，2009（7）：850-853.

[3] 焦国信．高温闷棚对黄瓜病虫害的防治效果 [J]. 甘肃农业科技，2007（10）：18-19.

[4] 杨世兰，冯维军．黄瓜霜霉病的防治措施 [J]. 北方园艺，2000（5）：42-43.

[5] 许艳，孟焕文，李玉红，等．高温处理防治黄瓜霜霉病的生理生化机制 [J]. 西北植物学报，2012，32（5）：975-979.

[6] 裴孝伯，李世城，蔡润，等．温室黄瓜叶面积计算及其与株高的相关性研究 [J]. 中国农学通报，2005，21（8）：80-82.

[7] 李合生．植物生理生化实验原理和技术 [M]. 北京：高等教育出版社：167-169.

[8] Nakano Y，Asada K. Hydrogen peroxide is scavenged by ascorbate-specific peroxidase in spinach chloroplasts [J]. Plant Cell Physiol，1981，22（5）：867-880.

[9] Cakmak I，Marschner H. Magnesium deficiency and high light intensity enhance of activities of superoxide dismutase ascorbate peroxidase and glutathione reductase in bean leaves [J]. Plant Physiology，1992，98（4）：1222-1227.

[10] 汤章成，中国科学院上海植物生理研究所．现代植物生理学实验指南 [M]. 北京：科学出版社，1999：129-130.

[11] 郭晋云，胡晓峰，李勇，等．黄瓜枯萎病对黄瓜光合和水分生理特性的影响 [J]. 南京农业大学学报，2011，34（1）：79-83.

[12] 倪国仕，章新军，王瑞，等．受烟草花叶病毒侵染程度不同的烤烟叶片光合特性的变化 [J]. 中国烟草科学，2010，31（5）：58-61.

[13] 林世青，许春辉，匡廷云，等．叶绿素荧光动力学在植物抗性生理学、生态学和农业现代化中的应用 [J]. 植物学通报，1992，9（1）：1-16.

[14] 李国景，刘永华，鲁忠富，等．外源硅对锈病菌胁迫下长豇豆幼苗活性氧代谢的影响 [J]. 园艺学报，2007，34（5）：1207-1212.

[15] 冯建灿，胡秀丽，杨文琪，等．保水剂对干旱胁迫下刺槐叶绿素 a 荧光动力学参数的影响 [J]. 西北植物学报，2002，22（5）：1144-1149.

[16] Fridovich I. The biology of oxygen radical [J]. Science，1978（201）：875-880.

[17] Schraudner M，Moeder W，Wiese C，et al. Ozone-induced oxidative burst in the ozone biomonitor plant，tobacco Bel W3 [J]. The Plant Journal：for cell and molecular biology，1998，16（2）：235-245.

[18] 刘凯歌，朱月林，龚繁荣，等．叶面喷施 6-BA 对高温胁迫下甜椒幼苗生长和叶片生理生化指标的影响 [J]. 西北植物学报，2014，34（12）：2508-2514.

[19] 张永平，陈幼源，杨少军．高温胁迫下2，4-表油菜素内酯对甜瓜幼苗生理及光合特性的影响［J］．植物生理学报，2012，48（7）：683-688.

[20] 何晓明，林毓娥，邓江明，等．高温对黄瓜幼苗生长、脯氨酸含量及SOD酶活性的影响［J］．上海交通大学学报（农业科学版），2002，20（1）：30-33.

[21] 张红梅，金海军，余纪柱，等．黄瓜幼苗对热胁迫的生理反应及叶绿素荧光特性［J］．上海交通大学学报（农业科学版），2011 ，29（5）：61-66.

[22] 刘庆元，张穗，范龙柱，等．黄瓜品种对霜霉病的抗性机理［J］．华北农学报，1993，8（1）：70-75.

[23] 李靖，利容千，袁文静．黄瓜感染霜霉病菌叶片中一些酶活性的变化［J］．植物病理学报，1991，21（4）：271-283.

[24] 张富荣，胡俊，马晓东．"高温闷棚"防治黄瓜白粉病生理机制的初步研究［J］．内蒙古农业科技，2008（5）：62-63.

[25] Selitrennikoff C P. Antifungal proteins［J］. Apple Environ Microbio，2001（167）：2883-2894.

[26] 陈鹏，李振岐．BTH对小麦叶片防卫相关酶的系统诱导作用［J］．西北植物学报，2006，26（12）：2468-2472.

[27] 于力，郭世荣，朱为民，等．亚精胺诱导黄瓜幼苗对白粉病抗性的研究［J］．西北植物学报，2012，32（7）：1384-1389.

土壤物理消毒装备研究进展

杨雅婷[1]　胡　桧[1]*　赵奇龙[2]　郭德清[2]　高庆生[1]　管春松[1]

[[1] 农业农村部南京农业机械化研究所　江苏南京　210014；
[2] 春晖（上海）农业科技发展有限公司　上海　201203]

摘　要：随着生活水平的日益提高，农产品的品质安全得到越来越多的关注。连续重茬、大量施肥引起连作障碍，再通过施用农药来抑制连作障碍发生，却往往导致土壤状况进一步劣化，作物生长受限，形成"以药养苗"的恶性局面。土壤物理消毒技术装备安全性高，作业效果好，可在不减产的前提下，实现经济效益和食品安全的双赢。本文介绍了主要土壤物理消毒技术装备，分析了装备的发展与现状，指出了土壤物理消毒技术装备的发展趋势。

关键词：土壤　消毒　物理　装备

1　引言

土壤中病原微生物的积累会引起连作障碍的发生，导致作物产量和品质下降，在作物栽培过程中广泛存在。随着设施蔬菜生产的产业化、专一化和规模化经营，这一现象不断加剧，严重制约我国设施蔬菜产业的可持续发展。连作障碍产生的原因错综复杂，是作物-土壤两个系统诸多因素交互作用的结果，主要由土传病害、土壤理化性状劣化以及自毒作用引起，其中70%以上的连作障碍由土传病害引起，20%左右由土壤理化性状劣化引起，其余则和作物自毒作用有关[1]。

土传病害是一类危害性极大的植物病害，常常造成植株成片死亡。引起土传病害的病原生物种类很多，包括真菌、细菌、线虫、病毒等，其中以真菌为主，通常侵染植物根部。设施栽培下高温高湿的空气环境，以及长期连作下富集残茬、药肥和根系分泌物的土壤环境，更适宜病原生物的繁殖，因此更易发生土传病害。

土壤理化性状劣化通常由不科学的大量施肥引起。盲目施肥一方面造成氮肥严重超量，微量元素匮乏，进而土壤养分平衡被破坏，发生土壤酸化；另一方面又引起土壤板结，透气性下降。设施栽培条件下缺少降水的自然淋溶，加剧了土壤蒸散作用和风化作用，土壤理化性状劣化在设施蔬菜栽培中也更为严重。

植物自毒作用通常由于根系分泌物、残茬腐败分解产生的化学物质导致，是一

* 为通讯作者。

种发生在种内的生长抑制作用。需要指出的是，以上 3 种原因并非独立影响作物生长。例如，自毒作用导致根系活力下降，进而助长土传病害发生，而理化性状劣化可能加剧土壤对自毒物质的吸附[2]。

2 土壤消毒防治技术

如何进行土壤消毒、克服连作障碍是一项亟待解决的世界性难题，目前预防措施技术主要有农艺措施、化学方法、物理方法、生物技术和综合防治等技术方法。

农艺措施主要有轮作和间套作、选用抗病品种或砧木品种、无土栽培、合理的土壤管理和施肥管理等。轮作是最简单有效的方法，不但可以显著降低病原菌数，还有可能提高养分利用率。抗病品种比较有限，一方面，抗病品种一般难以得到高产量和品质；另一方面，作物抗性也易随着病原物变异而丧失。另外，精细整地不但可改善土壤性状，对有些病害可有效清除接种体[3]。

化学方法以土壤化学药剂熏蒸为主，主要熏蒸剂有溴甲烷、威百亩（Vapam）、氰胺化钙（Calcium cyanamide）、氯化苦、棉隆、石灰氮及其混合制剂或衍生物。化学熏蒸虽然具有效力高、环境限制小、应用范围广、穿透力强等特点，但在杀死病原菌的同时，也破坏了土壤中的非靶标微生物类群，显著改变了微生物群落结构，土壤酶活性明显著下降，反而极大地降低了农业土壤的可持续生产[3,4]。此外，占据统治地位的溴甲烷会破坏臭氧层，2015 年起世界范围内完全禁用。

生物防治措施主要有引入拮抗菌、接种有益微生物、生物熏蒸等，目的在于形成与有害生物竞争空间和营养的根际环境。有研究表明，生物熏蒸效果与溴甲烷相当或者由于溴甲烷，还可以提高土壤肥力、改良土壤性状[5]。

物理防治利用热量和电流杀死病原生物，主要有蒸汽消毒、高温淹水、电处理、火焰高温燃烧、微波处理等方式。作业效率较高，对环境的影响小，应用范围广，一般无需等待或等待时间很短，即可开展栽培[6]。实际生产中，可综合以上防治手段来提高防治效果。物理化学防治有效消灭初侵染源，土壤形成“生物真空”，此时接种有益微生物，有助于在根际形成生物屏障。

3 连作障碍物理防治装备

从联合国粮食与农业组织（FAO）的研究报告来看，化学防治手段对环境影响大，农艺手段可行性往往不高[7]。目前，化学防治仍然是我国主要的土壤消毒方式，但是其对土壤的破坏作用和毒副作用也不可忽视。随着溴甲烷的禁用和对有机蔬菜的需求日益增大，物理防治技术及其装备逐渐崭露头角。土壤消毒方式的比较见表 1。

表1　土壤消毒方式的比较

消毒方式	技术成熟度	可行性	有效范围
农艺手段			
作物轮作	4[1]	75[2]	宽
抗病品种	4	75	窄
嫁接	2	60	宽
无土栽培	2～3	60	宽
生物熏蒸	2	60	窄
物理手段			
蒸汽消毒	4	100	宽
土壤太阳辐射消毒	3	75	宽
化学手段			
威百亩	4	90	宽
棉隆	4	90	宽
1,3-D	4	90	窄
三氯硝基甲烷	1	50	宽

注：1.1 表示仍处在实验室研究阶段，2 表示处于田间实验阶段，3 表示处于小规模推广应用，4 表示已实现商业模式推广应用；2. 用百分制表示可行性。

针对不同的防治原理和技术，主要有蒸汽消毒机、土壤循环消毒机、火焰消毒机、微波处理机、电处理机等装备。

3.1　土壤蒸汽消毒机

土壤蒸汽消毒法（Soil steaming sterilization）是通过向土壤中通入热蒸汽来杀死杂草和细菌、真菌、病毒等病原微生物的消毒方法。虽然蒸汽消毒不能杀死所有微生物，某些微生物会存活下来，并在温度下降后回复活性，但蒸汽消毒有助于改善土壤团粒结构和恢复团粒活性，提高土壤排水性和通透性，具有高效清洁、无毒、无残留，处理后短期内即可播种以及能消毒基质等优点，是有效的替代溴甲烷的土壤消毒技术。通常蒸汽加热到 180～200℃，就可以达到土壤消毒的目的。

蒸汽消毒主要有地表覆膜蒸汽消毒、真空深层蒸汽消毒、综合蒸汽消毒等方法。目前，使用较多的是综合蒸汽消毒，或者部分区域采用综合蒸汽消毒以降低能耗和成本。

如图 1 所示，地表覆膜蒸汽消毒较为简单和经济，根据蒸汽发生机构的效率，一次作业可消毒 15～400 平方米不等，作业 4～5 小时后，深度 25～30 厘米的土壤温度可达 90℃。一般来说，土壤温度应达到 85℃以上，此时每增加 10 厘米的消毒深度，消毒时间应相应延长 1～1.5 小时。蒸汽消毒前进行深松、犁耕、旋耕等机械作业，形成表层颗粒、深层块状的土壤状态，有助于达到理想的土壤消毒效果。

图 1　地表覆膜蒸汽消毒机

如图 2 所示，真空深层蒸汽消毒需要预先安装土下蒸汽和排水系统，配合地上移动抽吸管道进行消毒。该装备初始投资较大，可进行最深 80 厘米的土壤消毒，适用于使用频繁的土壤。工作时，预先启动蒸汽发生器 20～30 分钟，启动抽吸管道，形成一定的土壤空气真空，蒸汽可顺利通入土壤。每增加 10 厘米的土壤消毒深度，消毒时间相应延长 1 小时。

图 2　半自动真空深层蒸汽消毒机

综合蒸汽消毒法是深层消毒和表面消毒方法的结合，效率高、效果好。安装土壤蒸汽注入系统后，蒸汽可同时从底部和表面进入土壤，此时表层覆盖的薄膜应更换为可承受一定高压的罩子。综合蒸汽消毒法的最大蒸汽蒸发量为 120 千克/（平方米·小时），比其他方法能源消耗多了 30%；但增加的能量缩短了一半的蒸汽处理时间，进而减少了热量损失。几种主要蒸汽处理方法的作业效率和能源需求见表 2，可以看出，综合蒸汽消毒方式单位体积燃油产生的蒸汽少，但是，由于减少了热量损失，缩短了处理时间，可以得到高达 120 千克/（平方米·小时）的蒸汽蒸发量。如图 3 所示，由于该装备初始投资较大，因此可以仅在重要区域使用，其他区域根据需要选择薄膜蒸汽消毒或深层蒸汽消毒。

表 2　不同蒸汽处理方式的工作效率和能耗

土壤蒸汽消毒方式	最大蒸汽蒸发量 [千克/（平方米·小时）]	单位能源产生蒸汽量 （千克/立方米）
薄膜蒸汽消毒	6	100
深层蒸汽消毒	14	120
综合蒸汽消毒	120	60

图 3　综合蒸汽消毒机（法拉利，Ferrari Costruzioni Meccaniche，意大利）

土壤蒸汽消毒法是一种可行的甲基溴替代技术，在欧洲和美洲等地广泛应用，尤其适合温室土壤和和小范围苗床。但其初期投资成本较高，尤其是作为关键装置的蒸汽发生器及其配套装置，运行状态直接影响整个系统的稳定和高效。若再铺设地下管道，成本更高。图 4 所示的德国 MSD 公司生产的 moeschle 系列蒸汽发生器，运行高效稳定，根据作业需要，蒸汽发生器蒸汽流量为 1.0～25.0 立方米/小时。

图 4　德国 MSD 公司生产的 moeschle 系列蒸汽发生器

3.2　土壤火焰消毒机

如图 5 所示，土壤火焰消毒机的原理是利用火焰高温使生物体内的蛋白质发生不可逆的变性，从而达到杀死细胞和机体的目的。与土壤蒸汽消毒机相比，操作简单，成本较低。工作时，装备进行土壤搅翻，将深层土壤旋翻出来，以 LPG（Liquefied Petroleum Gas，即液化石油气）为燃气的燃烧器喷射高温火焰，进行瞬间高温燃烧火焰杀菌杀虫，清除有病虫害、杂草和有机农药。

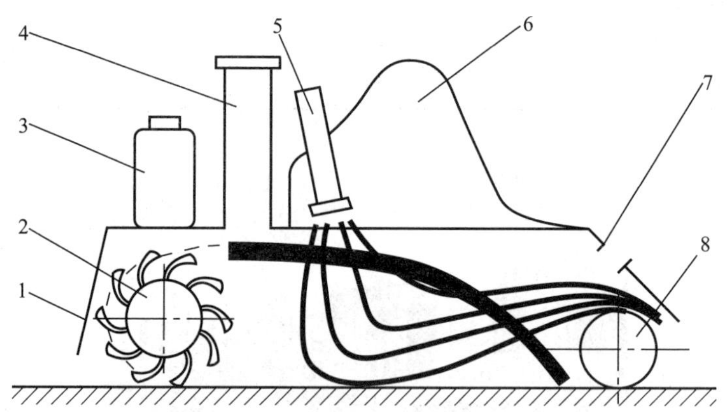

图 5　土壤火焰高温消毒机原理
1. 壳体　2. 旋耕刀轴　3. LPG 气罐　4. 强制通风装置　5. 燃烧器
6. 燃烧室　7. 排风烟道　8. 镇压辊

意大利分钟 GOZZI 集团旗下的 Pirodiserbo 公司开发了系列火焰土壤消毒装备，机具采用普通三点悬挂与动力机械连接，装备紧凑、重量适中，与小型拖拉机匹配，可在温室大棚作业（图 6）。该装备主要有两个部分：旋土部分和加热部分。前面的旋土部分通过旋耕提取一定深度的土壤，并以薄层的方式抛向后方加热部分。加热部分包括气罐、燃烧器、燃烧室、通风装置等部件，一般可布置 8 个燃烧器，燃烧室的设计有助于燃烧充分、节省能源；强制通风装置和排风烟道可形成高热湍流空气流场，穿过土壤薄层，增加火焰和土壤接触时间，增强土壤杀菌消毒效果（图 7）。试验表明，当处理时间为 8 秒时，最高温度可达 560℃，土壤保持 60℃以上的时间约 75 秒；处理时间达到 2 秒以上即可达到处理土样培养 24 小时后无细菌生成的目的。适宜的工作效率区间为 0.3～0.6 公顷/小时，此时 LPG 消耗为 40～80 千克/公顷，作

图 6　土壤火焰消毒机在大田和温室进行作业（Pirodiserbo）

业成本为 60～120 欧元/公顷（http://www.pirodiserbo.it）。

图 7 进行土壤消毒时的火焰燃烧状态

我国也开发了土壤火焰消毒机，如图 8 所示，该装备主要有动力牵引、高温处理、土壤粉碎 3 个部分，根据需要，可以选择幅宽 125 厘米、135 厘米和 160 厘米，配置 9～12 个燃烧器。经试验表明，土壤病原菌、线虫及虫卵等杀灭率达 85%以上，黄瓜、芹菜、番茄、小油菜等不同作物增产 21%以上，小油菜甚至增产达 221%[8]。

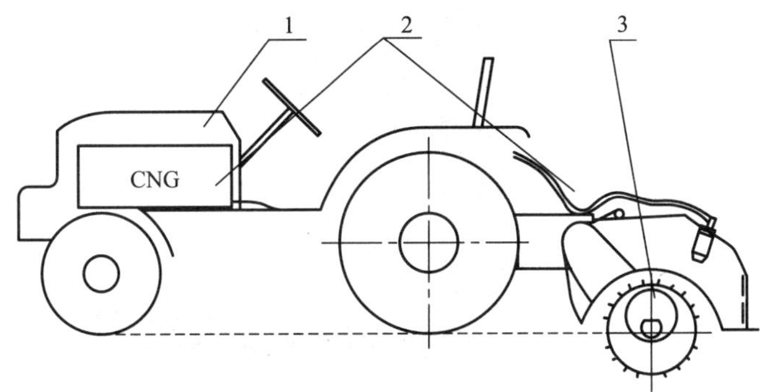

图 8 土壤高温高效灭菌杀虫机结构（许光辉，2014）

1. 动力牵引部分 2. 高温处理部分 3. 土壤粉碎部分

3.3 土壤电消毒灭虫机

如图 9 所示，土壤电消毒灭虫机的原理是利用脉冲电源快速为高压电容充电，再利用放电电极将高压电容储存的电能迅速将电能释放到一定含水率的土壤中，土壤溶液中发生一系列反应，如水电解产生酚类气体、氯气和微量原子氧，离子定向移动以及脉冲电流电击使病原微生物失活，同时离子移动和土壤电解还有助于调节 pH，改善土壤的团粒结构等。该装备主要有电极叉、电极叉线和主机 3 个部分（图 10）。为保证良好的作业效果，根据不同装备和作业目的，土壤应提前灌溉，保持土壤湿度在 5%～40%，或者水饱和状态。若土壤连作障碍严重，还可根据需要随水灌溉强化剂。埋置介导颗粒后，布设适宜间距和深度的电极叉，通过电极叉线连接主机，充电完成或通电后，即可开始作业[9]。需要注意的是，作业结束后必须关机，操作人员必须穿戴耐10千伏电压击穿电工靴和手套。

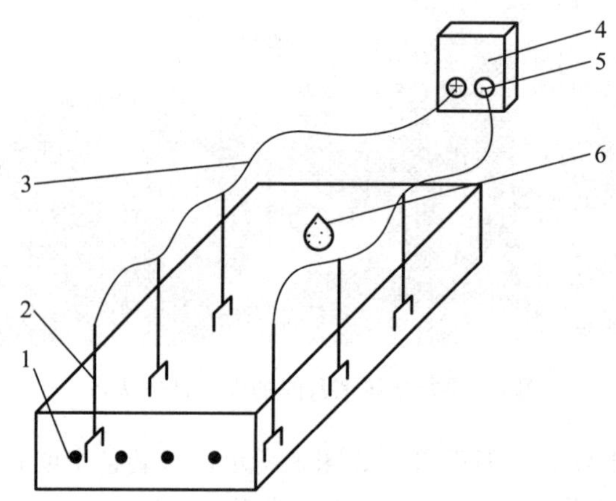

图9　土壤电消毒灭虫机工作原理

1. 介导颗粒　2. 电极叉　3. 电极叉线　4. 主机　5. 输出端　6. 随水灌溉的强化剂

图10　土壤电消毒灭虫机（亿佳田园，2015）

据试验研究，采用电处理后，芹菜增产16%，番茄增产12.17%[10]；当用于控制黄瓜和番茄根结线虫病时，一茬蔬菜处理4次，用电量为24～26.4千瓦·时[11]。

3.4　土壤微波消毒机

土壤微波消毒机的原理是利用频率300赫兹至300吉赫兹、波长1毫米至1米范围内的具有穿透性的电磁波，杀死杂草、草籽以及土壤病原微生物的装备。采用微波辐照土壤时，通过选择性加热极性分子从而对病虫害造成热伤害以及通过"生物效应"造成各种伤害，影响病虫害的正常生长发育，从而减轻对植物根系的侵染，达到防治的目的[12]。

有文献报道，德国车荷恩赫农业机械公司研制生产的微波灭虫犁，犁尖壳内有

6千瓦的微波发射机，该犁通过拖拉机带动在田间进行翻耕作业时，微波发射机将微波辐射到土壤中，对土壤中的病虫草害进行处理，有明显的消毒灭虫作用（马伟，2014）。农业农村部南京农业机械化研究所研发了NJT6-1型微波土壤处理设备，该设备采用380伏电压带动微波发生器进行工作，整机主要由电器组件、波导组件、微波发生装置三大部分组成（图11）。试验结果表明，随着处理时间的缩短和土壤深度增加，根结线虫灭杀效果变差，处理时间为120秒时，100毫米深度土壤中的根结线虫灭杀效果最好，可能是由于微波处理的热效应和磁场效应的累积需要时间造成的。经过改进，该装备优化了行走方式，实现了装备自走；加装了气缸，实现了主机垂直移动，可实现半自动作业[12,13]。

图11　土壤微波消毒机

4　展望

随着生活水平的日益提高，农作物的品质安全得到越来越多的关注。如何在不减产的前提下，通过环境友好的防治措施提高农作物产品品质，实现经济效益和食品安全的双赢，是土壤病害防治和连作障碍治理的研究方向。物理防治技术装备由于较高的安全性和较好的作业效果得到青睐，但也有投入较大、操作不便捷、可能残留病原生物的缺点。因此，应当从以下两个方面加强土壤物理消毒装备的研究：一是物理防治装备的轻简化研究，在作业效果不明显下降的前提下，降低装备的购置门槛，简化装备操作方法和步骤；二是制定相应的操作规程，实现标准化装备操作，更好地发挥装备的防治效果；三是与生物防治方法相结合，尝试在装备中设计生物菌剂的添加机构，使有益微生物尽快定殖，迅速占据物理防治后的“土壤真空”，提高防治效果。

参考文献

[1] 郭世荣．设施园艺学［M］．北京：中国农业出版社，2002.

[2] 曹坳程．中国甲基溴土壤消毒替代技术［M］．北京：中国农业大学出版社，2000.

[3] 李世东，缪作清，高卫东．我国农林园艺作物土传病害发生和防治现状及对策分析［J］．中国生物防治学报，2011，27（4）：433-440.

[4] 梁红娟．不同土壤消毒方式客服黄瓜枯萎病及根结线虫病害的研究［D］．杭州：浙江大学，2012.

[5] 夏振远，祝明亮，杨树军，等．烟草生物农药的研制及应用进展［J］．云南农业大学学报，2004，19（1）：110-115.

[6] 刘滨疆．物理农业的应用及其产业化［J］．农业工程，2012，2（6）：4-10.

[7] Gullino M L. Global report on validated alternatives to the use of methyl bromide for soil［EB/OL］. http：//www. fao. org/docrep/004/Y1809E/y1809e05. htm＃TopOfPage，2015，6-21.

[8] 许光辉，赵奇龙，高宇．火焰高温消毒技术防治农田土壤病虫害研究与试验［J］．农业工程，2014，4（S1）：52-54.

[9] 刘滨疆，马正义．土壤连作障碍电处理方法及设备：中国，CN1833479A［P］. 2006，09-20.

[10] 陈颖．土壤连作障碍电处理技术提升设施蔬菜生产试验［J］．农业工程，2013，3（7）：81-82.

[11] 马正义，刘滨疆，张清江．温室土壤线虫病害的电处理方法［J］．温室园艺，2006（12）：20-23.

[12] 王明友，肖宏儒，宋卫东，等．微波土壤处理技术在设施农业中的应用［J］．中国农机化，2012（5）：104-106.

[13] 王明友，肖宏儒，宋卫东，等．微波处理对温室连作土壤中根结线虫的影响［J］．中国农机化学报，2013，34（4）：95-99.

蔬菜作畦机设计与试验

管春松[1,2]　王树林[1]　胡　桧[2*]　陈永生[2]　张　浪[2]

([1] 江苏大学机械工程学院　江苏镇江　212013；

[2] 农业农村部南京农业机械化研究所　江苏南京　210014)

摘　要： 为解决现有起垄机具作业效果达不到蔬菜苗床整理要求的问题，结合菜地整理农艺要求，采用双刀轴分层耕作原理，设计了一款蔬菜作畦机，分析并确定了关键工作部件的结构参数，以机具前进速度和动力输出轴转速为影响因子设计了田间正交试验。试验结果表明：该机具一次作业能够完成深层土壤旋耕、表层土壤精整、起畦和畦面镇压等多项工序；所选的两因素对作业质量都有极显著影响，较优的工作参数组合为：前进速度 2.5 千米/时，动力输出轴转速 1 000 转/分，碎土率达 92.58%，平整度为 2.24 厘米。在相同工况下，通过与传统旋耕起垄复式作业机的作业性能对比，作畦机作业耕深增加 1.97 厘米，碎土率提高 10.6%，畦面平整度降低 2.56 厘米，明显提升作畦质量。该研究为机具的实际生产应用提供参考。

关键词： 整地机　作畦　正交试验　设计　蔬菜地

蔬菜是人们日常生活必需的副食品，2013 年我国蔬菜播种面积为 2 000 亿平方米，占世界总播种面积的 1/3 以上，在种植业中位居第二，产量 7 亿多吨，居农产品之首[1~3]。与粮食作物种植方式相比，为便于灌溉和排水，改善土壤温度和通气条件，蔬菜种植大多采用畦面种植。因而，作畦质量直接影响到后续机械化精量播种、移栽和收获等环节的作业质量，从而影响到幼苗的生长和作物的产量。

传统的蔬菜作畦方式采用人工操作完成，先后经过土地平整、拉线标记、培畦埂等工序，费时费劲，作业效率低[4]。目前，蔬菜作畦机械大多借用水稻、小麦、玉米等主要农作物垄作机具进行，作业效率得到较大的提升[5~7]，但由于大多采用单次旋耕后起垄作业，导致土层耕作结构单一，不利于土壤蓄水；同时，存在着垄面不平整、坑洼现象严重等问题，不能满足蔬菜精耕细作的畦作要求，其作业质量（如细碎度和平整度等）还有待提高。近些年，一些欧洲国家出现了少量的沙壤土精细作畦机具产品，畦面细碎规范且保持一定的紧实度，为作物的成长提供了较好的栽培条件[8~10]。而国内在蔬菜精细作畦方面仅有少量的设计研究和引进示范方面的报道[11、12]，仍没有理想的机具，研制新型的作畦农具已成为亟待解决的问题。

为此，本文在分析叶菜类蔬菜畦作整地农艺要求的基础上，采用双刀轴分层耕

* 为通讯作者。

作原理，研制了一款蔬菜作畦机，集旋耕、精整、起畦、镇压等多项功能于一体，并对旋耕碎土部件、起畦镇压部件等关键部件的结构进行设计，将整个机具的作业质量和最佳工作参数组合进行试验研究，以期为蔬菜种植提供高效、高质量的起畦作业机械，并为一机多畦机具开发奠定理论基础。

1 总体设计

1.1 设计要求

蔬菜种植对作畦质量有特殊要求，所作的畦土层内部结构不是一致的，需满足浅层细碎紧实、深层粗大松动、畦面平整、上虚下实相间的复合耕层结构。受各地区蔬菜种植品种和种植模式差别较大的影响，本文研究的蔬菜作畦机主要依据江苏和山东地区的叶菜类蔬菜实际种植农艺要求进行设计，适用于该地区的露地花菜、甘蓝、生菜类蔬菜品种种植。同时，结合文献得到表 1 所示的畦作农艺要求[13]。为了保障蔬菜高产的合理耕层土壤结构，也对蔬菜作畦机械提出特殊的要求。

表 1 畦作农艺要求

性能指标	参数
旋耕深度（厘米）	18±2
畦高（厘米）	14～20
畦面宽（厘米）	100～120
沟间距（厘米）	150～160
碎土率（%）	≥88
平整度（厘米）	≤4

1.2 设计方案的提出

要达到上述复式耕层作业结构的要求，在研发作畦机的过程中解决 2 个问题：一是如何形成具有一定耕深的且满足上虚下实的复合耕层结构；二是如何保证畦表面土壤细碎且紧实。最简单的方案是根据市场上现有的机具进行组合，将多组耕作机具成套化组合应用，各组机具采用单一的耕作方式，先后分步骤地单独完成深层土壤犁耕或旋耕、轻旋机械表土精旋、起垄机起垄、镇压辊压整，但其降低了工作效率，同时频繁作业带来土壤压实等问题。

本文借鉴联合耕作机械的设计理念，将上述多组机具集成于一体，首先，采用旋耕碎土部件同时作业、一次作业形成复合耕层结构；然后，采用起畦部件将土壤往畦中部集中，同时形成初步的畦斜面；最后，通过镇压部件将畦面定型，并保证畦表面土具有一定的压实度。

1.3　双刀轴分层耕作原理

菜地整理过程中，由于耕层土壤不可避免地趋于紧实，透水透气性变坏，影响作物根系下扎，因而首先需要耕翻环节处理，使得土壤上下翻转改善耕层理化和生物性质；其次，需对表土进行耙、耢等辅助作业，为播种、移栽准备条件；最后，为便于灌溉、排水、土壤温湿度调节，需进行作畦作业。总之，菜地整理要求环节多且质量高。

采用双刀轴复式耕作方式对土壤分层按需耕作，满足不同层土壤的水、肥、气、热要求，为菜苗生长创造良好的土壤条件；作业效率高，降低土壤的过度压实，益于土壤的可持续利用。本文采用的分层设计方案如图 1 所示，旋耕刀轴和碎土刀辊采用先后上下错位布置，旋耕刀轴为低速正转刀轴，碎土刀辊为高速反转刀辊，两者旋向相反。在水平方向上前后刀轴之间的距离为 60 厘米；在垂直方向上后置碎土刀辊高于前置旋耕刀轴 21 厘米。由图 1 可知，旋耕刀轴用于地面以下 15～20 厘米土层的深耕作业，碎土刀辊用于旋耕后地表 5 厘米左右土层的精细耙土作业，两者先后完成复合耕作结构土层，而后即可进行起畦、镇压等其他环节的作业。

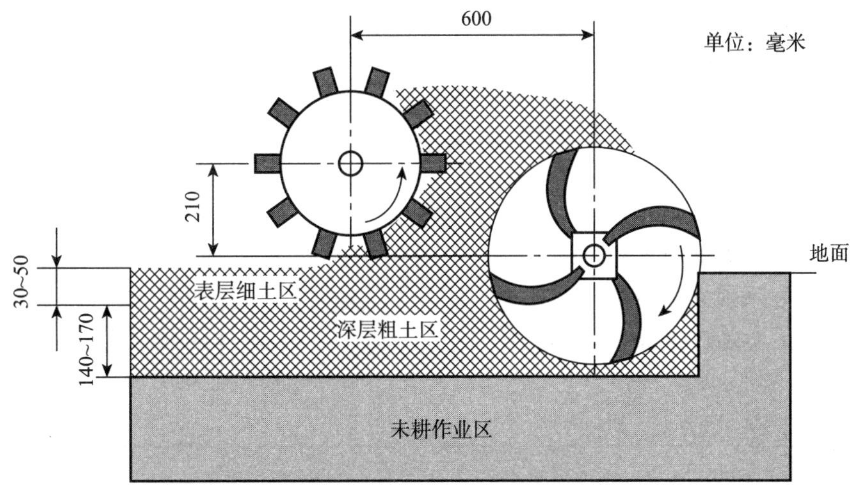

图 1　双刀轴分层耕作原理

1.4　整机结构

整机结构如图 2 所示，主要包括机架，在机架的前端中间部位固定有中央齿轮箱，该齿轮箱通过万向节与拖拉机动力输出轴连接，中央齿轮箱通过左右两根主轴将动力分别传递至左侧齿轮箱和右侧齿轮箱内，左右两侧齿轮箱经过多级减速后将动力分别传递到安装在机架前端的旋耕刀轴和中端的碎土刀辊上。在碎土刀辊的后端安装有起畦部件和尾轮部件，机架的最后端安装有镇压部件，镇压部件的作业深度可通过机架上方的升降装置进行调节。整机主要技术参数如表 2 所示。

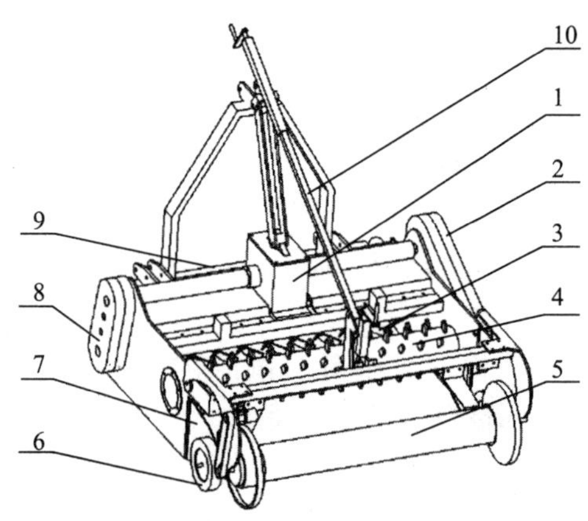

图 2　蔬菜作畦机结构简图

1. 中央齿轮箱　2. 右侧齿轮箱　3. 旋耕刀轴　4. 碎土刀辊　5. 镇压部件
6. 尾轮装置　7. 起畦部件　8. 左侧齿轮箱　9. 机架　10. 升降装置

表 2　蔬菜作畦机主要技术参数

参数	数值
配套动力（千瓦）	51.4～69.8
外形尺寸（毫米×毫米×毫米）	2 200×1 750×1 400
整机质量（千克）	780
耕深（厘米）	16～18
耕幅（厘米）	140
旋耕刀轴最大回转半径（毫米）	245
起畦高度（厘米）	14～18
畦面宽（厘米）	110
沟距（厘米）	≥150
前进速度（千米/时）	2～5
纯工作小时生产率（公顷/时）	0.28～0.56

1.5　工作原理

整个机具通过三点悬挂装置挂接在拖拉机上，通过万向节将拖拉机的动力输出轴与中央齿轮箱进行连接，将动力输入至中央齿轮箱内。中央齿轮箱通过左侧齿轮箱将动力传递至旋耕刀轴上，带动安装在其上的旋耕刀齿对深层土壤进行初次深耕、翻土作业。同时，中央齿轮箱通过右侧齿轮箱将动力传递至碎土刀辊上，由于碎土刀辊与旋耕刀轴安装有高度差，后置碎土刀辊会对前置旋耕刀齿翻抛起的土快进行二次破碎，同时对初次加工后的土壤表层 5 厘米左右的土层进行二次精整，进一步精细化破碎表层土垡块。最后，在起畦部件和镇压部件的联合作用下，整理出高平整度的畦，同时通过尾轮装置整理出干净的沟。

2　关键工作部件设计

2.1　旋耕碎土部件

2.1.1　旋耕刀轴设计

根据文献[14]可知，旋耕机耕深（H）与旋耕速比（λ）之间满足：

$$H < R\left(1-\frac{1}{\lambda}\right) \tag{1}$$

式中：R 为旋耕刀端点转动半径（毫米）。

同时，由切土节距（S）需满足：

$$S = \frac{2\pi R}{Z\lambda} \tag{2}$$

式中：Z 为刀轴同一平面内旋耕刀的安装数。

将式（2）代入至式（1）中，可得出：

$$R > \frac{SZ}{2\pi} + H \tag{3}$$

由表 1 中的农艺要求可知，H 取 180 毫米；为提高碎土效率的同时，保证切土量一致，同时使得刀盘受力均匀，采用内圆外方的空心正方体刀盘，在正方体的 4 个角沿对角线方向上分别安装 1 把刀，相邻角刀体轴向安装方向相反，即每个刀盘平面内 $Z=4$；旋耕作业对碎土质量要求较高时，切土节距为 6～9 厘米较为适合[15]，故此处 S 取 80 毫米，则根据式（3）计算可得出 $R>230.93$ 毫米。

故本文选取刀轴半径为 245 毫米的 IT245 型旋耕刀，工作幅宽 5 厘米。考虑到旋耕刀在机架上安装间隙，旋耕刀轴实际工作幅宽取为 130 厘米，若各刀盘之间间距设为 10 厘米，则整个刀轴上需均匀安装 12 个刀盘，相邻 2 个刀盘轴向安装的夹角为 30°，刀盘材质选 65 钢。

2.1.2　碎土刀辊设计

由于旋耕作业后土壤相对疏松，碎土刀辊对表土的切削阻力也会明显降低，故设计了一款精细碎土的刀辊[11]，其结构如图 3 所示，由中心轴、空心辊及刀齿等组成，空心辊套接在中心轴上，在空心辊的外圆表面均匀密布滚齿，该结构可提高单位时间内切土频次，使得表土多次切削破碎。

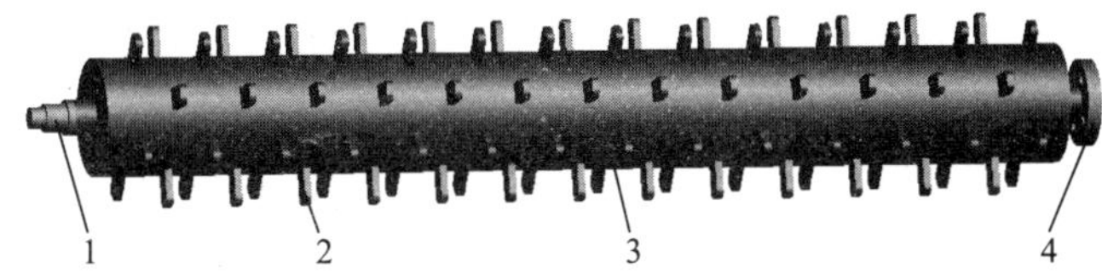

图 3　碎土刀辊结构简图

1. 中心轴　2. 滚齿　3. 空心辊　4. 右侧齿轮箱内末端齿轮

对于空心辊直径的确定，此处借鉴旋耕刀轴的设计方法[14]，假设碎土刀辊切土过程中会产生当量旋耕速比：

$$\lambda_D = \frac{\frac{\phi_D}{2}\omega}{v} \tag{4}$$

式中：ϕ_D为刀辊上滚齿端点当量转动直径（米）；ω为滚齿端点的角速度（弧度/秒）；v为机具前进速度（米/秒）。

考虑到表土精细碎土的要求和适应黏重土壤工况的条件下，切土节距应控制在4～5厘米[16]，此处取λ_D为4厘米；旋耕刀设计时，工作转速一般在150～350转/分[16]，本文采用的前置旋耕刀为低速，后置碎土辊为高速，故此处取ω=450转/分；旋耕机在旱地作业时，前进速度一般为2～3千米/时[17]，此处取2千米/时。

将所有数据都代入式（4）中得出ϕ_D=0.592 6米。由于滚出焊接于圆筒刀辊的外圆表面上，故满足：

$$\phi_D \approx \phi_G + 2L_c \tag{5}$$

式中：ϕ_G为空心辊直径（毫米）；L_c为刀齿沿刀辊径向的长度（毫米）。

故本文设计中空心辊外直径ϕ_G取为48厘米，壁厚取0.5厘米；刀齿沿径向的长度L_c取为5厘米，周向取2厘米，轴向取1厘米，刀齿在空心辊上按螺旋线方式排列，滚齿沿轴线方向安装角为45°，螺距为410毫米。刀齿设计成拱门型结构，一方面，为了减少切削土壤时的阻力；另一方面，为了减少土壤的黏附，提高湿黏土的碎土质量。

2.2 起畦部件

起畦部件由左右侧板、左右压板、上盖板等组成，如图4所示，对碎土刀辊整理后的土块进行压整作畦，初步形成规定的畦宽及畦高等参数。其中，左右压板为向内侧弯曲的板材，其弯曲角度与镇压部件端盘的倾角一致（图4双点划线圆内），一方面，防止起畦后多出的土壤逸出；另一方面，将土粒向内侧积聚有利于土量的增加，方便后续镇压部件的畦面精整。

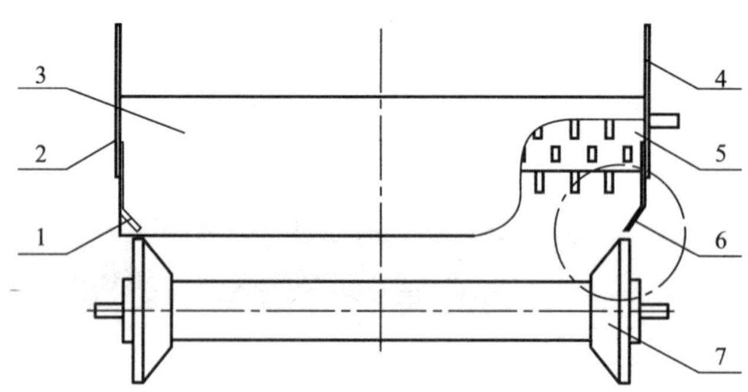

图4　起畦部件俯视图

1. 左压板　2. 左侧板　3. 拱形上盖板　4. 右侧板
5. 碎土刀辊　6. 右压板　7. 镇压部件端盘

2.3　镇压部件

镇压部件镇压起畦后的表层碎土，使畦面定型，可防止土壤遇水塌陷，使播种和移栽深度一致。镇压部件结构尺寸和运动方式直接决定畦面的平整度及紧实度，位于机架的最尾端，如图 5 所示。机架连接架的前端采用螺栓固定于机架上，机架连接架的后端采用螺栓连接液压马达，液压马达的输出轴上安装有链传动机构，链传动机构的输出端与镇压滚筒的传动轴连接。根据土壤状况及农艺要求，可通过图 2 中的升降装置对畦面的紧实度进行调节，垂直高度调节范围为 0～5 厘米。

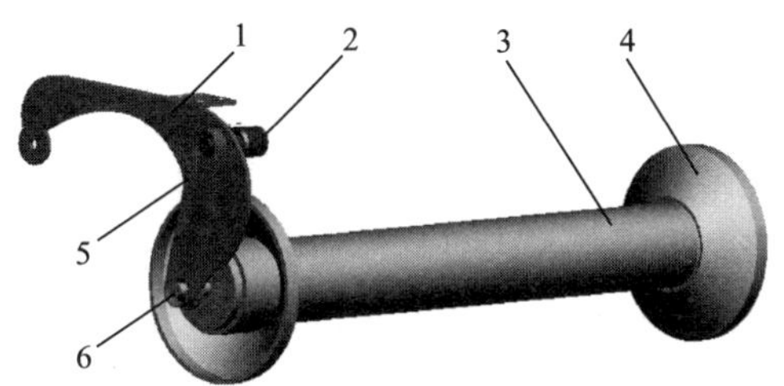

图 5　镇压部件

1. 机架连接架　2. 液压马达　3. 镇压滚筒　4. 端盘
5. 链传动机构　6. 传动轴

液压马达的转速取决于流入液压马达的流量，液压油管连接液压马达与液压泵之间，两者之间同时安装有手动单向阀，可调节输入至液压马达的流量值。而后液压马达输出端的旋转运动通过链传动机构传递至镇压滚筒的传动轴，带动镇压滚筒产生旋转运动，其目的在于提高单位时间内单位面积上畦表面土的镇压频次，提高镇压效果。

为提高畦面质量及镇压效率，镇压滚筒直径应尽可能大，如图 6 所示，镇压滚筒的最小半径 r 应满足：

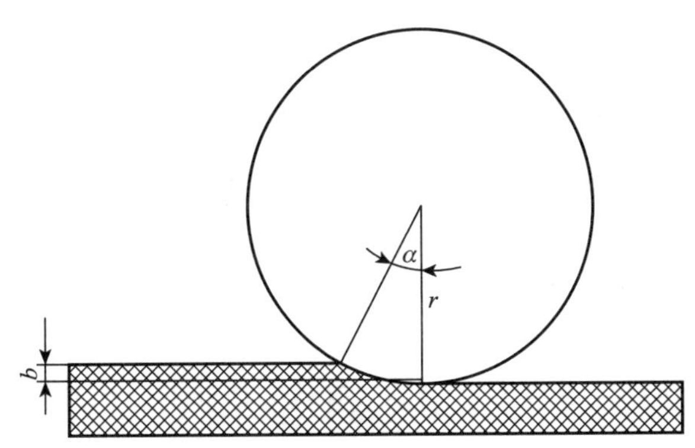

图 6　镇压滚筒工作原理

$$r \geqslant \frac{b}{1-\cos\alpha} \tag{6}$$

式中：b 为镇压滚筒轮辙碾压深度（毫米）；α 为镇压滚筒翻转角（°）。

畦面要求压实表层虚浮的土壤 10～30 毫米，此处取 12 毫米；为保证镇压滚筒正常工作，应使 $\alpha \leqslant 20°$[18]，此处取 20°。代入式（6）计算得出镇压滚筒半径 $r \geqslant$ 198.98 毫米，此处取 200 毫米。

结合表 1 中的农艺要求，经计算端盘斜面与轴线倾角选为 37°，端盘的轴向厚度取为 10 厘米。

3 性能试验与结果分析

3.1 试验目的

如图 7 所示，通过田间试验，测定蔬菜作畦机的实际作业效果，根据设计要求主要考虑碎土率与平整度指标；寻求机具作业时的最佳作业工作参数组合；在相同工况下，与旋耕起垄复式作业机作业质量进行性能比较。

图 7　蔬菜作畦机田间试验

3.2 试验条件与仪器设备

2014 年 8 月 7～9 日，在山东省青州市经济开发区某方形平整田块作为试验区，试验面积约为 0.2 公顷，试验环境为晴天，温度为 30～32℃；土壤类型为沙壤土，平均含水率为 18.7%。

主要试验仪器与设备为鲁中 554 型轮式拖拉机、黄海金马 1GVF-140 型旋耕起垄复式作业机、恒温箱、电子秤、钢尺、卷尺、耕深尺、采土器、秒表、细线等。

3.3 试验方法

采用正交试验法开展试验研究，试验主要考虑前进速度和动力输出速度两个影响因素，因素水平编码如表 3 所示，设计正交表 L_9（3^2）来安排试验，通过改变机具不同的前进挡位和动力输出挡位，一次性依次整理出 9 条不同作业工况下的畦体，每畦作业长度均取为 80 米，两端准备段各 10 米，取中间 60 米作为取样区。在取样区对角线上等长度取 5 个测点，然后对每个测点下方的畦面进行测试记录，具体性能指标测试方法按《旋耕联合作业机械　旋耕深松灭茬起垄机》（JB/T 8401.2—2007）和《旋耕机作业质量》（NY/T 499—2002）中有关方法进行[19、20]。

（1）耕深测定：作畦作业后，旋耕底层至畦表面的垂直高度。

（2）碎土率测定：作畦作业后，在畦表面 0.5 米×0.5 米的面积内，测定地表以下 10 厘米内土块最长边小于 2 厘米的土块质量占土块总质量的比例。

（3）平整度测定：作畦作业后，畦面表层泥土平整的程度。

表 3　因素水平表

水平	因素	
	A 前进速度（千米/时）	B 动力输出轴转速（转/分）
1	2.5	540
2	3.5	720
3	4.5	1 000

3.4　试验结果与分析

3.4.1　作业质量单因素影响分析

（1）机具前进速度对作业质量的影响。在动力输出轴转速一定的条件下，选取机具 3 个不同挡位工况的前进速度进行作业质量测试，结果如图 8 所示，可看出碎土率随着前进速度的增加呈现线性下降的趋势。这是由于机具前进速度增加引起双刀轴部件在某土块上的切削频次减少所导致的；但是，平整度却随着前进速度的增加出现了平整效果变差的趋势，其原因在于前进速度增加同一地块被切削次数减少所致。

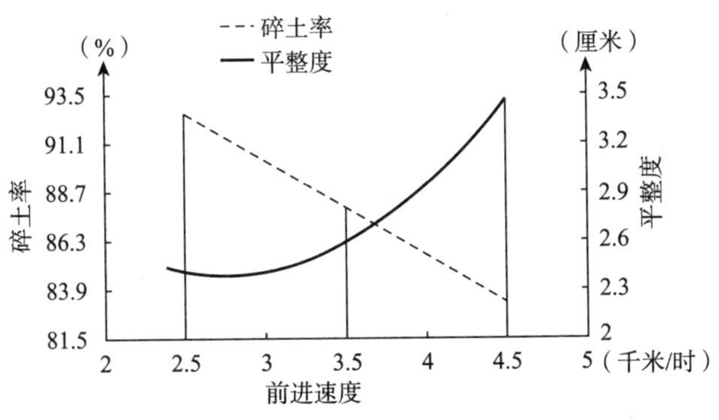

图 8　前进速度对作业质量的影响曲线

（2）动力输出轴转速对作业质量的影响。在机具前进速度一定的条件下，由于动力输出轴转速直接决定着双轴刀辊部件的运动转速，因而选取拖拉机动力输出在 3 个不同挡位上，间接研究双刀轴部件对作业质量的影响，如图 9 所示，碎土率随着动力输出轴转速的增加出现上升趋稳的趋势；平整度随着动力输出轴转速的降低而逐渐降低趋稳。产生此现象的原因为动力输出轴转速增加引起双刀轴部件尤其是碎土辊部件的切削频率增加，同一地块的作业次数增加，从而导致土壤更加细碎，相应经过镇压部件整理出的畦面也更加平整，即平整度数值逐渐降低。

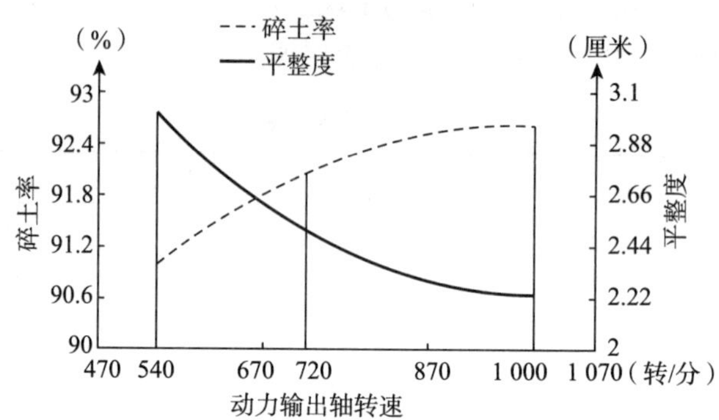

图 9　动力输出轴转速对作业质量的影响曲线

3.4.2　作业质量双因素影响分析

为寻求机具作业时的最佳作业工作参数组合，采用 SPSS 19.0 软件对正交试验的测试结果进行显著性分析[21]，分析结果见表 4，试验显著性水平为 0.05。由表 4 可以看出，机具前进速度对碎土率（0.000＜0.05）和平整度（0.000＜0.05）有极显著影响；同时，动力输出轴转速对碎土率（0.002＜0.05）和平整度（0.001＜0.05）有极显著影响。

表 4　方差分析结果

指标	来源	偏差平方和	自由度	均方	均方比	临界值
碎土率	A	135.418	2	67.709	701.529	0.000
	B	7.597	2	3.798	39.355	0.002
	误差	0.386	4	0.097		
	总计	68 217.430	9			
平整度	A	3.312	2	1.656	133.075	0.000
	B	1.412	2	0.706	56.717	0.001
	误差	0.05	4	0.012		
	总计	99.901	9			

表 5　多重比较

(I) 动力输出轴转速	(J) 动力输出轴转速	均值差值 (I-J)	标准误差	临界值	95% 置信区间	
					下限	上限
1	2	−1.583 3*	0.253 66	0.007	−2.487 4	−0.679 3
	3	−2.176 7*	0.253 66	0.002	−3.080 7	−1.272 6
2	1	1.583 3*	0.253 66	0.007	0.679 3	2.487 4
	3	−0.593 3	0.253 66	0.160	−1.497 4	0.310 7
3	1	2.176 7*	0.253 66	0.002	1.272 6	3.080 7
	2	0.593 3	0.253 66	0.160	−0.310 7	1.497 4

注：* 表示均值差值在 0.05 水平上较显著。

表 5 为多重比较表，代表同一前进速度下，不同动力输出轴转速下对碎土率影响的差异性比较，可以看出对碎土率指标的影响中，动力输出轴 B_1 和 B_2 水平间、B_1 和 B_3 水平间有显著性差异；而 B_2 和 B_3 间无显著性差异，结合图 9 中动力输出轴转速越高，碎土率效果越好，所以选择 B_2 或 B_3 水平。同理，可从软件中得出碎土率指标的影响中 A_1、A_2、A_3 间有显著性差异，结合图 8 中碎土率随前进速度的变化规律，选择 A_1。综合可知，A_1B_2 或 A_1B_3 组合下碎土率值最高。

采用同样的方法，可以分析得出 A_1B_3 组合下平整度值最小，兼顾两者，最终选择 A_1B_3 因素水平组合，即在前进速度为 2.5 千米/时，动力输出轴转速在 1 000 转/分时，碎土率为 92.58%，平整度为 2.24 厘米，达到最佳作业效果。

3.4.3　作业性能对比

在 A_1B_3 因素水平下，前进速度为 2.5 千米/时，动力输出轴转速为 1 000 转/分时，对旋耕起垄复式作业机进行整机性能对比，蔬菜作畦机各项参数测试结果均达到蔬菜地畦作整理的设计要求。

图 10　旋耕起垄复式作业机作业质量

图 11　作畦机作业质量

通过图 10 和图 11 的对比发现，旋耕起垄复式作业机整理的畦体不是很规范，存在着畦面土垡大、不平整、畦沟里碎土过多等问题；相反，作畦机整理的畦体规范，畦面碎土率一致性好，平整度佳，畦体上部土块细碎，下部土块粗大，畦沟底干净，适宜蔬菜的精细化种植。

通过两种机型的性能测量，如表 6 所示，数据对比分析可知，作畦机的作业深度比旋耕起垄机增加 1.97 厘米，碎土率提高 10.6%，同时畦面平整度降低 2.56 厘米，明显提升了作畦质量。

表 6　两种机型作业性能对比

测量参数均值	机　型	
	作畦机	旋耕起垄复式作业机
耕深（厘米）	16.22	14.25
碎土率（%）	92.58	83.71
平整度（厘米）	2.24	4.8
畦面宽（厘米）	110	104.62
畦底宽（厘米）	125	128.5
畦高（厘米）	14.6	13.86

4　结论与讨论

（1）借鉴联合耕作机械的设计思想，采用双刀轴分层耕作原理，创新设计了双轴刀辊、起畦及镇压部件，集成研制作畦机，能够一次完成旋耕、精整、起畦、镇压等多项作业工序，其各项性能指标均符合总体设计要求，实现了蔬菜地复式耕层结构，满足菜地先后分层按需作业要求。

（2）通过田间性能试验发现，在机具前进速度不变的条件下，碎土率和平整度随着动力输出轴转速的提高分别呈现上升趋稳和下降趋稳的规律；特定动力输出转速条件下，随前进速度的增加，碎土率呈现了线性下降趋势，而畦面平整度却出现了逐渐变差的规律。

（3）通过两因素三水平显著性分析得出，机具前进速度和动力输出轴转速对作业质量都有极显著影响；机具在前进速度为 2.5 千米/时，动力输出轴转速在 1 000 转/分时，具有最佳的作业质量，即碎土率为 92.58%，平整度为 2.24 厘米。

（4）在相同的工况下，与旋耕起垄复式作业机进行性能对比试验，作畦机的作业耕深增加了 2 厘米左右，碎土率提高了 10.6%，畦面平整度降低了 2.5 厘米左右，明显提升了畦质量。

（5）本研究中的蔬菜作畦机具已实现了蔬菜地复式耕作要求，对耕层结构的定量研究及其对蔬菜产量影响的研究还有待后续试验验证。

参考文献

[1] 张真和．我国发展现代蔬菜产业面临的突出问题与对策［J］．中国蔬菜，2014（8）：1-6．

[2] 陈永生，胡桧，肖体琼，等．我国蔬菜生产机械化现状及发展对策［J］．中国蔬菜，2014（10）：1-5．

[3] 陈永生，崔思远，肖体琼，等．蔬菜机械化生产亟须强化农机农艺融合［J］．蔬菜，2015（2）：1-3．

[4] 张振贤．蔬菜栽培学［M］．北京：中国农业大学出版社，2003：30-60．

[5] He Jin，Li Hongwen，Zhang Xuemin，et al. Design and experiment of 1QL-70 bed former for permanent raised beds［J］．Transactions of the Chinese Society for Agricultural Machinery，2009，40（7）：55-59．

[6] 蔡国华，何进，李洪文，等．固定垄保护性耕作条件下松垄割刀性能对比分析［J］．农业机械学报，2010，41（12）：22-28．

[7] 车刚，张伟，万霖，等．基于灭茬圆盘驱动旋耕刀多功能耕整机设计与试验［J］．农业工程学报，2012，28（20）：34-38．

[8] Schwarz，Hans Peter，Hege，et al. Savings through RTK based guidance in field vegetable growing［J］．Man and Machinery，2013，68（3）：160-163．

[9] Sarah Limpus. Comparison of biodegradable mulch products to polyethylene in irrigated vegetable，tomato and melon crops［M］．Sydney：Horticulture Australia Ltd，2012．

[10] Janet Bachmann. Market Gardening：A Start Up Guide［EB/OL］．www. attra. ncat. org/attra-pub/marketgardening. html，2009-05．

[11] 管春松．一种智能精细整地装置［P］．中国专利：201420812108.8，2014-12-19．

[12] 张浪，陈永生，胡桧，等．1ZL-140 蔬菜联合精整地机具的研制［J］．中国农机化学报，2015，36（1）：7-9．

[13] Arboleya J，Gilsanz J C，Alliaume F，et al. Minimum tillage and vegetable crop rotation［J］．Agrociencia Uruguay，Special Issue，62-69．

[14] 李宝筏．农业机械学［M］．北京：中国农业出版社，2003：20-40．

[15] 贾洪雷，陈忠亮，郭红，等．旋耕碎茬工作机理研究和通用刀辊的设计［J］．农业机械学报，2014，31（4）：29-32．

[16] 张居敏，周勇，夏俊芳，等．旋耕埋草机螺旋横刀的数学建模与参数分析［J］．农业工程学报，2013，29（1）：18-25．

[17] 张居敏，贺小伟，夏俊芳，等．高茬秸秆还田耕整机功耗检测系统设计与试验［J］．农业工程学报，2014，30（18）：38-46．

[18] 石祖梁，杨四军，顾克军，等．自走式农田镇压机设计与田间试验［J］．中国农机化学报，2015，36（1）：10-13．

[19] 中华人民共和国国家发展和改革委员会．JB /T 8401.2—2007 旋耕联合作业机械　旋耕深松灭茬起垄机［S］．北京：机械工业出版社，2008．

[20] 中华人民共和国农业部．NY/T 499—2002 旋耕机作业质量［S］．北京：中国标准出版社，2002．

[21] 张文彤，邝春伟．SPSS 统计分析基础教程［M］．第 2 版．北京：高等教育出版社，2011．

草莓移动栽培架的设计与试验

管春松[1]　胡　桧[1]　杨雅婷[1]　高庆生[1]　赵金元[2]

([1] 农业农村部南京农业机械化研究所　江苏南京　210014；

[2] 常熟市农业科技发展有限公司　江苏苏州　215557)

摘　要：为提高设施温室内草莓栽培种植密度和棚室空间利用率，设计了一种平滑式移动栽培架，首先对总体设计要求进行阐述，在此基础上提出总体设计方案，然后对该装置的关键部件进行选型、设计与分析，最后对样机开展台架试验研究。结果表明，该移动架总成能实现多组架体单元同时左右平动，各项参数达到设计要求，操作简单，省力轻便，能够满足草莓栽培生产实际需求。

关键词：移动栽培架　设计　草莓栽培

随着设施农业的发展，草莓因其具有生长周期短、产量高、收益高、食用性佳等特点，同时随着各地草莓采摘文化节的兴起，消费者对高品质草莓的需求更加迫切，设施草莓栽培面积逐年上升，已成为我国发展速度最快、效益最高的果树树种之一[1]。然而，草莓栽培属于典型的劳动密集型产业，强度大，成本高，日益面临用工老龄化问题，推行省工省力的栽培方式已成为当务之急。为减轻劳动强度，实现草莓省力化栽培和清洁生产，同时为提高设施的利用率，设施立体栽培应运而生，主要包括吊柱式栽培、高设栽培及管道式栽培等，其中，高设栽培因其管理方便、实用性强，备受农户喜欢[2,3]。

根据架式设计结构不同，高设栽培可分为以“A”形、“X”形、“H”形为代表的固定式结构类型和架体可调节的移动式栽培架。固定式栽培架一般按照南北向排放，排布时各栽培架单元都固定于地面上，各单元间留有一定的行间距，以供作业人员田间管理与收获。随着设施单位面积产出量逐年提高的要求，温室大棚面临空间利用率低的问题，原有的固定式栽培架之间的行间道已造成了一种资源浪费。各国已开始研究适合草莓生产的移动栽培架结构，其中以日本和荷兰等国家最为典型[4,5]。

而国内对于移动栽培架的设计研究仅限于为数不多的专利技术文件中[6,7]，它们基本采用定向轮放置在定向轨道中移动的结构，操作时阻力较大，且易产生轨道内卡壳现象，不宜大面积推广。为此，针对目前设施草莓高架栽培种植密度受限，结合长三角地区生产实际情况，提出一种平滑式移动栽培架，并对其关键部件进行设计与分析，最后开展试验研究，为草莓超高密度、超高产栽培推广提供依据。

1　总体设计要求

考虑到棚室纵向长度较大，本移动栽培系统采用多组平滑式移动栽培架组合而成，纵向每两组架体之间采用连接件固定，最终形成纵向整体式结构，同时在最端部的一个架体上安装有动力驱动部件，带动整体式结构左右滑移；横向每两个整体式结构之间相互紧挨，可根据需要相互产生平移运动。下面仅针对纵向整体式结构中最端部的平滑式移动栽培架进行设计，其他架体参照此架体结构进行设计。

以遵循土地利用率高、种植密度大和省力等总体原则，结合草莓高设栽培的实际需求，平滑式移动栽培架设计过程中主要考虑以下 3 个参数：栽培槽宽度、架高及架体下部总宽。根据文献[8]可知，栽培槽宽度通常取 30 厘米；根据人体工程学设计原理，架高（即栽培槽至地面宽度）一般取 80～100 厘米，本设计取 95 厘米。

一般单个固定架的占地宽度与栽培槽宽度相等为 30 厘米，考虑到行间道宽度为 80 厘米，以 8 米标准棚进行规划计算，得出架体数量宜取 7。与固定式栽培架相比，一般移动式栽培架可使单位面积草莓种植密度提高 50%以上[9]，本设计以提高 50%为计算依据，即移动栽培架体数量取为 11，同时预留下 80 厘米的行间道宽度，计算可得架体下部总宽约为 65.45 厘米，对参数圆整，取 66 厘米。

2　总体方案提出

移动栽培架装置设计还需考虑到栽培槽支架类型选择、轨道类型、移动方式的选择及动力传动方式选择等，其中，轨道类型和移动方式的选择最为关键。如图 1 所示，本文考虑了滚轮滚轴圆钢式和滚轮滚轴角钢式 2 种轨道类型与移动方式进行组配的设计方案。

图 1（a）中采用的方案为支撑座预埋于地面，圆钢被固定于支撑座上，其上与圆钢垂直的滚轴在圆钢上左右滚动以带动整个架体移动；图 1（b）中采用的方案为角钢预埋于地面，其上与圆钢垂直的滚轴在角钢上左右滚动以带动整个架体移动。

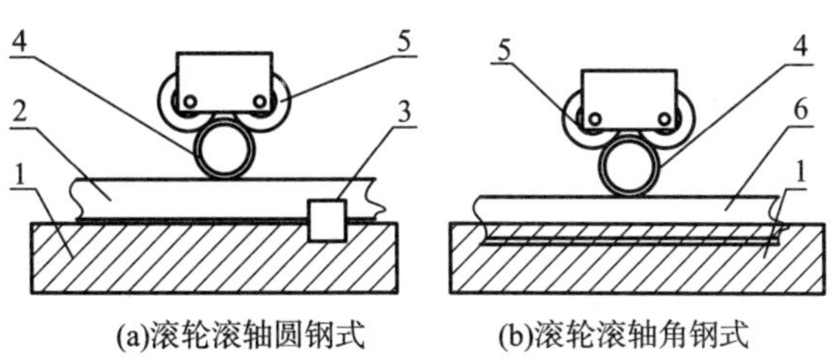

图 1　移动方式设计方案

1. 地面 2. 圆钢　3. 支撑座　4. 滚轴　5. 滑轮组　6. 角钢

对比发现，图 1（a）中由于地面整理平整度较难控制，此时多组支撑座预埋于地面，难以保证其上表面处于同一水平面，而后固定在其上的圆钢也会崎岖不平，不能保证水平，影响轨道性能和圆钢使用寿命，而图 1(b)中角钢直接预埋于地下 2 厘米左右，能够保证好的水平性能；另外，图 1(a)中由于圆钢置于支撑座上，其上表面离地高度较高，操作人员管理时容易绊脚。最后，综合性能稳定性、安全性和经济性等因素的考虑，选择图 1(b)中的滚轮滚轴角钢式结构组合。

在此基础上，设计了如图 2 所示的端部移动栽培架，包含一个栽培槽支架、两平行角钢基座、两平行滚轴、两平行支撑梁、两连接梁、4 个滑轮组和与之配套的滑轮座。在角钢基座的上部支撑与之垂直方向的相互平行的左滚轴和右滚轴，左滚轴和右滚轴的两端上分别安装与之构成滚动副的左右两组滑轮组，左右两组滑轮组被分别嵌装于左右滑轮座的下部，左右两滑轮座的内侧插装有支撑梁，前后两滑轮座的内侧插装有连接梁，栽培槽支架和右滚轴的侧面安装有链传动部件，用于传递动力给滚轴。

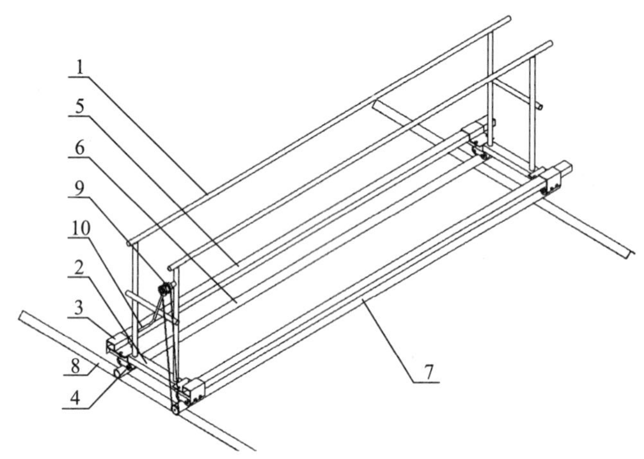

图 2　端部移动栽培架的总体结构

1. 栽培槽支架　2. 支撑梁　3. 滑轮座　4. 滑轮组　5. 连接梁
6. 左滚轴　7. 右滚轴　8. 角钢基座　9. 链传动机构　10. 摇柄

3　关键部件选型与设计

3.1　栽培槽及其支架

为提高架体移动的灵活性，栽培槽支架宜设计得简单轻便，一方面，需减轻支架本身的重量，降低制造成本，易于农户接受；另一方面，需利于人工管理、采收。本设计中栽培槽支架类型选择使用最为普遍的“H”形单层栽培方式，具体结构如图 3 所示，栽培槽支架以镀锌管为骨架进行搭建，镀锌管之间通过抱箍等活动件进行连接，便于拆装维修；支架的最上端外侧面固定安装有卡槽，其内侧安装有栽培槽，槽内宽为 30 厘米、深 25 厘米；槽的上下层分别布置防水膜和无纺布，它们被卡簧压紧于卡槽内；无纺布上均匀装栽培基质。

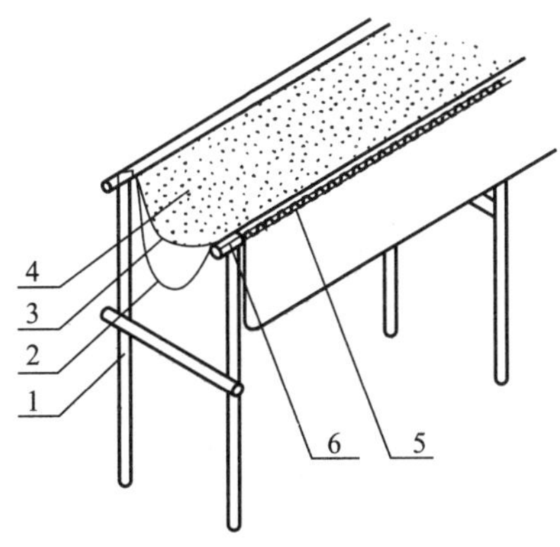

图 3　栽培槽结构组成

1. “H”形支架　2. 防水膜　3. 无纺布　4. 基质　5. 卡簧　6. 卡槽

3.2　滚轴

从稳定性角度考虑，滚轴直径选取越大越好，但从材料成本角度考虑，滚轴直径尺寸宜小些，也不宜太小。若尺寸过小，滚轴单次周期转动的距离变小，即导致支架移动相同的横向距离所需的时间变长，同时驱动力也增加。考虑到更换的方便性和一定的承载能力，滚轴材料选用为工程上常用的圆钢管，滚轴选取为直径 5 厘米、壁厚 3.5 毫米的圆钢管。

3.3　滑轮组选型与滑轮座设计

由于滑轮组和滚轴之间为滚动连接，假设设计中滚轴直径不变且两个滑轮之间的中心距固定，此时滑轮的直径尺寸选择取决于滚轴的直径尺寸。同样从节约成本的角度考虑，宜取尺寸小些，但若选取过小，滚轴转动的过程中易引起滑轮组滑出滚轴外，从而产生支架倾覆的现象，使整体结构稳定性变差，影响工作性能。综合考虑，本设计滑轮选取 50 中型轮，外径尺寸为 5 厘米，材料为尼龙，弹性好，耐磨，降低更换率。

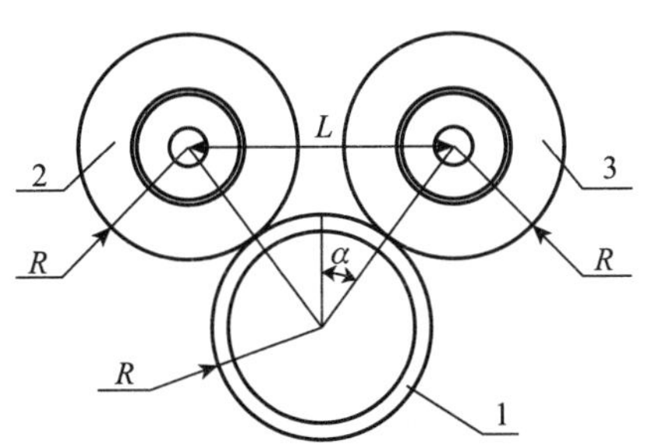

图 4　滑轮组与滚轴连接

1. 滚轴　2. 左滑轮　3. 右滑轮

在此基础上，如图 4 所示，可确定左右滑轮间中心距（L）的尺寸，滑轮组能正常工作，需满足以下条件：

$$\begin{cases} R\cos\alpha - R \geqslant 0 \\ 2R\sin\alpha - R \geqslant 0 \end{cases} \tag{1}$$

式中：R 为滚轴和滑轮的外径，此处取 5 厘米；α 为滚轴滑轮中心连接线与竖直垂线之间的夹角。

两式计算可得出 α 的取值范围为 $30° \leqslant \alpha \leqslant 60°$，考虑结构紧凑性因素，最后确定 α 为 37°，则左右滑轮中心距（L）为 6 厘米。

滑轮组尺寸确定后，为保证滑轮组与支架的连接，设计了如图 5 所示的滑轮座，该滑轮座由上盖和下盖两部分组成，两者通过螺栓连接紧固。上盖为“b”形折弯钢板，其凹面处装插有连接梁，增强底座前后的稳定性，防止前后发生偏移；下盖为 2 个“u”形的钢板上下焊接而成，下“u”形钢板的底部开有与滑轮组中心距尺寸一致的一对通孔，通过开口销将滑轮组嵌装于“u”形槽前后两面间的通孔内。下盖的长度方向尺寸取决于下部总宽与支架宽度，其满足如下关系式：

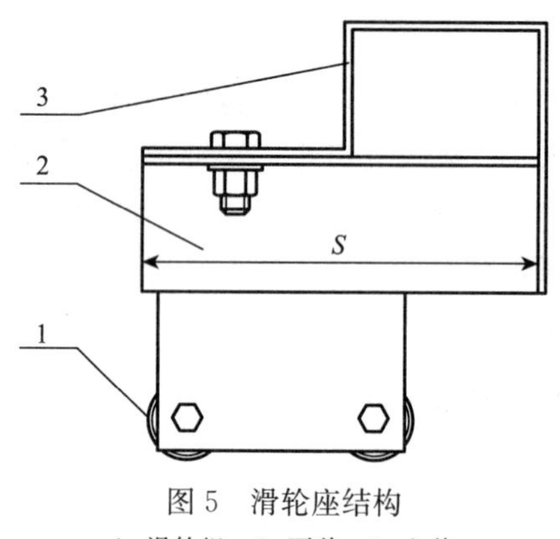

图 5　滑轮座结构

1. 滑轮组　2. 下盖　3. 上盖

$$2S + b_1 + 2d_1 \leqslant b \tag{2}$$

式中：S 为下盖长度尺寸；b_1 为槽内宽，此处取 30 厘米；d_1 为镀锌管直径，此处取 2.7 厘米；b 为架体下部总宽，此处取 66 厘米。

计算可知，下盖的长度尺寸需满足 $S \leqslant 15.3$ 厘米，同时 $S \geqslant L = 6$ 厘米，考虑到结构整体重心的因素，本设计中 S 取 13 厘米。

3.4　传动机构设计

为便于操控滚轴运动，同时兼顾省力化的总体设计原则，采用如图 6 所示的动力传动方式，摇柄安装于摇柄套中，并利用圆螺母锁死；摇柄套与主动链轮的轮毂通过沉头螺栓紧固，两者同步运动；主动链轮的内圆周面和连接块的外圆周面分别与滚动轴承的外圈和内圈配合；从动链轮的轮毂外圆周面与滚轴的内圆周面配合，两者通过螺栓紧固。根据人体工程学原理，本设计中主动链轮的中心线与地面的垂直距离取为 67 厘米，链传动的传动比为 1∶1。

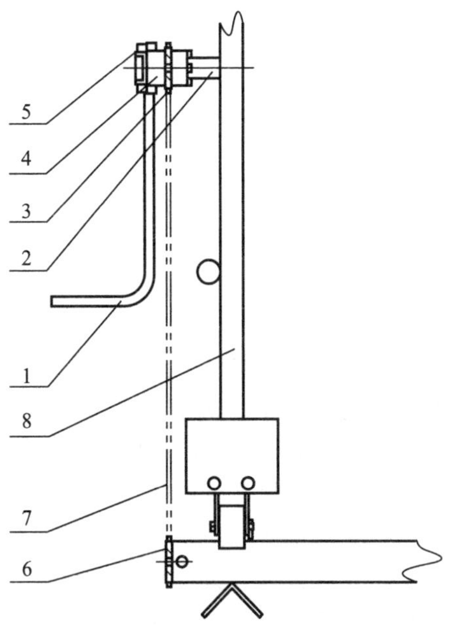

图 6　传动机构

1. 摇柄　2. 连接块　3. 主动链轮　4. 摇柄套　5. 圆螺母　6. 从动链轮　7. 链条　8. 支架

工作时，摇动摇柄，使得摇柄套和主动链轮产生旋转运动，经过链条将动力传递至从动链轮上，因从动链轮与右滚轴固定于一体，从而带动右滚轴滚动，由于右滚轴与嵌装于右滑轮座的滑轮组之间为滚动连接，最终带动滑轮组、滑轮座及其上的栽培槽支架一起在两个平行角钢基座上左右来回平动。

4　台架性能试验

2016 年 1 月，在农业部南京农业机械化研究所中试工厂内进行台架试验，如图 7 所示，试验样机采用 8 组相同结构的栽培架单元焊接组成为整体结构，试验中通过相同的重量泥土口袋（平均约 30 千克每袋）模拟栽培槽基质承压在架体上，主要对装置的承重能力和摇柄的臂力参数进行检测。经测试，摇动手柄能较容易地实现 8 组架体的同步平移，操作方便且省力，符合设计要求，能够满足草莓栽培移动架体的生产实际需求。

图 7　台架试验

试验中发现，当每个架体单元上放置 2 袋泥土袋时，整个架体移动中架体上部的镀锌管中部将发生严重弯曲变形，且有少量的颤动，表明该架体承压重量范围小于 50 千克为宜；另外试验发现，整个栽培架体上放置 240 千克重的泥土袋，摇柄上的臂力为 3.8 千克（38 牛顿），当承重每增加 1 倍，臂力约增加 1 千克（10 牛顿），变化不是很明显，完全在成年人正常的臂力范围内，表明整个装置所需的驱动力很小，轻便易操作，适合多种年龄段人群使用。

5 结论

（1）移动栽培架装置可有效解决我国温室大棚固定栽培架空间利用率低、单位面积种植密度受限的问题，可为我国超高密度、超高产栽培提供好的解决方案。

（2）设计了一种平滑式移动栽培架单元，可根据目前大部分温室结构的尺寸自由调节数量，适用性广，结构简单易操作，能够为高架作物（草莓）提供良好的管理作业移动平台。

（3）试验结果表明，设计方案合理，架体承重建议小于 50 千克为宜，移动所需臂力小，省力轻便，能够满足草莓栽培生产实际需求。

参考文献

[1] 李国平，吉沐祥，霍恒志，等．草莓高架栽培技术研究［J］．中国园艺文摘，2015（7）：199-200.

[2] 林晓，罗赟，王红清．草莓日光温室立体栽培的光温效应及其影响分析［J］．中国农业大学学报，2014，19（2）：67-73.

[3] 罗赟，林晓，汪佳易，等．第七届世界草莓大会草莓立体栽培模式［J］．草莓研究进展（IV），2015：555-563.

[4] 张豫超，杨肖芳，苗立祥，等．三种草莓立体栽培架型及生产性能比较［J］．浙江农业学报，2013，25（6）：1288-1292.

[5] 沈建生，林贤锐，王艳俏．日本高设草莓主要模式及栽培关键技术［J］．中国南方果树，2010，39（6）：74-77.

[6] 蒋焕煜，刘岩，童俊华，等．用于承载温室栽培架的可移动底盘装置［P］．中国：201310148671.8，2013-04-25.

[7] 管春松，胡桧，杨雅婷，等．一种智能移动栽培架装置及其控制方法［P］．中国：201510566318.0，2015-09-08.

[8] 纪开燕，郭成宝，童晓利，等．设施草莓立体无土栽培的主要模式与发展对策［J］．江苏农业科学，2013，41（6）：136-138.

[9] 陈一帆，沈建生．“品”字型可移动草莓栽培床及生产性能研究［J］．中国园艺文摘，2012（12）：7-8.

国内外蔬菜种植标准化模式与机械化解决方案范例比较

农业农村部南京农业机械化研究所

摘　要： 在我国蔬菜机械化进程中，蔬菜机械化的发展既受经济规律制约又受自然规律制约，不仅要考虑经济效果，还要兼顾土地生产率和农业生态问题。由于各地的自然条件不同，蔬菜生产布局、种植制度技术措施差异很大，蔬菜机械的投放、选型、配套及使用会产生不同的效果，应根据不同地区的不同情况进行分析。本文以全国各地的露地和设施蔬菜生产为典型，改进了蔬菜生产技术模式，适用于专业化程度高、种植规模较大的蔬菜基地，有利于提高蔬菜种植效率和收益，降低人工成本。

关键词： 标准化种植　机械化　国内外模式　比较

1　国内蔬菜种植机械化解决方案范例

1.1　露地青花菜生产机械化解决方案

1.1.1　青花菜种植概况及农艺要求

青花菜属于十字花科芸薹属甘蓝种，对环境条件的要求与花菜相似。青花菜播种期比花菜长，供应期也比花菜长。青花菜为喜肥水、喜光照作物，在生长过程中需水量较大，需要保持土壤湿润，酸碱度适宜范围以 pH 为 6 最佳。

1.1.2　青花菜生产机械化作业工艺研究

青花菜与花菜的栽培技术相似，露地栽培作为一种开放经济的栽培方式应用较广泛，以长江中下游地区露地栽培方式为例，春秋两季均可进行露地栽培，春季于2～3 月定植，4～5 月收获，秋季于 8～9 月定植，10～11 月收获。

以无锡礼贤基地为例，青花菜采用垄作方式和轮作制度，以露地栽培模式为主，垄形尺寸为垄顶宽 80 厘米、垄距 115 厘米、垄高 20 厘米，各生产环节的作业时间和作业内容根据农艺技术规程和机具作业规范确定，如表 1 所示。

表 1　露地青花菜生产机械化解决方案

作业环节（时间）		作业规程	技术模式	配套机具
育苗	2 月 10～20 日	 播前种子消毒，每穴 1 粒，深度 1 厘米。具 3～4 片真叶、根系发达并紧密缠绕基质成团时，可移栽	机械播种育苗	韩国大东机电 SD-600W 穴盘精密播种机 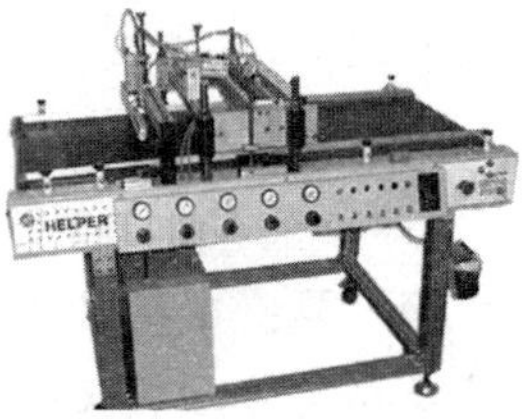
	8 月 5～15 日			
耕整地	2 月 20～30 日	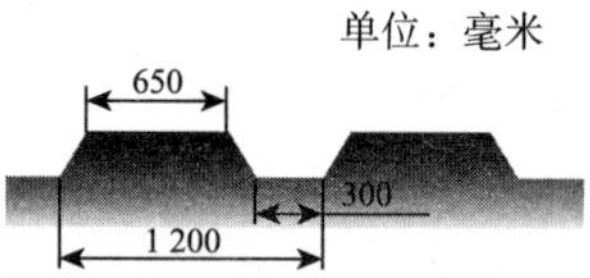 单位：毫米 650 300 1 200 旋耕整地起垄，表面平整，土壤细碎。耕深≥80 毫米，碎土率≥50%，垄顶面的平整度≤20 毫米	机械整地	华龙 1ZKN-125 精整地机  洋马 RCK 140D 旋耕起垄机 
	8 月 16～22 日			
移栽	3 月 20～30 日	 行距 400 毫米，株距 400 毫米	半自动移栽	华龙 2ZBZ-2 半自动蔬菜移栽机 
	9 月 10～17 日		全自动移栽	洋马 PF2R 乘坐式全自动蔬菜移栽机 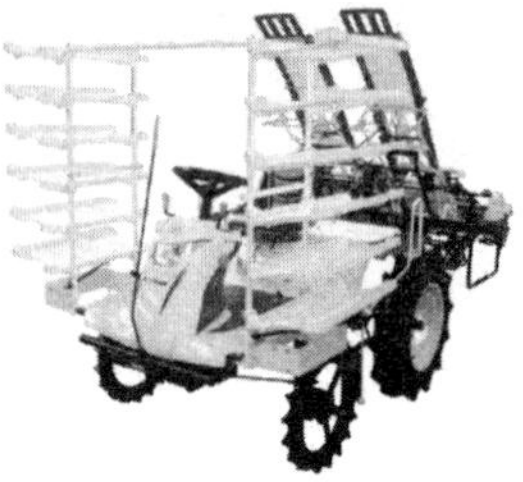

（续）

作业环节（时间）		作业规程	技术模式	配套机具
灌溉	移栽后即进行，以后酌情灌溉	 根据作物需求，喷洒均匀，灌溉量适中	机械喷灌	江苏筑水 3WZ51 自走式喷雾机 
植保	移栽后一周及成熟前 20 天	根据病虫害情况，喷洒均匀，覆盖全面	机械植保	电动喷雾器 
收获	5 月 25 日至 6 月 15 日	 成熟度适宜	 人工采收	
	翌年 2 月 5 日至 3 月 30 日			

1.2　露地结球生菜生产机械化解决方案

1.2.1　结球生菜种植概况及农艺要求

生菜为菊科一年生或二年生蔬菜，长日照作物。结球生菜为了获得良好的叶球，必须选择肥沃的壤土或沙壤土。结球生菜根系入土不深，在结球前要求有足够的水分供应，必须经常保持土壤湿润。进入结球后对水分要求十分严格，并要求较低的空气湿度，若土壤水分过多或空气湿度较高，极易引起软腐病等病害发生。

1.2.2　结球生菜生产机械化作业工艺研究

以结球生菜露地栽培为例，每年春秋两季均可进行栽培，春季于 4 月上旬定植，5 月中下旬收获；秋季于 8 月中下旬定植，9 月底至 11 月收获。采用垄作方式和轮作制度，以露地栽培模式为主，垄形尺寸为垄顶宽 136 厘米、垄距 170 厘米、垄高 20 厘米，各生产环节的作业时间和作业内容根据农艺技术规程和机具作业规范确定，如表 2 所示。

表 2　露地结球生菜生产机械化解决方案

作业环节（时间）		作业规程	技术模式	配套机具
育苗	3 月 1～10 日 7 月 10～15 日	播前种子消毒，每穴 1 粒，具 3～4 片真叶、根系发达并紧密缠绕基质成团时，可移栽	机械播种育苗	韩国大东机电 SD-600W 全自动穴盘播种流水线 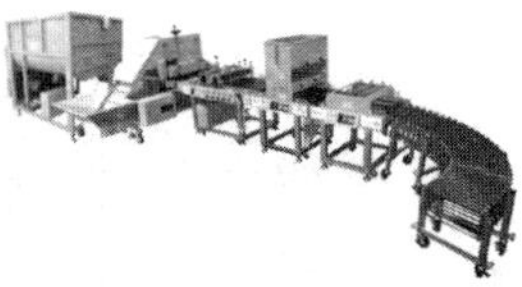
施肥	耕整地前数天	撒施均匀	人工撒施	
耕整地	移栽前数天或同时	单位：毫米 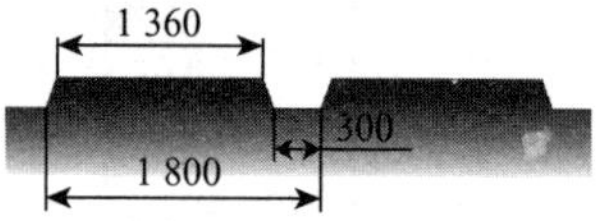 1 360 300 1 800 旋耕整地起垄，表面平整，土壤细碎	机械整地	意大利 Forigo D35 170 作畦机（动力：福田雷沃 M900H-D、M750H-D、M1104-D 拖拉机）  
移栽	4 月 1～15 日 8 月 15～30 日	 行距 350 毫米，株距 350 毫米	半自动移栽	现代农装 2ZB-2 四行移栽机（动力：900/1104 拖拉机） 
灌溉	移栽完成即进行，以后酌情灌溉	 根据作物需求，喷洒均匀，灌溉量适中	自动灌溉	滴灌设施 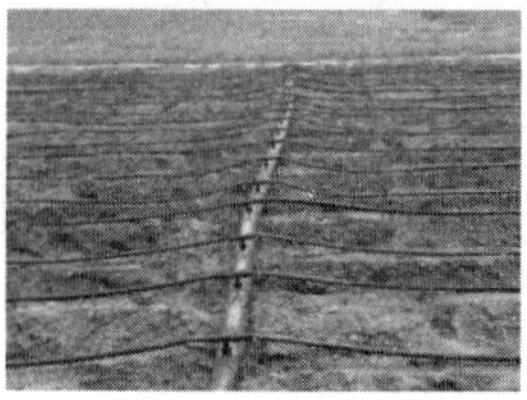

（续）

作业环节（时间）		作业规程	技术模式	配套机具
植保	移栽后一周及成熟前20天进行	 根据病虫害情况，喷洒均匀，覆盖全面	机械植保	电动喷雾器 
收获	5月10～30日	 成熟度适宜，蔬菜损伤度低	人工采收，拖车运输	收获拖车（动力：900/1104拖拉机） 
	9月25日至11月20日			

1.3 露地红干椒生产机械化解决方案

1.3.1 红干椒种植概况及农艺要求

红干椒属于高效经济作物，根系不发达，根量少，入土浅，茎基部不易生不定根。红干椒既不耐旱，也不耐涝。因此，在花芽分化、开花、坐果期对土壤水分的要求，田间持水量为50%～60%最好，坐果率最高。红干椒栽培以育苗移栽、地膜覆盖栽培能获得高产、优质、高效。

1.3.2 红干椒生产机械化作业工艺研究

以红干椒露地栽培为例，每年种植一季，于5月上旬定植，9月中下旬收获。采用平作覆膜方式，以露地栽培模式为主，膜内宽560毫米、沟宽440毫米。各生产环节的作业时间和作业内容根据农艺技术规程和机具作业规范确定，如表3所示。

表3 露地红干椒生产机械化解决方案

作业环节（时间）		作业规程	技术模式	配套机具
育苗	3月10～20日	播前种子消毒，每穴1粒，深度0.5～1厘米。具5～6片真叶、根系发达并紧密缠绕基质成团时，可移栽	人工穴盘播种工厂化育苗	工厂化育苗 

（续）

作业环节（时间）		作业规程	技术模式	配套机具
耕整地	4月10～20日	 表面平整，土壤细碎	机械整地	1GKN-230旋耕机（动力：904/1104拖拉机） 
铺管覆膜开沟	4月15～25日	单位：毫米 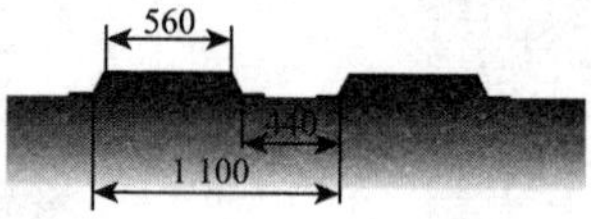 560 440 1 100 膜宽800毫米，滴灌管居中	机械覆膜铺管	覆膜铺管机（动力：904/1104拖拉机） 
移栽	5月1～10日	 行距380毫米，株距260毫米。移栽深度一致，合格率较高	机械移栽	现代农装2ZB-2型移栽机（动力：904/1104拖拉机） 
灌溉	移栽后即进行，以后酌情灌溉	根据作物需求，喷洒均匀，灌溉量适中	自动滴灌	滴灌设施 
植保	缓苗后至收获前喷洒4～5次营养液和杀菌液	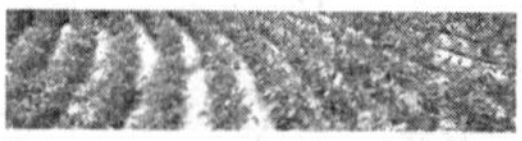 根据病虫害情况，喷洒均匀，覆盖全面	机械植保	喷杆喷雾机 

（续）

作业环节（时间）		作业规程	技术模式	配套机具
收获	9月15～30日	成熟度适宜		人工采收

1.4　露地生菜生产机械化解决方案

1.4.1　生菜种植概况及农艺要求

生菜学名叶用莴苣，为一年生或二年生草本作物，喜欢冷凉的气候，夏季播种时，须进行低温处理。生菜适宜微酸性土壤，在不同的生长期，对水分的要求不同，幼苗期不能干燥、不能太湿，发棵期要适当控制水分，结球期水分要充足，结球后期水分不要过多。

1.4.2　生菜生产机械化作业工艺研究

以生菜露地栽培为例，每年种植4～6茬，不同季节的生长期长短各不相同。采用垄作方式轮作制度，以露地栽培模式为主，垄宽1 400毫米、垄高200毫米、沟宽250毫米。各生产环节的作业时间和作业内容根据农艺技术规程和机具作业规范确定，如表4所示。

表4　露地生菜生产机械化解决方案

作业环节（时间）		作业规程	技术模式	配套机具
育苗	一年种植4～6茬	选用优质、纯净度高、发芽率高的品种。播种要求均匀，深度适宜	机械育苗播种	浙江博仁2YB-500GT滚筒式蔬菜播种机
旋耕	整地前1天	表面平整，土块均匀细碎	机械旋耕	东方红1GQN-230KH旋耕机

（续）

作业环节（时间）		作业规程	技术模式	配套机具
整地	移栽前 1～5 天	单位：毫米 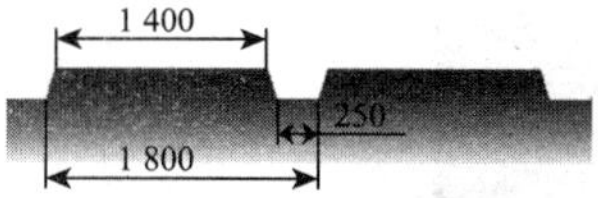 1 400 250 1 800 表面平整，土壤细碎	机械整地	华龙 1ZKN-180 精整地机 
移栽	春秋：育苗播种后 40～45 天	 行距 320 毫米，株距 70 毫米。移栽深度一致	机械移栽	意大利 HORTECH OVER PLUS 4 移栽机 
	夏季：育苗播种后 20～25 天			
	冬季：育苗播种后 50～60 天			
灌溉	移栽完成即进行，以后酌情灌溉	根据作物需求，灌溉适量，喷洒均匀	机械灌溉	筑水 3WZ51 自走式喷雾机 
植保	移栽后第 3 天一次，以后根据作物情况进行作业	根据病虫害情况，喷洒均匀，覆盖全面	机械植保	亿丰丸山 3WP-500 自走式喷杆喷雾机 
收获	春秋：移栽后 40～45 天	一次性收获 4 行，留茬高度适中，蔬菜损伤度低	机械收获	意大利 HORTECH RAPID SL4 自走式收获机 
	夏季：移栽后 30～35 天			
	冬季：移栽后 80～90 天			

1.5 露地胡萝卜生产机械化解决方案

1.5.1 胡萝卜种植概况及农艺要求

胡萝卜是伞形花科胡萝卜属二年生草本植物，根系发达，生长期间要适当供水。胡萝卜适宜种于土层深厚、土质疏松、排水良好、孔隙度高的沙壤土或壤土上，适宜的土壤 pH 为 6～8。

1.5.2　胡萝卜生产机械化作业工艺研究

以胡萝卜露地栽培为例，每年种植 1 茬。采用垄作方式轮作制度，以露地栽培模式为主，垄宽 800 毫米、垄高 200 毫米、沟宽 200 毫米。各生产环节的作业时间和作业内容根据农艺技术规程和机具作业规范确定，如表 5 所示。

表 5　露地胡萝卜生产机械化解决方案

<table>
<tr><th colspan="2">作业环节（时间）</th><th>作业规程</th><th>技术模式</th><th>配套机具</th></tr>
<tr><td>旋耕</td><td>整地前 1 天</td><td>表面平整，土块均匀细碎</td><td>机械旋耕</td><td>东方红 1GQN-230KH
旋耕机 </td></tr>
<tr><td>整地</td><td>直播前 1～5 天</td><td>单位：毫米 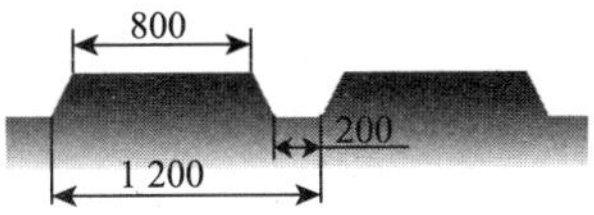
800
200
1 200
表面平整，土壤细碎</td><td>机械整地</td><td>华龙 1ZKN-125
旋耕起垄机 </td></tr>
<tr><td rowspan="2">直播</td><td rowspan="2">10 月上旬</td><td> 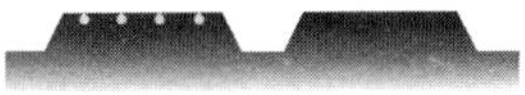播前种子丸粒化处理。
一次性播种 2 行。
行距 200 毫米，穴距 150 毫米</td><td>机械直播</td><td>矢琦 SYV-M600W
手推式蔬菜直播机 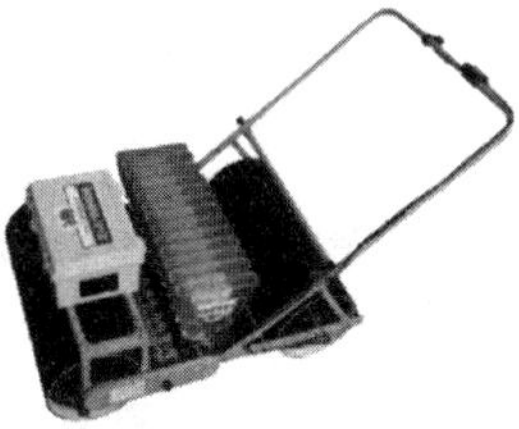</td></tr>
<tr><td> 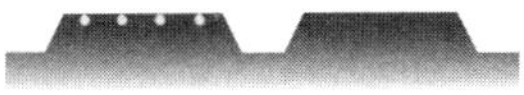播前种子丸粒化处理。
一次性播种 4 行。
行距 200 毫米，穴距 150 毫米</td><td>机械直播</td><td>德沃 2BQS-4
气力式蔬菜播种机 </td></tr>
</table>

（续）

作业环节（时间）		作业规程	技术模式	配套机具
灌溉	播后浇水，以后酌情灌溉	根据作物需求，灌溉适量，喷洒均匀	机械灌溉	筑水 3WZ51 自走式喷雾机
植保	根据作物情况进行作业	根据病虫害情况，喷洒均匀，覆盖全面	机械植保	亿丰丸山 3WP-500 自走式喷杆喷雾机
收获	翌年 2 月	每次收获 1 行，一次性完成挖掘、切根、割断茎叶、残叶处理、清选、装箱	机械收获	洋马 HN100 全自动胡萝卜收获机

1.6 大棚鸡毛菜生产机械化解决方案

1.6.1 鸡毛菜种植概况及农艺要求

鸡毛菜是绿叶蔬菜十字花科植物小白菜的幼苗的俗称，以南方栽种最广，一年四季供应，春夏两季最多，播种后 20～40 天即可采收。春季栽培应选择冬性强的品种；夏季栽培一般选择耐热品种，并筑成深沟高畦，高温季节，播种至出苗应覆盖遮阳网；秋季栽培一般选择抗热品种，播种时如土壤干旱，可先行灌溉。

1.6.2 鸡毛菜生产机械化作业工艺研究

以上海鸡毛菜大棚栽培为例，每年种植数茬。采用作畦方式轮作制度，以大棚栽培模式为主，畦面宽 1 500 毫米、畦高 180～250 毫米、畦底宽 1 600 毫米。各生产环节的作业时间和作业内容根据农艺技术规程和机具作业规范确定，如表 6 所示。

表 6　大棚鸡毛菜生产机械化解决方案

作业环节（时间）		作业规程	技术模式	配套机具
旋耕	作畦前 1 天	表面平整，土块均匀细碎	机械旋耕	G120 型旋耕机（动力：大棚王拖拉机） 
作畦	直播前 1～5 天	畦面宽 1 500 毫米，畦底宽 1 600 毫米，畦高 180～250 毫米	机械整地	意大利 Hortech AF SUPER 160 作畦机（动力：一拖 X800 拖拉机） 
直播	视天气和前茬收获情况	播种行数 23 行；播种行距：55 毫米；播种幅宽：1 400 毫米	机械直播	意大利 Ortomec MULTI SEED 140 蔬菜播种机 
灌溉	播后浇水，以后酌情灌溉	根据作物需求，灌溉适量，喷洒均匀	自动灌溉	滴灌带 

（续）

作业环节（时间）		作业规程	技术模式	配套机具
植保	根据作物情况进行作业	根据病虫害情况，喷洒均匀，覆盖全面	机械植保	背负式喷雾机
收获	视鸡毛菜生长情况而定	适时采收	机械收获	意大利 Hortech 公司 SLIDE FW160 型自走式叶菜收割机或意大利 De Pietri 公司 FR38 SPECIAL160 型自走式叶菜收割机

1.7 日光温室番茄生产机械化解决方案

1.7.1 番茄种植概况及农艺要求

番茄的生长发育要求一定的日夜温差，要求比较干燥的气候，空气湿度宜保持在 45%～55%。土壤湿度，幼苗期为 60%，结果期为 80%。番茄对土壤的适应能力较强，土壤 pH 6.5～7.0 为宜。

1.7.2 番茄生产机械化作业工艺研究

以番茄日光温室栽培为例，采用番茄-其他蔬菜轮作制度，起垄种植，每年种植 1 茬番茄。以日光温室栽培模式为主，垄面宽 600 毫米，畦高 200 毫米。各生产环节的作业时间和作业内容根据农艺技术规程和机具作业规范确定，如表 7 所示。

表 7 日光温室番茄生产机械化解决方案

作业环节（时间）		作业规程	技术模式	配套机具
旋耕	4 月 26 日	表面平整，土块均匀细碎	机械旋耕	1GQN-130 旋耕机（动力：354D 拖拉机）

（续）

作业环节（时间）		作业规程	技术模式	配套机具
起垄	旋耕后起垄	垄面宽 600 毫米，垄高 200 毫米	机械起垄	1QEL 起垄机 （动力：354D 拖拉机） 
移栽	4 月 28 日	栽植行数 2 行，行距 40 厘米，株距 40 厘米	机械移栽	2ZB-2 蔬菜移栽机 （动力：354D 拖拉机） 
灌溉	移栽后浇水，以后酌情灌溉	根据作物需求，灌溉适量，喷洒均匀	自动灌溉	滴灌带 
植保	根据作物情况进行作业	根据病虫害情况，苗期 2～3 次生长期 2～3 次，喷洒均匀，覆盖全面	机械植保	背负式喷药机 
收获	7 月 15 日至 8 月 15 日	适时采收	人工采收，机械运输	三轮车 

1.8 露地甘蓝生产机械化解决方案

1.8.1 结球甘蓝种植概况及农艺要求

结球甘蓝是十字花科芸薹属的植物，是我国东北、西北、华北等地区春、夏、秋季的主要蔬菜之一。甘蓝要求土壤水分充足和空气湿润，若土壤干旱会影响结球，降低产量。甘蓝为喜肥和耐用肥作物，吸肥量较多，全生长期吸收氮、磷、钾的比例约为3：1：4。

1.8.2 结球甘蓝生产机械化作业工艺研究

以北京地区露地栽培方式为例，可于春季进行露地栽培，春季于4月下定植，6月下旬收获。采用垄作方式和轮作制度，以露地栽培模式为主，可采用宽窄行种植，行距分别为80厘米、60厘米、50厘米，株距25厘米，各生产环节的作业时间和作业内容根据农艺技术规程和机具作业规范确定，如表8所示。

表8 露地结球甘蓝生产机械化解决方案

作业环节（时间）		作业规程	技术模式	配套机具
育苗	4月10～22日	播前种子消毒，每穴1粒，深度0.5～1厘米。具3～4片真叶、根系发达并紧密缠绕基质成团时，可移栽	机械播种育苗	韩国大东机电SD-600W穴盘精密播种机
耕整地	4月1～20日	旋耕整地不起垄，表面平整，土壤细碎。耕深≥80毫米，碎土率≥50%	机械整地	通田1GQN-230型旋耕机
移栽	4月26～29日	单位：毫米 800 600 500 宽窄行种植，行距分别为80厘米、60厘米、50厘米，株距25厘米	半自动移栽	富来威2ZQ-4链夹式蔬菜移栽机

（续）

作业环节（时间）		作业规程	技术模式	配套机具
灌溉	移栽后即进行，以后酌情灌溉	 根据作物需求，喷洒均匀，灌溉量适中	机械喷灌	喷灌带 
植保	视实际情况进行	根据病虫害情况，喷洒均匀，覆盖全面	机械植保	山东华盛 3wp-650 喷杆喷雾机 
收获	6 月下旬	 成熟度适宜	机械收获	HORTUS 单行甘蓝收获机 

2　国外蔬菜种植标准化模式范例

2.1　日本蔬菜机械化生产模式

在蔬菜机械化水平较高的国家中，日本与我国情况最为相似，也曾遇到过农业劳动力老龄化、蔬菜品种多、土地分散规模化程度低等问题。但是，经过半个多世纪的发展，日本的蔬菜机械化目前已较为成熟，其发展经验对我国蔬菜机械化事业有着很好的启示作用。

日本蔬菜机械化历程中最为关键的环节莫过于蔬菜生产标准化。由于单种蔬菜作物的种植面积较小，栽培模式多种多样，同时开发适合每种栽培模式的机械实属不易，而且即便开发成功，也会因成本过高等因素而难以推广应用。为此，1994 年 1 月，日本农林水产省设立了以经验丰富的学者、生产者、作物栽培和农业机械生产者和使用者为成员的“栽培模式标准化推进会议”制度。至 1999 年，共召开了5次会议，确定了甘蓝、白菜、莴苣等10余种作物的标准化栽培模式，如表9所示。

表9 日本蔬菜标准化栽培模式

蔬菜种类	单垄行数/行	垄距（厘米）	垄高（厘米）	株距（厘米）	行距（厘米）	适用的高性能农业机械
甘蓝	1	45	0～20	30～45	—	蔬菜全自动移栽机
		60	0～20	30～45	—	甘蓝收割机
	2	120	0～25	30～45	45～60	蔬菜栽培管理车
大白菜	1	60	0～20	30～50	—	蔬菜全自动移栽机
						蔬菜栽培管理车
	2	120	0～25	30～50	40～60	白菜收割机
莴苣	1	45	0～20	25～40	—	蔬菜全自动移栽机
	2	90	0～15	25～40	40～45	蔬菜栽培管理车
菠菜	4～6	120	0～20	2～15	15～20	非球状叶菜收割机
	平垄栽培	无限制	0～20	2～15	15～20	蔬菜栽培管理车
深根葱	1	90	10～25	2～4	—	葱收割机
		120	10～25	2～4	—	
叶葱	3～6	120	0～20	≤15	15～35	非球状叶菜收割机
萝卜	1	60	0～20	25～35	—	萝卜收割机
	2	120	0～25	25～35	30～60	蔬菜栽培管理车
胡萝卜	2	60	0～20	5～15	15～20	蔬菜栽培管理车
	4	120	0～25	5～15	15～20	
牛蒡	1	60	0～15	5～15	—	牛蒡收割机
甘薯	1	70～100	20～30	25～40	—	通用薯类收割机
马铃薯	1	60～90	15～30	20～35	—	通用薯类收割机
芋头	1	120	0～25	30～60	—	通用薯类收割机

注：垄高“0”为不起垄；蔬菜栽培管理车在进行中耕、培土、追肥作业时，需要行距在45厘米以上。

为了配合全自动移栽机的使用，日本农林水产省制定了广泛适用于叶菜类蔬菜全自动移栽机和步进式蔬菜移栽机的通用育苗盘标准规格，单元盒成型苗用育苗盘有128单元盒、200单元盒、288单元盒3种规格，纸浆模单元盒有128单元盒和200单元盒2种规格，具有很高的实用性。

规模化种植是日本推动蔬菜机械化生产的另一措施。规模化生产包括将土地租赁给蔬菜生产者，并在大规模水稻生产户中建立蔬菜生产组织。建立契约式生产体系，保证了蔬菜收购量和价格的稳定。政府在生产旺季帮助生产者不间断发货，减轻了蔬菜生产者的负担。通过这些措施，虽然蔬菜生产者在不断减少，但是蔬菜栽培面积和产量一直保持平稳发展的态势，说明每户的种植面积在稳步增加。

2.2　澳大利亚塔斯马尼亚蔬菜地固定道作业模式

以澳大利亚塔斯马尼亚蔬菜生产为对象，研究了基于复杂地形的固定道耕作方式蔬菜生产布局设计，以及多样化蔬菜生产中机械化面临的挑战和技术途径，轮距和工作幅宽标准化是发展集成化固定道耕作技术的核心，蔬菜各环节机具作业对轮距和工作幅宽的兼容性或配套性是两个关键的问题。该模式蔬菜生产布局见图1。

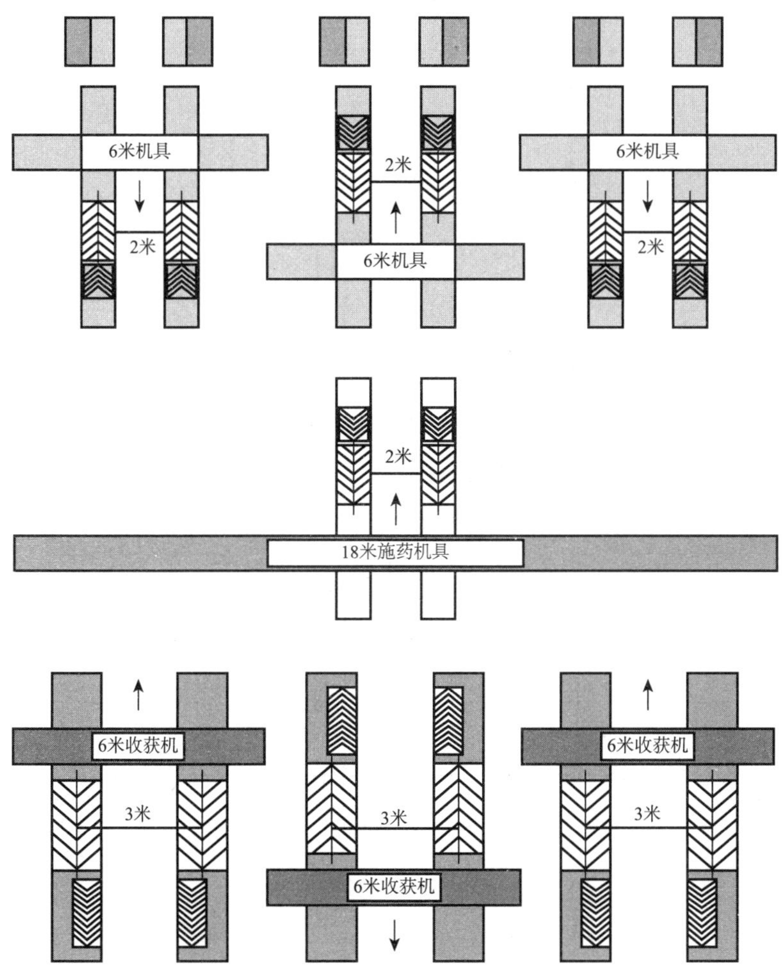

图1　澳大利亚亚塔斯马尼亚固定道耕作方式蔬菜生产布局

2.3　荷兰有机农场蔬菜地固定道作业模式

以荷兰 G. D. Vermeulen 等荷兰有机农场种植豌豆、洋葱、胡萝卜、菠菜等为例，研究了有机蔬菜生产中采用季节性固定道耕作方式下的土壤、作物和温室气体排放等方面的影响。该模式蔬菜生产示意图见图2。

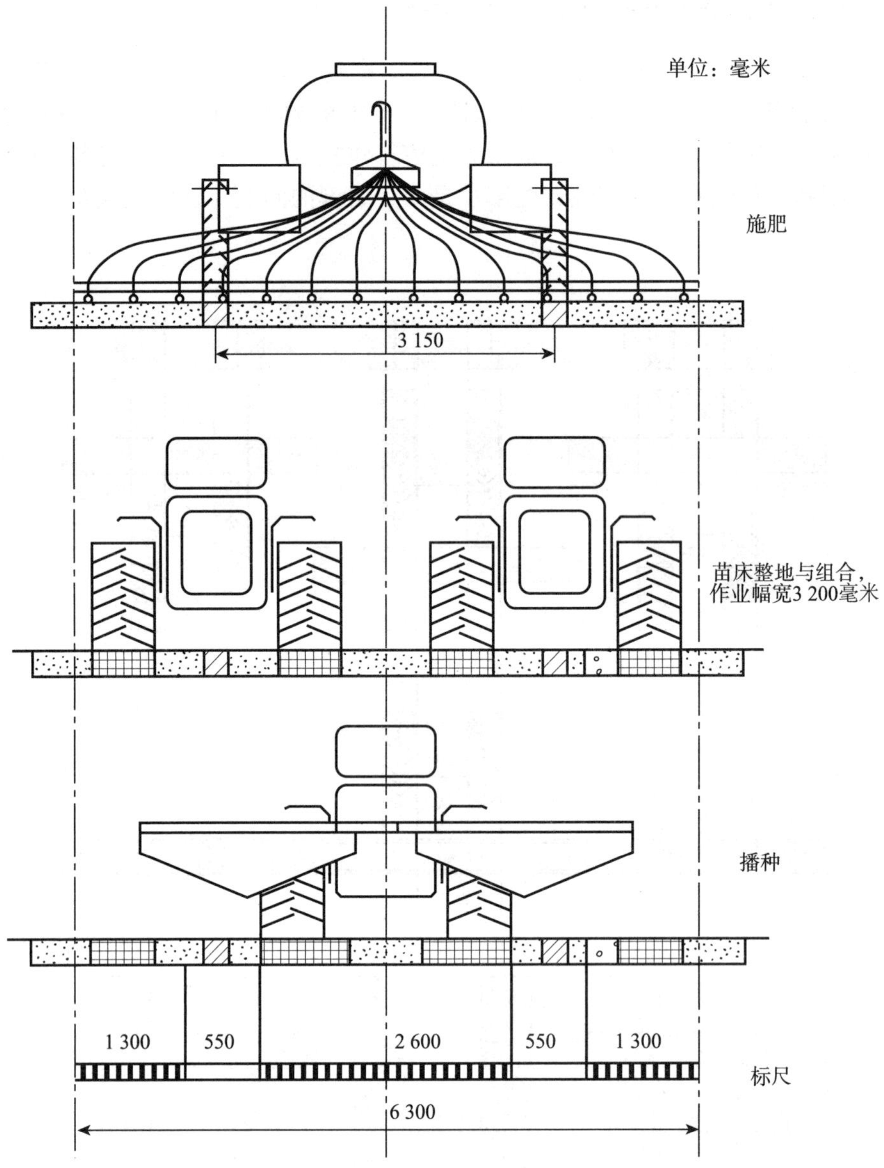

图 2　荷兰固定道有机蔬菜生产示意图

蔬菜包装技术与实践

郁志芳　姜　丽　安秀娟　徐　银

（南京农业大学食品科技学院　江苏南京　210095）

摘　要：蔬菜作为活的有机体，含水量高、组织柔软、易受机械损伤和受微生物侵染等而降低商品性、数量和价值。我国很多蔬菜储运企业、流通商和农户，由于缺乏必要的包装知识和可靠的包装技术，在储藏、运输、批发和零售等环节因各种各样的原因发生采后腐败变质进而导致严重损失，影响蔬菜生产经营者的利益和积极性。蔬菜作为鲜食农产品，其包装在满足普通商品包装要求的前提下还有其自身的要求，目前包装作为蔬菜采后储运流通中必不可少的商品化处理环节，其已成为蔬菜产业发展的一项重要工作。在人们生活质量持续提高、消费模式发生明显变化、电商需求迅速发展的今天，消费者对蔬菜包装的要求越来越高。本文对蔬菜包装技术与实践环节进行了综述。

关键词：蔬菜　包装技术

1　蔬菜包装的作用

包装的定义［根据《包装术语　第一部分：基础》（GB/T 4122.1—2008）］为：在流通过程中保护商品，方便储运，促进销售，按一定技术方法而采用的容器、材料及辅助物等的总体名称；也指为了达到以上目的而在采用容器、材料和辅助物的过程中施加一定方法的操作活动。

蔬菜包装的作用主要体现在：①包装通过容器可使蔬菜由单一个体形成统一的整体，便于搬运、储藏、运输和销售，也便于期间的管理和提高效率。②良好的包装材料和技术应用可使蔬菜在采后的搬运、储藏运输、物流配送中减少产品间的相互摩擦、碰撞、挤压，防止机械损伤的发生，保存蔬菜良好的组织状态和商品性。③通过适宜的包装可创造一个微环境，有利于蔬菜产品环境温度和湿度的控制，防止水分散失而减轻重量，保持车产品的新鲜状态。④合理的包装材料和技术应用可减少微生物对蔬菜的侵染和减少病害的蔓延，减轻病害的发展和减少病害的损失。⑤适宜的包装可统一蔬菜规格、质量、数量，并实现标准化、商品化，同时还可美化商品、促进销售、提高产品的附加值。⑥通过在蔬菜包装容器上添加相关的标识标志或者对包装进行改进，可赋予包装新的功能，如识别功能、指示功能、便利功能等。

目前，蔬菜包装逐步向标准化、规格化、美观、经济、重量轻、能蓄冷、耐湿、循环使用、绿色环保等方向发展。

2 蔬菜包装容器

2.1 包装材料与容器的要求

根据蔬菜的特点，其包装对材料与容器的要求主要包括：①保护性：在装饰、运输、堆码过程中，包装容器要具有足够的机械强度，防止蔬菜产品受挤压碰撞而影响品质。②通透性：利于氧、二氧化碳、乙烯等气体的交换，以及蔬菜产品呼吸热的排出。③防潮性：避免高湿度条件下容器因吸水变形而导致包装强度下降，包装内产品腐烂。④隔热（保温）性：经预冷或冷藏蔬菜的包装应做到一定时间内温度的稳定，要求材料和容器具有良好的隔热（保温）性。⑤美观与环保性：清洁、无污染、无异味，容器内壁光滑，重量轻，成本低，便于取材和易于回收。⑥标注性：包装外应易于印制标志标识，美观大方。⑦经济性：蔬菜一般属于价值不高的产品，包装材料和容器的价格应与蔬菜产品相一致。

2.2 包装材料与容器的种类

目前，我国外包装容器的种类、材料、优缺点、适用范围见表 1。各种包装材料各有优缺点，应根据蔬菜特性、储运配送添加和要求等继续谨慎选择和使用。对某些材料进行处理可提高相关的性能，以达到更好的包装效果。如纸箱通过上蜡，一定程度上改善其防水防潮性能，受湿受潮后仍具有很好的强度而不变形。另外，包装容器的大小可根据蔬菜种类、品种、销售方式、储运条件等进行设计，以满足不同的要求，如目前的纸箱几乎都是瓦楞纸制成，有单面、双面及双层瓦楞纸板供选择。此外，可根据包装材料的特性和蔬菜产品储运配送的要求，通过专门的设计和合理技术的配套应用，可实现对蔬菜微生环境温度、湿度和气体条件的控制（见包装技术）。

表 1 包装容器的种类、材料、适用范围及优缺点

种 类	材 料	适用范围	优缺点
塑料箱/筐	聚乙烯、聚苯乙烯	各种蔬菜	轻便防潮，但成本高
纸箱	板纸	各种蔬菜	重量轻，可折叠平放，易印刷各种图案，外观美观，但吸潮后易变形，不能承重
钙塑箱	聚乙烯、碳酸钙	各种蔬菜	不吸潮、不易变形，一般不易折叠
木箱	木板、木条	各种蔬菜	大小规格便于统一，能长期周转使用，但较沉重，且易擦伤产品
筐	竹子、荆条	各种蔬菜	价格低廉，大小难易统一，易刺伤产品
加固竹筐	筐体竹皮、筐盖木板	各种蔬菜	价格较低廉，但易刺伤产品
网、袋	天然纤维或合成纤维	根茎和硬度大的蔬菜	价格较低廉，易获得，但包装易变形，会使产品受挤压而产生擦伤和碰伤

不同蔬菜其组织结构和抗机械伤的能力存在巨大差异（表 2），为进一步防止

产品受震荡、碰撞、摩擦而引起的机械伤害，或创造微环境以防止水分散失、隔绝微生物传播、降低代谢强度等，在良好包装的基础上，加入衬填物和缓冲材料或使用包裹密闭材料，进行合理搭配可提高包装效果，常见的内包装材料及作用见表3。

表2　不同蔬菜产品对伤害的敏感性

产品名称	损伤类型			产品名称	损伤类型		
	挤压	碰撞	震动		挤压	碰撞	震动
叶菜	S	S	S	番茄（红）	S	S	I
草莓	S	I	R	硬皮甜瓜	S	I	I
黄瓜	S	S	S	西葫芦	I	S	S
西蓝花、四季豆	I	I	I	马铃薯、洋葱	R	R	R

注：S表示敏感；R表示有抗性；I表示中等。部分引自冯双庆主编《果蔬储运学》。

表3　蔬菜产品常见内包装材料及作用

种类	作用	适用对象
纸、纸屑、木屑	衬垫、包装及化学药剂的载体，缓冲挤压	番茄
托盘、插板	分离产品及衬垫，增大支撑强度，减少碰撞	果菜
泡沫、网套	衬垫，减少碰撞，缓冲震荡	瓜类
薄膜及袋	控制失水和呼吸，控制失水	叶菜、果菜等

2.3　蔬菜包装技术

蔬菜包装可分为运输包装和销售包装。前者指以运输储存为主要目的的包装，具有保障产品安全，方便储运装卸，加速交接、点验等作用，其为配合大数量产品的储藏、运输要求而进行，包装材料和容器必须强度高、容量大，如聚乙烯、聚苯乙烯、纸箱、木板条等。后者主要针对蔬菜销售和配送而进行，与内装物质一起到达消费者手中的包装，具有保护、美化产品、促进销售的作用，因而销售包装设计要求较运输包装要高，蔬菜经营者也更重视销售包装。

销售包装的方式多样，常见的有保护包装、方便化包装、礼品包装、可视化包装、缓冲包装、裹包包装、挂式包装、单个包装等，它们均有相适用的方法技术。蔬菜包装按照操作精细程度和要求的严格性，可分为普通（简单）和精细包装两类。

（1）普通包装。这类包装采用常见的材料经常规设计后加工成容器，对价值较低产品不进行特殊处理，而进行起个体集合、容纳作用的包装。典型的方式见图1。普通包装的优点在于成本低、包装操作容易、对技术要求不严格，尤其适合大宗、价格低和组织结构紧实、储运性好的蔬菜，因而这种类型的包装实用性强、应用普遍、比例大，在市场上蔬菜产品的包装中常见。缺点是包装对问题的针对性差、包装应用的技术粗放、包装设计落后、包装的效果差，对于高端产品、易变质、高价值蔬菜不适用。

图1　蔬菜普通包装案例

注：左上为洋葱，右上为甘薯、大蒜等，左中为胡萝卜，左下为甜玉米，右下为青椒。

（2）精细包装。精细包装指的是围绕特定蔬菜发生的突出问题，开展针对性地专门设计、以适宜的材料制成容器、应用有效的包装技术对蔬菜进行包装，以达到保持品质、减少损失、延长储运和销售配送的时间。对于包装容器，精细的设计包括诸如大小、形状、通风、隔热性、装潢、产品的摆放（图2）等。精细包装的方式多种多样，如单个网套包装、裹包包装、单层或隔层与衬垫箱（盒、筐）装、涂膜包装、气调包装、配送包装和礼品包装等（图3～图6）。

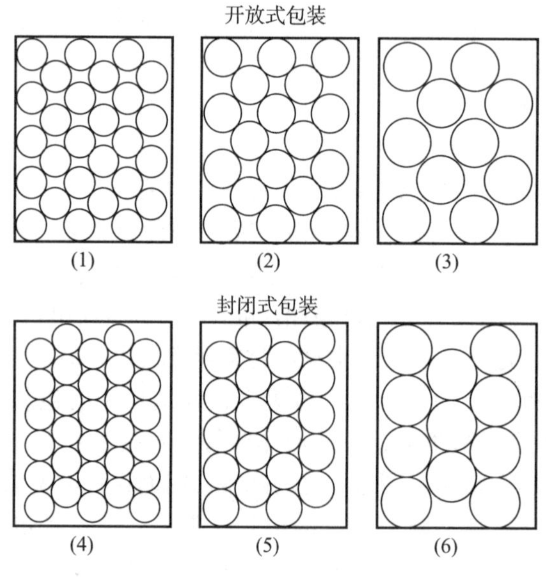

图2　包装箱内产品摆放的方法

图 3　精细包装之网套包装、裹包包装、单层与衬垫及固定化盒装

图 4　精细包装之单个包装、隔离包装、衬垫与网套包装

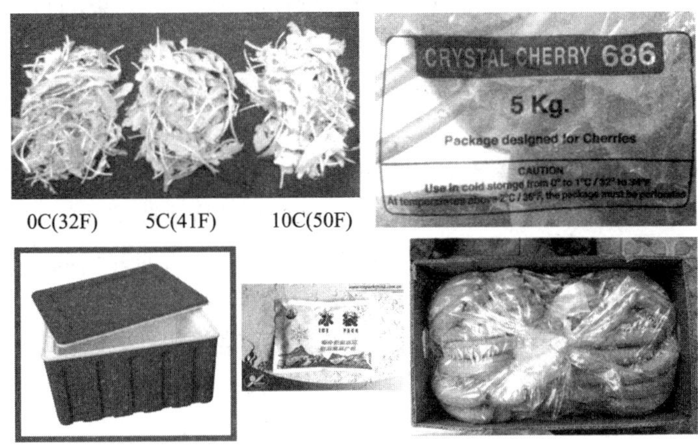

图 5　精细包装之保温包装和气调包装

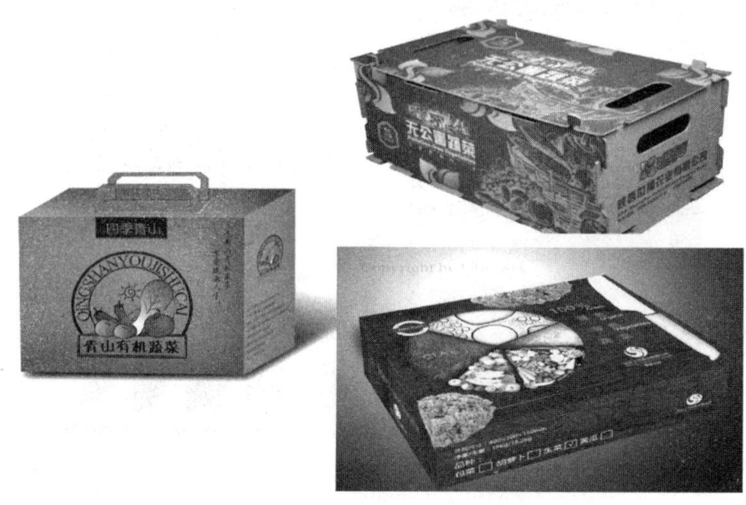

图 6　精细包装之礼品化包装

蔬菜精细包装前应经过修整，使产品新鲜、清洁、无机械伤、无病虫害、无腐烂、无畸形、无各种生理病害，进行适当的预冷、分级。包装的操作需在阴凉处或冷凉环境进行，防日晒、风吹、雨淋。蔬菜的包装需适量进行，根据产品自身特点采取散装、捆扎包装或定位包装以防止过满或过少而造成损伤。对于个体较大、大小均匀的蔬菜产品可进行单个包装，常用的方式有塑料热收缩包装、塑料拉伸包装、泡罩包装、贴体包装。蔬菜产品在容器内的排列形式以既有利于通风透气，又不会引起产品在容器内滚动、相互碰撞为宜。防止机械损伤发生可以通过在底部加浅盘杯、薄垫片、衬垫、分层分隔、改进包装材料、减少堆叠层数等来解决，以减轻蔬菜储藏、运输、销售、配送等多次装卸搬运对产品的影响。

蔬菜作为鲜活产品时刻进行着呼吸作用，不断消耗包装环节的氧气、释放二氧化碳并产生热量，为保证呼吸的正常进行需补充氧气、防止二氧化碳和热量的累积，无论是包装箱还是塑料薄膜（如聚乙烯、聚丙烯）包装袋通常均需要打孔，打孔的数目及大小根据产品自身特点和包装量确定，用于包装袋的包装膜厚度一般0.01～0.03毫米，用于衬垫的通常还要薄些。塑料薄膜袋和衬垫可以使蔬菜近表面小环境的相对湿度达到接近饱和状态，通过保湿作用有效减轻萎蔫的发生，减少储运、销售和配送过程中重量的损失。

涂膜包装也是一种减少蔬菜产品水分散失、保持新鲜度的有效方法，同时一定程度上也可增加产品光泽、提高蔬菜的商品性。其是将成膜溶质配制成溶液或者乳状液，采用涂抹、浸泡或喷喷的方式，使其附着在蔬菜表面并形成一层半透性的薄膜。这种薄膜可以紧密地包裹住蔬菜，堵塞其表面气孔，抑制蔬菜的呼吸作用和降低蒸腾作用，抵制微生物的入侵，从而达到延长蔬菜储藏期的目的。目前，使用较为广泛的涂膜材料是壳聚糖、卡拉胶、变性淀粉、蛋白质、油脂等单一或复配应用。复配使用可克服单一使用的缺点，达到更好的效果。

气调包装有自发气调包装（MAP）和充注确定比例的混合气体气调包装

(CAP) 等。MAP 是利用包装容器中蔬菜自身呼吸消耗 O_2 和释放 CO_2 减少包装环境中的 O_2 含量，增加 CO_2 浓度，达到自发性气调的目的；CAP 是将预先调整好浓度的混合气体充注入蔬菜包装容器中，调节储存环境气体组分。通过气调包装可以抑制蔬菜的呼吸，降低代谢强度，减少物质的消化，抑制微生物生长，达到延缓蔬菜成熟衰老、延长蔬菜保鲜时间的效果。气调包装的容器目前主要为普通（专用、纳米化）塑料薄膜袋和气调箱，气调包装的条件必须经过严格的试验确定并与储运、销售和配送条件相适应。

电商和配送条件下，保温包装是常用方法，特别是在冷链物流体系不完善的情况下更是如此。常用的保温包装容器一般为聚氨酯或聚苯乙烯发泡塑料箱，通过同时预冷箱体和蔬菜以保持箱内低温外，还可以采用加冰水、冰袋等方式保持包装后产品的低温，有效减缓黄化并延长销售时间。

对于诸如易腐、昂贵、稀、特并对气调包装反应良好的蔬菜，在掌握蔬菜产品的特性、气体与温度条件的配合等关键因素前提下，如有可能则可进行气调包装，以保持产品的商品性。为确保包装容器中蔬菜的新鲜度、减少微生物造成的腐烂，可根据实际需要放置保鲜剂（如乙烯吸附剂、防腐剂-SO_2、ClO_2缓释剂等)。

销售的小包装特别是礼品化包装尤其要注意设计新颖、器形美观、色彩合理、便于携带，装潢与产品相符，能吸引消费者的消费欲望。

产品装箱完毕后，还需对重量、等级、规格等进行检验，检验合格者方可封口。包装箱封口应简便易行、牢固安全。

3　蔬菜包装注意事项

(1) 蔬菜包装的容器和方式应与产品的特性相符，并与储运配送条件相适应。例如，易受机械伤的蔬菜应单个包装，易失水的产品应保湿包装；需存放且多层堆叠的包装，容器必须能耐受重力，并不因吸潮而影响强度；预冷的蔬菜其包装环境、储运配送条件应与预冷温度做到基本一致，防止温差太大包装内面或外面水汽凝结而出现明水；加工食品常用的真空包装一般不适用于新鲜蔬菜包装等。

(2) 蔬菜包装的操作应轻柔，避免操作活动和过程对产品造成机械伤。包装涉及一系列的操作活动和多个环节并与其他的商品化处理紧密联系，包装应按照相关的操作规程开展作业活动，做到精准、快速，包装后尽量少移动，保持与产品要求的环境条件，不产生新的机械伤。

(3) 与蔬菜预冷、分级一样，蔬菜包装也应与其他的商品化处理技术紧密配合，减少环节。如包装可结合挑选、分级等结合进行，尽可能快地进入储藏和/或销售环节。

(4) 蔬菜包装上相应的标志标识必须齐全。根据《农产品质量安全法》和农产品标识有关要求，蔬菜销售包装应标明的内容包括品名、产地、生产者、生产日期、保质期、产品质量等级等内容，如涉及需要明示的特殊信息也应标明，如转基因应按照《食品安全法》和《农业转基因生物标识管理办法》要求进行显著标示。

（5）防止过度包装。蔬菜属日常生活产品且价格通常低廉，不应通过过度包装的方式损害消费者的利益。通常出现的过度包装包括包装层数过多和使用过厚的衬垫材料造成结构过度，保护功能过剩；用材过于考究，耗材过多等造成的材料过度，增加了包装成本；装潢过度和推销过度。

设施蔬菜耕整地机械分类与规格

农业农村部南京农业机械化研究所

摘　要：耕整地的标准化、规范化是蔬菜生产全程机械化的基础。蔬菜耕整地阶段包括直播和定植前的清茬、平整、施基肥、耕翻、起垄、铺管、覆膜等作业环节。环节之多、作业质量要求之高远非一般粮食作物所比。蔬菜生长要求有合理的耕层土壤结构，而且为便于排水及田间管理，通常要起垄（作畦），要求垄面平整、垄沟宽直，为后续机械播种、移栽作业创造条件。

关键词：设施蔬菜　耕整地机械　分类

1　清茬机械

在一茬蔬菜的直播或定植前，需要对残茬进行清出、灭茬处理。常用的清茬机械有秸秆粉碎还田机和灭茬还田机两类。

1.1　秸秆粉碎还田机

目前，该机技术比较成熟，采用皮带侧边传动，通过刀轴的高速旋转带动刀轴上的动刀与罩壳上定刀的相互作用实现秸秆的粉碎、抛撒和还田。根据需要，机器后部盖板能够打开或关闭，并有可互换刀具以供选择，以适应不同的作业要求。根据工作部件的不同，分为锤爪型、直刀型、弯刀型 3 种。

1.1.1　锤爪型

（1）功能及特点。锤爪型机型利用高速旋转的锤爪来冲击砍切、锤击、撕剪秸秆，一般质量比较大，旋转时转动惯量很大，粉碎效果好，粉碎后的秸秆以丝絮状为多。锤爪有两爪和三爪两种，一般采用高强度耐磨铸钢，强度大且耐磨，抗冲击力强，寿命长，主要用于粉碎硬质秸秆，对沙石地适应性好。

（2）相关生产企业[①]。常州汉森机械有限公司、黑龙江德沃科技开发有限公司、河北双天机械制造有限公司、河北圣和农业机械有限公司、河南豪丰机械制造有限公司、石家庄农业机械股份有限公司、西安亚澳农机股份有限公司、盐城市盐海拖拉机制造有限公司等。

（3）典型机型技术参数。以 1JH-250 秸秆粉碎还田机型为例（图 1）：

外形尺寸（长×宽×高，毫米）：1 460×1 300×1 150；

---

① 企业顺序按照先国内后国外的原则，并以汉语拼音为序。

整机重量（千克）：980；
配套动力（千瓦）：66～88；
刀轴转速（转/分）：1 800；
作业幅宽（厘米）：250；
生产率（公顷/时）：1～3；
锤爪数量（把）：22。

图1　1JH-250 秸秆粉碎还田机

1.1.2　直刀型

（1）功能及特点。直刀型机型一般以砍切为主、滑切为辅的切割方式工作，通常两把或三把直刀为一组，间隔较小，排列较密，高速旋转时有多个直刀式甩刀同时参与切断粉碎，粉碎效果较好，尤其针对有一定的韧性类秸秆更为明显。

（2）相关生产企业。河北双天机械制造有限公司、河北圣和农业机械有限公司、河南豪丰机械制造有限公司、江苏银华春翔机械制造有限公司、马斯奇奥（青岛）农机制造有限公司、山东奥龙农业机械制造有限公司等。

（3）典型机型技术参数。以1JQ-165型秸秆粉碎还田机为例（图2）：
外形尺寸（长×宽×高，毫米）：1 900×1 350×1 050；
整机重量（千克）：530；
配套动力（千瓦）：37～47；
工作幅宽（厘米）：1.65；
刀轴转速（转/分）：1 850；
生产率（公顷/时）：1～2；
直刀数量（把）：96。

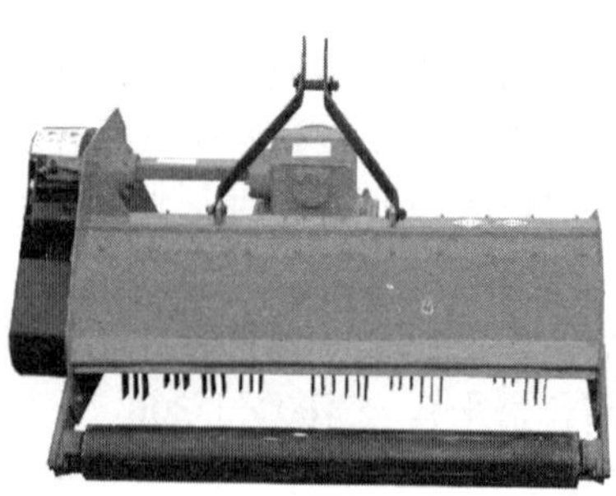

图2　1JQ-165 型秸秆粉碎还田机

1.1.3　弯刀型

（1）功能及特点。弯刀型机型粉碎效果不如直刀型，动力消耗大，但其捡拾功能比直刀强，在秸秆还田要求不高、地表不平的地块比较适用。

（2）相关生产企业。德州市华北农机装备有限公司、故城县利达农业机械有限公司、河北太阳升机械有限公司、山东大华机械有限公司、上海康博实业有限公司、潍坊市宏胜工贸有限公司等。

（3）典型机型技术参数。以旄牛 4J185 型秸秆粉碎还田机为例（图 3）：

外形尺寸（长×宽×高，毫米）：1 390×2 300×1 070；

整机重量（千克）：580；

配套动力（千瓦）：52～66；

工作幅宽（厘米）：185；

刀轴转速（转/分）：2 200；

生产率（公顷/时）：0.5～0.8；

直刀数量（把）：76。

图 3　旄牛 4J185 型秸秆粉碎还田机

以康博 1GQ-145 旋耕机为例（图 4）：

外形尺寸（长×宽×高，毫米）：1 520×820×950；

配套动力（千瓦）：26～37；

工作幅宽（厘米）：145；

耕深（厘米）：20～25；

作业效率（公顷/时）：0.2～0.27。

适合设施和露地的旋耕、灭茬、整地作业，碎土效果好。

1.2　灭茬还田机

灭茬还田技术即利用根茬粉碎还田机具，将收割后遗留在地里的作物根茬粉碎后直接均匀地混拌于 8～10 厘米深的耕层中，实现清茬。一般较为常用的是旋耕灭茬机，专用于配后动力输出拖拉机的一种集旋耕和灭茬为一体的机械。从结构上大致可分为反转灭茬型和双轴灭茬型两类。

图 4　康博 1GQ-145 旋耕机

1.2.1　反转灭茬型

（1）功能及特点。该机型的动力由中间齿轮箱变速，通过侧齿轮箱传动给刀轴，灭茬刀的安装有刀座式和刀盘式两种，工作时刀轴反向旋转，完成旋耕和碎茬。

（2）相关生产企业。丹阳良友机械有限公司、江苏沃野机械制造有限公司、江苏清淮机械有限公司、江苏亿科农业装备有限公司、连云港市连发机械有限公司、连云港市兴安机械制造有限公司等。

（3）典型机型技术参数。以 1GF-180 型反转灭茬机为例（图 5）：

外形尺寸（长×宽×高，毫米）：2 100×865×1 250；

整机重量（千克）：395；

配套动力（千瓦）：51.5～62.5；

工作幅宽（厘米）：180；

刀轴转速（转/分）：230；

生产率（公顷/时）：0.5～0.8；

刀片数量（把）：50。

图 5　1GF-180 型反转灭茬机

1.2.2　双轴灭茬型

（1）功能及特点。该机型有双刀轴，两轴的转速不同，刀具不同，可分别实现灭茬和旋耕作业，达到了一机两用的目的，减少了机具进地次数，降低了耕作费用。

（2）相关生产企业。常州常旋机械有限公司、河北神耕机械有限公司、江苏清淮机械有限公司、连云港市连发机械有限公司、连云港市兴安机械制造有限公司、连云港市云港旋耕机械有限公司、南昌旋耕机厂有限责任公司、山东大华机械有限公司等。

（3）典型机型技术参数。以1GKNM-200型双轴灭茬机为例（图6）：

外形尺寸（长×宽×高，毫米）：1 800×2 120×1 240；

整机重量（千克）：720；

配套动力（千瓦）：47.8～73.6；

工作幅宽（厘米）：200；

旋耕刀轴转速（转/分）：226；

灭茬刀轴转速（转/分）：488。

图6　1GKNM-200型双轴灭茬机

2　平地机械

良好的蔬菜地应满足土地平整、不易积水、易于排灌的要求。菜地平整可改善土表情况，有利于改善菜田灌溉情况，提高化肥的利用率，减少病虫害，提高蔬菜产量。土地平整的方法中，以激光平地方法应用最为普遍，推广较多。

（1）功能及特点。在平地机上配备激光装置，在作业中与安装在地边适当位置的激光发射器保持联系，即可根据接受激光光束位置的高低，自动调整平地铲的高低位置，即切土深度，从而大大提高平地质量。

（2）相关生产企业。北京盛恒天宝科技有限公司、河南豪丰机械制造有限公司、江苏徐州天晟工程机械集团有限公司、天宸北斗卫星导航技术（天津）有限公司、西安科维工程技术有限公司等。

（3）典型机型技术参数。以 1JP250 型激光平地机为例（图 7）：

外形尺寸（长×宽×高，毫米）：3 000×2 650×3 650；

整机重量（千克）：800；

工作幅宽（厘米）：250；

配套动力（千瓦）：55～65；

平整度（毫米/100 平方米）：±15；

最大入土深度（厘米）：24；

工作效率（公顷/时）：1.3～1.8。

图 7　1JP250 型激光平地机

3　基肥撒施机械

蔬菜栽培茬次多、产量高，对土、肥、水的要求也较高，特别对肥料的需求也比粮食作物要多。最常见的施肥方法为作物栽培前撒施基肥，在作物整地前施入田间的肥料，能满足蔬菜作物一茬甚至多茬的栽培需要。根据抛撒对象形态的不同，在实际应用中撒施机械可分为粉状肥撒施机、颗粒状肥撒施机和厩肥撒施机。

3.1　粉状肥撒施机

（1）功能及特点。粉状肥（通常指有机肥）撒施机一般采用离心圆盘式结构，肥料靠链板传动或自重从肥料箱移至撒肥圆盘，利用圆盘的高速旋转所产生的离心力将肥料抛撒出去。此类机型也可用于颗粒肥的撒施。

（2）相关生产企业。连云港市神龙机械有限公司、山东禹城阿里耙片有限公司、现代农装科技股份有限公司、佐佐木爱克赛路机械（南通）有限公司、筑水农机（常州）有限公司、日本得利卡（DELICA）公司等。

（3）典型机型技术参数。以佐佐木 CMC500 粉状肥撒施机为例（图 8）：

配套动力（千瓦）：24～38；

动力输出轴转速（转/分）：540；
肥箱容积（升）：500；
最大撒肥宽度（米）：5。

图 8　佐佐木 CMC500 粉状肥撒施机

以禹城自走式有机肥撒施机为例（图 9）：
配套动力（千瓦）：20；
外形尺寸（长×宽×高，毫米）：4 000×1 500×1 600；
载肥量（吨）：1.5；
最大撒肥宽度（米）：5；
行驶速度（千瓦/时）：2～15。
注：整机结构紧凑，载肥量大，适合在设施内、小地块中作业。

图 9　禹城自走式有机肥撒施机

3.2　颗粒状肥撒施机

（1）功能及特点。颗粒状肥（通常指颗粒状复合肥或化肥）撒施机一般采用摆杆式结构形式，配备搅拌器，使肥料颗粒均匀持续地进入下料口，在下料口的下方设置有排肥摆杆，通过排肥摆杆的往复摆动实现肥料的均匀撒施。也可借用前述的离心圆盘式撒施机。

（2）相关生产企业。常州市田畈农业机械制造有限公司、富锦市大宇农业机械有限公司、泰州樱田农机制造有限公司、中农高夫生物科技（北京）有限公司、格兰集团（Kverneland Group）等。

（3）典型机型技术参数。以 TFS-200/1000 为例（图 10）：

配套动力（千瓦）：11～88；

最大载重（千克）：61～84；

肥箱容积（升）：200～1 000；

最大撒肥宽度（米）：12（大颗粒肥）、8（小颗粒肥）。

图 10　TFS-200/1000 颗粒状肥撒施机

3.3　厩肥撒施机

（1）功能及特点。厩肥撒施机一般为车厢式，普遍体积庞大，装肥量大，要消耗较大的牵引机车动力，车厢肥料通过输送机构输送到抛撒部位，经锤片式或桨叶式抛撒器的高速旋转撞击抛撒到田间，适合于平原大农场的撒施作业。

（2）相关生产企业。哈尔滨万客特种车设备有限公司、上海世达尔现代农机有限公司、天津库恩农业机械有限公司、德国 Fliegl 公司等。

（3）典型机型技术参数。以 2FSQ-10.7（TMS10700）厩肥撒播机为例（图 11）：

配套动力（千瓦）：59～92；

最大载重（千克）：8 600；

工作速度（千瓦/时）：3～7；

最大撒肥宽度（米）：4；

撒肥量（吨/公顷）：18～100。

图 11　2FSQ-10.7（TMS10700）厩肥撒施机

4　耕地机械

为提高起垄作业质量，降低工作阻力，一般蔬菜地起垄前需先进行耕翻作业。根据作业的深浅可分为深松（切土深度≥30 厘米）、深耕（切土深度 25～30 厘米）和浅耕（切土深度 10～20 厘米）。

4.1　深松机

蔬菜地长期种植后将形成较厚的犁底层，导致后茬作物的根系不能深扎，土壤蓄水保墒能力差，因而每隔两三年要深松一次，以打破犁底层，加深耕深，熟化底土。按工作原理，深松机可分为振动式和非振动式。其中，非振动式比较常见，主要分为凿式、箭形铲式、翼铲式、全方位、偏柱式 5 种类型，各地可根据当地土壤类型、作业方式等要求，选用不同类型的深松机具。由于目前生产型号较多，此处不一一介绍，下面仅以凿式深松机为例进行介绍。

（1）功能及特点。凿式深松机的工作部件是有刃口的铲柱和安装在其下端的深松铲，两相邻铲柱和松土铲横向按一定间隔配置，作业后两铲间有未松土埂。与大功率配套产品的两相邻铲柱和松土铲的间隔一般为 40～50 厘米，最大作业深度为 45～50 厘米。

（2）相关生产企业。保定双鹰农机有限责任公司、江苏清淮机械有限公司、连云港市连发机械有限公司、连云港市兴安机械制造有限公司、内蒙古宁城长明机械有限公司、黑龙江德沃科技开发有限公司、山东大华机械有限公司、山东玉丰农业装备有限公司、山东奥龙农业机械制造有限公司、中国一拖集团有限公司等。

（3）典型机型技术参数。以 1S-230 型凿式深松机为例（图 12）：

外形尺寸（长×宽×高，毫米）：1 900×2 370×1 200；

整机重量（千克）：315；

工作幅宽（厘米）：230；

配套动力（千瓦）：66～73.5；

深松铲数（把）：4；

铲间距（厘米）：58；

工作效率（公顷/时）：0.46～1.15。

图 12　1S-230 型凿式深松机

4.2　犁

蔬菜起垄前一般要进行深耕整地处理，保证土壤耕层深厚，一般采用犁进行耕翻，将地面上的作物残茎、秸秆落叶及一些杂草和施用的有机肥料一起翻埋到耕层内与土壤混拌，经过微生物的分解形成腐殖质，改善土壤物理及生物特性等。由于大多数铧式犁只能单方向翻垡，故目前推广应用较多的为翻转犁。

（1）功能及特点。翻转犁一般在犁架上安装两组左右翻垡的犁体，通过翻转机构使两组犁体在往返行程中交替工作，形成梭形耕地作业。按翻转机构的不同，可分为机械（重力式）、气动式和液压式，其中液压式应用较广泛。下面仅以液压式翻转犁为例进行介绍。

（2）相关生产企业。赤峰市顺通农业机械制造有限公司、馆陶县飞翔机械装备制造有限公司、河南金大川机械有限公司、辽宁现代农机装备有限公司、山东山拖凯泰农业装备有限公司等。

（3）典型机型技术参数。以 1LF-435 型液压式翻转犁为例（图 13）：

外形尺寸（长×宽×高，毫米）：3 600×1 600×1 800；

整机重量（千克）：1 050；

耕幅（厘米）：1.4～1.5；

配套动力（千瓦）：73.5～88.2；

犁体数（个）：左右各 4；

犁体间距（厘米）：88；

工作速度（千瓦/时）：8～12；

犁架高度（毫米）：760。

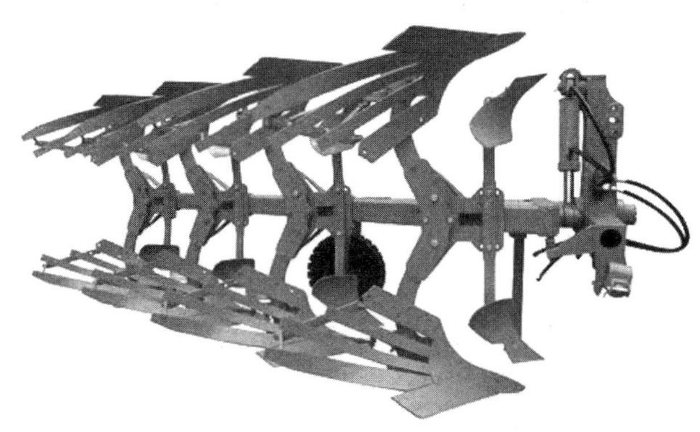

图 13　1LF-435 型液压式翻转犁

4.3　旋耕机械

蔬菜地起垄前，为提高垄型的作业质量，一般先进行表面僵硬土层的旋耕破碎作业，为起垄作业降低工作阻力和提高作业质量作准备。表土浅耕作业通常采用微耕机或旋耕机进行，两者根据作业场合的不同因地制宜选配。

4.3.1　微耕机

（1）功能及特点。大多采用小于 6.5 千瓦柴油机或汽油机作为配套动力，多为自走式，采用独立的传动系统和行走系统，一台主机可配带多种农机具，具有小巧、灵活的特点，适合设施内独户或联户购买使用。

（2）相关生产企业。北京多力多机械设备制造有限公司、必圣士（常州）农业机械制造有限公司、重庆华世丹机械制造有限公司、东风井关农业机械有限公司、山东华兴机械股份有限公司、浙江宁波培禾农业科技股份有限公司、浙江勇力机械有限公司等。

（3）典型机型技术参数。以 1WG5.5-100 型微耕机为例（图 14）：

图 14　1WG5.5-100 型微耕机

外形尺寸（长×宽×高，毫米）：1 545×880×915；

整机重量（千克）：85；

配套动力（千瓦）：5.5（柴油机）；

配套发动机额定转速（转/分）：3 000；

刀辊转速（转/分）：90/120/70；

耕深（厘米）：10～12。

4.3.2 旋耕机

（1）功能及特点。旋耕机有多种不同的分类方法，按刀轴的位置可分为卧式、立式和斜置式。目前，卧式旋耕机的使用较为普遍。

（2）相关生产企业。河北双天机械制造有限公司、河南豪丰机械制造有限公司、江苏丹阳良友机械有限公司、江苏连云港市连发机械有限公司、江苏连云港市兴安机械制造有限公司、江苏清淮机械有限公司、江苏盐城市盐海拖拉机制造有限公司、江苏正大永达科技有限公司、内蒙古宁城长明机械有限公司、山东大华机械有限公司、西安亚澳农机股份有限公司等。

（3）典型机型技术参数。以1GKN-160型旋耕机为例（图15）：

外形尺寸（长×宽×高，毫米）：1 000×1 700×1 050；

整机重量（千克）：260；

配套动力（千瓦）：25.7～36.8；

耕幅（厘米）：150；

耕深（厘米）：8～14。

图15　1GKN-160型旋耕机

5 整地机械

菜地整地，即在前述耕作环节的基础上，对土地进行进一步精细整理，以致达到蔬菜种植要求的土地整理要求，通常包括旋耕后土垡的精细耙地和起垄定型两个环节。

5.1 耙

耙地的作用在于疏松表土，耙碎耕层土块，解决耕翻后地面起伏不平的问题，使表层土壤细碎、地面平整、保持墒情，为起垄或播种打下基础。一般用圆盘耙在耕翻后连续进行。

（1）功能及特点。以成组的凹面圆盘为工作部件，耙片刃口平面跟地面垂直并与机组前进方向有一可调节的偏角。作业时，在拖拉机牵引力和土壤反作用力作用下耙片滚动前进，耙片刃口切入土中，切断草根和作物残茬，并使土垡沿耙片凹面上升一定高度后翻转下落。

（2）相关生产企业。黑龙江融拓北方机械制造有限公司、雷肯农业机械（青岛）有限公司、辽宁现代农机装备有限公司、南昌春旋农机有限责任公司、内蒙古宁城长明机械有限公司、山东大华机械有限公司、徐州农业机械制造有限公司等。

（3）典型机型技术参数。以 Rubin 9/250 U 型圆盘耙为例（图 16）：

重量（不含镇压器）（千克）：1 480；

配套动力（千瓦）：66.1～91.8；

工作幅宽（厘米）：2.5；

耙片数（个）：20；

耙片直径（毫米）：620；

耕深（厘米）：8～15。

图 16　Rubin 9/250 U 型圆盘耙

5.2 起垄（作畦）机

菜地经过清茬、施肥、耕翻、耙之后，还要整地起垄，其目的主要是便于灌溉、排水、播种、移栽及管理。起垄的垄型规格视当地气候条件（雨量）、土壤条件（类型）、地下水位的高低及蔬菜品种而异。

目前，国内外专门用于蔬菜起垄（作畦）机械按配套动力的不同可分为微耕配套型和大中马力拖拉机配套型，其中后者机型根据对土壤的翻耕破碎次数，此类产品可分为单刀轴和双刀轴结构形式；同时，按垄型成型原理不同也可分为作垄型和开沟型两类。

5.2.1 微耕配套型

（1）功能及特点。该类机型一般采用微耕机作为配套动力，其刀轴的两侧采用起垄圆盘曲面刀，同时在圆盘曲面刀之间增加旋耕培土刀，两者按螺旋方式排列搭配组装，而后采用梯形刮板或弧形刮板对刀轴旋后的土垡进行起垄成型作业。该结构较为紧凑轻盈，方便设施棚室进出的便利性，易操作性强，特别适合日光温室和塑料大棚等作业空间有限的作业环境，但操作人员的劳动强度较大。

（2）相关生产企业。重庆华世丹机械制造有限公司、山东华兴机械股份有限公司、上海康博实业有限公司、无锡悦田农业机械科技有限公司等。

（3）典型机型技术参数。以 MSE18C 型微耕配套型起垄机为例（图 17）：

垄顶宽（厘米）：110～120；

垄底宽（厘米）：140～160；

垄距（厘米）：130～160；

垄高（厘米）：15；

沟宽（厘米）：20～40；

工作效率（公顷/时）：0.1。

图 17　MSE18C 型微耕配套型起垄机

5.2.2 单轴轻简型

（1）功能及特点。该类机型采用地表土壤堆积培埂后作畦的原理，一般先通过旋转刀轴翻耕土壤，将土壤进行破碎并松散凸起于地表，形成足够的堆土量用起垄板培埂，然后用压整盖板压整，实现垄形（或畦面）成型。由于采用单次土壤破碎，配套拖拉机动力需求相对小，适合沙性土壤环境作业。

（2）相关生产企业。东莞市金华机械设备有限公司、太仓市项氏农机有限公司、无锡悦田农业机械科技有限公司、盐城市盐海拖拉机制造有限公司、意大利FORIGO公司等。

（3）典型机型技术参数。以1GVF-125型单轴轻简型起垄机为例（图18）：

配套动力（千瓦）：18.3～25.7；

工作幅宽（厘米）：100～130；

旋耕深度（厘米）：12～15；

起垄高度（厘米）：20～30；

起垄数（个）：1。

图18　1GVF-125型单轴轻简型起垄机

5.2.3　双轴精整型

（1）功能及特点。该机型在上述单轴轻简型的基础上，在旋耕轴的后方增加碎土刀轴，二次精细破碎表层土壤，形成上细下粗的分层结构，一般在其后方设置镇压辊压整垄表面，使得整理的垄（或畦）质量更佳，特别适合黏性土壤作业。

（2）相关生产企业。常州凯得利机械有限公司、黑龙江德沃科技开发有限公司、山东华龙农业装备有限公司、山东华兴机械股份有限公司、上海市农业机械研究所实验厂、法国Simon公司、意大利Hortech公司、意大利FORIGO公司等。

（3）典型机型技术参数。以1ZKNP-125型双轴精整型起垄机为例（图19）：

配套动力（千瓦）：40.4～51.4；

耕幅（厘米）：125；

起垄高度（厘米）：15～20；

垄顶宽（厘米）：75～95；

垄距（厘米）：125～150；

起垄数（行）：1。

图 19　1ZKNP-125 型双轴精整型起垄机

以 1DZ-180 型蔬菜苗床精细整地机为以例（图 20）：
配套动力（千瓦）：≥80；
配套形式：三点悬挂；
作业幅宽（厘米）：180；
成形垄高（厘米）：5～20；
作业速度（千米/时）：2～4；
作业效率（公顷/时）：0.3～0.6。

图 20　1DZ-180 型蔬菜苗床精细整地机

5.2.4　开沟起垄型

（1）功能及特点。该机型利用双圆盘开沟清土原理，在垄间开沟，两侧圆盘刀刀口向内，开沟后的泥土往中间集中；而后利用刀轴后侧装有的仿垄成型板，把不平整的垄面整理成型，尤其适合高垄种植场合。

（2）相关生产企业。江苏正大永达科技有限公司、山东青岛泽瑞源农业科技有限公司、山东禹城市一力机械制造有限公司、意大利 COSMECO 公司、意大利 CUCCHI 公司、英国 George Moate 公司等。

（3）典型机型技术参数。以 BIG STORM 型开沟起垄机为例（图 21）：

配套动力（千瓦）：66；
垄顶宽（厘米）：45；
垄底宽（厘米）：110～140；
垄距（厘米）：160；
垄高（厘米）：≤50。

图 21　BIG STORM 型开沟起垄机

以禹城 3QL 开沟起垄机为例（图 22）：
配套动力（千瓦）：25～75；
工作宽度（厘米）：250～390；
犁体间距（厘米）：70～90；
起垄高度（厘米）：15～25。

图 22　禹城 3QL 开沟起垄机

6　覆膜铺管机械

蔬菜地覆膜栽培能起到保水、保肥、提高土温，减轻病虫和杂草危害的作用，同时可促进蔬菜早熟高产，达到优质高效的目的，故在垄型整理后通常需进行铺滴灌管和覆膜作业。有的机型是挂接于起垄机具的后方作业。

（1）功能及特点。适用于垄上的铺管和覆膜作业，可单独作业或一次性联合作业，作业质量好、操作方便简单、易维修，能满足各种蔬菜的种植农艺要求。

（2）相关生产企业。黑龙江省龙江县鑫兴聚农业机械制造有限公司、山东华兴机械股份有限公司、山东华龙农业装备有限公司、山东莒南玉丰农机厂、山东五征集团有限公司、上海康博实业有限公司等。

（3）典型机型技术参数。以 3ZZ-5.9-800 型覆膜铺管机为例（图 23）：

动力类型：汽油机；

额定功率（千瓦）：5.9；

起垄宽度（厘米）：50～80；

起垄高度（厘米）：20～30；

配套地膜宽度（厘米）：80～120；

工作效率（公顷/时）：0.05。

图 23　3ZZ-5.9-800 型覆膜铺管机

以 2MZ-110 型覆膜铺管机（图 24）：

外形尺寸（长×宽×高，毫米）：2 050×1 400×1 300；

图 24　2MZ-110 型覆膜铺管机

配套动力（千瓦）：17.6～29.4；

作业幅宽（厘米）：0.8～1.1；

工作效率（公顷/时）：0.26～0.4。

以华兴 3GFZ-140 自走式拱棚覆膜机为例（图 25）：

配套动力（千瓦）：4.8；

拱棚高度（厘米）：55～65；

拱棚宽度（厘米）：120～140；

行走系统：间隔 0.8～1.5 米寸动；

挡位：前进、后退各两挡；

轴距（厘米）：120；

行走轮距（厘米）：110。

注：用于露地架设小拱棚，可同时完成拱架定位、棚膜覆盖作业。

图 25　华兴 3GFZ-140 自走式拱棚覆膜机

7　联合复式作业机械

为考虑作业的高效性，减少土壤压实，在现有单一起垄机功能上进行集成与拓展，出现复式作业机。主要代表产品有多垄（2 垄、3 垄、4 垄、6 垄为主）联合作业机、起垄施肥一体机、起垄播种一体机或其他集成产品等。此类产品体积较为庞大，大多采用牵引式行走方式，市面上产品相对较少。

7.1　多垄作业机

（1）功能及特点。该机型的尾部沿机架宽度方向依次设置多个起垄压整调节装置，代替原有的起垄镇压部件，可调至多垄所需要的垄型尺寸，以解决露地蔬菜种植中作业效率低下、来回作业油耗高等问题。

（2）相关生产企业。江苏盐城市盐海拖拉机制造有限公司、山东华龙农业装备有限公司、法国 Simon 公司、意大利 Hortech 公司、意大利 FORIGO 公司、意大利 MASSANO 公司、意大利 ORTIFLOR 公司等。

（3）典型机型技术参数。以 1ZKNP-180 型双垄起垄机为例（图 26）：

外形尺寸（长×宽×高，毫米）：2 000×1 800×1 500；

整机重量（千克）：750；

配套动力（千瓦）：58～65；

耕幅（厘米）：180；

起垄高度（厘米）：15～20；

垄顶宽（厘米）：60～70；

垄距（厘米）：80～90；

起垄数量（行）：2；

工作效率（公顷/时）：0.4～0.7。

图 26　1ZKNP-180 型双垄起垄机

7.2　起垄施肥一体机

（1）功能及特点。该机型在现有起垄机的基础上，增加施肥装置，肥料在料筒内受拨肥轮作用进入导肥管，再通过导肥管排入开沟器开出的沟内，排肥量可适当进行调整，解决了施肥机单一施肥，起垄机专门起垄的重复作业问题，使作业效率大大提高。

（2）相关生产企业。江苏盐城市盐海拖拉机制造有限公司、山东华龙农业装备有限公司、山东华兴机械股份有限公司、山东五征集团有限公司等。

（3）典型机型技术参数。以 1G-120V1F/1G-240V2F 旋耕起垄施肥机为例（图 27）：

配套动力（千瓦）：≥33/73.5；

外形尺寸（长×宽×高，毫米）：1 630×1 450×1 350/1 830×2 620×1 380；

旋耕深度（厘米）：25；

垄顶宽度（厘米）：34～48；

起垄高度（厘米）：26～34；
施肥深度（厘米）：15～17；
施肥器数量（行）：2/4；
施肥箱容积（升）：90/2×90；
整机质量（千克）：410/840；
生产效率（公顷/时）：0.33～0.47/0.8～1.07。

垄距等所有参数可按实际情况调整。

图 27　1G-120V1F/1G-240V2F 旋耕起垄施肥机

三、蔬菜重要性状的应用基础研究

不结球白菜耐热相关基因 *BcPLDγ* 的克隆和表达分析

徐　海　宋　波　樊小雪　袁希汉　陈龙正

（江苏省农业科学院蔬菜研究所/江苏省高效园艺作物遗传改良重点实验室　江苏南京　210014）

摘　要： 以不结球白菜耐热自交系高华青、苏州青和热敏自交系矮脚黄为试验材料，利用 RACE 技术克隆得到不结球白菜 *BcPLDγ* 基因，利用生物信息学方法对该基因进行信息学分析，并采用 qRT-PCR 技术对热胁迫处理条件下不结球白菜叶片 *BcPLDγ* 基因的表达模式进行了研究。结果显示，*BcPLDγ* 基因的 cDNA 全长为 2 736 bp，其中开放阅读框长度为 1 905 bp，共编码 634 个氨基酸。该蛋白不存在信号肽序列，预测相对分子量为 71.59 ku，理论等电点为 6.73。*BcPLDγ* 蛋白的二级结构主要由 α-螺旋、延伸直链、β-转角和无规则卷曲 4 种形式构成。该蛋白含有一个植物 PLD 特有的 C2 结构域和一个 PLDc 结构域。系统进化分析表明，*BcPLDγ* 蛋白与同属植物的进化关系相近，其中与甘蓝型油菜进化关系最近。热胁迫处理条件下，3 份试验材料中 *BcPLDγ* 基因表达均显著上调，并于 12 小时时达到峰值，且上调趋势与试验材料的耐热性呈正相关。

关键词： 不结球白菜　耐热　*BcPLDγ*　基因表达

磷脂酶 D（Phospholipase D，简称 PLD）是一种水解磷脂的酶类，普遍存在于各类植物中，可通过水解磷脂酰胆碱生成磷脂酸，在植物的新陈代谢和细胞信号转导过程当中扮演了不同的角色。已有研究表明，PLD 参与了植物中细胞生长、细胞凋亡、细胞支架的改变、囊泡运输、根生长、生物胁迫应答和细胞氧化破裂等众多生命现象[1~7]。植物中的 PLD 基因家族包括了多个基因，仅在拟南芥中就已被鉴定出 12 个 PLD 基因，根据基因的结构和它们编码的 PLD 的序列相似性、生化特性、域结构以及 cDNA 克隆的顺序，可将其分为 6 种类型：PLDα(3)、PLDβ(2)、PLDγ(3)、PLDδ、PLDε 和 PLDζ(2)[8~10]。目前，已经从拟南芥、甘蓝型油菜、小麦、花生和向日葵等植物中克隆到 PLD 基因[11~15]，发现 PLD 对包括低温、干旱、盐、缺素和病害等各种胁迫和激素处理均有响应[16~20]。

不结球白菜（Brassica *rapa* ssp. *chinensis*）是我国长江流域各地广泛栽培的一种大众化蔬菜，现占长江中下游大中城市蔬菜复种面积的30%～40%[21]，其性喜冷凉，在平均气温18～20℃下生长最适，在高温环境下生育衰弱，短缩茎易伸长，叶片易变黄、变薄，死苗率高，苦味、纤维含量明显增加，食用品质也明显下降[22～24]。所以，如何保证不结球白菜在高温环境下的生产能力便成为目前生产中亟待解决的首要问题。PLD参与植物热胁迫应答反应的研究相对较少。研究发现，高温下PA（磷脂酸）含量升高，其大部分来自PLD的水解产物，即高温激活PLD，促进水解产生PA和PIP2，进而调控离子通道和细胞骨架[25]。Yang等（2012）在高山离子芥中克隆了一个*CbPLD*基因，*CbPLD*能够被热胁迫所诱导并大量表达[26]。这些研究结果说明，PLD与植物热胁迫应答具有紧密联系。因此，研究PLD基因在不结球白菜热胁迫过程中的表达特性以及可能关联的信号转导途径对揭示其耐热机制和选育耐热品种具有重要意义。

1 材料与方法

1.1　材料

以不结球白菜耐热自交系高华青、苏州青和热敏自交系矮脚黄为试验材料。选取籽粒饱满、整齐一致的种子经灭菌后播种于装有灭菌基质的穴盘中，在人工气候室25℃、光周期12小时/12小时条件下培养，待长至6～7叶期时移入人工气候箱进行热胁迫处理（38℃/28℃，昼/夜）。

总RNA提取试剂Trizol（RK01-100），AL2000 DNA Marker（DM0101）购自南京钟鼎生物技术有限公司，RACE试剂盒（FirstChoice ® RLM-RACE Kit，Part No. AM1700）购自Invitrogen公司，GelStain（GS101-01）购自北京全式金生物技术有限公司，DEPC（D5758-25ML）购自美国Sigma-Aldrich公司，Agarose（91622）购自西班牙Biowest公司，大肠杆菌DH10B购自南京钟鼎生物技术公司，载体pMD18-T购自大连TAKARA公司，引物由南京钟鼎生物技术公司合成。

1.2　方法

1.2.1　热胁迫处理

选取苗龄6～7片叶的上述材料置于人工气候箱内进行高温处理，昼/夜温度设定为38℃/28℃，湿度控制在50%，光周期12小时/12小时（昼/夜），光照强度12 000勒克斯。分别于处理0小时、6小时、12小时、24小时、48小时、72小时、96小时和120小时取植株叶片各0.1克，保存于－70℃冰柜中待测。每个处理设3次重复。

1.2.2　叶片中总RNA提取及cDNA合成

不结球白菜叶片RNA的提取采用Trizol法；用Prime Script RT reagent Kit

将提取的RNA反转录成cDNA。

1.2.3 不结球白菜 *BcPLDγ* 基因全长 cDNA 获得

以高华青叶片所提总RNA为材料，使用加有人工接头的CDSIII引物合成第一链cDNA，并且用逆转录酶在5′端加上d（C）。在逆转录酶作用下，加上SMART Oligonucleotide，接着通过LD-PCR获得双链cDNA。根据前期RNA-Seq获得的PLD unigene[27]（已具备完整的5′端序列）设计基因特异引物（PLD-3race-F1：5′-TGTATCTCAAAGGTCTTGCT-3′；PLD-3race-F2：5′-ATGTCAAT-GGAAGGGTCAAG-3′），以双链cDNA为模板，使用基因特异引物PLD-3race-F1以及3′的接头引物，进行3′序列的巢式PCR第一轮PCR，PCR反应条件为：94℃ 预变性5分钟，94℃变性30秒，57℃复性30秒，68℃延伸90秒，35个循环，68℃延伸5分钟，4℃终止。再以稀释50倍的第一轮PCR产物为模板，使用基因特异引物PLD-3race-F2以及3′的接头引物，进行3′序列巢式PCR的第二轮PCR。将回收到的目的片段与TAKARA公司的pMD18T载体16℃连接过夜，翌日做转化，挑取单克隆菌液PCR检测，随机挑取其中的阳性克隆送至南京钟鼎生物技术公司进行测序。

1.2.4 生物信息学分析

利用DNAman 6.0、NCBI blastp、MEGA 5.0、TMpred、ProtParam和Signal P等生物学软件对本研究所克隆得到基因序列进行生物信息学分析[28]。

1.2.5 不结球白菜 *BcPLDγ* 基因在热胁迫处理条件下的实时定量表达分析

根据*BcPLDγ*基因编码区序列，利用Beacon Designer v 7.9软件设计实时定量PCR引物（PLD-F：5′-GTGTTGAGTTTGGCTATTC-3′；PLD-R：5′-CAAGTTCTTTGCCTGTCTA-3′），扩增片段长度为252 bp。选取actin基因作为内参（actin-F：5′-GAATCCACGAAACAACTTACAACTC-3′；actin-R：5′-CTCTTTGCTCATACGGTCAGC-3′）。反应采用20微升体系，包括2×Sybr Green Qpcr Mix 10微升，上、下游引物各1微升，cDNA模板1微升，反应程序为：94℃ 30秒，94℃ 10秒，60℃ 12秒，72℃ 30秒，45个循环，每个反应设3次重复。

2 结果与分析

2.1 不结球白菜 *BcPLDγ* 基因的克隆及序列分析

通过RACE，获得了2个不同大小的PLD 3′-RACE的条带，根据与拟南芥基因组比对的结果，选择了比较大的调控进行了克隆，获得的片段长度为2 148 bp（图1），与原始序列拼接后获得*BcPLDγ*基因全长2 736 bp，其中5′端非翻译区（5′UTR）长201 bp，3′端非翻译区（3′UTR）长630 bp，ORF长1 905 bp，编码634个氨基酸。

从Gene Bank中检索与不结球白菜*BcPLDγ*蛋白相似性较高物种的氨基酸序列，通过序列比对发现，该蛋白与甘蓝型油菜、拟南芥、琴叶拟南芥和甘蓝等植物有较高

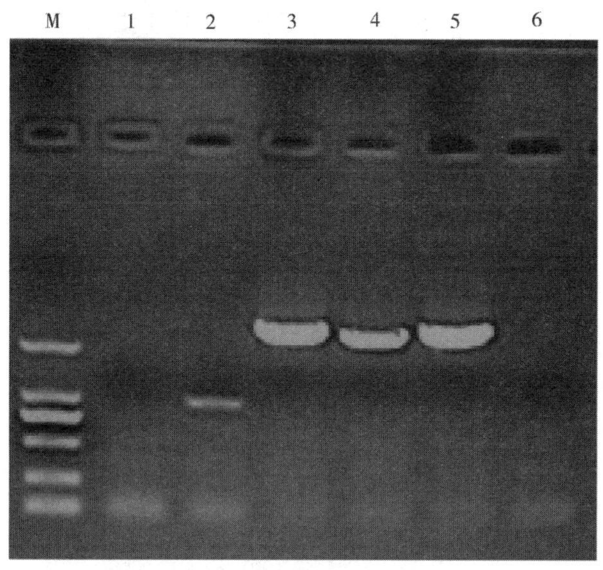

图 1　RACE 扩增的 *BcPLDγ* 基因

M：DNA MARKER 2 000 bp　1～2：假阳性克隆

3～5：PLD 基因 3′端 RACE 片段阳性克隆　6：阴性对照

的同源性，其中与甘蓝型油菜 PLD 的同源性高达 98%，与琴叶拟南芥 PLDγ1 和拟南芥 PLDγ1 同源性均为 76%，与甘蓝 PLDγ1 的同源性为 75%（图 2）。用 MEGA 5.0 软件构建了不结球白菜 PLD 与其他 11 种植物的 PLD 的系统进化树，由图 3 可见，12 种植物的 PLD 蛋白具有较为相近的进化起源，不结球白菜与甘蓝型油菜在同一个小分支上，同源性最高，而同为芸薹属植物的拟南芥、琴叶拟南芥和甘蓝也与不结球白菜有较近的亲缘关系。

2.2　*BcPLDγ* 基因的生物信息学分析

通过 ProtParam（http://web.expasy.org/protparam/）在线软件预测 *BcPLDγ* 编码的蛋白分子式为 $C_{3200}H_{4964}N_{878}O_{939}S_{26}$，其相对分子量为 71.59 ku，等电点为 6.73，属于酸性蛋白质。负电荷氨基酸数（Asp+Glu）为 77 个；正电荷氨基酸（Arg+Lys）为 74 个，不稳定系数为 38.00，属于稳定型蛋白（<40 为蛋白稳定），脂肪系数为 81.47，平均亲水性（GRAVY）-0.350，预测该蛋白质为亲水性蛋白。

蛋白质高级结构的形成对其生物功能具有重要作用，而高级结构的预测则为了解蛋白质的功能奠定了基础。本研究利用 NCBI 的 Conserved Domains 分析发现，*BcPLDγ* 蛋白中存在一个植物 PLD 特有的 C2 结构域和一个 PLDc 结构域，与已知的蛋白质结构功能数据库中其他植物的 PLD 相似（图 4）。

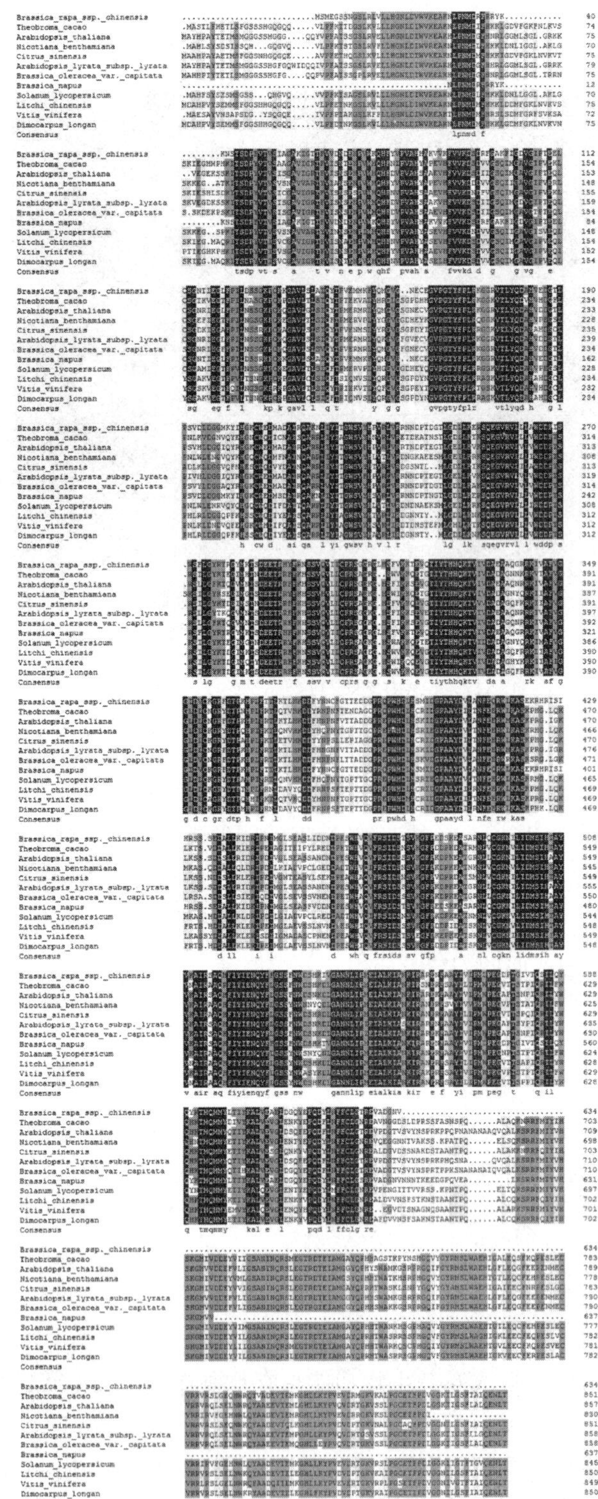

图 2　不结球白菜 PLD 与其他植物 PLD 的氨基酸序列同源比对

黑色背景一致性为 100%，灰色背景一致性≥75%。

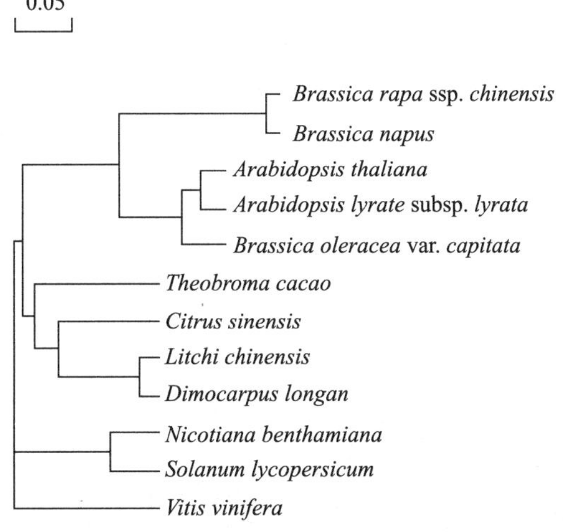

图 3　不结球白菜及其他植物 PLD 的系统进化树

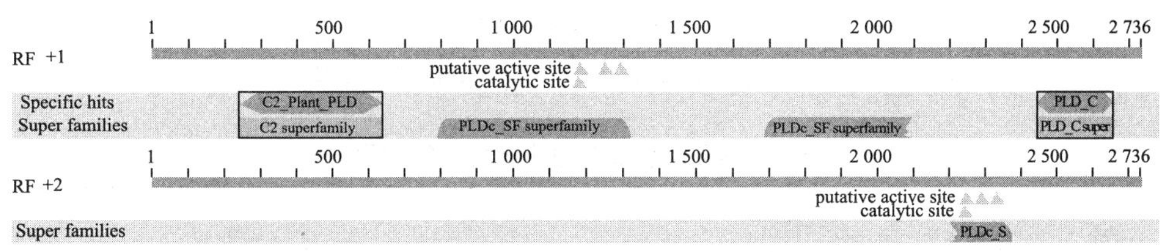

图 4　不结球白菜 *BcPLDγ* 蛋白的结构域预测

细胞膜蛋白与分泌蛋白都是以前体物质多肽的形式合成的，且其 N 末端均含有指导蛋白质跨膜转移（定位）的氨基酸序列，这种氨基酸序列被称为信号肽或信号序列，通常是由 15～30 个氨基酸所组成[31]。利用 Signal P（http://www.cbs.dtu.dk/services/SignalP/）程序对 *BcPLDγ* 编码的蛋白序列进行 N 端信号肽预测，结果表明（图 5），该蛋白的 Cmax 值为 0.209、Ymax 值为 0.223、Smax 值为 0.452、Smean 值为 0.262，前 3 个值的位点分别在 28、28、4。该程序将 Cmax 值和 Smean 值均>0.5 的蛋白认定为具有信号肽。所以，*BcPLDγ* 蛋白的信号肽预测结论为 NO，说明该蛋白不存在信号肽，进而可推测该蛋白非分泌蛋白。

植物蛋白质的亚细胞定位是功能基因组学的重要内容，了解基因产物在亚细胞中的位置对判定这些基因产物的功能起到重要作用[30]。用 Target P server（http://www.cbs.dtu.dk/services/TargetP/）程序进行 *BcPLDγ* 蛋白的亚细胞定位，从表 1 中可以看出，该蛋白定位于线粒体和叶绿体的可能性较小，计算得分分别只有 0.056 和 0.080，而有可能定位于细胞中的其他部位（得分为 0.548）。此外，该蛋白也不大可能存在信号肽（得分只有 0.231 分），该结果也符合上文结构域预测的结果。

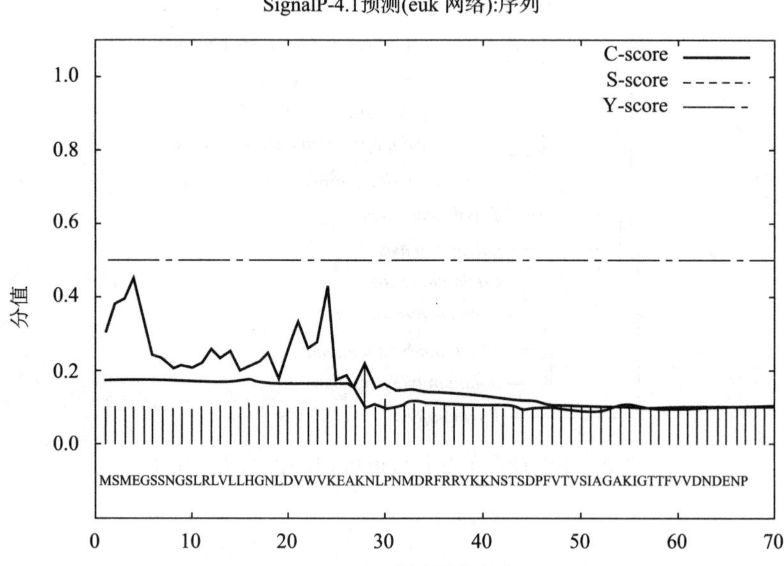

图 5　不结球白菜 *BcPLDγ* 蛋白的信号肽预测

表 1　*BcPLDγ* 蛋白的亚细胞定位预测

名称	序列长度	线粒体（mTP）	信号肽（SP）	其他	定位预测	可信度（RC）
BcPLDγ	634	0.161	0.231	0.548	—	4

跨膜结构域是膜中蛋白与膜脂相结合的主要部位，一般是由 20 个左右的疏水氨基酸残基组成的，并形成 α 螺旋，与膜脂相结合。预测和分析蛋白质的跨膜结构域，对于认识其结构、功能、分类及其在细胞中的作用部位均具有重要意义[31]。利用在线软件 TMpred（http://www.ch.embnet.org/software/TMPRED_form.html）预测本研究中 *BcPLDγ* 蛋白的跨膜螺旋区域，该软件预测得分超过 500 的区域则为可能的跨膜螺旋区域[32]，而 *BcPLDγ* 蛋白预测得分最高的区域为 260～276aa 处膜内向膜外的跨膜螺旋（图 6），被赋予的分值为 466，未超过 500，说明该蛋白很可能没有跨膜区域。

利用在线软件 SOPM（http://npsa-pbil.ibcp.fr/cgi-bin/npsa_automat.pl?page=npsa_sopm.html）对 *BcPLDγ* 蛋白的二级结构进行预测，结果表明，该蛋白由 α-螺旋（Alpha helix）、延伸直链（Extended strand）、β-转角（Beta turn）和无规则卷曲（Random coil）4 种形式组成。其中，α-螺旋包含 171 个氨基酸，占 26.97%；延伸直链包含 163 个氨基酸，占 25.71%；β-转角包含 67 个氨基酸，占 10.57%；无规则卷曲包含 233 个氨基酸，占 36.75%。

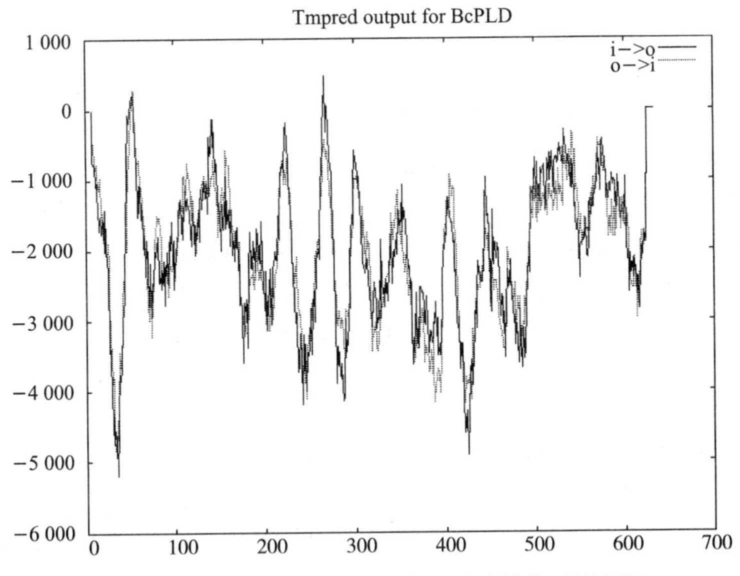

图 6　不结球白菜 *BcPLDγ* 蛋白的跨膜螺旋区域预测

2.3　*BcPLDγ* 在热胁迫处理下的表达分析

利用 qRT-PCR 技术，分析了在热胁迫处理下耐热自交系高华青、苏州青和热敏自交系矮脚黄中 *BcPLDγ* 基因在叶片中的表达模式。热胁迫处理前，*BcPLDγ* 基因在 3 份材料中的表达量基本一致，均处于较低的水平；处理后 3 份材料的表达量均呈上调趋势，其中矮脚黄中上调趋势较缓，而高华青和苏州青迅速显著上调，并于 12 小时时达到峰值，且均显著高于矮脚黄。耐热性最强的高华青中 *BcPLDγ* 基因峰值表达量约为中等耐热材料苏州青的 7 倍、约为热敏材料矮脚黄的 31 倍（图 7）。

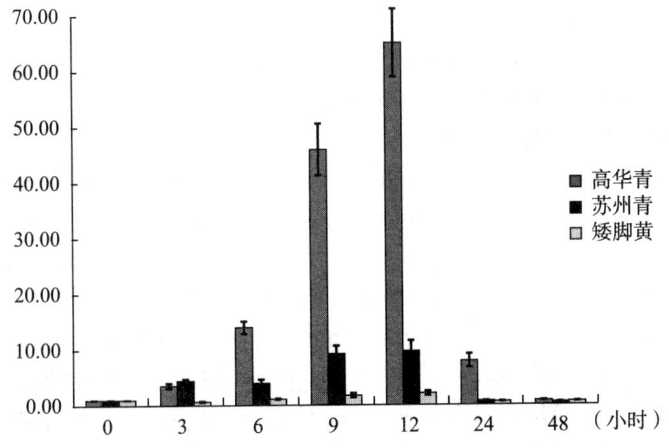

图 7　不结球白菜热胁迫处理下 *BcPLDγ* 基因在叶片中的定量表达

3 讨论

PLD是植物体内催化磷脂降解的关键酶，已在多种植物中发现其参与细胞信号转导、生长发育、逆境应答以及细胞防御反应等多种生理过程[33~35]，但目前对不结球白菜PLD的研究报道较为少见。本研究对不结球白菜进行PLD基因克隆，得到长为2 736 bp，编码634个氨基酸的基因序列，其核苷酸及氨基酸序列与NCBI中已登录的其他植物PLDγ基因相似性很高，故将该基因命名为*BcPLDγ*。*BcPLDγ*基因编码的氨基酸序列具有植物PLD的典型保守结构域，包括一个C2结构域和一个PLDc结构域（图2、图4），这也证明所克隆的*BcPLDγ*是植物PLD基因家族中的成员。

本研究中，热胁迫处理前，*BcPLDγ*基因在3份不结球白菜试验材料中的表达量基本一致，热胁迫处理后，3份材料中的*BcPLDγ*基因则均表达上调，且其上调幅度也与材料的耐热性正相关，可推断*BcPLDγ*基因的高转录水平是耐热材料较之热敏材料对热胁迫具有更强适应性的原因之一。未来应该研究不结球白菜*BcPLDγ*蛋白涉及的深层分子调控机制以及与其他抗性基因的协同作用。本研究结果为今后进一步开展不结球白菜*BcPLDγ*基因在热胁迫下的抗性作用研究奠定了基础。

参考文献

[1] Nakanis H, Morishita M, Swartz C L, et al. Phospho lipase D and the SNARE Sso1p are necessary for vesicle fusion during sporulation in yeast [J]. J Cell Sci, 2006, 119 (7): 1406-1415.

[2] Yang S, Lu S H, Yuan Y J. Cerium elicitor-induced phosphatidic acid triggers poptotic signaling development in Taxuscuspidata cell suspension cultures [J]. ChemPhys Lipids, 2009, 159 (1): 13-20.

[3] Haga Y, Miwa N, Jahangeer S, et al. Ct-BP1/BARS is an activator of phospholipase D1 necessary for agonist-induced macropinocytosis [J]. EMBOJ, 2009, 28 (9): 1197-1207.

[4] Yamaguchi T, Kuroda M, Yamakawa H M, et al. Suppression of a phospholipase D gene, OsPLDbeta1, activates defense responses and increases disease resistance in rice [J]. Plant Physiol, 2009, 150 (1): 308-319.

[5] Ohashi Y, Oka A, Rodrigues-Pousada R, et al. Modulation of phospholipids signaling by GLABRA2 in root-hair pattern formation [J]. Science, 2003 (300): 1427-1430.

[6] Potocky M , Elias M , Profotova B, et al. Phosphatidic acid produced by phospholipase D is required for tobacco pollen tube growth [J]. Planta, 2003 (217): 122-130.

[7] Wang X. Regulatory functions of phospholipase D and phosphatidic acid in plant growth, development, and stress responses [J]. Plant Physiol, 2005 (139): 566-573.

[8] Liscovitch M, Czarny M, Fiucci G, et al. Phospholipase D molecular and cell biology of a novel gene family [J]. Biochem J, 2010 (345): 401-415.

[9] Wang X. Phospholipase D in hormonal and stress signaling [J]. Curr. Spin. Plant Biol, 2002

(5)：408-414.

[10] Qin C，Wang X. The Arabidopsis phospholipase D family. Characterization of a calcium-independent and phosphatidycholine-selective PLD with distinct regulatory domains [J]. Plant Physiol，2002 (128)：1057-1068.

[11] Nakazawa Y，Sato H，Uchino M，et al. Purification，characterization and cloning of phospholipase D from peanut seeds [J]. The Protein Journal，2006 (25)：212-223.

[12] Moreno-Perez A J，Martinez-Force E，Garces R，et al. Phospholipase D alpha from sunflower (*Helianthus annuus*)：Cloning and functional characterization [J]. Journal of Plant Physiology，2010 (167)：503-511.

[13] Uraji M，Katagiri T，Okuma E，et al. Cooperative function of PLD δ and PLDα1 in abscisic acid-induced stomatal closure in *Arabidopsis* [J]. Plant Physiol，2012 (159)：450-460.

[14] 李清，赵云，苏海峰，等．甘蓝型油菜 2 个 *BnPLDα* 基因的克隆与表达 [J]. 西北植物学报，2014，34 (6)：1090-1098.

[15] 王俊斌，丁博，李明，等．小麦磷脂酶 Dδ 基因的克隆及表达分析 [J]. 麦类作物学报，2015，35 (7)：888-895.

[16] Wang X M，Xu L W，Zheng L. Cloning and expression of phosphatidylcholine-hydrolyzing phospholipase D from *Ricinus communis* L. [J]. The Journal of Biological Chemistry，1994 (269)：20312-20317.

[17] Testerink C，Munnik T. Phosphatidic acid：A multifunctional stress signaling lipid in plants [J]. Trends in Plant Science，2005 (10)：368-375.

[18] Wang X M. Regulatory functions of phosphdipase D and phosphatidic acid in plant growth，development，and stress responses [J]. Plant Physiol，2005 (139)：566-573.

[19] 徐呈祥．提高植物抗寒性的机理研究进展 [J]. 生态学报，2012，32 (24)：7966-7980.

[20] 朱晓晨，宋爱萍，刘鹏，等．菊花磷脂酶 Dα 基因的耐逆表达特性 [J]. 生态学杂志，2014，33 (7)：1847-1850.

[21] 侯喜林．不结球白菜育种研究新进展 [J]. 南京农业大学学报，2003，26 (4)：111-115.

[22] 周伟华，黄贞，陈兴平．电导法鉴定小白菜耐热性初步研究 [J]. 长江蔬菜，1999 (7)：30-32.

[23] 刘维信，曹寿春．夏季自然高温条件下不结球白菜品种评价及相关性状的研究 [J]. 山东农业大学学报，1993，24 (2)：176-182.

[24] 胡俏强，陈龙正，张永吉，等．普通白菜苗期耐热性鉴定方法研究 [J]. 中国蔬菜，2011 (2)：56-61.

[25] Mishkind M，Vermeer J E M，Darwish E，et a1. Heat stress activates phospholipase D and triggers PIP2 accnmulation at the plasma membrane and nucleus [J]. The Plant Journal，2009 (60)：10-21.

[26] Yang N，Yue X L，Chen X L，et a1. Molecular cloning and partial characterization of a novel phospholipase D gene from Chorispora bungeana [J]. Plant Cell Tiss Organ Cult，2012 (108)：201-212.

[27] Xu H，Chen L Z，Song B，et a1. De novo transcriptome sequencing of pakchoi (*Brassica rapa* L. *chinensis*) reveals the key genes related to the response of heat stress [J]. Acta Physiol Plant，2016 (38)：252.

[28] 马景蕃，侯喜林，肖栋，等．不结球白菜抗芜菁花叶病毒蛋白 BcTuRsO 的生物信息学分

析［J］．江苏农业学报，2010，26（2）：280-285.
［29］Gao A G，Hakimi S M，Mittanck C A，et al. Fungal pathogen protection in potato by expression of a plant deteniton peptide［J］．Nat Bioteehnol，2000，18（12）：1307-1310.
［30］Emanuelsson O，Nielsen H，Heijne G. Predicting subcellular localization of proteins based on their amino acid sequence. Predicting Subcellular Localization of Proteins Based on their Amino Acid Sequence［J］．Journal of Molecular Biology，2000，300（4）：1005-1016.
［31］Ikeda M，Arai M，Lao D M，et al. Transmembrane to pology prediction methods are assessment and improvement［J］．Silieo Biol，2002，2（1）：19-33.
［32］Hofmann K，Stoffel W. TMbase-A database of membrane spanning proteins segments［J］．Biological Chemistry Hoppe-Seyler，1993（374）：166.
［33］Welti R，Li W，Li M，et al. Profiling membrane lipids in plant stress responses［J］．Journal of Biological Chemistry，2002（277）：31994-32002.
［34］Jia Y，Tao F，Li W，et al. Lipid profiling demonstrates that suppressing arabidopsis phospholipase Dδ retards ABA-promoted leaf senescence by attenuating lipid degradation［J］．Plos one，2013.
［35］李艳，田波，李唯奇．磷脂酶 Dδ 缺失加剧 UV-B 诱导的膜伤害［J］．植物分类与资源学报，2011，33（3）：299-305.

黄瓜 T-DNA 插入突变体库构建研究

李　蕾　孟永娇　张　璐　娄群峰　李　季　钱春桃　陈劲枫

（南京农业大学园艺学院　江苏南京　210095）

摘　要：黄瓜是首个完成基因组测序的园艺作物。为了进一步研究黄瓜基因的功能，本文开展了黄瓜 T-DNA 插入突变体库构建的研究。以黄瓜栽培品种长春密刺子叶节为转化外植体，通过农杆菌介导的遗传转化方法，将 T-DNA 插入突变载体 pROK2 转化黄瓜；通过筛选压力梯度试验，确定遗传转化体系最适合的 Kan 筛选浓度；使用 PCR 检测和斑点杂交方法鉴定 T0 和 T1 代转化植株；以长春密刺植株为对照，调查统计 T1 代植株表型。结果表明，确定 100 毫克/升为最适合的 Kan 抗性芽筛选浓度；PCR 检测结果显示，14S1 和 14S2 两个 T0 代株系均整合了 35S 启动子和 NPT-Ⅱ基因序列；14S1 自交后获得 55 个 T1 代单株，对其进行 PCR 检测发现，其中 12 个单株均扩增出了 35s 和 NPT-Ⅱ片段；随机选取 23 个 T1 代单株，以 Dig 标记的 35S 和 NPT-Ⅱ为探针对其进行斑点杂交检测，得到 14S1-27 和 14S1-34 两个单株有 35S 和 NPT-Ⅱ杂交信号；性状调查统计显示，T1 代植株在生长各阶段相对于野生型无明显突变表型。pROK2 重组质粒成功整合到了 14S1、14S2 两个株系的基因组中。对 14S1 自交后代的 PCR 检测和斑点杂交检测进一步证明了 14S1 为转化植株，确定 14S1 为插入突变体。结合 T-DNA 插入位点鉴定技术可进一步开展相关基因分离及功能研究工作。

关键词：黄瓜　T-DNA 插入突变　转基因　pROK2 载体

黄瓜（*Cucumis sativus* L.）属葫芦科甜瓜属，是一种重要的蔬菜作物，在全世界广泛栽培。2009 年以来，随着黄瓜基因组测序工作完成[1,2]，黄瓜基因组学研究进入后基因组时代。

通过研究突变体来分析和鉴定基因功能，是基因功能组学研究最直接、有效的方法之一[3]。植物突变体库构建方法主要有物理诱变、化学诱变、基因沉默和插入突变等。其中，插入突变是将外源的已知插入元件随机插入植物基因组中，引起插入位点基因的变化，影响其正常表达，产生插入突变体，并以此插入元件为标记来分离和克隆因插入而失活的基因[4]。插入突变主要有以下优点：一是易得到饱和的插入突变体库；二是能产生功能获得性突变体，方便研究致死基因和有高度多效性基因；三是可建立插入位点的侧翼序列数据库，利于基因克隆和序列的生物信息学分析；四是可以方便地进行反向遗传学研究。插入突变的插入元件主要有：T-DNA、转座子和逆转录转座子。由于 T-DNA 插入拷贝数低，而且能在后代中稳定遗传[5,6]，T-DNA 插入突变已经广泛应用于功能基因组学的研究。农杆菌介导的遗传转化技术的日益成熟和 T-DNA 插入位点鉴定方法[4]的丰富完善，也为 T-DNA 插入突变应用奠定了基础。目前，在拟南芥中已经建立了接近饱和的 T-DNA 插入突变体库，该突变体库包含超过 225 000 个独立的 T-DNA 插入株系[7]；水稻中也建立了一定规模的插入突变体库，获得了大约 47 932 个 T-DNA 插入株系[8]。此外，T-DNA 插入突变也逐渐用于番茄[9]、矮牵牛[10]、香蕉[11]、豆类[12]等作物的研究中。葫芦科作物中，任海英等[13]利用 T-DNA 插入获得甜瓜突变体，筛选到一个蔓枯病抗性明显增强的突变体，命名为 edr2。构建黄瓜突变体库对于黄瓜功能基因组学研究具有重要作用。自 1986 年 Trulson 等[14]采用农杆菌介导法成功获得了转基因黄瓜材料后，国内外研究者对农杆菌介导的黄瓜遗传转化体系作了大量研究，不断进行优化完善，现已成功将 *ICE*1[15]、*Tu*[16]等基因转到黄瓜中。这为 T-DNA 插入突变在黄瓜中的应用提供了前提条件。

迄今为止，有关于黄瓜 T-DNA 插入突变体的研究还未见报道。本研究以植物插入突变体构建常用的表达载体 pROK2 为 T-DNA 插入突变载体，采用农杆菌介导的方法转化黄瓜，构建黄瓜插入突变体库，将为黄瓜功能基因组学研究奠定重要基础。

1 材料和方法

1.1 材料

用于遗传转化的黄瓜栽培品种长春密刺由南京农业大学葫芦科作物遗传与种质创新实验室高代自交保存。农杆菌 C58 由实验室保存，植物表达载体 pROK2 购自拟南芥生物资源中心（http://abrc.osu.edu/），载体上携带标记基因 NPT-Ⅱ（卡那霉素抗性基因）、CaMV35S 启动子，图谱[17]如图 1 所示。

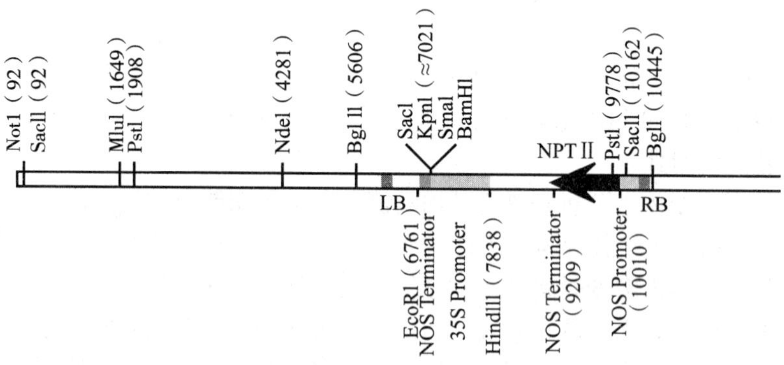

图 1 植物表达载体 pROK2 的图谱

MS 基本培养基（M5519）、脱乙酰吉兰糖胶（gellan gum）、6-BA 和 ABA 等购自 Sigma(上海）生物技术公司；水解酪蛋白(CH)、乙酰丁香酮(AS)、$AgNO_3$、特美汀(TM)、卡那霉素(Kan)、利福平(Rif)、庆大霉素(Genta)、四环素(Tet)、$MgSO_4$、酵母粉(Yeast extract)、胰蛋白胨(Trytone)和牛肉膏(Beef extract)均购

自北京鼎国生物技术公司。PCR 扩增试剂购自 Takara 宝生物工程（大连）有限公司，尼龙膜为 Hybond 产品，Dig 探针标记和检测试剂盒为 Roche 公司产品。

1.2　方法

1.2.1　农杆菌介导的子叶节法转化黄瓜

取饱满的长春密刺种子，在超净工作台上用 70%乙醇消毒 30 秒，2%次氯酸钠（NaClO）溶液消毒 15 分钟。灭菌水冲洗 3～4 次后用无菌滤纸吸干种子表面水分，接种于无菌苗培养基上。(25±2)℃条件下黑暗培养至种子萌发后，转到光下培养 3～4 天。切取子叶节，接种于预培养基上（25±2)℃条件下黑暗培养 1 天。

挑取携带植物表达载体 pROK2 的农杆菌 C58 单菌落，接种于含有 100 毫克/升 Kan、50 毫克/升 Rif、20 毫克/升 Genta 和 10 毫克/升 Tet 的 YEB 液体培养基中，28℃、250 转/分条件下振荡过夜培养 18～24 小时。5 000 转/分离心 5 分钟后弃去上清液，加入 MS 液体培养基（pH=5.3）重悬至 OD_{600}=0.8 作为侵染液。将经预培养的外植体置于农杆菌重悬液中侵染 15 分钟，取出置于共培养基上（25±2)℃条件下黑暗培养 3 天，再转移到含适合浓度的 Kan 的选择培养基上光照培养，15 天继代一次，继代 2～3 次。

抗性芽长到约 2 厘米后，将其从外植体上切下转接到生根培养上，15 天继代一次。将正常生根生长的植株移出，洗净根系表面的培养基种植于灭菌基质中，浇透水，保鲜膜保湿至植株长出新叶后揭掉保鲜膜，转入正常日光温室中生长。

1.2.2　遗传转化培养基

无菌苗培养基：MS，预培养基：MS+6-BA 1.0 毫克/升+ABA 0.2 毫克/升+$AgNO_3$ 2.0 毫克/升，共培养基：MS+6-BA 1.0 毫克/升+ABA 0.2 毫克/升+$AgNO_3$ 2.0 毫克/升+AS 50 微摩尔/升，选择培养基 MS+6-BA 1.0 毫克/升+ABA 0.2 毫克/升+$AgNO_3$ 2.0 毫克/升+ Kan（适宜浓度）+ TM 200 毫克/升+CH 1.0 克/升，生根培养基：1/2 MS+ Kan 75 毫克/升+TM 200 毫克/升。除共培养基 pH 为 5.3 外，其余各阶段培养基 pH 均为 5.8。所有 MS 培养基均含有 0.447%（*w*/*v*）MS 干粉、3%（*w*/*v*）蔗糖。

1.2.3　Kan 浓度敏感试验

预培养结束后，不经菌液侵染，将外植体直接接种于含有不同 Kan 浓度的选择培养基上，Kan 的浓度分别为 0 毫克/升、50 毫克/升、100 毫克/升、150 毫克/升、200 毫克/升。3 次重复，每次重复 12 个外植体。15 天继代一次，30 天后统计每个处理外植体不定芽分化情况。以外植体分化率（有不定芽分化的外植体总数/外植体总数×100%）作为评价指标，以完全抑制子叶节不定芽分化，且外植体状态良好的浓度为最适筛选浓度。

1.2.4　T0 代和 T1 代植株 PCR 检测

以表达载体上的特有的 CaMV35S 和 NPT-Ⅱ基因序列作为检测转化植株的报告基因，根据其序列设计特异引物，引物序列如下：35S-F：5′-ACAGAACTCGC-CGTAAAG-3′；35S-R：5′-AGTGGGATTGTGCGTCAT-3′；NPT-Ⅱ-F：5′-CT-

GGGCACAACAGACAATC-3′；NPT-Ⅱ-R：5′-TACCGTAAAGCACGAGGAA-3′。PCR引物由英潍捷基（上海）贸易有限公司合成。

采用改良CTAB法提取T_0代和T_1代植株的叶片基因组DNA。以其为模板进行PCR扩增，重组质粒为阳性对照，非转化植株和水为阴性对照。PCR反应体系为：模板DNA1.0微升，上下游引物各1.0微升，2毫摩尔/升dNTPs 2.0微升，10×Buffer 2.0微升，25毫摩尔/升$MgCl_2$ 1.2微升，1 U的Taq DNA聚合酶0.2微升，加ddH_2O补齐至20微升。PCR程序为：CaMV35S：94℃预变性5分钟；94℃变性30秒，58℃退火30秒，72℃延伸1分钟，35个循环；72℃ 10分钟；NPT-Ⅱ：94℃预变性5分钟；94℃变性30秒，52℃退火40秒，72℃延伸1分钟，35个循环；72℃ 10分钟。扩增产物在1%琼脂糖凝胶中电泳，在Alpha Innotech凝胶成像系统中观察拍照。

1.2.5 T1代植株斑点杂交检测

采用CTAB法提取14S1自交后代植株叶片基因组大量DNA。以Dig标记的35S和NPT-Ⅱ引物PCR扩增条带作为探针。将5微升高温变性的DNA样品（2～10微克）点于尼龙膜上，重组质粒为阳性对照，非转化植株为阴性对照，紫外交联4分钟以固定样品。探针标记、预杂交、杂交和显色等步骤按照Roche地高辛试剂盒说明书进行。

1.2.6 T-DNA插入植株表型观察

以在相同条件下正常生长的长春密刺植株为对照，对14S1自交后代55株单株各个时期表型进行调查统计。主要将表型调查分为6个方面：①整个植株的株型，包含矮壮株、高细株等；②叶片，包含叶片形状、叶片颜色、叶片大小等；③花器官，包含花色、花器官的大小、开花与否等；④果实，包括果实的长短、粗细、刺瘤情况等；⑤育性及性型；⑥卷须。

2 结果与分析

2.1 优化的农杆菌介导的黄瓜子叶节遗传转化再生过程

将经农杆菌菌液侵染、共培养3天后的子叶节转移到添加了1.0克/升浓度的水解酪蛋白的选择培养基上培养，培养基固化剂由0.25%（*w*/*v*）的脱乙酰吉兰糖胶代替0.8%（*w*/*v*）的琼脂粉。在此优化的条件下，抗性芽分化率达67.15%（未发表数据）。选择培养初期，外植体逐渐由黄绿色变绿且不断生长，1周左右外植体达到最大。培养2周左右，部分外植体子叶节部位出现绿色芽点，3周左右部分芽点发育成再生芽。在Kan筛选作用下，抗性芽保持绿色继续生长，无抗性的再生芽生长点出现变黄现象，停止生长。抗性芽不断生长至2厘米左右时，将其切下转到生根培养基上进行培养。2周左右抗性芽生根，将完整植株驯化后转移到灭菌基质中，覆膜保湿。待长出新叶后，揭膜，将其移至日光温室中生长（图2）。

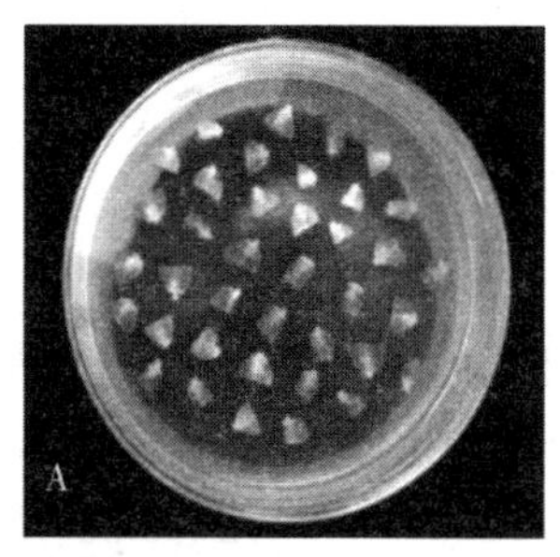
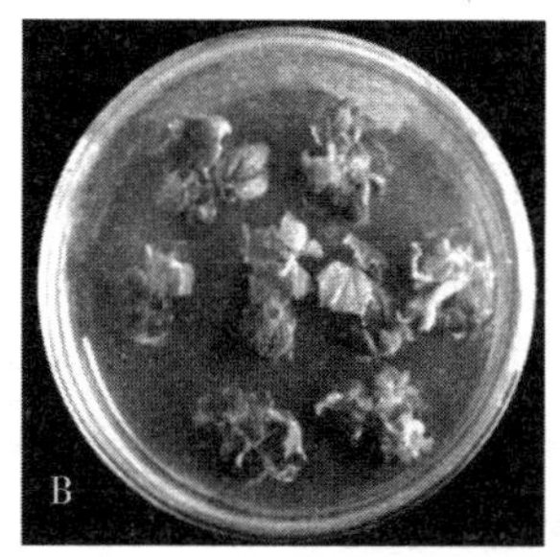
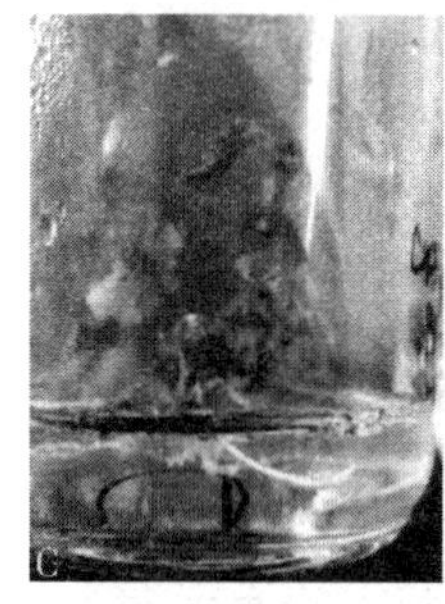

图 2　黄瓜遗传转化的主要阶段

A. 预培养　B. 子叶节再生　C. 诱导生根

2.2　Kan 筛选浓度确定

Kan 由于对植株再生有很大的抑制作用而常作为筛选抗生素用于遗传转化中。用适当浓度的 Kan 筛选并获得抗性芽是遗传转化中很关键的一步，Kan 浓度过高会抑制外植体的生长和芽的分化，浓度过低筛选不严格会产生大量假抗性芽和嵌合体。将未侵染的黄瓜子叶节外植体置于含有不同浓度 Kan 的分化培养基上培养约 1 个月后，观察统计外植体分化情况。由表 1 可以看出，当 Kan 浓度为 0 毫克/升和 50 毫克/升时，子叶节有不定芽产生，分化率分别为 83.3%和 50.0%，子叶节外植体保持绿色正常生长；当 Kan 浓度为 100 毫克/升时，子叶节没有不定芽产生，外植体边缘变黄；当 Kan 浓度大于 100 毫克/升时，子叶节没有不定芽分化且外植体出现不同程度的黄斑。说明 100 毫克/升的 Kan 可以完全抑制芽的分化，因此选用 100 毫克/升作为最适 Kan 筛选浓度。

表 1　卡那霉素浓度对黄瓜子叶节不定芽分化的影响

卡那霉素（毫克/升）	外植体数	有芽外植体数	分化率（%）	生长情况
0	36	30	83.3	外植体保持绿色，有大量的绿色不定芽
50	36	18	50.0	外植体保持绿色，有绿色的不定芽
100	36	0	0	外植体边缘变黄，未有芽分化
150	36	0	0	外植体出现小范围黄斑，未有芽分化
200	36	0	0	外植体出现较大范围黄斑，未有芽分化

2.3 T-DNA 插入突变体植株鉴定

2.3.1 T0 代和 T1 代植株 PCR 检测鉴定

以 pROK2 重组质粒为阳性对照，非转化植株和水为阴性对照，以 T_0 代植株 DNA 为模板，分别以 35S-F/35S-R、NPT-Ⅱ-F/NPT-Ⅱ-R 为引物进行 PCR 检测。凝胶电泳结果显示（图 3）：阳性对照重组质粒和抗性植株 14S1、14S2 均可扩增出 35S 和 NPT-Ⅱ片段，长度分别为 440bp 和 733bp，而阴性对照水和非转化植株则不能扩增出 35S 和 NPT-Ⅱ片段，初步证明 pROK2 重组质粒已成功整合到 14S1、14S2 两个株系的基因组中。

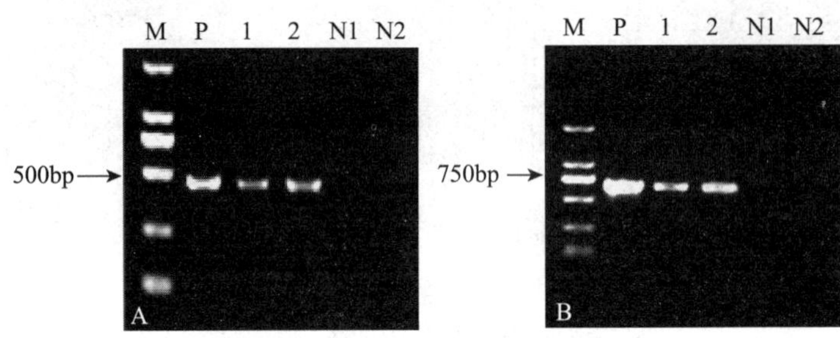

图 3 T_0 代植株 PCR 检测

A. 以 35S-F/35S-R 为引物的 T_0 代植株 PCR 检测 B. 以 NPT-Ⅱ-F/NPT-Ⅱ-R 为引物的 T_0 代植株 PCR 检测 M. DL2000 DNA marker P. 阳性对照 1. 转化植株 14S1 2. 转化植株 14S2 N1. 水 N2. WT

选取 14S1 自交后代单株进行 PCR 检测，图 4 中编号为 2～11、13、14 的单株和阳性对照均可扩增出 35S 和 NPT-Ⅱ片段，而阴性对照水和非转化植株则不能扩

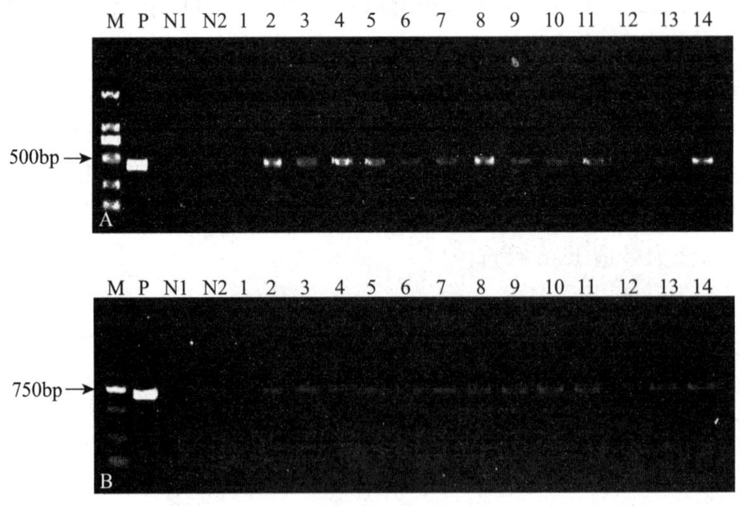

图 4 部分 T_1 代植株 PCR 检测

A. 以 35S-F/35S-R 为引物的 T_1 代植株 PCR 检测 B. 以 NPT-Ⅱ-F/NPT-Ⅱ-R 为引物的 T_1 代植株 PCR 检测 M. DL2000 DNA marker P. 阳性对照 N1. 水 N2. WT 1～14. T_1 代植株

增出 35S 和 NPT-Ⅱ片段，表明 pROK2 重组质粒由 14S1 中遗传到了其自交后代植株中，也进一步证明了 14S1 整合了 pROK2 重组质粒。2～11、13 和 14 对应的植株编号分别为：14S1-3、14S1-8、14S1-10、14S1-12、14S1-17、14S1-24、14S1-27、14S1-30、14S1-33、14S1-34、14S1-44、14S1-46。

2.3.2　T1 代植株斑点杂交检测鉴定

以 Dig 标记的 35S 和 NPT-Ⅱ引物 PCR 扩增条带作为探针，随机选取 14S1 自交后代植株对其进行斑点杂交检测。由图 5 可以看出，阳性对照重组质粒（a1）显示有杂交信号，阴性对照非转基因植株（a2）无杂交信号，c5 和 d4 均有 35S 和 NPT-Ⅱ杂交信号。c5、d4 对应的 T_1 代植株编号分别为：14S1-27、14S1-34。结合 T_1 代植株 PCR 检测结果，可以确定 pROK2 重组质粒由 14S1 成功遗传到其自交后代中，14S1 为 T-DNA 插入突变体。

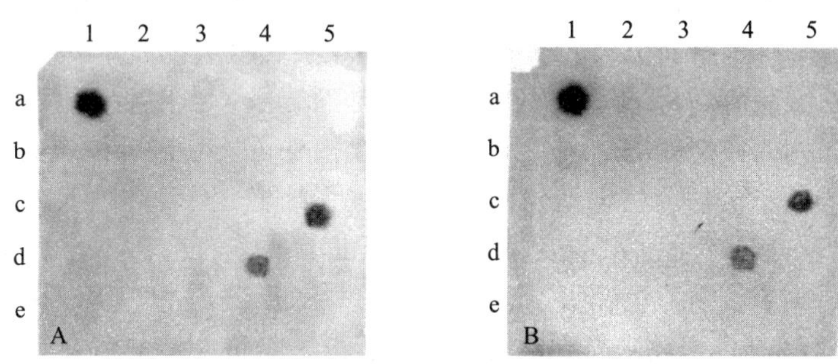

图 5　T_1 代植株斑点杂交检测

A. 以 35S 为探针的 T_1 代植株斑点杂交检测　B. 以 NPT-Ⅱ为探针的 T_1 代植株斑点杂交检测

a1. 阳性对照　a2. 阴性对照　a3～e5. T_1 代植株

2.3.3　T1 代植株表型观察

在正常的栽培管理条件下，以未转化的长春密刺植株为对照，对 14S1 自交后代 55 株单株表型进行观察记录。性状统计调查显示：55 株单株的性状与野生型相比并无明显差异，未观察到突变表型。14S1 自交后代植株和对照植株在幼苗期和成株期长势均较好，成株期茎粗、节间较短；叶片呈掌状，颜色深绿，同一节位叶片大小基本相同；雌花、雄花颜色均为亮黄色，能正常开花；雌雄株，可育，单性结实能力弱。

3　讨论

目前，黄瓜突变体库的构建主要采用物理、化学诱变的方法。李加旺等[18]利用 23.22C/Kg（半致死剂量）^{60}Co-γ 射线辐射处理具有某些优良特性的黄瓜自交系种子，并在其变异后代群体中筛选出 2 个综合性状优良的单株；R. Fraenkel 等[19]通过 EMS 诱变黄瓜获得了大约 1 000 个 M2 家系，在苗期发现了植株矮化、子叶自发病变、黄叶、白化苗、叶片卷曲、窄型黑色子叶等表型突变。但传统的物理、化学诱变方法存在突变位点多、突变体复杂以及突变基因克隆困难等缺点，T-DNA 插入突变则具有插入随机、遗传稳定、能对目标基因进行快速定位并确定其功能等优点。通过 T-DNA 插入突变体在拟南芥中已经分离克隆到 *CLA1*[20]、*DWF4*[21]等 30 多个基因。在水稻中，我国于 2002 年完成了国内第一个水稻 T-DNA 插入突变体库的建立，该突变体库有株型、育性、生育期、分蘖、株高、抗病虫、抗逆、叶色等类型的突变体 4 500 份。本研究首次将 T-DNA 插入突变应用于黄瓜突变体库构建中，对获得的转化植株 T_0 和 T_1 代进行 PCR 和斑点杂交检测，确定 14S1 为插入突变体，证明了 T-DNA 插入突变在黄瓜中应用的可行性，对黄瓜突变体库构建和黄瓜功能基因组学研究具有重要意义。在接下来的研究中，将采用与植物表达载体 pROK2 配套的加接头 PCR 法[22]对 14S1 植株插入位点进行分离鉴定。

PCR 检测 14S1 自交后代，55 个单株中 12 株呈阳性，随机选取 23 个单株进行斑点杂交仅有 2 株有杂交信号。PCR 检测和斑点杂交检测都显示 T_1 代中有阴性转化子，分析原因有两点：一是 T_0 代植株可能是杂合子，自交后 T_1 代发生了分离，仅含有插入序列的植株检测呈阳性；二是 T_0 代植株可能是嵌合体，其自交后代会出现嵌合体或者非转基因植株，仅嵌合体检测呈阳性。同时，PCR 结果与斑点杂交结果不一致，推测其原因可能是 T_1 代植株仍旧存在农杆菌污染，所以 PCR 鉴定出的假阳性转化子较多，也说明了斑点杂交技术较 PCR 技术检测转基因植株更具准确性。14S2 植株由于还未得到自交后代，所以未做进一步的研究，仅确定 14S1 为插入突变体。研究获得的插入突变体较少，主要是因为黄瓜遗传转化效率低、遗传稳定性差。因此，要构建大规模黄瓜插入突变体库还需进一步优化黄瓜遗传转化体系，并且进行大批量的遗传转化，获得更多的插入突变体。

突变体的表型筛选能为基因功能分析提供重要线索，但本研究得到的插入突变体没有明显的突变表型，这增加了突变体分析的困难。其原因除了获得的突变体较少外，主要是由于 T-DNA 自身存在缺陷。当 T-DNA 插入到无功能的基因区域[5]、功能冗余的基因或者基因家族时[23]，就会产生无义突变，无明显突变表型。此外，某些插入的基因仅在特定情况下才能表达，在正常生长条件下不表达从而不产生突变[24]，Krysan 等[25]研究中得到的 17 个突变体在正常生长情况下均观察不到突变表型。为克服以上缺陷，在植物突变体库构建的研究中越来越多地采用激活标签法。激活标签法是对 T-DNA 插入的改进，其载体携带多聚化的 CaMV35S 增强子，它能使插入附近的基因过表达而产生显性功能获得型突变，在 T_0 代就能观察到突变表型。1992 年，Hayashi 等[26]首次发现激活标签法并将该技术用于拟南芥基因的分离和鉴定。在今后的黄瓜插入突变体库构建工作中可采用激活标签为插入元件，以克服 T-DNA 插入突变存在的缺陷，以便更好更快地进行黄瓜插入突变体库的构建及黄瓜基因功能的研究工作。

参考文献

[1] Huang S W, Li R Q, Zhang Z H, et al. The genome of the cucumber, *Cucumis sativus* L.

[J]. Nature genetics, 2009, 41 (12): 1275-1281.

[2] Woycicki R, Witkowicz J, Gawronski P, et al. The genome sequence of the North-European Cucumber (*Cucumis sativus* L.) unravels evolutionary adaptation mechanisms in plants [J]. PLOS ONE, 2011, 6 (7): e22728.

[3] The *Arabidopsis* Genome Initiative. Analysis of the genome sequence of the flowering plant *Arabidopsis thaliana* [J]. Nature, 2000, 408 (6814): 796-815.

[4] Krysan P J, Young J C, Sussman M R. T-DNA as an insertional mutagen in *Arabidopsis* [J]. Plant Cell, 1999, 11 (12): 2283-2290.

[5] Azpiroz-Leehan R, Feldmann K A. T-DNA insertion mutagenesis in *Arabidopsis*: going back and forth [J]. Trends Genet, 1997, 13 (4): 152-156.

[6] Jeon J S, Lee S, Jung K H, et al. T-DNA insertional mutagenesis for functional genomics in Rice [J]. Plant Journal, 2000, 22 (6): 561-570.

[7] Alonso J M, Stepanova A N, Leisse T J, et al. Genome wide insertional mutagenesis of *Arabidopsis thaliana* [J]. Science, 2003, 301 (5633): 653-657.

[8] An G, Lee S, Kim S H, et al. Molecular genetics using T-DNA in rice [J]. Plant Cell Physiology, 2005, 46 (1): 14-22.

[9] Mathews H, Clendennen S K, Caldwell C G, et al. Activation tagging in tomato identifies a transcriptional regulator of anthocyanin biosynthesis, modification, and transport [J]. Plant Cell, 2003, 15 (8): 1689-1703.

[10] Zubko E, Adams C J, Macháèková I, et al. Activation tagging identifies a gene from Petunia hybrid responsible for the production of active cytokinins in plants [J]. Plant Journal, 2002, 29 (6): 797-808.

[11] Imaizumi R, Sato S, Kameya N, et al. Activation tagging approach in a model legume, *lotus japonicus* [J]. Journal of Plant Research, 2005, 118 (6): 391-399.

[12] Pérez-Hernández J B, Swennen R, Sági L. Number and accuracy of T-DNA insertions in transgenic banana (*Musa* spp.) plants characterized by an improved anchored PCR technique [J]. Transgenic Research, 2006, 15 (2): 139-150.

[13] 任海英，方丽，茹水江，等. 抗蔓枯病甜瓜突变体 edr2 抗病现象的初步研究 [J]. 中国农业科学，2009，42 (9)：3131-3138.

[14] Trulson A J, Simpson R B, Shahin E A. Transformation of cucumber (*Cucumis sativus* L.) plants with *Agrobacterium rhizogenes* [J]. Theo Appl Genet, 1986, 73 (1): 11-15.

[15] Wang J, Zhang S J, Wang X, et al. *Agrobacterium*-mediated transformation of cucumber (*Cucumis sativus* L.) using a sense mitogen-activated protein kinase gene (*CsNMAPK*) [J]. Plant Cell, Tissue and Organ Culture, 2013, 113 (2): 269-277.

[16] Yang X Q, Zhang W W, He H L, et al. Tuberculate fruit gene *Tu* encodes a C2H2 zinc finger protein that is required for the warty fruit phenotype in cucumber (*Cucumis sativus* L.) [J]. The Plant Journal, 2014, 78 (6): 1034-1046.

[17] Baulcombe D C, Saunders G R, Bevan M W, et al. Expression of biologically active viral satellite RNA from the nuclear genome of transformed plants [J]. Nature, 1986, 321 (6068): 446-449.

[18] 李加旺，孙忠魁，杨森，等. ^{60}Co-γ 射线在黄瓜诱变育种中的应用初报 [J]. 中国蔬菜，1997 (2)：22-24.

[19] Fraenkel R，Kovalski I，Troadec C，et al. A TILLING population for cucumber forward and reverse genetics [M]. Cucurbitaceae，2012，Proceedings of the Xth EUCARPIA meeting on genetics and breeding of Cucurbitaceae（eds. Sari，Solmaz and Aras）Antalya（Turkey），2012：598-603.

[20] Mandel M A，Feldmann K A，Herrera-Estrella L，et al. *CLA1*，a novel gene required for chloroplast development，is highly conserved in evolution [J]. Plant Journal，1996，9（5）：649-658.

[21] Choe S，Dilkes B P，Fujioka S，et al. The *DWF4* gene of *Arabidopsis* encodes a cytochrome P450 that mediates multiple 22α hydroxylation steps in brassinosteroid biosynthesis [J]. The Plant Cell，1998，2（10）：1677-1690.

[22] Ronan C O，Jose M A，Christopher J K，et al. An adapter ligation-mediated PCR method for high-through put mapping of T-DNA inserts in the Arabidopsis genome [J]. Nature protocols，2007，2（11）：2910-2917.

[23] Springer P S. Gene traps：tools for plant development and genomics [J]. Plant Cell，2000，12（7）：1007-1020.

[24] Hirsch R E，Lewis B D，Spalding E P，et al. A role for the *AKT1* potassium channel in plant nutrition [J]. Science，1998，280（5365）：918-921.

[25] Krysan，P J，Young J C，Tax F，et al. Identification of transferred DNA insertions within *Arabidopsis* genes involved in signal transduction and ion transport [J]. PNAS，1996，93（15）：8145-8150.

[26] Hayashi H，Czaja I，Lubenow H，et al. Activation of a plant gene by T-DNA tagging：auxin-independent growth in vitro [J]. Science，1992，258（5086）：1350-1353.

黄瓜幼叶黄化突变体的特性研究和基因精细定位

王　晶　娄群峰

（南京农业大学园艺学院　江苏南京　210095）

摘　要：叶色突变体是研究叶绿体结构和光形态建成的重要材料，同时也可用作光合系统功能以及遗传育种的基础材料。在 EMS 诱变的长春密刺突变体库中，鉴定得到一个可稳定遗传的幼叶黄化突变体 vyl（virescent yellow leaf）。通过对该突变体的遗传研究发现，幼叶黄化是由单基因控制的隐性突变。对突变体和野生型植株不同叶位进行透射电镜分析，结果表明，突变体的叶绿体片层结构受损，堆叠的基粒减少，随着叶色的转绿逐渐恢复。测定了该突变体的第 1～第 4 叶位的色素含量以及光合参数，结果表明，突变体随着叶位的增加色素含量逐渐增加，叶片转绿后基本接近野生型水平。突变体净光合速率显著低于野生型，随着叶色转绿也逐渐恢复正常水平。利用 BSA 法构建了基因的黄化池和绿池，以及 80 株 F_2 群体将 *vyl* 基因初步定位于黄瓜 4 号染色体长臂末端，位于引物 UW084200 和 SSR05515 之间。在目标区段内设计了 184 对 SSR 引物、40 对 Indel 标记引物和 35 对 CAPS 标记引物，再利用 980 个 F_2 单株将 *vyl* 精细定位在 200 kb 的区段内。对野生型和幼叶黄化突变体重测序，目标区段内基因进行分析，其中有 6 个基因在编码区碱基发生突变。qRT-PCR 结果表明，基因 *Csa4M637110.1* 和 *Csa4M639150.1* 在黄化幼叶中上调表达，推测基因 *Csa4M637110.1* 和 *Csa4M639150.1* 为幼叶黄化候选基因。

关键词：黄瓜　幼叶黄化　突变体　定位

通过诱变得到的黄化突变体在育种上有很高的利用价值。一方面，可以作为种质资源用于创建新的蔬菜品种，增加物种遗传多样；也可作为标记性状导入亲本，进行杂种纯度鉴定；另一方面，是用于研究光合系统结构和功能、叶绿素合成及其调控机制的理想材料[1,2]。

目前，叶色突变体已被广泛用于基础研究和生产实践。Zhou 等（2013）从 ^{60}Co照射的水稻突变体库中得到一个幼叶失绿突变体 ylc1，被精细定位到一个 22.6kb 的区间，并发现该基因调控的蛋白参与叶绿素和叶黄素的积累和叶绿体发育[3]。Xing 等（2014）利用玉米幼叶黄化突变体 VYL，在 1 号染色体上鉴定有一个主效调控位点，一个独立的旁系同源的 *CLPP5* 基因被分离以及证明是 *vyl* 修饰的候选基因，在不同的遗传背景下，分别对 *vyl* 和修饰基因进行定位，在 B73 中，*Chr.*1 _ *ClpP*5 表达是显著被黄化诱导的，然而在 PH09B 中是不显著的，复制基因功能冗余被假设是引起 *vyl* 和遗传背景间的互作的分子机理[2]。Dong（2013）

分离了水稻黄化突变体基因 *vyl*，并证明 *vyl* 基因其编码叶绿体 Clp 蛋白的一个亚基[4]。

本研究，在 EMS 诱变的长春密刺突变体库中分离得到一个幼叶黄化突变体 vyl。该突变体表现为发芽后子叶和真叶黄化，叶脉为绿色，在生长过程中逐渐转绿，并且能够正常开花结果。同时，黄化期光合色素减少，叶绿体结构受损，随着叶片逐渐转绿，色素水平和叶绿体结构也逐渐恢复。本研究描述了幼叶黄化突变体的遗传特性、表型特征和生理特征，并将 *vyl* 基因定位在 200 kb的区段内，预测出 *Csa4M637110.1* 和 *Csa4M639150.1* 为幼叶黄化候选基因，为叶绿体发育和叶绿素合成过程中重要基因的功能研究的发现和克隆奠定了基础。

1 材料与方法

1.1 材料和群体构建

以幼叶黄化突变体和 Hazerd 为亲本，杂交获得 F_1，进一步自交得到 F_2群体。并用 F_2自交获得 $F_{2:3}$家系，用于黄化基因的定位。用 F_1与黄化突变体进行回交得到 BC_1，进行遗传分析。上述材料种植于南京农业大学江浦园艺试验站。

1.2 表型鉴定

对每一株亲本、F_1、F_2和 BC_1进行挂牌，在标签牌注明植株编号、授粉日期及授粉方式。在发芽后 5～10 天对每一个植株进行表型鉴定并记录。每个植株取 2～3 片幼嫩叶片，用液氮冷冻后放在－80℃冰箱保存。

1.3 透射电镜

选取黄化突变体和野生型植株 4 个叶位的叶片，以最新长出的 1 片展叶后的幼叶为第一叶位（叶片大小约为 4 厘米×4 厘米），第三片为第二叶位，第五片为第三叶位，第七片为第四叶位。将叶片冲洗干净，用刀片切成 2 毫米×5 毫米大小，迅速放入含体积分数 4%戊二醛的磷酸缓冲液（pH 为 6.8）中固定 24 小时。磷酸缓冲液清洗 3 次，分别用体积分数 30%、50%、70%、85%和 95%的乙醇梯度脱水，然后用无水乙醇脱水 3 次，再用叔丁醇脱水 3 次，然后包埋，在 60℃的恒温培养箱中进行聚合反应。用奥地利 Reichert-Jung 公司 ULTRACUT-E 型超薄切片机切厚度为 50～70 纳米的切片，用醋酸双氧铀、柠檬酸铅在 25℃下分别对样品进行染色，用双重蒸馏水冲洗干净。然后，用日本日立公司生产的 S-3500N 透射电子显微镜观察并照相。

1.4 光合指标的测定

1.4.1 光合色素含量测定

叶绿素 a（Chla）、叶绿素 b（Chlb）和类胡萝卜素（Caro）含量按照李合生

(2000) 方法[5]并略作修改，用日本岛津紫外分光光度计进行测定，含量以毫克/克鲜重表示。具体步骤如下：

(1) 于晴天上午 8：00～9：00，黄化突变体和野生型随机选取 10 株，取不同叶位的新鲜黄瓜叶片（叶位选取同 1.3），洗净，用 0.5 厘米打孔器取 50 个圆片。

(2) 随机称取 0.2 克，共 3 份，分别装 25 毫升带塞刻度试管中，加入 10 毫升 80%的丙酮，浸提 48 小时，至组织发白。

(3) 离心取上清液，用 80%的丙酮定容至 25 毫升，以 80%的丙酮为空白对照，溶液在波长为 663 纳米、646 纳米和 470 纳米下进行比色，所测得的吸光度（OD）代入以下公式计算出溶液中的 Chla、Chlb 和 Caro 含量（毫克/升）：

$$C_a = 12.1 \times OD_{663} - 2.81 \times OD_{646}$$

$$C_b = 20.13 \times OD_{646} - 5.03 \times OD_{663}$$

$$C_{caro} = (1\,000 \times OD_{470} - 3.27 \times C_a - 104 \times C_b) / 229$$

$$C_{chl} = C_a + C_b$$

式中：C 表示叶绿素浓度。色素含量可以按照下式进行计算：

色素含量（mg/g）=C（毫克/升）×0.025 升/0.2 克

1.4.2　光合参数测定

选取黄化突变体和野生型植株 4 个叶位的叶片，利用美国产 LI-6400 便携式光合仪，于晴天上午 9：00～12：00，在田间测定突变体与正常株系的净光合速率（*Pn*）、气孔导度（*Gs*）、蒸腾速率（*Tr*）、胞间 CO_2 浓度（*Ci*）等指标。每处理每重复随机测定 10 株，每隔 1 小时测定一次，取平均值，重复测定 3 天。

1.5　DNA 提取和 BSA 法

用于基因初步定位的植株用 BSA 法进行 DNA 的提取，分别取 10 个表型为黄化的植株和 10 个表型为绿色的植株叶片，等量混合，构成黄色基因池和绿色基因池。混合好的基因池和其余的亲本、F_1 以及 F_2 单株用改良 CTAB 法进行 DNA 的提取。具体方法如下：

(1) 装样品。将鲜样直接装入 2 毫升离心管，样品量以振荡完离心管的 1/3 体积为好；装完后，将离心管放入液氮中或转入超低温冰箱。干样最好用刀片切成片状，方便用镊子装入离心管。

(2) 磨样。将 24 孔磨样板放入液氮中，将装有样品的离心管在液氮中冷冻后依次排放在磨样板中，1 000 转/分，振荡 1 分钟。

(3) 磨样结束后，将离心管依次从液氮中取出后，迅速打开，以免离心管因温度变化而炸裂。然后，加 1 毫升 CTAB 提取缓冲液［2% PVP 40（现用现加，65°C 热水浴 20 分钟左右可溶解）］，再加入 20 毫升 β-巯基乙醇，涡旋混匀，65℃水浴 1 小时，水浴过程中振荡 4 次左右。

(4) 抽提。加满氯仿∶异戊醇（24∶1），颠倒充分混匀 5 分钟，离心（室温 12 000转/分，5 分钟）。

(5) 取上清液，加满氯仿∶异戊醇（24∶1）抽提。颠倒混匀，离心（室温

12 000转/分，5 分钟）。

(6) 取上清液，加满异丙醇（提前置于—20℃冰箱预冷），轻轻颠倒混匀，4℃冰箱静置 30 分钟左右，离心（4℃，8 000 转/分，5 分钟）。—20℃预冷的无水乙醇洗涤一次，离心（4℃，10 000 转/分，5 分钟），加入 2 微升（1 毫克/微升）的 RNA 酶，37℃水浴 40 分钟。

(7) 加入氯仿：异戊醇（24：1）抽提一次，离心（室温 12 000 转/分，5 分钟）。

(8) 取上清液，加入无水乙醇，混匀，4℃，8 000 转/分，20 分钟，70%乙醇洗涤第二次，晾干后加入 500 微升 TE 或双蒸水溶解。

1.6 *vyl* 基因初步定位

选择均匀分布于黄瓜 7 条染色体上的 450 对 SSR 引物对亲本黄化突变体和 Hazerd 进行多态性筛选。筛选出的引物对构建的黄化基因池和绿色基因池进行筛选，标记的条带不同表示基因池之间有多态，条带相同表示基因池之间没有多态，初步确定 *vyl* 基因的范围，再用筛选得到的引物对 80 个 F_2 群体单株进行基因型鉴定。

1.7 分子标记开发

利用初步定位 *vyl* 基因两侧的标记，分别扫描已经公布的黄瓜品种 9930 和 Gy14 的基因组序列（http://cucumber.vcru.wisc.edu/wenglab/gy14-9930/index.html），得到 2 个标记之间的序列。

1.7.1 SSR 标记

SSR 标记开发：利用获得的序列使用 SSRHunter 分析软（http://www.bio-soft.net），寻找 SSR 位点，使用 Primer Premier 5.0 软件，设计引物，SSR 标记命名为“SSR”加数字编号。

用设计的 SSR 标记对亲本多态性筛选，将有多态性的 SSR 标记应用于 F_2 群体单株进行分析，缩小目标区段。

1.7.2 Indel 标记

Indel 标记开发：利用实验室测序的长春密刺以及 EC1 基因组序列，用 BWA 和 SAMTool 分析两者在目标区域之间的插入或缺失，根据基因组中插入或缺失位点，用 Primer Premier 5.0 软件，设计扩增这些插入或缺失位点的 PCR 引物，Indel 标记命名为“Indel”加数字编号。

Indel 标记的检测方法同 1.6。

1.7.3 CAPS 标记

CAPS 标记开发：为了在精细定位中寻找到更多的标记，分析了长春密刺以及 EC1 在目标区域的 SNP，并利用 SNP2CAPS 软件设计成 CAPS 标记，CAPS 标记命名为“CAPS”加数字编号。将设计好的 CAPS 标记进行亲本多态筛选，对表现出多态性的引物分别在 F_2 定位群体中进行分析，明确是否与幼叶黄化基因 *vyl* 连锁并应用于定位分析。

1.8　*vyl* 基因的精细定位

在 *vyl* 基因初步定位的基础上，结合新开发的 SSR 标记、Indel 标记、CAPS 标记，亲本进行多态性鉴定，表现为多态性的引物再对 980 个 F_2 单株进行基因型验证，寻找目标区段内的重组单株，完成基因精细定位。

1.9　突变体和长春密刺基因组测序以及目标区段内候选基因分析

通过对长春密刺和幼叶黄化突变体进行基因组重测序，结合参考基因组序列，分析在目标区段内的定向突变 G 变为 A 或 C 变成 T 位点。根据黄瓜基因组注释结果，得到该区段内所有基因，进行基因预测、注释并与拟南芥中的同源基因进行比较（Cucurbit Genomics Database，http://www.icugi.org/）。

1.10　目标区段基因的 qRT-PCR 分析

将提取好的 RNA 进行利用 PrimeScript™ RT 的反转录试剂盒（TAKAKA）进行 cDNA 第一链的合成。qRT-PCR 利用 SYBR Premix Ex Taq™ Kit（TAKARA）的方法在 Bio-Rad CFX96 荧光定量 PCR 仪上进行。该 PCR 的总体系为 20 微升，其中 cDNA 模板 1 微升，SYBR Premix Ex Taq Ⅱ 10 微升，正向引物 0.5 微升，反向引物 0.5 微升，双蒸水 4 微升。PCR 反应程序为：95℃预变性 30 秒，然后进入以下循环：95℃变性 5 秒，60℃退火 30 秒，40 个循环，然后进行溶解曲线分析。引物用 Primer Premier 5.0 软件设计。以长春密刺第一叶位中基因的表达量为对照，按照 $2^{-\triangle\triangle Ct}$ 方法计算 6 个基因的相对表达量。根据单因素的方差分析进行差异显著性分析。

2　结果与分析

2.1　幼叶黄化突变体的特征

幼叶黄化突变体 vyl 是从 EMS 诱变的长春密刺的 M_2 代中发现的，该突变体表现为发芽后子叶及幼叶黄化，在生长过程中逐渐转绿，生长后期可以正常开花结果（图 1 B）。

为了进一步明确幼叶黄化突变体的遗传特性，利用幼叶黄化突变体和绿叶黄瓜 Hazerd 进行杂交（图 1 A），得到 F_1 代；F_1 与黄叶亲本回交得到 BC_1；F_1 自交得到 F_2 群体，F_2 代自交得到 $F_{2:3}$ 家系。F_1 表现绿叶性状（图 1 C）；在 100 株 BC_1 群体中，有 47 株为黄化表型，53 株表现为绿叶表型，符合孟德尔的 1∶1 遗传定律；97 个 F_2 代单株中有 29 个表现黄化（图 1 E），68 个为绿叶表型（图 1 F），经卡方测验显示符合孟德尔 3∶1 遗传定律。以上证据证明，幼叶黄化是由一对隐性核基因控制的，命名为 *vyl*。

图 1　亲本与 F_1 及 F_2 对照

A. 亲本 Hazerd　B. 幼叶黄化亲本　C. F_1　D. F_2黄化幼苗　E. F_2黄化植株　F. F_2绿叶植株

2.2　幼叶黄化突变体叶绿体超微结构的变化

为了了解幼叶黄化突变体叶绿体的内部结构变化，对幼叶黄化突变体和野生型叶片 4 个叶位分别取样，进行透射电镜观察。其中第 1、第 2 叶位为显著黄化期，第 3 叶位为转绿期，第 4 叶位已转绿。

图 2 显示，在幼叶黄化突变体中，黄化期叶绿体结构畸形不整齐，基粒堆叠的片层结构混乱无规则。随着叶片逐渐转绿，叶位的增加，叶绿体逐渐增大，基粒堆叠的片层结构逐渐增加，同化的淀粉粒从无到逐渐增加，类囊体扩张情况逐渐减少。

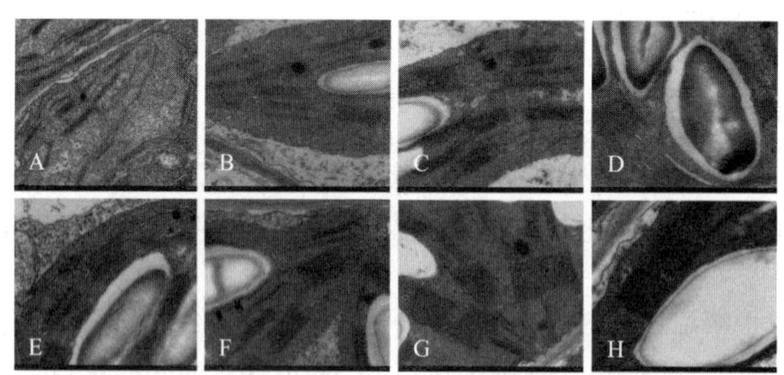

图 2　幼叶黄化突变体与野生型叶绿体超微结构对照

注：A、B、C、D 分别表示幼叶黄化突变体的第 1、2、3、4 叶位的叶绿体超微结构，E、F、G、H 分别表示野生型的第 1、2、3、4 叶位的叶绿体超微结构，比例尺为 5 微米。

野生型叶绿体双层膜结构明显，基粒堆叠片层结构规则，同化的淀粉粒较多。随着叶位的增加，片层结构有所增加。以野生型为对照，幼叶黄化突变体在各叶位的发育情况都比较差，主要表现为基粒堆叠的片层结构较少；类囊体扩张严重，同化作用较弱；嗜锇颗粒较多。这些情况随着叶片的转绿均有好转，在叶片转绿后，几乎接近野生型叶片水平。

上述结果表明，幼叶黄化突变体的叶绿体发育不健全，基粒、类囊体等受到损伤，导致同化作用的减少。恢复绿色后，片层结构增加，同化作用增强，接近野生型水平。推测幼叶黄化可能是由于叶绿体结构受到损伤引起的，转绿过程中叶绿体不断发育。

2.3　幼叶黄化突变体光合色素的变化

叶绿体是植物进行光合作用的场所，对植株的生长发育起到重要作用。为了进一步了解突变体黄化的原因，测定了突变体与野生型叶片不同叶位的色素含量，选定了 4 个不同叶位来测定色素含量，结果如表 1 所示。

由表 1 可以看出，在幼叶黄化突变体中，随着叶片逐渐转绿，各色素含量逐渐升高，从第 1 到第 4 叶位，各色素的含量均增加了 1 倍左右。叶绿素 a 与叶绿素 b 的比值保持平稳。

表 1　幼叶黄化突变体与野生型黄瓜叶片色素含量比较

叶位	材料	叶绿素 a（毫克/克）	叶绿素 b（毫克/克）	类胡萝卜素（毫克/克）	总叶绿素（毫克/克）	叶绿素 a/b
1	野生型	0.55Aa	0.23Aa	0.22Aa	0.79Aa	2.40Aa
	突变体	0.20Bb	0.07Bb	0.10Bb	0.27Bb	2.63Bb
2	野生型	0.57Aa	0.23Aa	0.22Aa	0.80Aa	2.48Aa
	突变体	0.27Bb	0.10Bb	0.12Bb	0.36Bb	2.69Ab
3	野生型	0.57Aa	0.22Aa	0.21Aa	0.79Aa	2.60Aa
	突变体	0.33Bb	0.12Bb	0.13Bb	0.45Bb	2.74Aa
4	野生型	0.57Aa	0.22Aa	0.21Aa	0.78Aa	2.63Aa
	突变体	0.46Ab	0.18Bb	0.17Ab	0.64Ab	2.65Aa

注：大写字母代表在 0.01 水平差异显著，小写字母代表在 0.05 水平差异显著。

以野生型作为对照，野生型各个叶位的各色素含量基本保持不变，同一叶位黄化突变体的叶绿素 a、叶绿素 b、总叶绿素、类胡萝卜素均低于野生型，且第 1、第 2、第 3 叶位与野生型之间差异非常显著，第 4 叶位色素含量基本接近野生型。第 1 到第 3 叶位，突变体叶绿素 a 与叶绿素 b 的比值大于野生型，但差异不明显，到第 4 叶位，基本与野生型持平。

上述结果表明，幼叶黄化突变体中色素含量与观察到的叶色变化是相符合的，在黄化期各色素含量均低于野生型，随着叶色逐渐转绿，各色素含量则逐渐升高；转绿后的突变体叶片颜色与野生型基本一致，色素含量也基本接近野生型。由于叶绿体中各色素是在类囊体内，2.2 的结果表明黄化突变体的类囊体结构受损，堆叠的基粒减少。因此，幼叶黄化突变体叶片中色素含量减少。叶色的黄化可能是由叶绿体发育途径受损，导致叶片中各色素含量减少引起的。

2.4 幼叶黄化突变体光合参数的变化

测定了幼叶黄化突变体与野生型不同叶位植株的光合参数，包括净光合速率（*Pn*）、气孔导度（*Gs*）、胞间 CO_2 浓度（*Ci*）、蒸腾速率（*Tr*）。净光合速率（*Pn*）是植物进行同化作用强弱的指标；气孔导度（*Gs*）表示气孔张开的程度，影响光合作用、呼吸作用以及蒸腾作用；胞间 CO_2 浓度（*Ci*）是细胞间 CO_2 的浓度，是植物进行光合作用的原料；蒸腾速率（*Tr*）表示单位时间内单位叶面积植物蒸腾的水量。

图 3 表明，在黄化突变体中，随着叶片逐渐转绿，叶位的增加，净光合速率（*Pn*）、气孔导度（*Gs*）、蒸腾速率（*Tr*）发展趋势基本保持一致，呈上升状态；胞间 CO_2 浓度（*Ci*）则表现为下降趋势。

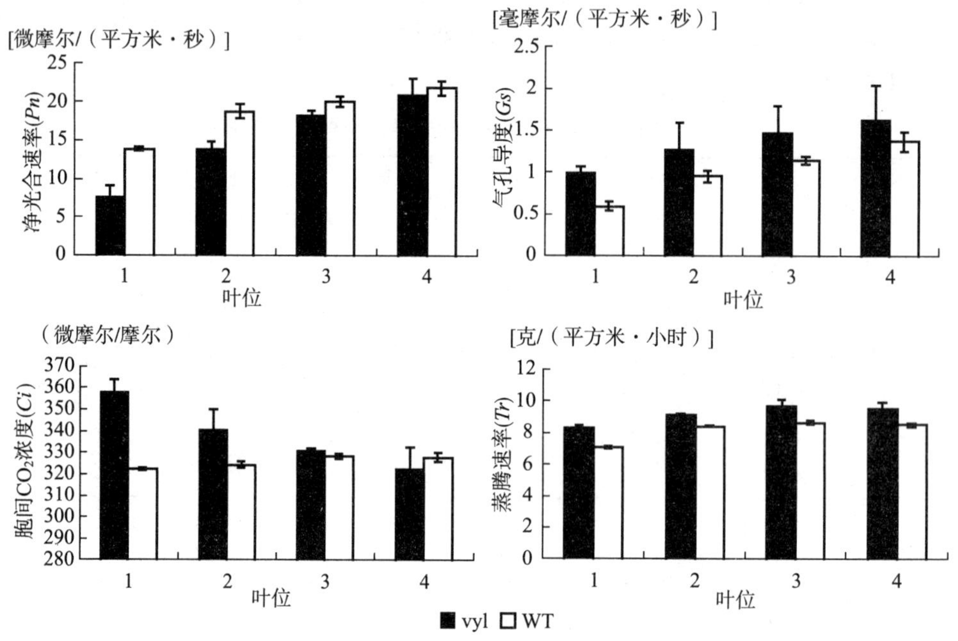

图 3　幼叶黄化突变体与野生型光合参数比较

野生型随着叶位的增加，净光合速率（*Pn*）、气孔导度（*Gs*）呈上升趋势，胞间 CO_2 浓度（*Ci*）、蒸腾速率（*Tr*）变化则趋于平缓，并不明显。同一叶位的幼叶黄化突变体的净光合速率（*Pn*）低于野生型，随着叶位的增加，水平逐渐接近野生型；气孔导度（*Gs*）高于野生型，且与野生型变化趋势一致，都呈上升趋势；胞间 CO_2 浓度（*Ci*）在黄化期高于野生型，转绿期与野生型基本持平，转绿后低于野生型；蒸腾速率（*Tr*）高于野生型，且与野生型变化趋势一致。

以上结果表明，净光合速率（*Pn*）的强弱与气孔导度呈正相关。在一定范围内，气孔导度增加，则可用于同化作用的 CO_2 也增加，蒸腾速率（*Tr*）加快。而随着叶片的逐渐转绿，叶绿体结构的逐渐恢复，光合色素增加，使得CO_2的利用率提高。因此，净光合速率（Pn）的值增大，而胞间CO_2浓度（Ci）的值减少。野生型黄瓜的同化作用强度高于突变体，这与2.2中叶绿体超微结构中观察到的结果相一致，突变体在黄化期表现出极少的同化产物，且嗜锇颗粒较多，随着叶色逐渐转绿，净光合速率（Pn）逐渐增强，同化产物也增加。

2.5 *vyl* 基因初步定位

2.5.1 亲本多态性筛选与BSA法

选择均匀分布于黄瓜7条染色体上的450对SSR引物，对亲本黄化突变体vyl和Hazerd进行多态性筛选，其中有84对引物有多态性。利用BSA法，用84对有多态性的引物对构建的黄化基因池和绿色基因池进行筛选，标记的条带不同表示基因池之间有多态，条带相同表示基因池之间没有多态，其中黄色基因池的条带型应与黄色亲本的带型相同，而绿色基因池的带型则应包含黄色亲本和绿色亲本的两条带。结果显示，位于4号染色体的引物SSR 05515在黄、绿基因池之间有多态性，符合预测的带型（图4）。P_1表示幼叶黄化亲本带型；P_2表示绿叶亲本Hazerd带型；Y表示黄化基因池带型，与黄化亲本相一致；G表示绿色基因池带型，同时有2个亲本的带型。因此，幼叶黄化基因与引物SSR 05515连锁，位于4号染色体。

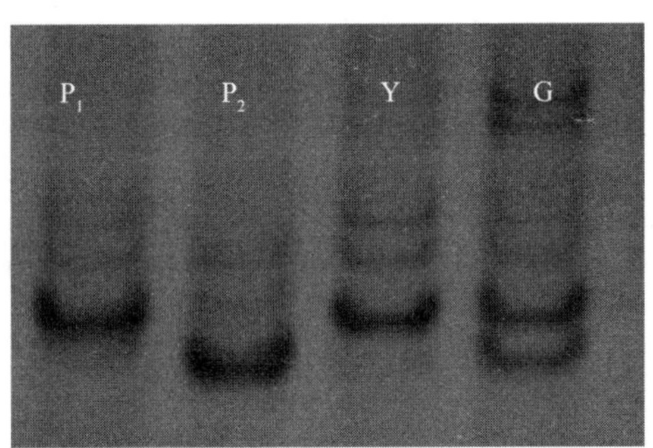

图4 引物SSR 05515在亲本及黄、绿表型基因池的带型

P_1. 幼叶黄化亲本 P2. 亲本Hazerd Y. 黄化表型基因池 G. 绿叶表型基因池

2.5.2 *vyl* 基因的初步定位

为了初步定位*vyl*基因，在引物SSR 05515附近利用9对已公布的SSR引物，进行多态引物筛选。其中，有4对引物有多态性：UW 084200、UW 042029、SSR 05515以及UW 084372。

初步定位利用了80株F_2，其中表现黄化的有20株，绿色表型的有60株。分别用上述的4对引物，对黄化亲本P_1、绿色亲本Hazerd P_2、F_1以及80个F_2单株来进行PCR扩增，7%的聚丙烯酰胺凝胶电泳后显色统计。结果显示，80个单株的F_2群体中，在引物UW 084200处有4个重组单株，UW 042029没有重组单株，

SSR 05515 有 1 个重组单株，UW 084372 有 5 个重组单株。因此，将 *vyl* 基因初步定位于 4 号染色体长臂末端，2 个侧翼标记 UW 084200 和 SSR 05515 之间，距离 *vyl* 分别为 0.7 厘摩尔根和 1.0 厘摩尔根（图 5A）。

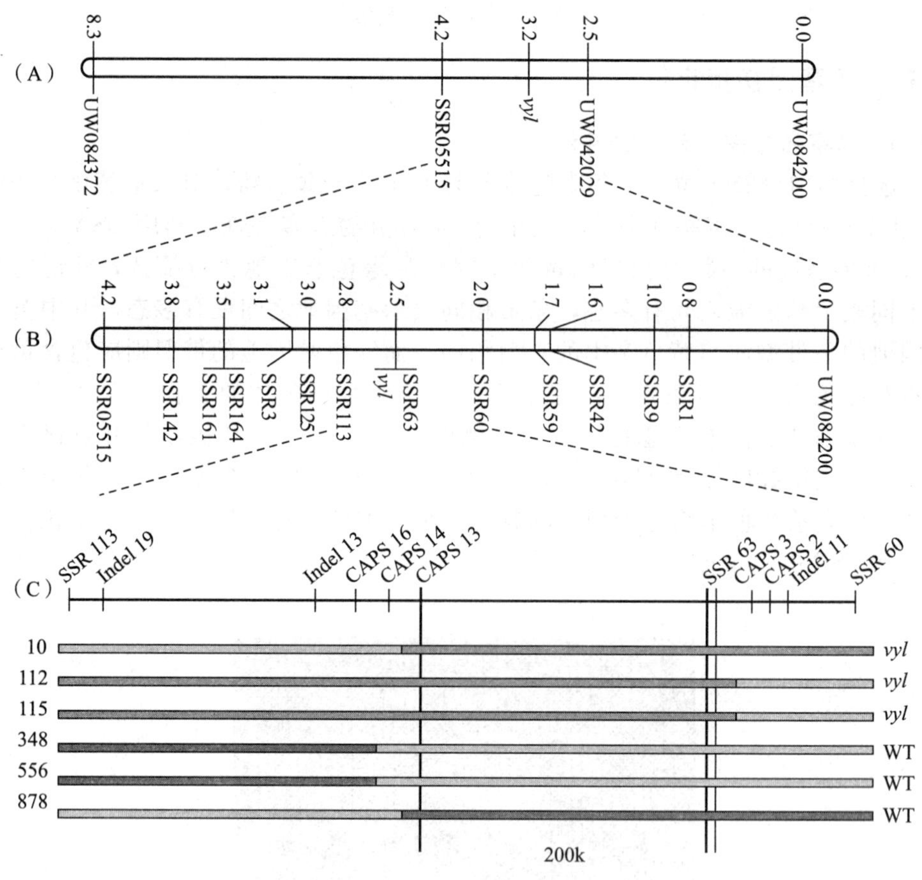

图 5　*vyl* 基因精细定位

A. 基于 BSA 法的初步定位　B. 在 SSR 05514 和 UW 042029 之间进行标记加密，获得了与 400 个 F_2 单株共分离的标记　C. 利用 500 个 F_2 群体进行精细定位，*vyl* 定位在 SSR 63 和 CAPS 13 之间，物理长度约为 200 kb

注：图中的黄色区域代表黄化的基因型，绿色代表绿叶基因型，橘黄色代表杂合的基因型。通过对这几个重组单株的 $F_{2:3}$ 家系的表型观察，在右侧标出了他们的表型（vyl：黄叶表型，WT：绿叶表型）。

2.6　*vyl* 基因精细定位

2.6.1　SSR 分子标记的开发及基因定位

用 SSRHunter 软件对获得的序列进行分析，获得 184 个 SSR 位点。用引物设计软件 Primer Premier 5.0 进行引物设计，在 2 个亲本以及 F_1 间进行 PCR 扩增，使用 7%聚丙烯酰胺凝胶进行电泳检测，其中 12 对引物有多态性(表 2)。

表 2　在 UW 084200 和 SSR 05515 之间开发的有多态性的 SSR 引物

引物名称	引物序列（5′-3′）F	引物序列（5′-3′）R
SSR 1	GGTTAGCGGAGGGGAGGA	TCCGTGACAGTTATTTGGTGT
SSR 3	TGTGGTTTGGATCGTACTGTT	TGATTCTCCATCTCCACGCA
SSR 9	TGAGTGTGTCCGTTGGGC	TGCTTCGTTTGCACACAACT
SSR 42	GTTAATCCCCAAGCAAGAAGC	CTGCCTTTCCCGTACCGT
SSR 59	CGGCGAGACTCCATCGTC	TCCACGTCTCCCCCTCTT
SSR 60	CCAGCACCCACAAACACC	CCGTGGACTGCACGATCA
SSR 63	GCCTTCATCCTGTGGCGT	CCAGTCATGGGTTTGTTGGA
SSR 113	CCCACAAGCTTCAGAGGTCC	CGTGTGAAGGGTTGGTCCA
SSR 125	AGGAATGGCACGTCGAGC	TCACTCTAGGGCCCCGTC
SSR 142	ACCTCTGTCTTTGTTCCTCAC	CGCAGCGGAAATGGGAGA
SSR 161	CCGTAAATGTTCCCCTCCCA	GGACGAACGTGCTTCCCA
SSR 164	AACTGATGTCCCCACCGC	TGTGTGCTGTGTACGGAGTT

用 400 个 F_2单株对 12 对多态性引物进行进一步筛选，寻找标记基因型与性状表现型的差别，获得标记与黄化基因 *vyl* 的交换单株。位于基因两侧的多态性标记向交换单株逐渐减少的方向步移，将目标区段缩小至引物 SSR 60 和 SSR 113 之间，标记 SSR 60 和 SSR 113 之间的 SSR 63 重组株为 0。用 JoinMap 4.0 软件对 SSR 标记的结果结合植株表型绘图，结果表明，黄化基因 *vyl* 和标记 SSR 63 共分离（图 5B）。

2.6.2　Indel 分子标记的开发及基因定位

获取在 SSR 60 和 SSR 113 之间序列，并设计了 40 对 Indel 分子标记，在 2 个亲本以及 F_1间进行 PCR 扩增，使用 7%聚丙烯酰胺凝胶进行电泳检测，其中 3 对引物有多态性（表 3）。

表 3　在 SSR 60 和 SSR 113 之间开发的有多态性的 Indel 标记引物

引物名称	引物序列（5′-3′）F	引物序列（5′-3′）R
Inde 11	AGAACCTCAACCCTCTGTAAAA	GCCTTCATAGGAGTTCAATCTG
Inde 13	AGTTCTTGTTTCCTATCCA	TGATGAACCTAAGTTGAGA
Inde 19	CAAATACAATGGAGAAAACC	GGAATAATGTCATGGATAGC

利用这 3 对有多态性的 Indel 标记引物，对 500 个 F_2单株，寻找标记基因型与性状表现型的差别，获得标记与黄化基因 *vyl* 的交换单株。位于基因两侧的多态性标记向交换单株逐渐减少的方向步移，将目标区段缩小至标记 Indel 11 和 Indel 13 之间，分别找到 5 个和 1 个重组单株，标记 Indel 11 和 Indel 13 之间的 SSR 63 重组株为 0。

2.6.3 CAPS 分子标记的开发及基因定位

获取在 Indel 11 和 Indel 13 之间序列，对比亲本之间寻找差异序列，并利用 SNP2CAPS 软件设计了 35 对 CAPS 标记。将设计好的 CAPS 标记进行亲本多态筛选，有 5 对表现出多态性（表 4）。对之前得到的 6 个重组单株进行基因型鉴定，将 *vyl* 基因精细定位于引物 SSR 63 和 CAPS 13 之间，两者之间相距 200 kb（图 5C）。

表 4　在 Indel 11 和 Indel 13 之间开发的有多态性的 CAPS 标记引物

引物名称	引物序列（5′-3′）F	引物序列（5′-3′）R
CAPS 2	GAGAAAACATCAAACG	TTGTCCCATAACGTAG
CAPS 3	GCATATATGTGTGGTTATTG	TGTGTTCACTTCTAGTCTC
CAPS 13	TACCCCGAAGACCACCA	CGGCATTACCAAGATAAGAT
CAPS 14	AAGAAACAGGTCTACACTC	TTCCTTTGAACTTGGC
CAPS 16	TGAAGGTGGAAGGTTG	CAAAAAATTCCCAAGTG

2.7　*vyl* 区间的基因预测

根据黄瓜基因组注释结果，经分析在 SSR 63 和 CAPS 13 之间共有 29 个基因。幼叶黄化突变体和长春密刺测序的结果显示，以参考基因组作为对照，在目标区段内，有 61 个碱基定向突变位点，即在长春密刺为 G 或 C，在幼叶黄化突变体变为 T 或 A。将两者相结合得到 6 个基因的编码区有定向突变位点，分别是 *Csa4M631600.1*、*Csa4M631610.1*、*Csa4M637110.1*、*Csa4M637690.1*、*Csa4M638400.1*、*Csa4M639150.1*。将这 6 个基因在 Cucurbit Genomics Database（http://www.icugi.org/）进行比对，结果发现，*Csa4M631610.1* 和 *Csa4M637690.1* 的突变位点位于基因间的启动子区域，*Csa4M631600.1*、*Csa4M637110.1* 未找到基因注释；*Csa4M637690.1* 的拟南芥同源基因编码功能未知的蛋白[6]；*Csa4M631610.1* 是 MATE（Multidrug and Toxic Compound Extrusion）家族基因，主要负责调控植物根部激素的合成；*Csa4M638400.1* 属于 BGLU46（beta glucosidase 46）家族基因，主要调控木质素生物合成，胚胎发育等一系列植物发育过程；*Csa4M639150.1* 属于 Mov34/MPN/PAD-1 家族基因，主要调控植物抗盐性、蛋白代谢过程等，在拟南芥中找到一个同源基因 *atpC1*，调控拟南芥叶绿体中 ATP 合成酶的形成[7]。

根据 qRT-PCR 结果显示（图 6），基因 *Csa4M637110.1* 和 *Csa4M639150.1* 在幼叶黄化突变体上调表达，黄化期叶片的表达量与野生型叶片存在极显著差异，且随着叶片逐渐转绿，表达量逐渐减小，叶片转绿后与野生型叶片表达量差异不明显。因此，推测基因 *Csa4M637110.1* 和 *Csa4M639150.1* 为幼叶黄化基因 *vyl* 候选基因。

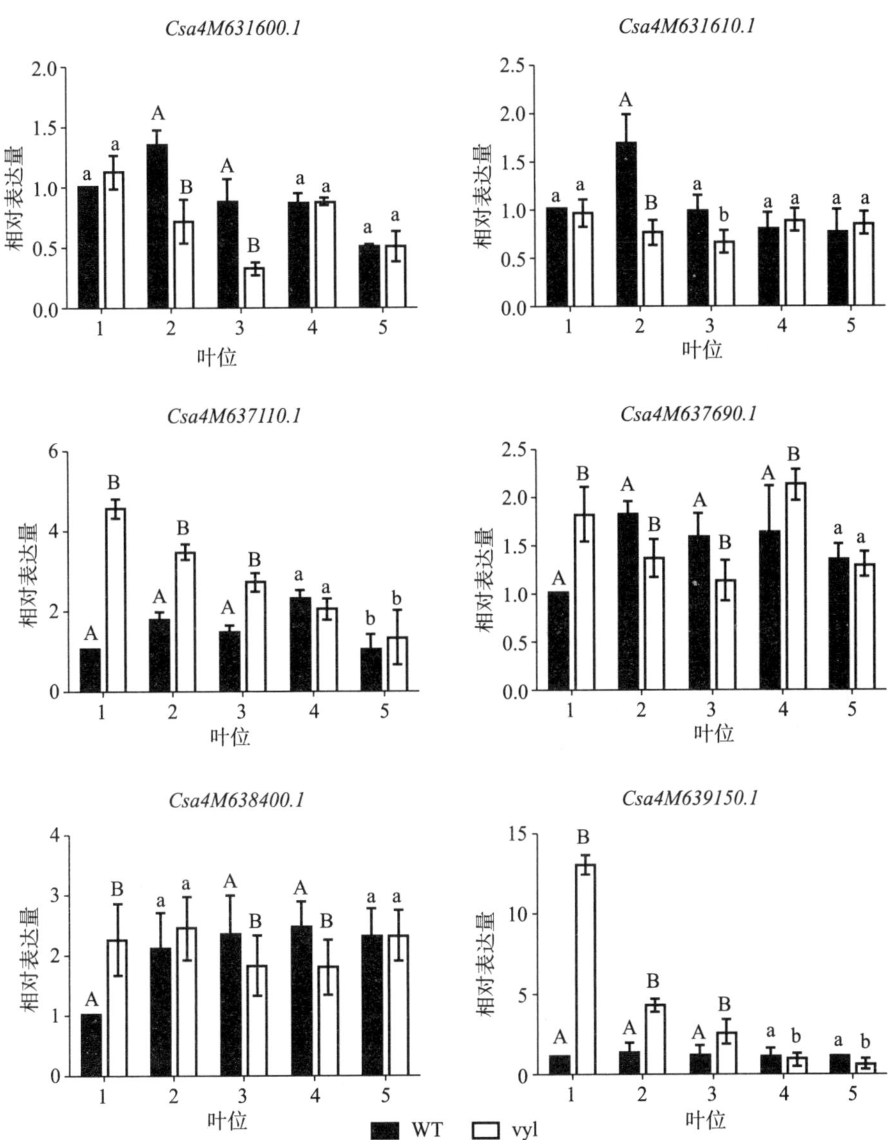

图6　6个基因在野生型和幼叶黄化突变体不同叶位表达量

注：a、b和A、B表示野生型和幼叶黄化突变体之间在不同叶位的最小显著差异在0.05水平和0.01水平，数值为平均数±标准差。

3　讨论

3.1　幼叶黄化是由一对隐性核基因控制的性状

幼叶黄化突变体在长春密刺突变体库的M_2中被发现，猜测可能是EMS诱变造成的单基因突变，能够稳定地遗传，表现为子叶及幼叶黄化，叶脉为绿色，生长过程中叶片逐渐转绿，能够正常开花结果。利用幼叶黄化突变体与绿叶黄瓜构建 F_1、F_2、BC_1，进行表型统计及卡方测验，表明符合孟德尔遗传定律，幼叶黄化是由隐性核基因控制的突变性状。本研究发现的幼叶黄化突变体与前人发现的突变体 v（Lawrence et al.，1990）性状描述相似，但是该突变体已丢失。因此，认为是新的突变性状，是研究植物光合作用和叶绿体结构发育的良好材料。

3.2 叶绿体结构受损是导致幼叶黄化的原因

幼叶黄化突变体的叶绿体结构在黄化期与野生型有很大的差别，基粒堆叠程度低且形状不规则，类囊体外扩严重，同化产物很少，嗜锇颗粒较多。研究表明，植物在受到胁迫或者细胞生长不良时会表现出类囊体外扩现象，而嗜锇颗粒的产生则是由于细胞受到胁迫或者细胞衰老[8]。因此，幼叶黄化突变体在黄化期叶绿体结构受损，光合作用受到阻碍，同化作用较少，没有同化产物的积累。随着叶片逐渐转绿，基粒堆叠成的片层结构增多且形状规则，叶绿体也逐渐发育健全，与正常株叶片差别细微，同化产物增多。

黄化期突变体的各色素含量均显著低于野生型，其中最为明显的是叶绿素 b 的含量。植物叶片的色素主要位于叶绿体的类囊体上[9]，突变体基粒的减少，类囊体发育不正常，造成了光合色素的减少。在叶片恢复绿色以后，各色素水平均有所提高，几乎与正常株达到一致水平。

黄化期叶片的胞间 CO_2浓度高，而光合效率低，同化作用少，说明光合效率低不是由于气孔原因导致的。转绿后，胞间 CO_2浓度降低，光合效率提高，叶绿体的光合能力得到恢复。

综上所述，幼叶黄化突变体的叶绿体结构受到损伤，内部结构畸形，光合色素含量低，光合效率低下，同化产物较少。叶片转绿后，叶绿体结构恢复正常水平，色素含量升高，光合效率提高，同化产物淀粉粒积累。导致幼叶黄化的直接原因是叶绿体结构受损。

3.3 利用图位克隆法进行基因定位的关键点

在运用图位克隆法进行基因定位时，有以下 2 个关键点：①群体表型的准确鉴定。运用图位克隆法进行基因定位需要一个庞大的群体，黄化突变体材料在发芽后就表现出明显的黄化表型，播种后一周之内便可完成表型鉴定，子叶及真叶均为亮黄色，与其他质量性状相比，快速而准确。②特异性强的引物。利用分子标记法得到单株的基因型，再结合单株的表现型，完成交换单株的筛选，需要条带清晰易于分辨的带型，也就是特异性强的引物来完成扩增。因此，在进行多态性筛选时，放弃带型分辨率不高的引物，以免对交换单株的筛选造成困扰。

3.4 *vyl* 候选基因的预测

在 200 kb 的目标区段内，检测到 29 个基因，由于基因的数目较为庞大，候选基因的预测工作存在一定的难度和不准确性。因此，对野生型和幼叶黄化突变体进行测序并与参考基因组进行比对。由于 EMS 诱发点突变，通常诱发 G 变为 T 或者 C 变为 A 的定向突变，将目标区段内的突变位点与参考基因组进行比对，得到 61 个定向突变位点。将突变位点与基因进行结合发现，有 6 个基因的编码区发生突变，缩小了候选基因的范围。

通过定量 PCR 结果预测的候选基因为 *Csa4M637110.1* 和 *Csa4M639150.1*。其中，基因 *Csa4M637110.1* 未找到基因注释，*Csa4M639150.1* 属于 *Mov*34/*MPN*/*PAD*-1 家族基因，主要调控植物抗盐性、蛋白代谢过程等。在一个拟南芥中 T-DNA插入突变体，编码叶绿体 ATP 合成酶 γ 亚基的基因 *atpC*1 不能正常表达，引起叶绿体发育不健全[7]。

参考文献

[1] Gan S, Amasino R M. Inhibition of leaf senescence by autoregulated production of cytokinin [J]. Science, 1995, 270 (5244): 1986-1988.

[2] Xing A, Williams M E, Bourett T M, et al. A pair of homoeolog *ClpP5* genes underlies a virescent yellow-like mutant and its modifier in maize [J]. The Plant Journal, 2014, 79 (2): 192-205.

[3] Zhou K, Ren Y, Lv J, et al. Young Leaf Chlorosis1, a chloroplast-localized gene required for chlorophyll and lutein accumulation during early leaf development in rice [J]. Planta, 2013, 237 (1): 279-292.

[4] Dong H, Fei G L, Wu C Y, et al. A rice virescent-yellow leaf mutant reveals new insights into the role and assembly of plastid caseinolytic protease in higher plants [J]. Plant physiology, 2013, 162 (4): 1867-1880.

[5] 李合生. 植物生理生化实验原理和技术 [M]. 北京：高等教育出版社，2000.

[6] Rehrauer H, Aquino C, Gruissem W, et al. Agronomics1: a new resource for *Arabidopsis* transcriptome profiling [J]. Plant Physiology, 2010, 152 (2): 487-499.

[7] Dal Bosco C, Lezhneva L, Biehl A, et al. Inactivation of the chloroplast ATP synthase γ subunit results in high non-photochemical fluorescence quenching and altered nuclear gene expression in *Arabidopsis thaliana* [J]. Journal of Biological Chemistry, 2004 (279): 1060-1069.

[8] 陈熙，崔香菊，张炜. 低叶绿素 b 水稻突变体类囊体膜的比较蛋白质组学 [J]. 生物化学与生物物理进展，2006，33 (7)：653-639.

[9] 龚红兵，陈亮明，刁立平，等. 水稻叶绿素 b 减少突变体的遗传分析及其相关特性 [J]. 中国农业科学，2001，34 (6)：686-689.

蔬菜嫁接技术研究进展

李　琳　陈劲枫

（南京农业大学园艺学院　江苏南京　210095）

摘　要：我国设施蔬菜全年种植面积已超 466.7 万公顷，占我国设施栽培总面积的 95%，占世界设施园艺面积的 80%，是世界上设施栽培面积最大的国家。在设施蔬菜不断发展的同时，设施内连作障碍越发严重。嫁接对克服连作障碍效果显著，目前已成为设施蔬菜栽培的主要配套技术，广泛应用于黄瓜、茄子、甜瓜、西瓜等作物。本文就蔬菜嫁接技术的发展进行了综述。

关键词：蔬菜　设施栽培　嫁接技术

1　嫁接技术概述

1.1　嫁接技术的历史

嫁接是指将一植株的枝或芽移接到另一植株的枝、干或根上，接口愈合形成一个新植株的技术。嫁接包括接穗（芽）和砧木两部分。接穗与接芽是指用作嫁接的枝与芽；而砧木是指承受接穗或接芽的部分[1]。

果树嫁接起源最早，已有几千年历史[2]。中国的古人看到了自然界中的“连理枝”现象，从而发明了嫁接技术。古代蔬菜嫁接的记录始于中国、韩国和日本。我国最早对蔬菜嫁接记录的文献是公元前一世纪汜胜之所著的《汜胜之书》。这本书详细描述了通过嫁接 10 种植物，从而筛选出一种适合生产大瓠的嫁接方法[3]。《齐民要术》是我国现存保留最完整的古代农学著作，它由北魏贾思勰（公元 386—557 年）所著，书中详细介绍了砧木选择、嫁接方法和时间以及嫁接的优势。

20 世纪 50 年代末，塑料薄膜的广泛使用推动了嫁接蔬菜的生产和推广[4]。日本和朝鲜最早把蔬菜嫁接用于大规模商业生产，已有 50 年历史[5]。近代我国研究和商业应用蔬菜嫁接技术始于 20 世纪 70 年代，邢禹贤首次在保护地西瓜冬季生产中运用了嫁接技术，成功解决了西瓜连作障碍问题（邢禹贤，1977）。80 年代随着北方地区日光温室（冬暖大棚）黄瓜越冬栽培的发展，使得嫁接技术在我国蔬菜生产中广为利用。20 世纪 90 年代，蔬菜嫁接才传到西方国家。

早期蔬菜嫁接主要用于栽培种的营养繁殖[6]，现在主要用于改良蔬菜作物品质性状、克服连作障碍、增强抗性等[7、8]。

1.2　嫁接技术的作用

1.2.1　增加对土传病害的抗性

土传病害是限制现代农业生产的重要因素，嫁接技术可以增加接穗对土传病害的抗性，因此在大规模生产中得到广泛运用。很多已经筛选出的砧木都表现出对土传病害如枯萎病、黄萎病（*Frerticillium dahliae*）、疫霉病（*Phytophthora*）、蔓枯病（*Didymella bryoniae*）、根腐病（*Pythium spinosum*）和根节线虫（*Meloidogyne incognita*）等的优良抗性[9~16]，甚至是抗病毒水平[17]。

王汉荣等（2004）以圆瓠瓜、黑籽南瓜和冬瓜为砧木，以津研 4 号为接穗，嫁接成活后接种枯萎病和疫病。试验发现，与自根苗相比，嫁接苗明显增加了对这两种病害的抗病性，其中以圆瓠瓜为砧木的处理抗病性最强。根节线虫也是危害黄瓜生产的重要虫害[18]，其中危害我国保护地黄瓜生产的主要是南方根节线虫（*Meloidogyne incognita*）[19]。顾兴芳等（2006）对国内外 108 份黄瓜砧木材料进行南方根节线虫抗性鉴定，筛选出野生棘瓜对南方根节线虫的抗性极高，且可以作为黄瓜砧木[20]。

1.2.2　提高接穗的生活力

选育的砧木根系通常比自根苗更发达、活力更强，所以嫁接苗可以更高效地吸收水分[21]和养分[22]。例如，西瓜嫁接苗可比自根苗减少 1/2～2/3 的化肥施用量[8,23]，嫁接黄瓜比自根黄瓜的水分利用效率明显提高[24]。嫁接还可以显著减少农药的使用频率、减少杀菌剂的使用[25]。

研究表明：嫁接技术能显著促进黄瓜的生长发育，主要表现为，与自根苗相比，嫁接苗的株高、茎粗和叶面积等明显提高，雌花节位降低[26]，生育期缩短，对果实提早采收上市具有重大意义。

1.2.3　提高抗非生物胁迫能力

嫁接可以明显提高接穗的抗非生物胁迫能力，如抗寒性和抗热性[27]，耐碱性和耐涝性[22]，耐盐性[28~30]，降低土壤中硼、铜、镉和锰等重金属的毒性等[28,31,32]。

耐寒性对冬季温室果菜栽培至关重要[33]。韩国的葫芦科作物西瓜、黄瓜和甜瓜的保护地栽培面积远大于露地栽培面积。为了提早收获果实，降低增温成本，嫁接技术被广泛采用。试验表明，利用黑籽南瓜嫁接黄瓜可以大大提高冬季温室嫁接苗的抗寒性。同时，砧木发达的根系使嫁接苗吸收水分和营养的效率提高[34]。

1.2.4　对果实品质和产量的影响

关于嫁接对果实品质和产量影响的报道说法不一[35,36]。这可能是生产环境、农业管理措施、砧木/接穗组合的类型和收获日期的不同而导致的。

嫁接后的西瓜果实大小往往显著大于自根苗[37]，所以西瓜嫁接苗被许多农户广泛种植。砧木还影响接穗的其他质量特征特性，如水果形状、果皮颜色、果皮厚度、可溶性固形物含量等。日本用转基因南瓜作砧木得到无蜡粉的黄瓜果实，果形优美，货架期长，非常受当地消费者的欢迎[38]。裴孝伯等（2009）用 4 个南瓜品种嫁接黄瓜，发现嫁接处理后，嫁接能够使果实中维生素 C 的含量下降，使可溶性糖和可溶性蛋白质含量增加[39]。

与之相反，李红丽等（2006）用黑籽南瓜和新土佐为砧木，以津优 1 号、山农 6 号和新泰密刺为接穗，研究结果表明，嫁接黄瓜与自根黄瓜相比，果实干物质含量差异不显著，可溶性糖、维生素 C 等含量均显著下降[40]。近年来，在嫁接西瓜 、番茄、黄瓜上的研究也有类似的结果[41~43]。因此，选育优良的砧木需要考虑最小化砧木对果实品质的影响[44,45]。

嫁接主要通过提高接穗对土传病害的抗病性增加果实产量。例如，嫁接后的中国甜瓜鲜果重增加 25%～55%[46]。但是，也有嫁接显著降低果实产量的报道。

1.2.5 其他用途

嫁接技术还可以在其他方面被利用。例如，将番茄、茄子、茄瓜嫁接在马铃薯上[47]，就可以从一株植物上收获 4 种或更多不同种类的蔬菜。中国卷心菜、白菜可以嫁接到萝卜上。嫁接技术还可以用来做一些生理研究，如开花感应和促进早花[48]。嫁接技术也常用作病毒感染的生物鉴定[49]。

2 我国嫁接蔬菜现状

如表 1 所示，我国嫁接蔬菜主要有西瓜、甜瓜、黄瓜、番茄、茄子和辣椒。其中，瓜科类蔬菜嫁接苗所占生产面积较大，其中黄瓜嫁接苗占比 30%，是嫁接应用最广的餐桌蔬菜。嫁接的主要目的是抗土传病害、抗寒和耐盐胁迫。瓜科类蔬菜主要应用的嫁接方法为插接、靠接、劈接和断根插接。茄果类蔬菜主要应用的嫁接方法为劈接、贴接和套管嫁接。

表 1 我国嫁接蔬菜的应用面积、主要嫁接目的和主要嫁接方法一览

蔬菜	种植总面积（FAO，2012）（公顷）	嫁接苗所占面积和比例		嫁接主要目的	主要嫁接方法
		（公顷）	（%）		
西瓜	1 826 500	730 600	40	D，C，S	I，A，C，RH，S，RS
甜瓜	604 900	120 980	20	D，C，S	I，A，C，RH，S，RS
黄瓜	1 152 538	345 761	30	D，C，S	I，A，C，RH
番茄	2 010 006	20 100	1	D，C，S	C，S，T
茄子	801 316	120 197	15	D，C，S	C，S，T
辣椒	752 150	7 522	1	D，C，S	C，S，T

注：1. 主要嫁接目的：D：抗土传病害，C：抗寒性，S：抗盐性，F：耐涝性，W：耐湿性。

2. 主要嫁接方法：I：插接，A：靠接，C：劈接，RH：断根顶插接法，S：贴接，RS：断根顶贴接法，T：套管嫁接。

3　蔬菜嫁接方法

嫁接方法主要分为 5 种：插接、靠接、劈接、断根嫁接和套管嫁接。

3.1　常见嫁接方法

插接、靠接和劈接是最为常见的嫁接方法。插接法操作较为方便，优势明显。且嫁接口愈合后维管束全部接通，嫁接效果非常好。但是，对插接法的环境条件尤其是温度要求严格，在温度容易保证的环境下才容易成活。靠接法操作困难、工效差，且需要适时断根，否则会影响嫁接苗的生长。但是，靠接苗具有很强的抵御外界不良环境的能力，成活率很高，因此在瓜类蔬菜嫁接苗生产中应用广泛。劈接法成活率较低，生产上较少使用。一般来说，经验较少、小规模的农户选择靠接法，而大多数经验丰富、大规模的嫁接苗生产商则更多使用插接法。

3.2　断根嫁接方法

断根嫁接是北京市农林科学院蔬菜研究中心首推的在西瓜上应用的嫁接新技术。该方法一改传统嫁接利用砧木原根系的方法，去掉砧木原根系，在嫁接愈合的同时，诱导砧木产生新根[50]。别之龙课题组已经建立了西瓜断根嫁接苗工厂化生产的技术体系，但该技术体系以经验型的管理技术为主，该课题组正在进行优化研究[51]。

3.3　套管嫁接方法

套管嫁接技术是从日本引入的一种嫁接方法，自 1992 年《北方园艺》杂志介绍了在番茄、茄子上使用可大幅度节省劳力后，在各地开始大面积推广。套管嫁接方法为：在砧木和接穗的子叶上方约 0.5 厘米处呈 30°斜切一刀，切口长 0.8～1 厘米，先将胶管套入砧木的斜面至中部，然后将接穗插进胶管的另一头，使 2 个斜切面吻合。这种嫁接方法具有十分明显的优点[52]，即操作简单方便，套管能够很好地保持嫁接口周围的水分，阻止病原菌的侵入，有利于伤口的愈合，明显提高嫁接成活率。并且，在嫁接苗成活定植后，塑料套管会自行脱落，不需要人工去除，合适的套管材料能重复利用[53]。但是，套管嫁接更适用于砧穗茎粗相似的嫁接组合[54]。因此，套管嫁接技术在茄果类蔬菜上应用更为广泛。

吴慧等（2010）在辣椒上进行劈接法和套管嫁接方法的比较研究，结果表明：套管嫁接操作简单方便，嫁接速度是劈接法的 2.09 倍[54]。另外，套管嫁接的辣椒植株高大，生长势明显增强，果实中的维生素 C 含量、可溶性糖含量等均高于劈接苗和自根苗。刘叶琼等（2015）和梁明珠等（2015）在茄子上进行劈接法和套管嫁接方法的比较研究。刘叶琼等发现：和劈接法相比，套管嫁接能大幅提高嫁接速率、工效，套管嫁接苗的生长发育指标如株高、茎粗、根系活力等优于劈接苗，果实产量得到显著提高。而梁明珠的试验结果表明：和劈接法相比，套管嫁接能大缩短育苗周期，但不影响嫁接苗的开花结果特性，在植株生长发育和产量方面差异不显著[56,57]。

参考文献

[1] 王尚堃，蔡明臻，晏芳，等．北方果树露地无公害生产技术大全［M］．北京：中国农业大学出版社，2014.

[2] Ashita E. Grafting of watermelons［M］. Korea（Chosun）：Agricultural News-letter 1，1927.

[3] 李继华．嫁接的原理与应用［M］．上海：上海科学技术出版社，1984.

[4] Sakata Y，Ohara T，Sugiyama M. The history and present state of the grafting of cucurbitaceous vegetables in Japan［J］. Acta Horticulturae，2007（731）：159-170.

[5] Lee J M. On the cultivation of grafted plants of cucurbitaceous vegetables［J］. J. Kor. Soc. Hort. Sci，1989，30（3）：169-179.

[6] 于贤昌，王立江．蔬菜嫁接的研究与应用［J］．山东农业大学学报，1998（2）：249-256.

[7] Hoyos Echeverria P. Spanish vegetable production：processing and fresh market［J］. Chronica Hortic.，2010，49（4）：27-30.

[8] Lee J M，Bang H J，Ham H S. Grafting of Vegetables［J］. Engei Gakkai Zasshi，1998，67（7）：1098-1104.

[9] Edelstein M，Cohen R，Burger Y，et al. Integrated management of sudden wilt in melons，caused by *Monosporascus cannonballus*，using grafting and reduced rates of methyl bromide［J］. Plant Disease，2000，83（83）：1142-1145.

[10] Cohen R，Pivonia S，Burger Y，et al. Toward Integrated Management of Monosporascus Wilt of Melons in Israel［J］. Plant Disease，2000，84（5）：496-505.

[11] Cohen R，Burger Y，Horev C，et al. Performance of Galia-type melons grafted on to Cucurbita，rootstock in *Monosporascus cannonballus*-infested and non-infested soils［J］. Annals of Applied Biology，2005，146（3）：381 - 387.

[12] Cohen R，Burger Y，Edelstein M，et al. Introducing Grafted Cucurbits to Modern Agriculture：The Israeli Experience［J］. Plant Disease，2007，91（8）：916-923.

[13] Ioannou N. Integrating soil solarization with grafting on resistant rotstocks for management of soil-borne pathogens of eggplant［J］. Journal of Horticultural Science & Biotechnology，2001，76（4）：396-401.

[14] Nisini P T，Colla G，Granati E. Rootstock resistance to fusarium wilt and effect on fruit yield and quality of two muskmelon cultivars［J］. Scientia Horticulturae，2002，93（3）：281-288.

[15] Morra L，Bilotto M. Evaluation of new rootstocks for resistance to soil-borne pathogens and productive behaviour of pepper（*Capsicum annuum* L.）［J］. Journal of Horticultural Science & Biotechnology，2006，81（3）：518-524.

[16] Crinò P，Bianco C L，Rouphael Y，et al. Evaluation of Rootstock Resistance to Fusarium Wilt and Gummy Stem Blight and Effect on Yield and Quality of a Grafted 'Inodorus' Melon［J］. Hortscience A Publication of the American Society for Horticultural Science，2007，42（3）：530-536.

[17] Nishi S. Revised Handbook of Vegetable Crops［M］. Yokekdo，Japan，2001.

[18] 顾兴芳，方秀娟，张天明．黄瓜根结线虫病的研究概况［J］．中国蔬菜，2000（6）：48-51.

[19] Schmitz V B, Burgermeister W, Braasch H. Moleculargenetic classification of central European Meloidogyne chitwoodiand M. fallar populations nachrichtenbl [J] . Deut Pflanzenschutzd, 1998, 50 (12): 310-317.

[20] 顾兴芳，张圣平，张思远，等．抗南方根结线虫黄瓜砧木的筛选 [J]．中国蔬菜，2006 (2)：4-8.

[21] Rouphael Y, Cardarelli M, Colla G, et al. Yield, Mineral Composition, Water Relations, and Water Use Efficiency of Grafted Mini-watermelon Plants Under Deficit Irrigation [J] . Hort Science, 2008, 43 (3): 730-736.

[22] Colla G, Rouphael Y, Cardarelli M, et al. The effectiveness of grafting to improve alkalinity tolerance in watermelon [J] . Environmental & Experimental Botany, 2010, 68 (3): 283-291.

[23] Salehi-Mohammadi R, Kashi A, Sanggyu L, et al. Assessing the survival and growth performance of Iranian melon to grafting onto Cucurbita rootstocks [J] . Wonye kwahak kisulchi = Korean journal of horticultural science and technology, 2009 , 27 (1): 1-6.

[24] 陈小燕，陈怀勐，王璐，等．嫁接和自根黄瓜灌溉水分配和水分利用效率研究 [J]．西北农业学报，2008，17 (6)：130-135.

[25] 中国农业网．武汉：蔬菜嫁接技术机械化是未来发展方向 [J]．长江蔬菜，2014 (7)：59.

[26] 饶贵珍，彭士涛，王宝剑．不同砧木嫁接白皮黄瓜的综合效应研究 [J]．园艺科学，2003，19 (15)：150-153.

[27] Rivero R M, Ruiz J E, Romero L. Does grafting provide tomato plants an advantage against H_2O_2 production under conditions of thermal shock? [J] . Physiologia Plantarum, 2003, 117 (1): 44 - 50.

[28] Romero L, Belakbir A, Ragala L, et al. Response of plant yield and leaf pigments to saline conditions: effectiveness of different rootstocks in melon plants (*Cucumis melo* L.) [J] . Soil Sci. Plant Nutr, 1997 (43): 855-862.

[29] Colla G, Roupahel Y, Cardarelli M, et al. Effect of Salinity on Yield, Fruit Quality, Leaf Gas Exchange, and Mineral Composition of Grafted Watermelon Plants [J] . Hortscience A Publication of the American Society for Horticultural Science, 2006, 41 (3): 622-627.

[30] Colla G, Rouphael Y, Cardarelli M, et al. Yield, fruit quality and mineral composition of grafted melon plants grown under saline conditions [J] . Journal of Horticultural Science & Biotechnology, 2015, 81 (1): 146-152.

[31] Edelstein M, Ben-Hur M, Cohen R, et al. Boron and salinity effects on grafted and non-grafted melon plants [J] . Plant & Soil, 2005, 269 (1): 273-284.

[32] Edelstein M, Benhur M, Plaut Z. Grafted Melons Irrigated with Fresh or Effluent Water Tolerate Excess Boron [J] . Journal of the American Society for Horticultural Science American Society for Horticultural Science, 2007, 132 (4): 484-491.

[33] 王日升，张曼，李立志，等．嫁接对西瓜抗性和品质的影响及其机理研究进展 [J]．长江蔬菜，2011 (24)：1-5.

[34] Tachibana S. Comparison of Effects of Root Temperature on the Growth and Mineral Nutrition of Cucumber Cultivars and Figleaf Gourd [J] . Engei Gakkai Zasshi, 1982, 51 (3): 299-308.

[35] Proietti S, Rouphael Y, Colla G, et al. Fruit quality of mini-watermelon as affected by graft-

ing and irrigation regimes [J]. Journal of the Science of Food & Agriculture, 2008, 88 (6): 1107 - 1114.
[36] Flores F B, Sanchez-Bel P, Estañ M T, et al. The effectiveness of grafting to improve tomato fruit quality. Sci Hortic [J]. Scientia Horticulturae, 2010, 125 (3): 211-217.
[37] 高军红，廖华俊．嫁接对西瓜果品品质的影响 [J]．中国瓜菜，2006 (5): 12-14.
[38] Sakata Y, Ohara T, Sugiyama M. The history of melon and cucumber grafting in Japan [J]. Acta Horticulturae, 2008 (767): 217-228.
[39] 裴孝伯，解静，王跃，等．嫁接处理对黄瓜果实 Vc、可溶性糖和蛋白质的影响 [J]．安徽农业科学，2009，37 (2): 557-558，607.
[40] 李红丽，王明林，于贤昌，等．不同接穗/砧木组合对日光温室黄瓜果实品质的影响 [J]．中国农业科学，2006，39 (8): 1611-1616.
[41] 刘慧英，朱祝军，钱琼秋，等．砧木对小型早熟西瓜果实糖代谢及相关活性酶的影响 [J]．园艺学报，2004，31 (1): 47-52.
[42] 高玉英，宋玉琛，门国强．番茄嫁接苗与自根苗的对比试验 [J]．辽宁农业科学，2002 (2): 53.
[43] 焦昌高，王崇君，董玉梅．嫁接对黄瓜生长及品质的影响 [J]．山东农业科学，2000 (1): 26.
[44] Cushman K E, Huan J. Performance of four triploid watermelon cultivars grafted onto five rootstock genotypes: Yield and fruit quality under commercial growing conditions [J]. Acta Horticulturae, 2008 (782): 335-342.
[45] Ko K D. Current status of vegetable seedling production in Korea and its prospects [M]. Korea: Inauguration Seminar of Korean Plug Growers Assoc, 2008.
[46] 吴宇芬，陈阳，赵依杰．南瓜砧木对薄皮甜瓜生长发育、产量及品质的影响 [J]．福建农业学报，2006，21 (4): 354-359.
[47] 王继先．嫁接栽培大有可为 [J]．上海蔬菜，2001 (1): 16-17.
[48] 张国红，李方华．黄瓜嫁接栽培技术 [J]．现代农村科技，2008 (21): 17.
[49] 寺进康夫，王焕玉．葡萄病毒病的鉴定方法 [J]．国外农学：果树，1991 (3): 43-46.
[50] 许勇，宫国义，刘国栋，等．西瓜嫁接新技术——断根嫁接法 [J]．中国瓜菜，2002 (4): 33-34.
[51] 华斌．西瓜断根嫁接育苗技术优化研究 [D]．武汉：华中农业大学，2010.
[52] 毛有仓．番茄套管嫁接育苗及常见问题 [J]．中国蔬菜，2007 (11): 47-48.
[53] Lee J M, Kubota C, Tsao S J, et al. Current status of vegetable grafting: Diffusion, grafting techniques, automation [J]. Scientia Horticulturae, 2010, 127 (2): 93-105.
[54] Chen S, Chiu Y C, Chang Y C. Development of a tubing-grafting robotic system for fruit-bearing vegetable seedlings [J]. Applied Engineering in Agriculture, 2010, 26 (26): 707-714.
[55] 吴慧，秦勇，林辰壹，等．辣椒劈接法和套管嫁接法比较试验 [J]．北方园艺，2010 (1): 40-42.
[56] 刘叶琼，张燕燕，缪其松，等．套管嫁接对茄子生长发育及产量和品质的影响 [J]．北方园艺，2015 (13): 47-49.
[57] 梁明珠，陈永杰，贾强生，等．嫁接方法对茄子嫁接工效、嫁接苗生长发育的影响 [J]．山西农业科学，2015，43 (9): 1127-1129.

黄瓜耐盐突变体筛选与鉴定

潘　俏　娄群峰

（南京农业大学园艺学院　江苏南京　210095）

摘　要： 盐胁迫会明显抑制种子的发芽，对植株当年的营养生长产生影响，植株外部形态及生长量出现差异。利用已建立的长春密刺黄瓜突变体库进行盐胁迫处理，分析发芽期发芽率、发芽势、相对发芽率，评价发芽期耐盐程度的差别。在此基础上，进一步比较分析株高、茎粗、根长、地上部鲜重、地下部鲜重、茎节数 6 个生理指标。而后结合隶属函数值对突变体材料耐盐性进行鉴定。通过发芽期筛选耐盐型材料 95 份，从中选出 34 份各方面表现均优良的材料进行幼苗期筛选。

关键词： 发芽期　幼苗期　形态指标　耐盐性

1　材料方法

1.1　试验材料

选用材料均由南京农业大学葫芦科作物种质创新实验室提供。采用华北型黄瓜品种长春密刺 EMS 诱变处理后自交三代，2015 年秋季得到突变体材料，共 973 份[1]。选取品质优质的种子进行试验。发芽期试验采用 973 份材料进行；幼苗期试验采用发芽期筛选出来的 34 份材料进行。

1.2　试验方法

1.2.1　发芽期盐胁迫处理方法

选用长春密刺和实验室耐盐品种 Hazard，挑选形态相似的优质种子置于纸杯中，每个纸杯放 5 粒种子，每个处理 3 次重复。用 55℃温水浸泡半天时间后将水倒掉，分别加入适量 NaCl 溶液，浓度为 120～240 毫摩尔/升，一共平均分成 5 个浓度等级，之后放入光照培养箱催芽，观察发芽情况。每天晚上更换一次 NaCl 溶液以保持种子发芽的湿度和环境干净。

973 份突变体材料进行编号，选取籽粒饱满一致的种子，5 粒置于相应编号的纸杯中，重复 3 次。以同样方式加入浓度为 210 毫摩尔/升的 NaCl 溶液，放入光照培养箱催芽。以长春密刺为对照，每天傍晚观察、记录种子当天发芽数及对应发芽天数，依据处理种子的发芽情况，计算种子发芽势、发芽率、相对发芽率，对耐盐黄瓜突变体材料进行初步筛选。

1.2.2 幼苗期盐胁迫处理方法

从发芽期筛选出的耐盐突变体中选取 34 个编号材料，每个编号取优质的种子进行催芽。发芽后，播种于以石英砂为基质的盒子中，盒子下放置大一号方盘盛装清水或营养液。每天替换盘中清水，待幼苗子叶展开时，改换 1/2 Hoagland 营养液，待幼苗展开 2 片真叶时，在营养液中添加 NaCl 固体。为避免盐冲击效应，按溶液浓度递增的方式进行浇灌，从 30 毫摩尔/升 开始，以每 3 天递加一个浓度值，每个浓度值间相差 30 毫摩尔/升，一共进行 4 个浓度梯度，最终浓度为 120 毫摩尔/升。整个过程在光照培养箱中进行，昼夜温度为 28℃/20℃，光照/黑暗各 16 小时/8 小时。当到达最终浓度第八天时，进行调查观测。

1.3 测定项目及方法

1.3.1 发芽期测定项目及方法

发芽势＝（发芽粒数/供试粒数）×100%（第三天发芽种子数）；发芽率＝（发芽粒数/供试粒数）×100%（第五天发芽种子数）；相对发芽率＝种子发芽率－对照长春密刺种子发芽率。

1.3.2 幼苗期测定项目及方法

1.3.2.1 形态指标的测定

茎粗：用游标卡尺在子叶着生部位向下 0.5 厘米处测量茎粗（单位：毫米）。

株高：用直尺测量从基质表面到幼苗最高生长点部位的距离（单位：厘米）。

根长：用直尺测量从一级侧根处到根系最长位置的距离（单位：厘米）。

地上鲜重：将幼苗地上部分剪下，用电子天平称量重量（单位：克）。

地下鲜重：将幼苗地下部分从石英砂中分离出来，用吸水纸轻轻吸干根系上的营养液，用电子天平称量重量（单位：克）。

茎节数：黄瓜幼苗节数（单位：个）。

1.3.2.2 隶属函数值计算

目前，得到较广泛应用的抗逆性综合评定方法是采用 Fuzzy 数学中隶属函数法，将各个耐盐性指标的隶属函数值相加后得到平均值来评价耐盐性。

耐盐性隶属函数计算公式如下：

所测指标与耐盐性呈正相关采用公式：$U=(X-X_{min})/(X_{max}-X_{min})$

所测指标与耐盐性呈负相关采用公式：$U=1-(X-X_{min})/(X_{max}-X_{min})$

式中：U 表示某一指标的隶属函数值；X 表示某一指标的测定值；X_{max}表示某一指标测定值中的最大值；X_{min}表示某一指标测定值中的最小值。将各品种的若干指标隶属函数值的算数平均值作为平均隶属度。平均隶属度越大，说明耐盐性越好。

1.4 数据处理

用 Microsoft Excel 2003 应用软件进行数据整理、图表绘制，用 SPSS 数据分析软件进行后期数据计算分析处理。

2　结果与分析

2.1　盐胁迫对黄瓜突变体种子发芽的影响

2.1.1　盐胁迫下黄瓜突变体种子发芽期各指标情况

通过对长春密刺种子进行不同浓度 NaCl 溶液处理发芽，确定突变体适宜盐处理浓度为 210 毫摩尔/升，该浓度处理下，黄瓜突变体种子的发芽能力差异显著。其中，大部分材料的耐盐能力都要差于对照长春密刺，表现为发芽率、发芽势低，胚根不生长等情况。由表 1、表 2 可见，发芽率低于 20%（低于对照）的有 669 份材料，占总数的 68.76%；发芽势低于 20%（低于对照）的有 868 份材料，占总数的 89.21%。

表 1　NaCl 溶液处理下黄瓜突变体种子发芽率情况

发芽率	份数	百分率
≥80%	139	14.29%
20%～79.9%	165	16.95%
<20%	669	68.76%

表 2　NaCl 溶液处理下黄瓜突变体种子发芽势情况

发芽势	份数	百分率
≥80%	33	3.39%
20%～79.9%	72	7.40%
<20%	868	89.21%

2.1.2　盐胁迫下黄瓜突变体发芽期耐盐材料的筛选

以相对发芽率作为耐盐筛选的指标，可将 973 份突变体材料分为耐盐型、中间型和盐敏感型。其中，耐盐型材料最少，只有 95 份，占试验总数的 9.76%；中间型材料共有 152 份，占 15.62%；其余为盐敏型材料，占总数的 74.62%（表 3）。95 份材料中，根据种子发芽时间早晚、整齐度、胚根生长长度等指标，选 34 份作为进一步筛选耐盐黄瓜突变体的材料（表 4）。研究它们在盐胁迫下幼苗期的形态指标及生理生化指标，从中筛选出耐盐突变体。

表 3　NaCl 溶液处理下黄瓜突变体种子相对发芽率情况

类型	相对发芽率	份数	百分率
耐盐型	≥80%	95	9.76%
中间型	20%～79.9%	152	15.62%
盐敏感型	<20%	726	74.62%

表 4　黄瓜突变体种子编号

编号	试验编号	原始编号
1	1	Mu-1-2
2	48	Mu-6-1
3	69	Mu-8-7
4	220	Mu-30-1
5	253	Mu-33-6
6	255	Mu-33-8
7	263	Mu-34-2
8	333	Mu-42-5
9	334	Mu-42-7
10	335	Mu-42-8
11	343	Mu-43-2
12	344	Mu-43-3
13	345	Mu-43-4
14	428	Mu-55-10
15	454	Mu-60-9
16	459	Mu-61-2
17	499	Mu-144-3
18	503	Mu-144-10
19	537	Mu-69-1
20	549	Mu-70-11
21	575	Mu-73-5
22	579	Mu-74-2
23	584	Mu-74-14
24	587	Mu-75-2
25	588	Mu-74-3
26	629	Mu-79-13
27	644	Mu-82-4
28	651	Mu-82-70
29	652	Mu-83-1
30	671	Mu-85-1
31	677	Mu-85-10
32	690	Mu-87-10
33	741	Mu-94-6
34	743	Mu-94-8

2.2 盐胁迫对黄瓜突变体幼苗期形态指标的影响

2.2.1 盐胁迫下黄瓜突变体幼苗期各形态指标情况

表 5 为盐胁迫对黄瓜突变体幼苗外部形态发育的影响情况，包括株高、根长、茎粗、地下鲜重、地上鲜重和茎节数，可以发现，不同编号突变体间表现出明显差异，同一突变体不同性状间表现也存在显著差异。其中，株高性状共 11 个编号；根长性状共 7 个编号；茎粗性状共 2 个编号；地下鲜重共 7 个编号；地上鲜重共 5 个编号；茎节数共 12 个编号表现显著优于对照，其他编号表现与对照相比均差异不显著。其中，编号 263 所有指标均表现显著优于对照；编号 345、741 除茎粗性状外，其他 5 项指标与对照相比显著优于对照；编号 537 除根长和茎粗外，其他性状指标均优于对照；编号 334、499、584 分别有 3 项指标显著优于对照；编号 69、428、503 分别有 2 项指标显著优于对照。盐胁迫对不同编号不同性状的影响程度不尽相同，所以需要多个性状进行对比综合分析。

表 5　NaCl 溶液处理下黄瓜突变体幼苗形态指标

编号	株高（厘米）	根长（厘米）	茎粗（毫米）	地下鲜重（克）	地上鲜重（克）	茎节数（个）
CCMC	8.450±0.275hij	3.625±0.787fg	1.585±0.344cdef	0.017±0.007e	0.427±0.051fgh	2.500±0.500efg
1	10.600±1.084cdefghij	8.700±0.660ab	2.098±0.163abcdef	0.020±0.004e	0.775±0.173abcdefgh	2.750±0.250defg
48	11.625±0.921bcdefghi	4.525±0.808cdefg	1.808±0.069bcdef	0.018±0.012e	0.417±0.081fgh	4.000±0.000abc
69	13.900±0.828abc	7.125±1.259abcdef	2.130±0.026abcde	0.030±0.012cde	0.594±0.036bcdefgh	4.500±0.289a
220	9.750±0.703fghij	4.100±1.467defg	1.672±0.119cdef	0.015±0.007e	0.474±0.068defgh	2.000±0.000g
253	9.850±1.075efghij	8.200±3.342abc	2.008±0.032abcdef	0.029±0.006de	0.772±0.146abcdefgh	2.500±0.289efg
255	7.950±0.275j	4.675±0.567cdefg	1.682±0.138cdef	0.013±0.006e	0.459±0.065defgh	2.250±0.250fg
263	12.900±0.273abcdef	9.275±0.775a	2.513±0.126ab	0.086±0.009ab	1.035±0.107ab	3.750±0.250abcd
333	9.825±0.743fghij	6.600±1.454abcdefg	2.318±0.282abc	0.013±0.001e	0.640±0.173bcdefgh	2.500±0.289efg
334	12.825±1.063abcdef	7.000±0.813abcdefg	2.625±0.307a	0.022±0.005e	0.910±0.094abcdef	3.250±0.479bcdef

（续）

编号	株高（厘米）	根长（厘米）	茎粗（毫米）	地下鲜重（克）	地上鲜重（克）	茎节数（个）
335	11. 500±0. 878bcdefghi	5. 225±0. 834bcdefg	2. 190±0. 053abcd	0. 031±0. 009cde	0. 674±0. 186abcdefgh	2. 500±0. 289efg
343	10. 775±1. 382cdefghij	5. 525±0. 728bcdefg	1. 580±0. 213cdef	0. 015±0. 004e	0. 437±0. 116efgh	2. 500±0. 645efg
344	10. 200±0. 615defghij	5. 050±0. 295bcdefg	1. 910±0. 125abcdef	0. 059±0. 035bcd	0. 617±0. 082bcdefgh	2. 500±0. 289efg
345	12. 900±0. 612abcdef	8. 000±0. 348abc	1. 648±0. 275cdef	0. 077±0. 006ab	0. 968±0. 191abcde	4. 000±0. 000abc
428	11. 625±0. 980bcdefghi	7. 550±1. 038abcde	1. 705±0. 223cdef	0. 033±0. 017cde	0. 597±0. 095bcdefgh	4. 000±0. 000abc
454	10. 100±1. 005defghij	5. 275±0. 451bcdefg	1. 737±0. 188cdef	0. 012±0. 006e	0. 305±0. 043gh	3. 500±0. 289abcde
459	11. 800±0. 793bcdefgh	3. 825±1. 212efg	1. 593±0. 133cdef	0. 007±0. 002e	0. 370±0. 040gh	3. 750±0. 250abcd
499	14. 025±0. 653abc	4. 875±0. 973cdefg	2. 013±0. 104abcdef	0. 094±0. 004a	0. 516±0. 052bcdefgh	4. 250±0. 250ab
503	15. 725±0. 225a	4. 900±0. 445cdefg	1. 935±0. 025abcdef	0. 015±0. 005e	0. 235±0. 050h	4. 000±0. 000abc
537	13. 325±1. 095abcde	5. 400±0. 782bcdefg	2. 133±0. 245abcde	0. 093±0. 007a	1. 014±0. 289abc	4. 500±0. 289a
549	8. 200±0. 974ij	4. 500±0. 424cdefg	2. 080±0. 238abcdef	0. 004±0. 000e	0. 455±0. 077defgh	2. 750±0. 250defg
575	10. 225±1. 157defghij	3. 225±1. 348g	1. 840±0. 369bcdef	0. 015±0. 005e	0. 439±0. 194efgh	3. 000±0. 000cdefg
579	14. 425±0. 671ab	5. 625±0. 458bcdefg	1. 810±0. 174bcdef	0. 029±0. 007de	0. 745±0. 063abcdefgh	3. 250±0. 250bcdef
584	13. 575±0. 552abcd	7. 650±1. 760abcd	1. 955±0. 268abcdef	0. 035±0. 011cde	0. 977±0. 055abcd	3. 250±0. 250bcdef
587	10. 275±2. 574defghij	6. 745±1. 678abcdefg	1. 965±0. 219abcdef	0. 038±0. 025cde	0. 785±0. 287abcdefg	3. 000±0. 577cdefg
588	8. 425±1. 750hij	5. 050±1. 165bcdefg	1. 915±0. 177abcdef	0. 042±0. 013cde	0. 491±0. 124cdefgh	3. 500±0. 289abcde
629	8. 025±0. 708j	5. 125±0. 683bcdefg	1. 488±0. 356def	0. 015±0. 006e	0. 799±0. 403abcdefg	3. 500±0. 645abcde
644	11. 500±0. 641bcdefghi	5. 225±1. 088bcdefg	2. 023±0. 318abcdef	0. 010±0. 003e	0. 395±0. 159fgh	3. 000±0. 000cdefg
651	11. 400±1. 416bcdefghij	5. 525±1. 321bcdefg	1. 723±0. 108cdef	0. 009±0. 002e	0. 301±0. 054gh	4. 000±0. 000abc

（续）

编号	株高（厘米）	根长（厘米）	茎粗（毫米）	地下鲜重（克）	地上鲜重（克）	茎节数（个）
652	12.550±1.065abcdefg	4.175±0.610defg	1.690±0.362cdef	0.037±0.012cde	0.695±0.201abcdefgh	3.500±0.289abcde
671	11.525±0.782bcdefghi	3.825±0.249efg	1.328±0.029f	0.065±0.001abc	0.470±0.164defgh	2.500±0.289efg
677	10.933±0.256cdefghij	4.625±0.217cdefg	1.640±0.099cdef	0.014±0.001e	0.309±0.044gh	4.000±0.000abc
690	8.900±0.234hij	5.725±0.765abcdefg	1.685±0.128cdef	0.010±0.001e	0.322±0.026gh	3.500±0.289abcde
741	13.450±1.656abcd	7.800±0.506abcd	1.378±0.439ef	0.086±0.012ab	1.187±0.253a	3.750±0.250abcd
743	9.125±1.039ghij	5.525±0.062bcdefg	2.125±0.234abcde	0.017±0.004e	0.556±0.198bcdefgh	3.000±0.000cdefg

不同字母表示不同处理间差异显著（$P<0.05$）。

2.2.2 盐胁迫下黄瓜突变体幼苗期各外部形态指标相关性分析

如表6所示，营养液中NaCl浓度达到120毫摩尔/升时，所试34个编号黄瓜突变体及对照长春密刺的株高、根长、茎粗、地下鲜重、地上鲜重、茎节数6个形态指标之间的相关性分析。其中，根长、地下鲜重、地上鲜重与茎节数的相关系数均较小，均呈现相关性不显著；而茎粗与茎节数相关系数0.181，表现为显著性相关；株高与茎节数相关系数0.454，呈现极显著。地上鲜重与茎粗相关系数最大，为0.551；茎节数与根长的相关性系数最小，为0.047。除了根长与株高之间相关系数0.143呈现出显著性相关，其他各指标间均达到极显著相关水平。可见，除茎节数外，剩下5个指标之间存在着很强的相关性，茎节数只与株高和茎粗有一定相关性。

表6 黄瓜突变体幼苗期各形态指标的相关性分析

指标	株高	根长	茎粗	地下鲜重	地上鲜重	茎节数
株高	1					
根长	0.143*	1				
茎粗	0.364**	0.329**	1			
地下鲜重	0.237**	0.313**	0.307**	1		
地上鲜重	0.471**	0.370**	0.551**	0.382**	1	
茎节数	0.454**	0.047	0.181*	0.074	0.072	1

*在0.05水平（双侧）上显著相关。**在0.01水平（双侧）上显著相关。

2.2.3 盐胁迫下黄瓜突变体幼苗期耐盐指标评价

如表 7 所示，当营养液中 NaCl 浓度达到 120 毫摩尔/升时，34 个编号黄瓜突变体及对照长春密刺的株高、根长、茎粗、地下鲜重、地上鲜重、茎节数 6 个指标的隶属函数值以及平均隶属度情况。一共 12 个编号的平均隶属度小于对照长春密刺（0.45）；编号 220 平均隶属度最小为 0.32。剩下的 22 个编号平均隶属度在 0.45～0.57，均大于对照长春密刺。可见，发芽期筛选出的大部分耐盐突变体在幼苗期仍表现耐盐性良好。其中，10 个编号的平均隶属度大于 0.50，占总数的 32%，耐盐表现更为突出。

表 7 黄瓜突变体幼苗期各形态指标的隶属值分析

编号	U_1	U_2	U_3	U_4	U_5	U_6	平均隶属度
220	0.48	0.27	0.36	0.39	0.39	0	0.32
651	0.42	0.42	0.51	0.31	0.3	0	0.33
743	0.53	0.42	0.41	0.33	0.3	0	0.33
48	0.36	0.52	0.57	0.29	0.37	0	0.35
575	0.52	0.3	0.65	0.45	0.39	0	0.39
549	0.59	0.4	0.5	0.47	0.4	0	0.39
499	0.42	0.39	0.57	0.25	0.56	0.25	0.41
503	0.62	0.35	0.59	0.38	0.52	0	0.41
537	0.39	0.47	0.41	0.4	0.35	0.5	0.42
579	0.54	0.41	0.32	0.48	0.54	0.25	0.42
428	0.6	0.46	0.66	0.34	0.53	0	0.43
253	0.46	0.36	0.48	0.43	0.43	0.5	0.44
CCMC	0.5	0.45	0.42	0.38	0.44	0.5	0.45
629	0.54	0.56	0.44	0.31	0.34	0.5	0.45
644	0.6	0.61	0.55	0.48	0.45	0	0.45
587	0.54	0.35	0.51	0.31	0.49	0.5	0.45
671	0.48	0.39	0.52	0.33	0.49	0.5	0.45
677	0.38	0.63	0.55	0.65	0.5	0	0.45
588	0.44	0.42	0.54	0.4	0.42	0.5	0.45
334	0.48	0.51	0.41	0.26	0.47	0.625	0.46
343	0.6	0.3	0.54	0.39	0.53	0.5	0.48
584	0.47	0.35	0.69	0.56	0.55	0.25	0.48
652	0.57	0.27	0.49	0.65	0.51	0.5	0.50
333	0.51	0.32	0.59	0.62	0.46	0.5	0.50
345	0.6	0.4	0.44	0.48	0.6	0.5	0.50
69	0.53	0.38	0.58	0.46	0.61	0.5	0.51

（续）

编号	U_1	U_2	U_3	U_4	U_5	U_6	平均隶属度
255	0.54	0.49	0.48	0.39	0.43	0.75	0.51
335	0.53	0.61	0.48	0.51	0.47	0.5	0.52
344	0.63	0.54	0.62	0.32	0.49	0.5	0.52
1	0.67	0.46	0.37	0.38	0.5	0.75	0.52
454	0.57	0.3	0.71	0.48	0.57	0.5	0.52
741	0.55	0.54	0.54	0.54	0.5	0.5	0.53
459	0.44	0.48	0.5	0.5	0.52	0.75	0.53
263	0.54	0.55	0.59	0.52	0.54	0.5	0.54
690	0.7	0.45	0.54	0.61	0.6	0.5	0.57

注：U_1、U_2、U_3、U_4、U_5、U_6分别代表株高、根长、茎粗、地下鲜重、地上鲜重、茎节数的隶属函数值。

2.2.4 盐胁迫下黄瓜突变体幼苗期耐盐性聚类分析

表 8 将所试 34 个编号黄瓜突变体及对照长春密刺在盐胁迫下株高、根长、茎粗、地下鲜重、地上鲜重、茎节数 6 个生理指标的隶属函数值以及平均隶属度进行了聚类分析。根据平均隶属度将其划分，耐盐材料共 15 个编号，中等耐盐材料共 15 个编号，不耐盐材料共 4 个编号。利用其他单一指标隶属函数值进行聚类，结果与平均隶属度的聚类结果没有完全一致的，但都与平均隶属度结果有重合部分。编号 344、584、690 有 4 项指标聚类结果为耐盐，编号 1、263、343、345、454、459、741 有 3 项指标聚类结果为耐盐。因此，由各形态指标综合来看，这 10 个编号耐盐性更好。利用其他单一指标隶属函数值进行聚类，结果与平均隶属度的聚类结果没有完全一致的，单其他单一指标隶属函数值的聚类结果都基本包含平均隶属度的聚类结果。

表 8　黄瓜突变体幼苗期各形态指标的聚类分析

平均隶属度	耐　盐	中等耐盐	不耐盐
	1 69 255 263 333 335 343 344 345 454 459 537 584 652 690 741	253 334 428 499 503 549 575 579 587 588 629 644 671 677	48 220 651 743
U_1	1 343 344 345 428 503 549 644 690	69 220 255 263 333 334 335 454 575 579 587 629 652 671 741 743	48 253 459 499 537 584 588 651 677
U_2	48 263 334 335 344 629 644 677 741	1 69 255 345 428 459 499 537 549 579 588 651 671 690 743	220 253 333 343 454 503 575 584 587 652

（续）

平均隶属度	耐　盐	中等耐盐	不耐盐
U_3	1 220 334 345 537 579 629 743	48 69 253 255 263 333 335 343 459 499 503 549 587 588 644 651 652 671 677 690 741	344 428 454 575 584
U_4	48 334 344 428 499 587 629 651 671 743	1 69 220 253 255 263 335 343 345 454 459 503 537 549 575 579 588 644	333 584 652 677 690 741
U_5	48 220 537 549 575 629 651 743	1 253 255 333 334 335 344 587 588 644 652 671 677 741	69 263 343 345 428 454 459 499 503 579 584 690
U_6	48 220 428 503 549 575 644 651 677 743	69 253 263 333 335 343 344 345 454 499 537 579 584 587 588 629 652 671 690 741	1 255 334 459

注：U_1、U_2、U_3、U_4、U_5、U_6分别代表株高、根长、茎粗、地下鲜重、地上鲜重、茎节数的隶属函数值。

3 讨论

黄瓜耐盐机制十分复杂，耐盐性好坏由气候条件、品种自身、生长发育时期等多方面因素影响，不同品种对盐胁迫的表现方式也不尽相同。因此，不同的处理时期、处理条件和评价指标都可能导致最后结果的偏差。考虑到植物的耐盐性随自身生长发育阶段不同而有所差异，一般来说，盐胁迫对萌发期和幼苗期影响最为广泛，其次是生殖期，处于这几个时期的植物，对外界环境变化更为敏感，在其他发育阶段对盐胁迫反应相对迟钝[2,3]。因此，本试验就选取了黄瓜突变体发芽期和幼苗期的耐盐性进行对比研究，筛选耐盐突变体材料。一般认为，盐胁迫在发芽期对种子发芽抑制作用十分明显，这可能是由于高浓度 NaCl 对细胞的生理代谢酶活性、渗透调节作用、膜脂组成等方面产生不良影响，导致代谢紊乱、降低种子活力，甚至使丧失萌发能力[4,5]。在发芽期，以发芽率、发芽势和相对发芽率作为评价种子发芽情况的评价指标，发芽势能够很好体现种子发芽的早晚和整齐度，发芽率反映种子发芽的数量多少。陈国雄等[6]研究发现，盐胁迫条件下，黄瓜种子发芽期的发芽率、发芽指数和活力指数随着盐浓度的增高而降低；张丽平等[7]研究表明，随着盐胁迫加剧，黄瓜种子发芽率和发芽指数显著降低。本试验中，采用黄瓜品种长春密刺和耐盐品种 Hazard 进行对比试验，通过不同浓度的 NaCl 溶液对黄瓜种子催芽处理，低浓度 NaCl 溶液对黄瓜种子发芽影响较小，浓度升高，抑制效果明显。随着 NaCl 溶液浓度上升，种子发芽率、发芽势、相对发芽率均表现出明显的下降。当 NaCl 溶液浓度达 240 毫摩尔/升时，长春密刺种子发芽明显减少，出现基本不发芽情况，说明这个浓度为黄瓜可以忍耐的盐胁迫值，高于这个浓度黄瓜种子内在的生命活动可能会受到很大的影响而丧失活力。因此，选用 210 毫摩尔/升 NaCl 溶液对突变体种子进行催芽处理，这样保证既受到盐胁迫作用又不会导致全部死亡。最终，筛选出 34 个编号的突变体进行下一步筛选工作。

在早期的植物耐盐性研究中就有很多学者将株高、根长、茎粗、茎节数等形态指标作为评价其耐盐能力的基本指标[8、9]。因为研究发现盐胁迫会对其当年的营养生长产生影响，这表现在植株外部形态生长量上，就是植株的株高、叶数、叶宽、根长和根数等的生长差异。本试验中主要对株高、根长、茎粗、地下鲜重、地上鲜重和茎节数进行对比，但结果不尽相同，差异性较大，盐胁迫对不同编号不同性状的影响程度不尽相同，因此要对多个性状进行综合分析。通过进行相关性分析可以发现，除了茎节数与根长、地下鲜重、地上鲜重呈现相关性不显著，其他性状间均呈现极显著相关或显著相关，但各形态指标的方差分析结果却不完全一致。虽然不排除是试验中出现测量误差或者极端值对最后结果造成影响，但单个指标反映耐盐性往往具有一定的片面性，仅仅根据单个指标同样很难确定耐盐性的强弱。因此，为了克服这种弊端，引用各个指标的隶属函数值和聚类分析对幼苗期耐盐性的强弱进行研究。平均隶属度表现大部分编号材料耐盐性优于对照，这说明发芽期的耐盐性筛选具有一定筛选意义，但是不排除出现发芽期表现耐盐性不佳而幼苗期表现相反的情况。经过对隶属函数值聚类分析后，将所有编号分为耐盐材料、中等耐盐材料、不耐盐材料三类，综合判定共 10 个编号耐盐性最为优良。

参考文献

[1] 王晶，娄群峰，魏庆镇，等. ‘长春密刺’黄瓜突变体库的构建和部分性状分析 [J]. 核农学报，2015，29 (8)：1479-1486.

[2] Dumbroff E B, Cooper A W. Effects of salt stress applied in balanced nutrient solutions at several stages during growth of tomato [J]. International Journal of Plant Sciences, 1974, 135 (3)：219-224.

[3] 龚明，刘友良，丁念诚，等. 大麦不同生育期的耐盐性差异 [J]. 西北植物学报，1994 (1)：1-7.

[4] 程大友，张义，陈丽. 氯化钠胁迫下甜菜种子的萌发 [J]. 中国糖料，1996，2 (2)：21-23.

[5] 贺军民，张键. 番茄种子吸湿回干处理对盐胁迫伤害的缓解效应 [J]. 园艺学报，2000，27 (2)：123-126.

[6] 陈国雄，李定淑，张志谦，等. 盐胁迫对西葫芦和黄瓜种子萌发影响的对比研究 [J]. 中国沙漠，1996，16 (3)：307-310.

[7] 张丽平，史庆华，王秀峰，等. NaCl 和 $NaHCO_3$ 胁迫对黄瓜种子发芽的影响 [C]. 2009 中国·寿光国际设施园艺高层学术论坛. 2009.

[8] 罗庆云，於丙军，刘友良. 大豆苗期耐盐性鉴定指标的检验 [J]. 大豆科学，2001，20 (3)：177-182.

[9] 陈竹生，聂华堂. 柑桔种质的耐盐性鉴定 [J]. 园艺学报，1992，19 (4)：289-295.

蔬菜水培技术研究及应用前景

俞 强 李 季 陈劲枫

（南京农业大学园艺学院 江苏南京 210095）

摘 要：水培是指将植物根系直接与营养液接触而进行的生产，是无土栽培中较为先进的一种栽培方式。与传统栽培技术相比，水培能够充分利用种植空间，复种率较高，营养利用效率更高，节约水源和肥料，同时农药使用量小，对周围环境污染程度较低[1]。目前，水培蔬菜生产主要集中在叶用蔬菜上，其生长周期短，经济效益高，不受季节的限制，栽培管理简单，对水培设施要求不高，能广泛推广[2]。在果菜类水培中，由于植株庞大，生长周期长，对水培的技术要求高，且果菜类水培配套设施一次性投入巨大，资金回流慢，所以推广困难。近年来，随着智能温室水培配套设施和技术的发展，果菜类水培蔬菜生产成本下降，人们对蔬菜品质要求的提高和对环境问题的重视，水培蔬菜必然是未来农业发展的趋势[3]。黄瓜作为温室栽培经济作物之一，在果菜中经济效益显著，是水培系统中高经济作物。目前，黄瓜水培还停留在苗期生长实验阶段，且对适合水培的基因型黄瓜的筛选鲜有报道。本实验选择不同基因型黄瓜，采用管道深液流水培方式，研究整个生育期不同基因型黄瓜的适应性，为水培黄瓜基因型的筛选提供理论依据。

关键词：蔬菜 水培技术 应用前景

1 水培的定义

“水培”一词的概念最早由德国科学家萨克斯（Sachs）和克诺普（Knop）提出，他们在 1859—1865 年通过应用化学的方法明确了植物所需的 N、P、K、Ca、Mg、S、Fe 等营养元素，并以此配制出比较完整的营养液并成功地栽培植物，他们定义这种方法为“水培”[4]。其后，不少学者对水培有着不同的定义。1929 年，美国加利福尼亚大学的格里克（W F Gericke）教授参照霍格兰营养液配方配制营养液栽培番茄获得成功，将这种技术应用于番茄、萝卜等植物的商业化生产，他定义这种方法为 hydroponics（液培）[5]。

2 水培的发展历史

2.1 萌芽时期

早期有一些参考文献充分展现了无土栽培的工作。在汉末，我国就有图文记载南方水乡利用葑田种稻、种菜。此外，宋代也有豆芽菜栽培，并利用盘碟种蒜苗、风信子、水仙花、竹筏草绳种水蕹菜等[6]。

2.2　实验探索研究时代（1699 年至 20 世纪 20 年代）

早在 1699 年，伍德沃德（Woodward）将植物放在土壤含量不同的水中生长，发现植物的生长来自于土壤中的某些物质，而不仅是水本身。1804 年，德·索绪尔根据研究技术和化学方面的进步，认为植物是由水、土和空气中的化学元素组成的。1840 年，德国化学家李比希提出了“矿质营养学说”，为科学的无土栽培奠定了理论基础。1842 年，德国科学家威格曼（Wiemgna）和泊斯托洛夫（Postolo）在白金坩埚内放置石英砂和铂金碎屑支撑植物，他们发现植物在只加入硝酸铵溶液时生长发育并不够完全，而添加植物灰分浸提液后植物生长健壮，这是营养液栽培的雏形。1859—1865 年，德国科学家家萨克斯（Sachs）和克诺普（Knop）设计了一种简易的水培装置，利用广口瓶作为栽培容器，加入配制的营养液，用棉塞固定植株，把植株悬挂起来而根系伸入瓶内的营养液中，进行栽培植物实验，同时他们应用化学分析的方法，首次提出了 10 元素学说，并配制出一种比较完整的克诺普标准营养液，他们的实验标志着现代营养液栽培技术的开端。随后，伴随着现代化学科学和生物科学的发展，在克诺普标准营养液的基础上，营养液的配方被其他学者不断修正。其中，Arnon 和 Hoagland 基于番茄生长基本元素的吸收比例而设计的营养液配方被广泛地接受和使用，同时微量元素的重要性也被强调[7]。这一阶段，水培技术仅处于实验室研究阶段，水培技术并未真正被人们认知和应用在生产中去。

2.3　生产应用阶段（20 世纪 20～70 年代）

1929 年，美国加利福尼亚大学的格里克（W F Gericke）教授通过开发应用“水培植物设施”为代表的半基质栽培成功将水培技术商业化，并定义这种方法为“hydroponics”，他的工作极大地推动了水培技术在生产上的应用，水培很快在欧洲和亚洲推广。在这一时期，水培技术在理论和实践方面趋于完善和成熟，相较于传统土培，水培在生产应用上也初步显示出其优越性，受到人们和科研工作者的关注。

1925—1935 年间，植物生理学家致力于将水培推广到大规模作物的生产上。1934 年，新泽西农业实验站的工人利用水培技术改善了沙培方法。随后，加利福尼亚农业实验站的研究人员通过引入新泽西州印第安纳农业实验站开发的地下灌溉系统，使用了水培和沙培方式来克服部分水培方式所涉及的局限性。但是，由于建造混凝土生长床的成本高，即使人们对于这种系统有商业上的兴趣，但是水培技术并没有被广泛接受。在大约 20 年的时间里，塑料的出现使人们对水培又产生了兴趣。塑料在水培系统中的普及使水培成本大大降低，有关水培的许多推广计划也开始在全世界实施。到了 1973 年，石油价格的大幅度提高，使水培系统中的控温成本升高，并且伴随着一些化学杀虫剂的禁止使用，导致了很大部分的种植者破产，水培系统又逐渐消失在生产应用中[8,9]。

2.4 智能发展时代（20 世纪 80 年代至今）

20 世纪 80 年代，无土栽培进入了智能温室生产时期。这个阶段，水培系统主要是通过与智能温室的结合来进行作物生产。随着水泵、定时器、塑料管道的开发和利用，水培系统的运营成本大大降低，水培生产自动化程度逐渐加大[10]，水培又逐渐应用于大规模生产上。现在，水培几乎遍布全世界。在加拿大有一个大型水培温室进行水培蔬菜的生产。在墨西哥和中东这样淡水资源有限的地区，人们通过水培来栽培植物，缓解水资源不足的压力[11]。

3 水培的分类和应用范围

水培是在封闭的环境下，植物的根系直接接触营养液，不接触其他的生长介质，且营养液可以循环利用的无土栽培技术。水培分为 4 大类：①深液流栽培；②营养液膜栽培；③浮板毛管技术；④雾培。

3.1 深液流栽培

深液流栽培是通过装置使一层较深的营养液（5～10 厘米）不断循环流经蔬菜根系，既保证不断供给作物水分和养分，又不间断地供给根系新鲜氧气。该装置由储液池、水泵、栽培槽、输液管道和调控系统组成。该技术较适宜南方热带、亚热带地区的气候条件，种植效果良好，管理较为简便。该技术的不足之处是低温季节营养液温度偏低，根系氧气供应不足，直接影响根系生长，进而影响作物生长发育[12]。该技术适用广泛，适用于各种蔬菜的栽培，如甜瓜[13]、番茄[14]、西瓜[14]、韭菜[15]、生菜[16]等。

3.2 营养液膜栽培

营养液膜栽培是在 20 世纪 60 年代末由艾伦·库珀博士发明。该系统营养液层较浅（0.5～1.0 厘米），造价较低，易于生产管理营养液。该系统的一个主要优点是需要更少的营养液。在冬季营养液加温或在夏季营养液冷却需要的成本更低，并且营养液更换与管理更方便和容易。但对技术要求严格，耐用性和稳定性差、运行费用高，特别是系统发生故障或停电时，根系会吸收不到，主要应用于根系较浅的植物，如黄瓜[17]、叶菜类[18]。

3.3 浮板毛管技术

浮板毛管水培系统由栽培床、储液池、循环系统和控制系统四大部分组成。该项技术有效地克服了营养液膜技术的缺点，根际环境条件稳定，液温变化小，根际供氧充分，不怕因临时停电影响营养液的供给，适应性广，适宜我国各种气候生态类型条件应用。目前，已在番茄、辣椒、芹菜、生菜等植物上应用，效果良好[19]。

3.4 雾培

雾培是将植物的根系完全置于气雾环境下进行生长发育的一种新型栽培模式，它通过雾化的水气来满足植物根系对水肥的需求，并且使根系获得充足的氧气与伸展的空间，在毫无阻力的情况下生长，极大地提高了植株的产量。该水培系统在1980年由Jensen在亚利桑那州开发，主要用于生菜、菠菜、番茄的生产[10]。雾培相比于其他任何一种植株耕作方法，可以使植株生长更快、管理更方便、投工更小，是未来农业生产中的一种重要栽培方式。虽然雾培系统可以使植株生长更快，提高作物产量与品质，但是雾培有个明显的缺点，即灵活性低。雾培系统一旦断电，植株所需的营养液就无法供应，植株很快就会死亡[20]。且雾培经济效益低，投资巨大，应用的范围很小。不过基于雾培巨大的前景，目前在国内雾培研究非常火爆，其研究主要集中在装置的设计[21~23]，对植物生长、品质、产量的影响[24、25]，以及与其他栽培方式的对比[26]方面。

4 水培营养液的管理

4.1 营养液的构成和管理

在水培技术中，营养液的成分和管理是被研究得最多的方面。1966年，基于不同的盐类型和N源的组合，Hewitt列举了160多种不同的氮盐配方[4]。Hoagland和Arnon设计的营养液配方被世界范围内广泛使用，根据其基本成分，形成了不同修订的配方。除了营养液配方对于植株的生长起着至关重要的作用，营养液适当的管理也相当重要。目前，生产上营养液管理模式主要有3种，分别基于EC值的营养液管理方式、养分添加的营养液管理方式和基于作物模型的营养液管理方式[27]。

4.2 营养液的电导率

营养液的导电性，也被称为渗透压，对于植物的生长很重要，它会影响根系生长。如果营养液的渗透压大于1.0大气压，水进入根系会严重受限，引起植物枯萎，如果枯萎足够严重，会造成植物死亡。Hewitt认为，营养液应保持在0.5～0.75倍的大气压，植株根系生长正常，尽管许多植物可承受高达1.75倍的大气压[4]。

另外，电导率可以测定营养液中元素含量的变化。在水培系统中应该有20～30毫西门子/厘米的电导率因子CF［CF＝EC值×10］。如果CF下降到20以下，则必须在营养液中加入额外的营养元素，以防止出现缺素症状[28]。但是，在营养液中，因为电导率因子具体元素浓度发生的变化量无法用电导率来判断，所以使用电导率读数只能大概判断营养液的补充量，不过这种方式可以用来进行营养液的日常更换，在生产上应用广泛，并且人们根据营养液中的电导率研制出自动化管理的水培自动化系统。李颖慧研发出一套温室营养液电导率实时监测系统，可以通过感知营养液电导率，指示营养液肥料浓度，指导合理施肥[29]。

4.3 营养液的 pH

营养液最适的 pH 普遍认为在 6.0～6.5，但是大多数营养液的 pH 在 5.0～6.5。人们认为，营养液 pH 低于 5.0 或者高于 7.0，植物的生长会受到很大的抑制。池田和大泽发现 N 元素的吸收，来自 NO_3^- 和 NH_4^+ 形式。他们通过将营养液 pH 控制在 5.0～7.0，研究 20 株植物对 N 元素的吸收规律。结果发现，植物表现出在某种营养溶液 pH 上一定程度的 N 形式偏好。另外，营养液的 pH 将影响某些元素的利用，特别是微量元素，在低 pH 营养液下植物会过度吸收，在高 pH 营养液下元素会沉淀从而流失。陈平在 pH 4.0 和 6.0 水培条件下，分别供应 NH_4^+-N 和 NO_3^--N2 种不同形态的氮源，研究玉米根系对氮素的吸收，发现低 pH 能促进 NO_3^--N 的吸收，高 pH 更有利于 NH_4^+-N 的吸收[30]。因此，控制 pH 非常重要，这对于保证营养液中元素的正常吸收具有重要的作用。所以，在营养液的管理中，需要通过加酸或者加碱来降低或者升高营养液的 pH 来控制营养液 pH。Trelease 认为，通过维持 NO_3^-/NH_4^+ 的比例，或者利用多种钙离子与钾离子的单磷酸或双磷酸酯盐的结合可以将 pH 控制在比较合理的范围。但是，这些变化可能还需要进行定期调节 pH，因为营养液中的酸或碱会随着元素的吸收而变化。

4.4 营养液的温度

营养液的温度对植株的生长具有显著的影响。如果温度小于 20℃或大于 30℃，植株生长会受到抑制。在 NFT 系统中，Cooper 认为，最佳的营养液温度是 26～27℃。他还观察到：适当地降低夜间温度能够使番茄根系长得更好，植株产量更高。一般来说，营养液的温度不应低于环境空气温度[31]。但是，营养液的温度随作物而不同。李峰认为，将营养液温度控制在（20±1)℃，对生菜生长和干物质累积具有明显的促进作用，且不会影响生菜的品质。Yoshida、Eguch 认为，营养液栽培的黄瓜植株在液温 25～32℃范围内植株能正常生长。

5 水培的优缺点

5.1 水培的优点

水培作为不使用土壤的一种新型作物栽培方式，相对于传统土培，具有以下优点：

（1）因为作物在土壤中连作引起的病害，世界上广泛使用一些土壤灭菌剂，如甲基溴，长期使用这些高毒性化学试剂，对土壤和环境造成了巨大的危害，在许多发达国家已经被禁止使用。水培已被证明是一种很好的替代土壤的方法。首先，它不使用土壤，可以隔绝由连作而产生的连作障碍，而且对于某一些经济作物，可以利用不同的立体水培设施和可调控环境的温室来进行周年生产、计划种植。这样可以提高作物单位面积产量，也提高了土地的使用率。其次，栽培管理上，水培完全利用营养液栽培，机械化程度高，节约人工，推动了植物生产的自动化进程。最后，水培可以最大限度地满足植株对温光、水分和养分的需求，植株在最佳生长环境下生长，产量高、品质好，并且无公害、无污染。

（2）水培系统与传统的土壤系统相比，水培法在实验层面具有几个优点：①在土培中，当植株定植时，植株的根组织由于被反复拉扯或被机械剪切，导致根组织结构如侧根和根毛受到损伤。而在水培系统中，无论根系在营养液或者在固定基质里，根系都容易清洗和分离。这减少了对植物根系的损伤。②在土培中，研究某一元素或分子对植株的影响时，土壤中的营养物质在整个土壤基质中会发生变化，营养物质与土壤颗粒结合，在土壤中形成微环境。这种土壤和营养物质产生的相互作用可能对于需要精确控制营养物或其他分子的外部浓度的实验增加额外的复杂性，加大了实验误差。相比之下，水培溶液是均匀的，可以在整个实验过程中替换，降低了实验的误差。

5.2　水培的缺点

虽然水培方式相对于土培优势明显，但是其缺点也比较多。

（1）水培系统最大的问题就是生产设备投入成本过高。Resh 认为，水培系统的前期启动成本过高，虽然水培植物可以在室外种植，但是这只适用于一些特殊的环境[32]。对于大规模水培生产，水培系统往往需要在可调控环境的温室内建设，温室的建设和环境的控制所需要的投入相对于水培生产的效益来说代价太高[33]。例如，水培对于环境要求很高，植物必须在一个适合的温度条件下才能正常生长，维持温室内的气温就必须要持续不断地对温室进行加温或者降温，温度的调节成本占水培成本的很大比例，这就增加了水培生产的成本。除此之外，水培蔬菜的价格相对于传统蔬菜高很多，虽然水培蔬菜更加清洁和卫生，但是对于大部分消费者来说他们很难负担高额的价格。

（2）营养液的调节对于水培生产者来说也相对较复杂，生产人员要求掌握较高的专门技术，生产设备需要科学技术型很强的自动化设施、设备。

（3）水培系统缓冲能力较土培弱，病虫害一旦发生，传播迅速。水培在一定的封闭环境中进行，是一个独立、封闭的系统。如果营养液、栽培环境管理不当，或者生产设施、种子等消毒不彻底，一旦植株感染病菌，病虫害传播非常迅速，且较难控制。

6　蔬菜水培生产的前景

几乎所有的蔬菜都能进行水培种植，目前利用水培技术进行蔬菜商业化生产的效益并不高，且生产技术和设施要求严格。但是，随着水培设施成本的降低、水培技术的完善以及温室自动化生产技术的成熟，为了解决全球水资源的紧缺和环境污染等问题，水培作为清洁高效的农业生产栽培技术，发展前景十分广阔。在一些水量稀缺的沙漠或食物紧缺的太空环境里，水培是一种很好的补充栽培技术，能够有效地解决水资源的不足；对于一些不能周年生产的园艺作物如叶菜类和花卉植物，水培可以延长它们的生产周期，进行周年生产。目前，水培研究的重点集中在：水培系统中精确控制植物根系环境[34]；研发具有经济效益的设施结构和材料[35、36]；改进提高作物产量和降低单位生产成本[37]；筛选更适合水培的新品种[38、39]；以及更好地控制病虫害等方面[40]。

参考文献

[1] 刘士哲，汪晓云，高丽红．关于无土栽培发展中若干问题的探讨（3）——水培蔬菜的营养品质与安全性［J］．农业工程技术，2016（19）：42-45.

[2] 袁桂英，郝玉华，张从光．简易水培蔬菜技术的研究［J］．安徽农业科学，2008（34）：14938-14939、14959.

[3] 袁祥．智能温室水培蔬菜栽培技术研究［J］．农业与技术，2015（23）：104-106.

[4] Hewitt E J. Sand and water culture methods used in the study of plant nutrition［M］// Bradkey，1952. Commonwealth Bureau of Horticulture and Plantation Crops.

[5] Gericke W F 1937. Hydroponics—crop production in liquid culture media［J］. Science（85）：177-178.

[6] 郭世荣．无土栽培学［M］．北京：中国农业出版社，2011.

[7] Hoagland D R，Arnon D I. The water-culture method for growing plants without soil［J］. California Agricultural Experiment Station Circular，1950（347）：1-32.

[8] J. Benton Jones Jr. Hydroponics：Its history and use in plant nutrition studies［J］. Journal of Plant Nutrition，1982，5（8）：1003-1030.

[9] Jones J B J. Hydroponics：a practical guide for the soilless grower［J］. Hort Technology，2005，15（3）.

[10] Jensen M H，Collins W L. Hydroponic Vegetable Production［J］. Horticultural Reviews，1985（7）：427-431.

[11] Dimitrios Savvas. Hydroponics：A modern technology supporting the application of integrated crop management in greenhouse［J］. Food，Agriculture & Environment，2003，1（1）：80-86.

[12] 曹晨书，曾春霞．蔬菜水培技术的研究进展［J］．上海蔬菜，2012（6）：3-4.

[13] 陈燕红，亓德明．深液流水培甜瓜栽培技术［J］．蔬菜，2015（2）：58-59.

[14] 陈燕丽，龙明华，唐小付．小型西瓜深液流水培技术［J］．长江蔬菜，2005（6）：24-25.

[15] 任元刚．韭菜深液流栽培技术［J］．现代农业科技，2011（3）：139.

[16] 陈胜文，谢伟平，肖英银，等．红叶生菜深液流水培技术［J］．长江蔬菜，2008（15）：30-31.

[17] 王会君．黄瓜营养液膜下滴灌栽培技术［J］．科技信息，2011（13）：387.

[18] 吴敬才，郑回勇，吴燕，等．叶菜类蔬菜营养液膜无土栽培技术［J］．福建农业科技，2015（10）：48-50.

[19] 李卫强，崔万锁，梁树乐．日光温室浮板毛管水培技术［J］．蔬菜，2000（3）：16-17.

[20] 徐伟忠，王利炳，詹喜法，等．一种新型栽培模式——气雾培的研究［J］．广东农业科学，2006（7）：30-33.

[21] 刘岩．植物工厂中雾培成套装置的设计与应用［D］．杭州：浙江大学，2014.

［22］刘义飞，程瑞锋，杨其长．基于 LabVIEW 的温室番茄雾培控制系统设计［J］．农机化研究，2015（1）：90-95.

［23］高国华，王天宝．温室雾培蔬菜收获机收获机构的研究设计［J］．农机化研究，2015（10）：91-97.

［24］张光海，张贵合，郭华春．雾培马铃薯块茎建成相关性状的观察［J］．中国农学通报，2016（9）：100-105.

［25］付少明，滕光辉，樊庚，等．立体雾培墙定植角度对生菜生长的影响［J］．农业工程，2015（S1）：39-42.

［26］刘强．马铃薯原原种雾培法与传统基质生产优越性研究［J］．农技服务，2016（14）：56.

［27］倪纪恒，毛罕平，马万征．温室营养液管理策略的研究进展［J］．蔬菜，2011（6）：45-47.

［28］Cornish P S. Use of high electrical conductivity of nutrient solution to improve the quality of salad tomatoes（*Lycopersicon esculentum*）grown in hydroponic culture［J］. Animal Production Science，1992，32（4）：513-520.

［29］李颖慧．温室营养液电导率实时监测系统开发［C］．中国农业工程学会（CSAE）．中国农业工程学会 2011 年学术年会论文集．中国农业工程学会（CSAE），2011：4.

［30］陈平，封克，汪晓丽，等．营养液 pH 对玉米幼苗吸收不同形态氮素的影响［J］．扬州大学学报，2003（3）：46-50.

［31］Cooper Allen. Commercial applications of NFT［M］. Grower Books，London，England，1978.

［31］Resh H M. Water culture in howard［M］// M. R.（ed.），Hydroponic Food Production. Woodbridge Press Publishing Company，1993：110-199.

［32］McDonald B. Hydroponics：Creating food for today and for tomorrow［D］. 2016.

［33］孙叶，陈秀兰，包建忠，等．花卉植物水培根系生长研究［J］．江苏农业科学，2009（1）：194-195.

［34］施玉华，赵林萍．家庭简易水培设施的制作及其种植方法［J］．种子，2014（8）：129-132.

［35］彭世勇，马威．几种管道水培设施制作技术［J］．长江蔬菜，2017（7）：12-13.

［36］吕伟德．基于物联网技术的水培花卉智能生产关键技术的研究与应用［D］．杭州：浙江大学，2014.

［37］季延海，于平彬，吴震，等．适合营养液水培的韭菜品种筛选［J］．中国蔬菜，2013（6）：63-67.

［38］刘磊，曾迪，谢玉萍，等．水培生菜高产品种筛选及不同通气处理对生菜平均单株质量和品质的影响［J］．热带作物学报，2012（4）：613-616.

［39］何振华，许佩，唐昌林．夏季水培蔬菜主要病虫害绿色防控技术［J］．长江蔬菜，2017（1）：53-55.

［40］陈浩涛，黄志农，刘勇．生态智能温室水培蔬菜病虫害发生与综合防治［J］．长江蔬菜，2006（11）：24-25.

甜瓜种质资源蔓枯病抗性的鉴定与评价

张　宁　钱春桃

（南京农业大学园艺学院　江苏南京　210095）

摘　要： 本试验以 12 份甜瓜种质资源为试验材料进行苗期人工接种蔓枯病菌鉴定，并结合田间主要农艺性状的调查和统计，综合分析 4 份抗源的利用价值。结果显示：PI420145 对蔓枯病的抗性最强，叶形指数、主蔓节间长和主蔓粗度与 8 份普通栽培种差异不大，果皮颜色为绿色，果肉颜色为绿色，单果重中等，果肉有香气且果肉甜度达到中甜。PI157082 和 PI511890 对蔓枯病的抗性达到中抗级以上，单果重偏小，但果肉口感酸。这 3 份抗源不仅可以作为研究蔓枯病抗病机制的试验性材料，还都可以作为具有优良性状的种质资源而应用于甜瓜抗病育种中。通过对 4 份甜瓜抗源的综合评价，为开展甜瓜抗蔓枯病育种的研究提供了基础。

关键词： 甜瓜　蔓枯病　抗源　鉴定　农艺性状

甜瓜（*Cucumis melo* L.，$2n=24$）作为世界十大水果之一，营养丰富，倍受消费者喜爱。据联合国粮食与农业组织（FAO）统计，2011 年甜瓜世界总栽培面积为 1 144 500 公顷，而我国甜瓜的栽培面积可达 400 000 公顷，占世界总栽培面积的 40%，占据世界第一位[1]（马跃，2011）。近年来，甜瓜栽培地区逐渐向东南地区扩大，但由于南方地区气候高温多雨，甜瓜蔓枯病成为东南地区危害甜瓜的主要病害之一，严重时可导致甜瓜绝收[2,3]。

尽管施用或喷洒化学农药可以在一定程度上防治蔓枯病，但是杀菌剂的大量使用会对环境造成负面影响[4]。因此，培育抗蔓枯病的新品种是最环保和经济的手段来防治蔓枯病，开展对现有种质资源抗性的鉴定和优良性状的综合评价是培育抗蔓枯病甜瓜的关键（尹文山等，2000）。本研究以实验室现存有的 12 份甜瓜种质资源为试材，通过苗期蔓枯病菌接种和田间农艺性状调查来鉴定和筛选出性状较优良的抗源，对这 4 份种质资源作出综合性的评价，以便于在培育优良品种能够充分利用这些种质资源，缩短育种年限。

1　材料与方法

1.1　试验材料

4 份甜瓜种质资源 PI420145、PI140471、PI157082、PI511890，由南京农业大学葫芦科作物遗传与种质创新实验室提供，经多代自交纯化保存；对照感蔓枯病栽培种白皮脆，由新疆农业科学院提供，本实验室多代自交保存；普通栽培种苏甜一号、千里香甜瓜、日本甜宝、特大白沙密、台湾青玉、超甜八里香、超甜小麦酥，购买于江苏省农业科学院。

1.2　接种处理

1.2.1　病原菌的保存和培养

蔓枯病病原菌采用南京农业大学葫芦科作物遗传与种质创新实验室分离纯化得到的致病力强的 A1 生理小种，长期保存于 PCA 培养基试管中置于 4℃冰箱。将保存于 PCA 培养基中的病原菌转移到 PDA 培养基上进行活化培养，28℃暗培养 7 天，待菌丝长到培养基的 2/3 处时，12 小时紫外灯照射和 12 小时暗培养循环 4 天左右，诱导菌丝产孢[5]。

1.2.2　病原菌分生孢子悬浮液的配制

用毛笔将黑色分生孢子轻轻扫入 ddH_2O 中，用 4 层纱布过滤，滤掉菌丝和培养基等杂质，在显微镜下用血球计数板统计孢子的个数，加无菌蒸馏水配制成浓度为 5×10^7个/毫升的孢子悬浮液，加乳酸调 pH 至 3.5～4.0，再加入 20 滴 Tween 增强表面活性。

1.2.3　蔓枯病接种鉴定

接种鉴定于 2016 年春（4 月）和 2016 年秋（10 月）分别鉴定一次。将 12 份试材播种于盛有草炭和蛭石质量比为 1：1 的 72 孔穴盘中育苗，每份材料种 30 株，置于日温 25℃ 左右、夜温 20℃左右、湿度控制在 80%左右的日光温室中。当甜瓜幼苗第一片真叶展平时移植到 15 孔穴盘中。待幼苗长到 3～4 片真叶时，搭小拱棚进行人工喷雾接种，对照幼苗喷无菌蒸馏水。叶片正反面均喷到滴水为止。接种后盖上小拱棚的棚膜，遮光密闭处理 3 天，保持小拱棚内相对湿度和温度分别为 95%和 28℃左右。接种 7 天后统计叶片病级，按照以下公式来计算平均病情级别（DI）：

$$DI=（病级数值\times该病级株数）/总株数$$

叶片发病分级标准：0 级：无病症；1 级：只有第 1～2 片真叶边缘轻微坏死或有少量斑点；2 级：所有真叶均轻微坏死或有少量斑点；3 级：25%的叶面积有病斑或坏死；4 级：50%叶面积有病斑或坏死；5 级：植株萎蔫且超过 50%的叶面积有病斑。抗性级别：高抗（HR）：$DI<1.0$，抗（R）：$1.0\leqslant DI<2.0$，中抗（MR）：$2.0\leqslant DI<3.0$，感（S）：$3.0\leqslant DI<4.0$，高感（HS）：$DI\geqslant 4.0$[6]。

1.3　农艺性状调查

将上述 12 种材料种植于南京农业大学江浦试验站基地，对其进行生物学性状的观察和统计，主要性状包括叶形、叶色、叶形指数、节间长、主蔓粗度、侧蔓分支数、果皮颜色、果形、果形指数、果实重量以及种子千粒重。调查方法参照《甜瓜种质资源描述规范和数据标准》。

2 结果与分析

2.1 12份甜瓜材料农艺性状的观察和统计

对这12份甜瓜材料进行田间农艺性状调查发现，在4份甜瓜抗蔓枯病种质资源中，PI140471的叶形为肾形，PI420145和PI157082的叶形为掌形，PI511890的叶形与其他8份普通栽培种相同，都是心形。PI140471的叶形指数偏小，其余3份抗源的叶形指数偏向于普通栽培种。除PI140471的主蔓节间长度为9.9厘米外，剩余3份抗源与普通栽培种的主蔓节间长度都大于10厘米。PI140471、PI157082和PI511890的主蔓粗度小于2毫米，PI420145的主蔓粗度与于普通栽培种相似。12份甜瓜材料的果皮颜色和果肉颜色都各有不同，4份甜瓜抗蔓枯病种质资源中，PI420145的果皮颜色为深绿色（图1A），并且除PI420145的果肉颜色为黄绿色之外（图1B），其余3份抗源果肉颜色都是白色。8份普通栽培种的果肉都有香气，而4份抗源中，只有PI420145的果肉有香气，其余3份抗源都没有香气。8份普通栽培种的果肉口感都是甜，在4份抗源中，只有PI420145的果肉口感达到中甜，甜度为9.7；PI140471的果肉不甜；而PI157082和PI511890的果肉口感是酸。比较4份抗源和普通栽培种的果实重量，可以看出PI140471、PI157082和PI511890的果实重量偏小，均未达到500克，而PI420145的果实重量为850克，在普通栽培种中偏向于中等水平。PI140471和PI511890的种子都较小，种子千粒重均未达到10克，PI420145和PI157082的种子千粒重均大于15克，但这4份抗源的种子千粒重均远小于8份普通栽培种。通过比较4份甜瓜抗蔓枯病抗源和8份甜瓜普通栽培种的农艺性状发现，相较于其他3份抗源，PI420145的果肉颜色为绿色，果肉有香气，果肉甜度达到中甜，叶形指数、主蔓节间长度和主蔓粗度均偏向于普通栽培种（表1），果实重量为中等水平，可以作为甜瓜品种的选育材料。

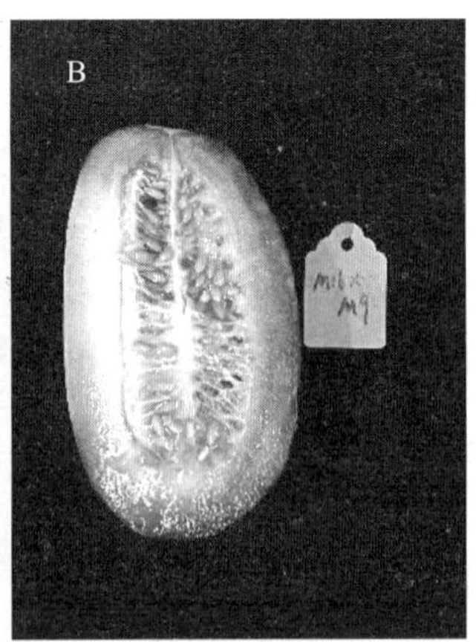

图1　甜瓜PI420145果实（A）和果实剖面图（B）

表1　12份甜瓜材料的主要农艺性状

材料	叶形	叶色	叶形指数	主蔓节间长（厘米）	主蔓粗度（毫米）	果皮颜色	果肉颜色	果肉香气	果肉口感（甜度）	果形	果形指数	果实重量（千克）	种子千粒重（克）
PI420145	掌形	绿色	1.18	11.80	2.85	绿色	黄绿色	香	中甜（9.7）	长椭圆形	1.36	0.85	16.9
PI140471	肾形	绿色	0.89	9.90	1.64	绿色	白色	无	不甜（4.2）	椭圆形	1.21	0.35	8.6
PI157082	掌形	绿色	1.31	10.10	1.63	黄色	白色	无	酸（4.6）	卵圆形	1.16	0.26	15.3
PI511890	心形	绿色	1.09	10.30	1.75	深绿色	白色	无	酸（5.0）	椭圆形	1.09	0.49	7.9
白皮脆	心形	浅绿色	1.15	16.20	3.02	绿白色	橙色	香	甜（14.3）	椭圆形	1.10	1.21	32.6
苏甜一号	心形	绿色	1.14	10.23	2.84	乳白色	白色	香	甜（15.7）	高圆形	1.20	1.42	28.9
千里香甜瓜	心形	绿色	1.23	9.86	3.01	浅绿色	白绿色	香	甜（15.3）	圆球形	0.86	0.36	30.2
日本甜宝	心形	绿色	1.19	11.10	2.79	绿白色	白绿色	香	甜（16.2）	圆球形	0.91	0.68	27.6
特大白沙密	心形	绿色	1.32	10.63	3.10	乳白色	白色	香	甜（15.6）	椭圆形	1.15	0.56	34.6
台湾青玉	心形	绿色	1.26	11.22	2.76	浅绿色	浅绿色	香	甜（14.2）	圆球形	0.96	0.46	31.6
超甜八里香	心形	绿色	1.11	11.24	3.06	黄色（绿纹）	绿色	香	甜（17.1）	长圆形	1.61	0.86	29.6
超甜小麦酥	心形	绿色	1.25	10.88	3.09	灰绿色	绿色	香	甜（15.3）	梨形	1.14	0.79	29.8

2.2　12份甜瓜材料抗病鉴定

12份不同蔓枯病抗性的甜瓜材料分别于2015年春季（5月）和秋季（9月）接种蔓枯病菌，进行苗期蔓枯病抗性的鉴定。从表2可以看出：12份材料在秋季的发病级数均高于春季。其中，8份普通栽培种中除苏甜一号、特大白沙密和超甜小麦酥的平均病级在春季达到中抗（MR）、秋季为感病（S）之外，剩余5份的平均病级在春季和秋季均为感病（S）或高感（HS）。PI420145、PI140471、PI157082和PI511890的平均发病级数均低于其余8份普通栽培种。其中，PI157082在春季和秋季都表现为中抗（MR）；PI140471和PI511890均在春季表现为抗（R），而在秋季表现为中抗（MR）；PI420145在春秋两季都表现为抗（R）。

经观察发现，在苗期人工喷雾接种蔓枯病菌后，表现为中抗（MR）和抗（R）的甜瓜材料发病部位均为叶片，且叶缘轻微坏死发黄，随着接种时间的增加，逐渐形成褐色“V”型病斑，相较于表现为感（S）或高感（HS）的甜瓜材料病斑部位蔓延速度慢；而表现为感（S）或高感（HS）的甜瓜材料会先形成典型的褐色“V”形病斑，随着接种时间的延长，病斑会迅速蔓延，并且会蔓延到茎部以致萎蔫。

表 2　2015 年春秋两季 12 份甜瓜材料接种蔓枯病的平均病级统计

材　料	春		秋	
	平均病级（*DI*）	抗性类型	平均病级（*DI*）	抗性类型
PI420145（*Gsb*-6）	1.75±0.602	R	1.83±0.512	R
PI140471（*Gsb*-1）	1.87±0.774	R	2.14±0.102	MR
PI157082（*Gsb*-2）	2.12±0.924	MR	2.34±0.098	MR
PI511890（*Gsb*-3）	1.94±1.021	R	2.23±0.212	MR
白皮脆	4.54±0.356	HS	5.32±0.921	HS
苏甜一号	2.25±0.432	MR	3.23±0.213	S
千里香甜瓜	3.76±0.976	S	5.35±1.212	HS
日本甜宝	4.21±0.876	HS	4.33±1.224	HS
特大白沙密	2.98±0.498	MR	3.02±0.436	S
台湾青玉	3.78±0.785	S	3.89±0.332	S
超甜八里香	3.22±0.453	S	4.29±0.435	HS
超甜小麦酥	2.99±0.336	MR	4.03±0.452	HS

R：抗；MR：中抗；S：感；HS：高感。

3　讨论

对园艺作物进行田间农艺性状的评价是研究种质资源的关键，也是选育具有优良性状的新品种的基础[7]。目前，随着国内外园艺作物种质资源不断深入的研究和交流，完善甜瓜种质资源的性状描述、综合评价甜瓜种质资源能够有效提高种质资源的利用效率，促进国内外的合作与交流，以培育出能为“三农”致富，且符合国际和国内市场需求的甜瓜品种（吴永成等，2011；颜国荣等，2006）。甜瓜田间性状的评价对抗病丰产育种具有重要的意义。本试验通过对 4 份抗蔓枯病种质资源和 8 份江苏省及周边地区的普通栽培种的主要田间性状进行综合分析发现：PI420145 的叶形指数、主蔓节间长和主蔓粗度与 8 份普通栽培种差异不大，果皮颜色为绿色，果肉颜色叶为绿色，果形是长圆形，并且在 4 份抗蔓枯病种质资源中，只有 PI420145 的果肉有香气，果肉口感为中甜，单果重量中等，具有偏向于商品种的优良性状，在利用其育种的过程中，可以在增强甜瓜甜度等口感方面上进行研究。除此之外，本研究还发现，PI157082 和 PI511890 的果肉都为白色，单果重量比较小，而且果实都具有酸味，对蔓枯病的抗性能达到中抗。因此，可以将 PI157082 和 PI511890 应用于培育具有酸甜风味的特色甜瓜中。

本试验通过对 12 份甜瓜材料在不同季节进行苗期人工接种蔓枯病菌，鉴定并评价 4 份抗蔓枯病种质资源的抗性，为其在育种中的应用提供一些依据。苗期人工温室接种的方法由于操作简单、环境条件可控制、接种后病情稳定等特点而广泛应用于其他经济作物中[8~10]。相对于田间发病而言，可以排除其他自然环境中生物和非生物因素而使抗病性鉴定更可靠。与离体接种相比，苗期人工接种不会因为叶片迅速萎蔫而影响鉴定结果，也不会影响幼苗正常的生长发育[11,12]。本研究发现，12 份甜瓜春秋两季的接种结果中除 PI420145 抗病类型是抗外，其余 11 份都在秋季病级都有所增高，可能的原因是江苏地区秋季 9 月的气候高温多雨、湿度大，更适合蔓枯病病原菌的传播和繁殖，而春季比秋季湿度小，因此，甜瓜在秋季接种的病级要比春季稍高。综合田间主要农艺性状和苗期人工接种蔓枯病菌抗性鉴定分析得出结论，4 份甜瓜抗蔓枯病种质资源中，PI420145 的蔓枯病抗性最强，且具有趋向于商品种的优良性状，可以改良其甜度等口感特性从而应用于抗病育种。PI157082 和 PI511890 的蔓枯病抗性达到中抗以上，并且具有酸味，则可以对其酸甜风味进行改良，培育具有特殊风味的新品种。

参考文献

[1] 马跃．透过国际分析，看中国西瓜甜瓜的现状与未来［J］．中国瓜菜，2011，24（2）：64-67.

[2] Arny C J，Rowe R C. Effects of temperature and duration of surface wetness on spore production and infection of cucumbers by *Didymella bryoniae* ［J］．Phytopathology，1991，81（2）：206-209.

[3] 王浩波，胡雪芹，程国旺．江淮地区厚皮甜瓜栽培的主要障害及其防治［J］．中国西甜瓜，2001（3）：29-30.

[4] 李省印，麦晓丽，张会梅，等．甜瓜几种主要病害的杀菌剂防治效果比较研究［J］．北方园艺，2011（12）：127-129.

[5] 李英．瓜类蔓枯病菌的生物学特性和黄瓜抗病资源的筛选［D］．南京：南京农业大学，2007.

[6] Zhang Y，Kyle M，Anagnostou K，et al. Screening Melon（*Cucumis melo*）for Resistance to Gummy Stem Blight in the Greenhouse and Field［J］．Hortscience A Publication of the American Society for Horticultural Science，1997，32（1）：117-121.

[7] Monforte A J，Oliver M，Gonzalo M J，et al. Identification of quantitative trait loci involved in fruit quality traits in melon（*Cucumis melo* L.）［J］．Theoretical and Applied Genetics，2004，108（4）：750-758.

[8] Twizeyimana M，Ojiambo P S，Ikotun T，et al. Comparison of Field，Greenhouse，and Detached-Leaf Evaluations of Soybean Germplasm for Resistance to Phakopsora pachyrhizi［J］．Plant Disease，2007，91（9）：1161-1169.

[9] 李淑菊，王惠哲，杨瑞环，等．黄瓜黑斑病苗期抗病性鉴定方法及品种抗病性评价［J］．中国蔬菜，2012（2）：72-74.

[10] 罗来鑫，李健强，Hasan Bolkan. 番茄细菌性溃疡病苗期接种新方法的研究［J］．植物病理学报，2005，35（2）：123-128.

[11] 陈龙．黑龙江省洋葱紫斑病病原菌分离鉴定及苗期接种方法筛选［D］．哈尔滨：东北农业大学，2015.

[12] 韦巧捷，郑新艳，邓开英，等．黄瓜枯萎病拮抗菌的筛选鉴定及其生物防效［J］．南京农业大学学报，2013，36（1）：40-46.

芸薹属作物细胞质雄性不育研究进展

王　洁[1]　张海晶[2]　任锡亮[1]　黄芸萍[1]　孟秋峰[1]*

([1] 宁波市农业科学研究院　浙江宁波　315040；

[2] 农业农村部科技发展中心　北京　100122)

摘　要： 植物雄性不育是在被子植物中普遍存在的一种遗传现象。细胞质雄性不育受细胞核基因、细胞质基因和正常代谢的共同控制，具有相应的保持系和恢复系，在生产上应用价值巨大。芸薹属作物拥有丰富的细胞质雄性不育类型，并在大白菜、甘蓝、油菜和芥菜等作物上得到了广泛应用。本文论述了芸薹属作物细胞质雄性不育的来源、主要类型、主要表现型及分子机理，对深入研究芸薹属作物细胞质雄性不育的分子机制以及充分挖掘其生产应用价值具有重要的参考作用。

关键词： 芸薹属　细胞质雄性不育　来源　类型　表现型　分子机理

植物雄性不育是指雄性生殖器官无法产生正常功能的花药、花粉或雄配子的一种遗传现象，在被子植物中普遍存在。细胞质雄性不育（cytoplasmic male sterility，CMS）受细胞核基因、细胞质基因和正常代谢的共同控制，具有相应的保持系和恢复系，在生产上应用价值巨大。细胞质雄性不育系的来源通常有两种：自然繁殖过程中发生的突变或品种间杂交产生的同源细胞质雄性不育；种属间远缘杂交形成的细胞质和细胞核基因组重组而导致的异源细胞质雄性不育。

1　芸薹属作物细胞质雄性不育主要类型

芸薹属作物拥有丰富的细胞质雄性不育类型，并在大白菜、甘蓝、油菜和芥菜等作物上得到了广泛应用。目前，国内外已经公开报道的主要有 Ogura CMS、Nap CMS、Pol CMS、Shan 2A CMS、欧新 A CMS、Hau CMS 等[1~4]。这些起源不同的细胞质雄性不育在性状表现、稳定性和调控机制等方面均存在较大差异。由于不同来源的细胞质雄性不育源在转育到相同作物后常表现出具有明显差异的败育特点，因此从细胞学和分子生物学角度系统研究不同的胞质雄性不育源与细胞核之间的协调关系，将为育种工作者更为有效利用这些胞质不育源提供重要的参考价值。

---

* 为通讯作者。

2　芸薹属作物细胞质雄性不育主要表现型

花粉败育是细胞质雄性不育的主要表现型。研究表明，Ogu CMS 花粉败育发生在小孢子四分体至单核花粉期，不育系的绒毡层细胞畸形，表明其败育与绒毡层的不正常发育有关[5~7]。龙欢等（2005）对油菜 Nap CMS 的小孢子发生及花粉发育过程进行研究发现，Nap CMS 花药彼此粘连、花粉发育延迟，不育系小孢子败育时期为四分体至单核花粉期。该时期小孢子细胞质液泡化，不能进行有丝分裂形成二胞花粉，并逐渐变形解体死亡[8]。不育系绒毡层细胞过度液泡化且提早解体死亡。胡永敏等（2012）对甘蓝型油菜 Pol CMS 细胞学观察表明，不育系小孢子败育时期为孢原细胞时期，不能进行造孢细胞和壁细胞的分化，表皮内的薄壁细胞高度液泡化。个别药室能正常发育至四分体期和单核期，产生圆球形单核小孢子，并继续发育成正常且有活力的花粉，表现出微粉现象[7]。汤伟华等（2008）对甘蓝型油菜和不结球白菜同源四倍体 Pol CMS 进行细胞学研究发现，花药发育受阻于孢原细胞分化期，不形成药室，属无花粉囊型。极少数温敏型花药能产生少量花粉囊，但绒毡层在四分体期提早退化，导致成熟花粉数目减少，比二倍体 Pol CMS 不育更彻底[9]。梅德勇等（2009）在甘蓝型油菜 Shan 2A CMS 花药发育研究发现，不育系花粉败育发生在从孢原细胞向造孢细胞发育的过程中，无造孢细胞的形成，药室及花粉囊不能正常分化，属于无花粉囊败育[10]。邹瑞昌等（2012）在叶用芥菜 Hau CMS 中研究发现，不育系花药发育受阻于孢原细胞分化期，不能正常行成花粉囊；部分花药在花粉母细胞时期至单核小孢子时期出现发育异常，花粉母细胞虽能正常进行减数分裂，但发育到四分体时期或单核时期时细胞解体[11]。王永清等（1999）对以不育源芥菜型油菜欧新 A CMS 为胞质供体转育成的芥菜雄性不育系进行花粉扫描观察发现，不育系花粉败育发生在单核小孢子时期，但其试验结果有待进一步从小孢子发育的细胞学角度证实[12]。

3　芸薹属作物细胞质雄性不育分子机理研究

目前，有关细胞质雄性不育分子机理的研究主要集中在线粒体基因组上。Levings 等（1976）首次提出线粒体 DNA（mtDNA）是细胞质雄性不育因子的载体。研究认为，CMS 的产生是因为线粒体基因组发生了多次重组和重排现象，继而导致大量新开放阅读框的产生，进而改变了转录和翻译产物[13]。对植物线粒体基因组的深入研究发现，高等植物线粒体基因组含有正向和反向的重复序列，功能基因如果处在重复序列的边缘，就有可能受到重组影响而引起基因结构的变化，从而影响到其生物学功能[13,14]。目前，已在许多作物的 CMS 材料中发现了此类开放阅读框，如油菜 orf222、榨菜 orf220 等[15,16]。

大多数 CMS 中，细胞核基因组与细胞质基因组基因的表达通过信号途径彼此相互作用、相互影响。核恢复基因通过改变相关基因的表达使育性恢复，同时还可能影响到其他与雄性不育无关的线粒体基因[17]。恢复基因对不育基因的作用通常发生在转录后水平和翻译后水平[18]。研究表明，油菜 Nap CMS[15] 和 Pol CMS 恢复基因的作用发生在转录水平，而 Ogura CMS（Iwabuchi et al，1999）恢复基因作用发生在翻译后水平。Zhao 等（2016）在榨菜中研究发现，MSH1 基因能够影响线粒体开放阅读框 orf220 亚化学计量的变化，使得不育系育性恢复。同时，核基因组基因的表达也受到了线粒体的调控作用，称为“反向调控”。线粒体反向调控核基因表达的研究最早在酵母中进行，近年来已在酵母和多种哺乳动物中取得了良好的研究进展。然而，植物中线粒体反向调控核基因表达的研究还较少。

4 展望

近年来，虽然大量的研究对雄性不育的分子机理进行了探索并取得了一定的成果，但由于植物雄性不育产生的机理极其复杂，目前的试验研究证据尚未能阐明雄性不育产生的分子机制。此外，不同来源的胞质雄性不育源转育到相同作物后也经常表现出败育特点特征，更增加了胞质雄性不育发生机理的研究难度。探索不同胞质雄性不育源与细胞核之间的互作关系，可以为我们对其进行更加有效的利用提供重要的参考价值。

参考文献

[1] Pearson O H，et al. Nature and mechanisms of cytoplasmic male sterility in plants：a review [J]. HortScience，1981（16）：482-487.

[2] 李殿荣．甘蓝型油菜三系选育研究初报 [J]．陕西农业科学，1980（1）．

[3] 史华清，龚瑞芳．芥菜型油菜（*Brassica juncea*）杂种优势利用的研究 [J]．作物学报，1991，17（1）：32-41.

[4] Wan Z，Jing B，Tu J，et al. Genetic characterization of a new cytoplasmic male sterility system (hau) in *Brassica juncea* and its transfer to *B. napus* [J]. Theoretical & Applied Genetics，2008，116（3）：355.

[5] 梁燕，王鸣，赵稚雅．结球白菜细胞质雄性不育系花药和花粉的发育 [J]．西北农业大学学报，1994（3）：19-23.

[6] 许忠民，张恩慧，程永安，等．甘蓝胞质雄性不育系 CMS158 小孢子发生的细胞学研究 [J]. 西北农业学报，2012，21（3）：118-121.

[7] 胡永敏，董军刚，孟倩，等．5 种甘蓝型油菜细胞质雄性不育系的细胞学观察 [J]．西北农业学报，2012，21（7）：95-99.

[8] 龙欢，姚家玲，涂金星．3 种甘蓝型油菜雄性不育系花药发育的细胞学研究 [J]．华中农业大学学报（自然科学版），2005，24（6）：570-575.

[9] 汤伟华，张蜀宁，孔艳娥．不结球白菜同源四倍体 Pol CMS 及其保持系花药发育的解剖学研究 [J]．西北植物学报，2008，28（4）：704-708.

[10] 梅德勇，董振生．三种甘蓝型油菜 CMS 花药发育研究 [J]．中国油料作物学报，2009，31（2）：243-248.

[11] 邹瑞昌，万正杰，徐跃进，等．新型叶用芥菜细胞质雄性不育系 0912A 的花药发育特征 [J]．华中农业大学学报（自然科学版），2012，31（1）：44-49.

[12] 王永清，曾志红．芥菜雄性不育系小孢子败育细胞学观察 [J]．西南农业学报，1999，12（4）：1-4.

[13] Hanson M R, Bentolila S. Interactions of mitochondrial and nuclear genes that affect male gametophyte development. [J]. Plant Cell (16 Suppl), 2004: S154.

[14] Hanson M R. Plant mitochondrial mutations and male sterility. [J]. Annual Review of Genetics, 1991, 25 (1): 461.

[15] Singh M, Hamel N, Menassa R, et al. Nuclear Genes Associated with a Single Brassica Cms Restorer Locus Influence Transcripts of Three Different Mitochondrial Gene Regions [J]. Genetics, 1996, 143 (1): 505.

[16] 杨景华．茎用芥菜细胞质雄性不育相关基因的克隆及机制研究 [D]．杭州：浙江大学，2006.

[17] Pathania A, Bhat S R, Dinesh K V, et al. Cytoplasmic male sterility in alloplasmic *Brassica juncea* carrying Diplotaxis catholica cytoplasm: molecular characterization and genetics of fertility restoration [J]. Tag. theoretical & Applied Genetics. theoretische Und Angewandte Genetik, 2003, 107 (3): 455-461.

[18] Dixon L K, Leaver C J. Mitochondrial gene expression and cytoplasmic male sterility in sorghum [J]. Plant Molecular Biology, 1982, 1 (2): 89-102.

蔬菜 DNA 指纹图谱技术的研究进展

赵　宇　陈劲枫

（南京农业大学园艺学院　江苏南京　210095）

摘　要： 遗传标记是具有易于被识别的表型表达的基因或 DNA，用于区分生物或者群体特定的基因型。孟德尔首次在豌豆杂交试验中将成对的表型作为遗传标记。目前，遗传标记有 4 种类型，按其出现顺序，分别是形态标记、细胞学标记、生化标记和分子标记。遗传标记已经在作物育种计划中常规使用，主要用于遗传多样性分析、品种鉴定、系统发育分析、遗传资源鉴定以及与农艺性状的关联等。优异农艺性状基因和分子标记的定位有助于加快作物新品种的培育进程，提高作物的质量、产量和抗病性等。在育种实践中，育种家已广泛利用遗传标记选配杂交组合、选择后代、培育优良作物品种。

关键词： 遗传标记　指纹图谱　线粒体　分子标记

指纹图谱是指能够鉴别不同生物个体的多态性电泳图谱，具有高度的特异性和稳定性。目前，在作物品种鉴定工作中，应用较多的主要是两种：早期的生化指纹图谱和以 DNA 分子标记为基础的 DNA 指纹图谱。生化指纹图谱包括储藏蛋白指纹图谱和同工酶指纹图谱，但由于标记数量少、多态性少、提取要求高等缺点，与 DNA 指纹图谱相比，研究相对较少。

DNA 指纹图谱是指能够鉴别不同生物个体差异的 DNA 电泳图谱。根据分子标记的不同，可以分别不同的 DNA 指纹图谱，主要包括 RFLP 指纹图谱、RAPD 指纹图谱、AFLP 指纹图谱、SSR 指纹图谱、SRAP 指纹图谱、InDel 指纹图谱和 SNP 指纹图谱等。DNA 指纹技术具有准确可靠、检测快速且易于实现自动化、成本较低和不易受环境条件影响等优点。它可以有效表现出品种之间的差异，并与品种表型性状相结合，有助于帮助育种家充分地利用种质资源。另外，建立作物 DNA 指纹图谱对与品种鉴定与知识产权保护、品种纯度和真实性检测、品种亲缘关系和分类研究等都具有重要的意义。

1　常见 DNA 指纹图谱技术

RFLP 是由 Botsein 首先提出来的，基本原理是：不同基因型间存在着核苷酸变异（碱基替代、重排、缺失等），它们在被同一限制性内切酶酶切后，片段长度不同，可通过与具放射性同位素的探针杂交而显示出来。RFLP 为共显性，能够区分纯合和杂合基因型。但该技术对 DNA 样品的量和纯度要求高，操作繁琐，花费昂贵，效率低。RFLP 指纹图谱是最早应用于品种鉴定、种子纯度鉴定的一项技术。Smith 等（1991）利用 RFLP 技术，对 78 份玉米的杂交种进行了区分[1]。张晓等（2012）利用 RFLP 技术，探究了棉花细胞质雄性不育系与保持系线粒体基因组的差异，发现其线粒体基因组之间存在差异，尤其 atpA 差异最明显，能够区分出来。该方法也已经应用于水稻、番茄和马铃薯等作物的研究中[2]。

RAPD 是由 William、Welsh 等人发明的分子标记技术，原理为利用随机引物对 DNA 进行 PCR 扩增，电泳检测 DNA 序列的多态性，从而鉴别不同的品种[3]。具有 DNA 用量少、引物无种属特异性、不使用放射性同位素等优点。但 RAPD 的重复性和稳定性较差，不能鉴别杂合子且多态性不太高。Hu 等（1991）利用 4 个 RAPD 多态性片段区分了 14 个花椰菜品种。Tinker 等（1993）利用 9 个 RAPD 多态性片段对 27 个大麦品种进行区分，并认为 RAPD 技术是鉴别相似大麦品种的有效方法[4]。Yang 等（1993）利用 29 个 RAPD 多态性片段对 23 个芹菜品种进行区分，并对 23 个芹菜品种进行聚类分析，将其划分为 3 个类群[5]。该技术也应用于花生、油菜和水稻等作物的真实性鉴定和纯度分析研究中。

AFLP 是由 Zabeau、Vos 提出并完善的一种检测 DNA 多态性的分子标记技术。其基本原理：用限制性内切酶对基因组 DNA 进行酶切，酶切片段末端与特定人工接头相连接，然后进行 PCR 扩增，扩增后的产物经电泳显示其多态性。AFLP 技术与 RFLP、RARD 技术相比，多态性高、重复性好、可靠性较高，但 AFLP 技术分析对 DNA 纯度和内切酶质量要求很高，受专利保护而价格昂贵。John 等（1998）对 55 个小麦品种进行了 AFLP 分析，选用 6 对引物获得 90 个多态性片段，可对 55 个小麦品种进行区分[6]。陈碧云等（2007）筛选出 4 对 AFLP 引物，获得 67 个多态性片段，构建了 89 份油菜品种的指纹图谱[7]。郭文等（2015）利用 AFLP 技术构建了 4 种薯蓣属植物 22 个材料的指纹图谱[8]。李鸿雁等（2016）利用 AFLP 技术，选用 8 对引物获得 472 个多态性条带，区分 10 份野生扁蓿豆并进行遗传多样性分析。该技术在花生、水稻和棉花等作物的品种鉴定和纯度分析研究中都有应用[9]。

SSR 是由 Tautz 等发明的分子标记技术，其基本原理：利用 SSR 序列两端保守序列设计引物，然后进行 PCR 扩增，由于核心序列串联重复数目不同，因而扩增出不同长度的 PCR 产物，最后电泳检测产物的多态性。SSR 技术具有标记数量丰富、重复性好、呈共显性遗传、操作简便等优点，而且 SSR 技术与 AFLP 技术相比，多态性更强，但是微卫星标记的开发具有一定困难。李晓辉等（2003）利用 SSR 技术，构建 DNA 指纹图谱，对 13 个玉米杂交种进行区分[10]。王立新等（2012）利用 SSR 技术，采用 35 对引物构建了 40 份苹果品种的 DNA 指纹图谱。目前，该技术已成为作物 DNA 指纹图谱研究中最受欢迎的方法[11]。

SRAP 是由 Li 与 Quiros 开发的一种新型分子标记技术，使用很多标准引物组合，含有 CCGG 核心序列的正向引物，结合开放阅读框架的外显子；含有核心序列 AATT 的反向引物结合内含子区域中富含 AT 区域，扩增开放阅读框。SRAP 显示的多态性主要来自内含子、启动子和间隔区长度的变化。SRAP 在基因组中分布均匀，操作简便，重复性好，引物开发成本比 SSR 低。延娜等（2016）利用 SRAP 技术对 15 份果桑品种进行遗传差异分析，并用 2 对引物构建了这 15 份果桑品种的 DNA 指纹图谱[12]。刘雪骄等（2017）利用 SRAP 技术构建了野生大豆与栽培大豆杂交后代的 DNA 指纹图谱，并对 50 份杂交后代的真实性进行鉴定。该技术在番茄、甘蓝和玉米等作物的品种鉴定和遗传关系分析研究中也有应用[13]。

InDel 是基于全基因组重测序开发的一种新型分子标记技术。基本原理是，根据基因组中等位基因插入或缺失大小不同的核苷酸片段位点，设计引物进行扩增，显示其多态性。InDel 通用性强、位点唯一、数目多，在基因组上分布密度大，仅次于 SNP。张体付等（2012）利用 InDel 技术，对 6 个杂交玉米品种及其亲本进行鉴别，并对杂交种种子纯度进行了鉴定[14]；薛银鸽等（2014）利用 InDel 技术，构建了杂交种豫新四号大白菜及其亲本的 DNA 指纹图谱，并对其种子纯度进行了鉴定。该技术也广泛应用于番茄、水稻、辣椒等作物的种子纯度鉴定及遗传关系分析中[15]。

SNP 是由 Lander 提出的一种新型分子标记技术，能够针对单个核苷酸的变异进行检测，是目前 DNA 多态性研究中最精细、最准确的分子标记技术。SNP 有很多种检测方法，目前最佳的是 DNA 芯片技术。基本原理：通过不同的荧光标记的 DNA 和芯片杂交，得到不同的荧光强度，以此确定基因突变情况。SNP 数量多、稳定性强、易于实现大规模检测。Jiang 等（2010）利用 SNP 技术，对 30 份柑橘进行品种鉴定和遗传多样性分析[16]。宋伟等（2013）利用 42 个 SNP 位点的基因分型数据信息区分了 105 份玉米自交系[17]。Gao 等（2016）利用 SNP 技术鉴别了 429 份小麦品种。随着生物技术的不断发展，该技术在作物种质资源研究中将会发挥越来越重要的作用[18]。

2 指纹图谱技术在瓜类作物上的应用

1999 年，我国加入国际植物新品种保护联盟（UPOV）后，植物品种权的保护越来越受到重视。通常，作物新品种在审定前，都需要进行 DUS 测试。根据测试品种的特异性、一致性和稳定性，判定该品种是否可以作为新品种。目前，通用的 DUS 测试主要是观察植物表型性状，测试结果受环境条件影响很大而且周期较长。随着育种进程的加快，新育成的品种越来越多，品种间的差异也越来越小，这对品种鉴定的方法提出了更高的要求。DNA 指纹技术测试直接从 DNA 水平出发，不受时间限制；标记多样且可以不断开发，能够适应待检测新品种数量的增长；可以实现新品种的大规模检测。DNA 指纹图谱鉴定技术作为一种快速准确的手段，在 DUS 测试中发挥着越来越重要的作用。刘丽娟等（2009）利用 RAPD 技术构建了 22 份黄瓜品种的 DNA 指纹图谱[19]。Gao 等（2012）利用 18 个 SSR 标记构建了 471 份甜瓜品种的 DNA 指纹图谱[20]。陶爱芬等（2017）利用 SRAP 技术构建了 88 份南瓜属品种的 DNA 指纹图谱[21]。

在育种过程中，新育成品种的种子纯度检测是一项很重要的工作。由于机械混杂、串粉等原因，导致新品种中夹杂母本自交种或其他外源花粉所造成的杂交种子；同时，在种子流通过程中，也可能会混入假冒品种的种子。因此，需要对品种种子进行监测。DNA 指纹图谱具有高度的特异性，能够鉴别基因组中的微小差异，是品种纯度和真实性检测的有力工具。艾呈祥等（2005）和李菊芬等（2008）利用 SSR 技术对甜瓜杂交种东方蜜 1 号、01-31 和东方蜜 2 号进行种子纯度鉴定[22,23]；李超汉等（2015）和刘子记等（2016）利用 SSR 标记，分别对西瓜杂交种抗病 948 和申抗 988、美月进行种子纯度检测[24,25]；李凤梅等（2017）利用 SSR 技术，对砧用南瓜杂交种黄城根 2 号进行种子纯度鉴定[26]。

通过品种 DNA 指纹图谱的差异，可以判断它们之间的亲缘关系，并且测量品种之间的遗传距离，进行系谱分析。同时，确定亲本之间的亲缘关系进行分类，对杂交组合的配制等具有重要意义。Paris 等（2003）利用 ISSR、AFLP、SSR 技术，对 45 个南瓜品种进行聚类分析，分为 3 个亚种[27]。徐志红等（2008）利用 AFLP 技术，对 31 份甜瓜品种进行分类及亲缘关系研究，聚类分析可以分为 5 大组，长江中下游的薄皮甜瓜与厚皮甜瓜的亲缘关系最近[28]。苗晗等（2014）利用 SSR 技术对 116 份黄瓜品种进行遗传多样性分析。聚类分析显示，在遗传距离 0.25 处可将 116 份黄瓜品种分为 2 大类群[29]。

3　线粒体基因组指纹图谱研究

线粒体为真核生物细胞提供能量，以维持细胞正常的生命活动，被称为“细胞动力工厂”[30]。线粒体具有自身的 DNA，是半自主性的细胞器。此外，线粒体还参与细胞信息传递、细胞凋亡等生命过程，在植物适应、发育和生殖等过程中具有重要作用[31]。随着信息技术的快速发展，植物线粒体基因组测序陆续开展。目前，在高等植物中，大豆、西瓜、萝卜、拟南芥、黄瓜、水稻、玉米以及烟草等都已完成线粒体基因组测序[32~40]。

1857 年，Rudolf Albert von Kolliker 在观察肌肉细胞时发现了一种广泛存在的颗粒状结构，后来 Carl Benda 用希腊语中 mitos 和 chondros 组成 mitochondrion 来命名这种结构[41]。高等植物线粒体基因组与 α-变形菌纲的紫细菌（purple bacteria）序列具有同源性，推测线粒体来源于细菌的内共生起源[42,43]。

线粒体遗传是指在世代间线粒体遗传因子所决定的遗传现象。线粒体遗传不同于细胞核遗传，一般是非孟德尔遗传[44]。目前，线粒体 DNA 有 3 种遗传方式：双亲遗传、母系遗传以及父系遗传[45]。通常而言，裸子植物中，线粒体 DNA 大多数是母系遗传；被子植物中，线粒体 DNA 的遗传方式同样大多数是母系遗传，但也有部分表现为双亲遗传以及父系遗传[46]。天竺葵线粒体 DNA 是双亲遗传，芭蕉和黄瓜线粒体 DNA 是父系遗传[47,48]。

植物线粒体基因组构型表现多样化，一般有环形、线形、Y 型、H 型和环形与线形共存等，但大多数为环形结构[49]。与动物线粒体基因组相比，植物线粒体基因组大得多，而且大小差别很大，即使在非常近的物种间或物种内[50,51]。通常，被子植物中线粒体大小在 200～750 kb[50]，但在一些谱系中具有巨大的延伸。植物线粒体 DNA 中存在众多的非编码序列和重复序列[52]，且与核 DNA、叶绿体 DNA 之间存在序列相互转移[50,53]。黄瓜线粒体基因组包含 3 个环状结构分别为 1 556 kb、84 kb 和 45 kb（图 1），这可能是由于分散重复序列的扩增、现有内含子的扩增和序列的获得造成的。值得注意的是，植物线粒体基因组大，但它们的倍性似乎很低，单个线粒体可能只含有部分基因组或者可能没有 DNA[54]。

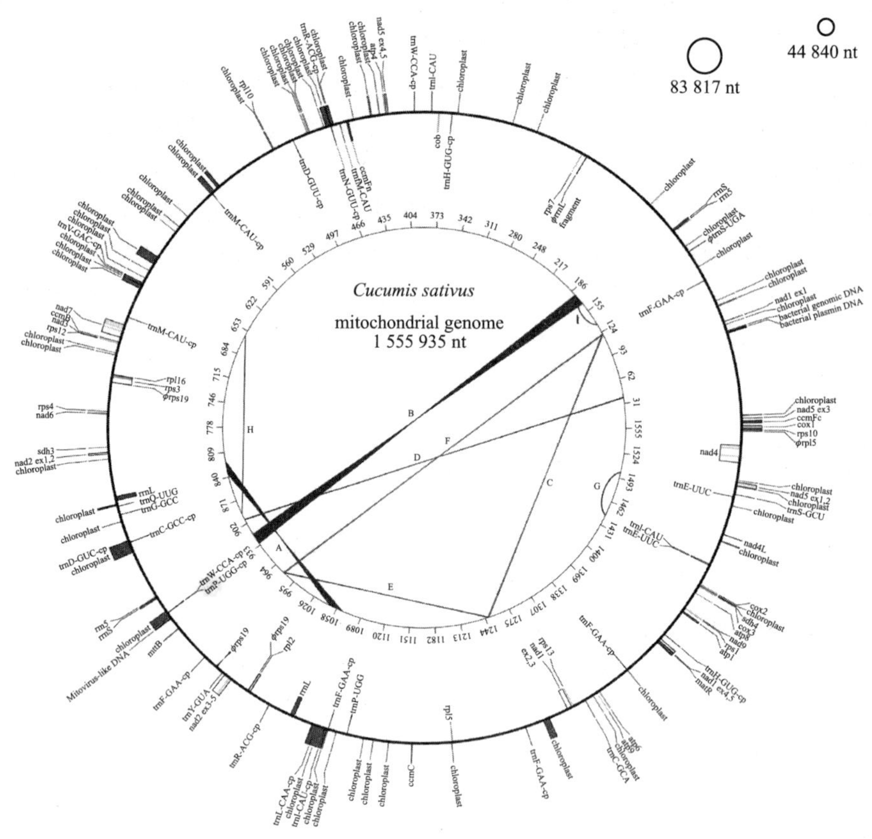

图 1　黄瓜线粒体基因组结构图（Alverson et al.，2011）

与核基因组相比，植物线粒体基因组的研究进展较为缓慢，这可能是因为线粒体序列进化变化小以及分离、纯化困难。研究人员鉴定了线粒体基因组编码序列内的保守区域，并开发了一套通用线粒体引物来扩增内含子或基因间区域，这为研究植物 mtDNA 的多样性提供了一种新的方法[55～57]。

目前，利用线粒体基因组开发的标记构建的指纹图谱主要集中在水稻、小麦和高粱等作物中。许仁林等（1994）采用 AP-PCR（arbitrarily primed polymerase chain reaction）技术，通过对水稻线粒体 DNA 的扩增及 AP-PCR 指纹图谱比较，得出野败型不育系与可育系水稻线粒体基因组结构存在差异[58]。赵宝存（1998）等应用 RAPD（Random Amplified Polymorphic DNA）技术，对小麦线粒体基因组的指纹图谱进行分析，得出小麦细胞质雄性不育系与保持系线粒体基因组存在差异[59]。Jaiswal（1998）等人研究发现，线粒体基因组 RAPD 图谱可鉴定不同的高粱细胞质雄性不育材料[60]。张东旭等（2002）应用 REFA（Restriction Enzyme Fragment Analysis）和 RAPD（Random Amplified Polymorphic DNA）技术，分析了高粱细胞质雄性不育系的线粒体基因组的指纹图谱，发现相同细胞质来源的线粒体基因组存在异质性[61]。Hu 等（2006）设计引物对 26 种柿树品种 mtDNA 非编码区进行扩增，结果共获得 119 条带，其中 110 条为多态性条带，能够对柿树品种进行鉴别，并且对其进行了遗传多样性分析[62]。植物线粒体基因组研究的不断深入，序列已被广泛用于系统发育、遗传多样性和系统进化等研究中[63,64]。

参考文献

[1] Smith J V C，Smith O S. Restriction fragment length polymorphisms can differentiate among hybrids [J]. Crop Science，1991 (31)：893-899.

[2] 张晓，张锐，史计，等．陆地棉胞质雄性不育系与保持系线粒体基因组 RFLP 分析 [J]．中国农业科学，2012，45 (2)：208-217.

[3] Hu J，Quiros C F. Identification of broccoli and cauliflower cultivars with RAPD markers [J]. Plant Cell Reports，1991，10 (10)：505-511.

[4] Tinker N A，Fortin M G，Mather D E. Random amplified polymorphic DNA and pedigree relationships in spring barley [J]. Theor. Appl. Genet，1993 (85)：976-984.

[5] Yang X，Quior C. Identification and classification of celery cultivars with RAPD markers [J]. Theor Appl Genet，1993，86 (2)：205-212.

[6] John R L，Paolo D，Robert M D，et al. DNA profiling and plant variety registration. III：The statistical assess ment of distinct-ness in wheat using amplified fragment length polymorphisms [J]. Euphytica，1998 (102)：335-342.

[7] 陈碧云，张冬晓，伍晓明，等．89 份油菜区试品种的 AFLP 指纹图谱分析 [J]．中国油料作物学报，2007，29 (2)：9-14.

[8] 郭文，李婉琳，肖继坪，等．利用 AFLP 标记构建 4 种薯蓣属植物的指纹图谱 [J]．分子植物育种，2015，13 (3)：547-555.

[9] 李鸿雁，李志勇，辛霞，等．野生扁蓿豆种质资源 AFLP 遗传多样性的分析 [J]．植物遗传资源学报，2016，17 (1)：78-83.

[10] 李晓辉，李新海，李文华，等．SSR 标记技术在玉米杂交种种子纯度鉴定中的应用 [J]．作物学报，2003，29 (1)：63-68.

[11] 王立新，张小军，史星雲，等．苹果栽培品种 SSR 指纹图谱的构建 [J]．果树学报，2012，29 (6)：971-977.

[12] 延娜，郭军战，曹佳乐，等．桑种质资源 SRAP 指纹图谱构建及遗传差异分析 [J]．西北林学院学报，2016，31 (3)：103-108.

[13] 刘雪骄，王明玖，索荣臻．利用 SRAP 分析标记鉴定内蒙古栽培大豆与野生大豆杂交后代真实性 [J]．大豆科学，2017，36 (2)：193-198.

[14] 张体付，葛敏，韦玉才，等．玉米功能性 Insertion/Deletion (InDel) 分子标记的挖掘及其在杂交种纯度鉴定中的应用 [J]．玉米科学，2012，20 (2)：64-68.

[15] 薛银鸽，原玉香，张晓伟，等．利用 InDel 标记鉴定大白菜杂交种豫新四号种子纯度 [J].

农业生物技术学报，2014 ，22（4）：449-456.

［16］Jiang D，Ye Q L，Wang F S，et al. The Mining of citrus EST-SNP and its application incultivar discrimination［J］. Agricultural Sciences in China，2010，9（2）：179-190.

［17］宋伟，王凤格，田红丽，等. 利用核心 SNP 位点鉴别玉米自交系的研究［J］. 玉米科学，2013 ，21（4）：28-32.

［18］Gao L，Jia J，Kong X. A SNP-Based Molecular Barcode for Characterization of Common Wheat［J］. Plos One，2016 ，11（3）：e0150947.

［19］刘丽娟，钱春桃，陈劲枫，等. 黄瓜品种 RAPD 指纹图谱的构建及遗传相似性分析［J］. 江苏农业学报，2009，25（4）：824-828.

［20］Gao P，Ma H，Luan F，et al. DNA fingerprinting of Chinese melon provides evidentiary support of seed quality appraisal［J］. Plos One，2012 ，7（12）：e52431.

［21］陶爱芬，魏嘉俊，刘星，等. 应用 SRAP 标记绘制 88 份南瓜属种质资源 DNA 指纹图谱［J］. 植物遗传资源学报，2017，18（2）：225-232.

［22］艾呈祥，陆璐，马国斌，等. SSR 标记技术在甜瓜杂交种纯度检验中的应用［J］. 园艺学报，2005，32（5）：902-904.

［23］李菊芬，许玲，马国斌. 应用 SSR 分子标记鉴定甜瓜杂交种纯度［J］. 农业生物技术学报，2008，16（3）：494-500.

［24］李超汉，刘莉，刘翔，等. 西瓜新品种‘抗病 948’和‘申抗 988’杂交种纯度及其遗传特异性的 SSR 标记鉴定［J］. 分子植物育种，2015，13（9）：2011-2017.

［25］刘子记，詹园凤，朱婕，等. 利用 SSR 标记鉴定西瓜杂交种纯度的研究［J］. 热带作物学报，2016，37（9）：1714-1718.

［26］李凤梅，祝倩倩，崔健，等. 砧用南瓜‘黄诚根 2 号’杂交种的 SSR 鉴定［J］. 分子植物育种，2017，15（2）：618-621.

［27］Paris H S，Yonash N，Portnoy V，et al. Assessment of gentic relationships in *Cucurbita pepe*（Cucurbitaceae）using DNA markers［J］. Theoretical and Applied Genetics，2003，106（6）：971-978.

［28］徐志红，徐永阳，刘君璞，等. 甜瓜种质资源遗传多样性及亲缘关系研究［J］. 果树学报，2008，25（4）：552-558.

［29］苗晗，张圣平，顾兴芳，等. 中国黄瓜主栽品种 SSR 遗传多样性分析及指纹图谱构建［J］. 植物遗传资源学报，2014，15（2）：333-341.

［30］Attardi G，Schatz G. Biogenesis of mitochondria［J］. Annual Review of Cell Biology，1988，4（4）：289-333.

［31］Gualberto J M，Mileshina D，Wallet C，et al. The plant mitochondrial genome：Dynamics and maintenance［J］. Biochimie，2014（100）：107-120.

［32］Chang S，Wang Y，Lu J，et al. The mitochondrial genome of soybean reveals complex genome structures and gene evolution at intercellular and phylogenetic levels［J］. Plos One，2013，8（2）：E56502.

［33］Alverson A J，Rice D W，Dickinson S，et al. Origins and recombination of the bacterial-sized multichromosomal mitochondrial genome of cucumber［J］. The Plant Cell，2011，23（7）：2499-2513.

［34］Tanaka Y，Tsuda M，Yasumoto K，et al. A complete mitochondrial genome sequence of Ogura-type male-sterile cytoplasm and its comparative analysis with that of normal cytoplasm in radish (*Raphanus sativus* L.) [J]. BMC Genomics, 2012, 13 (1): 352.

[35] Unseld M, Marienfeld J R, Brandt P, et al. The mitochondrial genome of Arabidopsis thaliana contains 57 genes in 366 924 nucleotides [J]. Nature genetics, 1997 (15): 57-61.

[36] Alverson A J, Wei X, Rice D W, et al. Insights into the evolution of mitochondrial genome size from complete sequences of *Citrullus lanatus* and *Cucurbita pepo* (Cucurbitaceae) [J]. Molecular Biology and Evolution, 2010, 27 (6): 1436-1448.

[37] Notsu Y, Masood S, Nishikawa T, et al. The complete sequence of the rice (*Oryza sativa* L.) mitochondrial genome: frequent DNA sequence acquisition and loss during the evolution of flowering plants [J]. Molecular Genetics and Genomics, 2002, 268 (4): 434-445.

[38] Tian X J, Zheng J, Hu S N, et al. The rice mitochondrial genomes and their variations [J]. Plant Physiology, 2006, 140 (2): 401-410.

[39] Clifton S W, Minx P, Fauron C M, et al. Sequence and comparative analysis of the maize NB mitochondrial genome [J]. Plant Physiology, 2004, 136 (3): 3486-3503.

[40] Sugiyama Y, Watase Y, Naqase M, et al. The complete nucleotide sequence and multipartite organization of the tobacco mitochondrial genome: comparative analysis of mitochondrial genomes in higher plants [J]. Molecular Genetics and Genomics, 2005, 272 (6): 603-615.

[41] Ernster L, Schatz G. Mitochondria: a historical review [J]. The Journal of Cell Biology, 1981, 91 (3): 227-255.

[42] Gray M W. Origin and evolution of mitochondrial DNA [J]. Annu Rev Cell Biol, 1989 (5): 25-50.

[43] Burger G, Gray M W, Franz L B. Mitochondrial genomes: anything goes [J]. Trends Gene, 2003, 19 (12): 709-716.

[44] Hagemann R. Erwin Baur or Carl Correns: who really created the theory of plastid inheritance? [J]. Journal of Heredity, 2000, 91 (6): 435-440.

[45] Nagata N. Mechanisms for independent cytoplasmic inheritance of mitochondria and plastids in angiosperms [J]. Journal Plant Research, 2010 , 123 (2): 193-199.

[46] Miyamura S, Kuroiwa T, Nagata T. Disappearance of plastid and mitochondrial nucleoids during the formation of generative cells of higher plants revealed by fluorescence microscopy [J]. Protoplasma, 1987, 141 (2): 149-159.

[47] Faure S, Noyer J L, Carreel F, et al. Maternal inheritance of chloroplast genome and paternal inheritance of mitochondrial genome in bananas (*Musa acuminata*) [J]. Current Genetics, 1994 , 25 (3): 265-269.

[48] Havey M, McCreight J, Rhodes B, et al. Differential transmission of the Cucumis organellar genomes [J]. Theoretical and applied genetics, 1998, 97 (1-2): 122-128.

[49] 苏爱国，李双双，王玉美，等. 植物线粒体结构基因组研究进展 [J]. 中国农业科技导报，2011，13 (3): 9-16.

[50] Kubo T, Newton K J. Angiosperm mitochondrial genomes and mutations [J]. Mitochondrion, 2008 (8): 5-14

[51] Allen J O, Fauron C M, Minx P, et al. Comparisons among two fertile and three male-sterile mitochondrial genomes of maize [J]. Genetics, 2007, 177 (2): 1173-1192.

[52] Maréchal A, Brisson N. Recombination and the maintenance of plant organelle genome stability [J]. New Phytologist, 2010, 186 (2): 299-317.

［53］ Bock R. The give-and-take of DNA：horizontal gene transfer in plants ［J］. Trends in Plant Science，2009，15（1）：11-22.

［54］ Preuten T，Cincu E，Fuchs J，et al. Fewer genes than organelles：extremely low and variable gene copy numbers in mitochondria of somatic plant cells ［J］. Plant Journal，2010，64（6）：948-959.

［55］ Demesure B，Sodzi N，Petit R J. A set of universal primers for amplification of polymorphic non-coding regions of mitochondrial and chloroplast DNA in plants ［J］. Molecular Ecology，1995，4（1）：129-134.

［56］ Dumolin-Lapegue S，Pemonge M H，Petit R J. An enlarged set of consensus primers for the study of organelle DNA in plants ［J］. Molecular Ecology，1997，6（4）：393-397.

［57］ Duminil J，Pemonge M H，Petit R J. A set of 35 consensus primer pairs amplifying genes and introns of plant mitochondrial DNA ［J］. Molecular Ecology Notes，2002，2（4）：428-430.

［58］ 许仁林，国伟，汪训明，等. 杂交水稻及其‘三系’线粒体 DNA 的 AP-PCR 指纹图谱 ［J］. 植物学报，1994，36（1）：1-6，80.

［59］ 赵宝存，沈银柱，黄占景. 普通小麦细胞质雄性不育系及其保持系线粒体 DNA 的 RAPD 分析 ［J］. 西北植物学报，1998，18（1）：19-23.

［60］ Jaiswal P，Sane A P，Ranade S A，et al. Mitochondrial and DNA RAPD patterns can distinguish restorers of CMS lines in sorghum ［J］. Theor Appl Genet，1998，96（6/7）：791-796.

［61］ 张东旭，李润植. 高粱 CMS 材料线粒体基因组 DNA 指纹研究 ［J］. 上海交通大学学报（农业科学版），2002，20（3）：173-177.

［62］ Hu D C，Luo Z R. Polymorphisms of amplified mitochondrial DNA non-coding regions in Diospyros spp. ［J］. Scientia Horticulturae，2006，109（3）：275-281.

［63］ Yamagishi H，Terachi T. Multiple origins of cultivated radishes as evidenced by a comparison of the structural variations in mitochondrial DNA of Raphanus ［J］. Genome，2003，46（1）：89-94.

［64］ Chaika A N，Semenov V N，Nazin S S，et al. Multiple hybrid origins，genetic diversity and population genetic structure of two endemic Sorbus taxa on the Isle of Arran，Scotland ［J］. Molecular Ecology，2004，13（1）：123 - 134.

转基因技术在甜瓜属作物分子遗传育种研究中的应用与发展

段莉莉　朱拼玉　李　季*　陈劲枫

（南京农业大学园艺学院　江苏南京　210095）

摘　要： 黄瓜和甜瓜均属于葫芦科甜瓜属作物，作为重要的园艺作物在全世界广泛种植。我国黄瓜和甜瓜的种植面积与产量均居世界第一。不断培育优质高抗的新品种是促进产业持续发展的重要推动力，但常规育种存在转育效率低、育种周期长等问题，多年来瓜类育种家们一直致力于甜瓜属作物基因工程育种方法的探索和研究。随着黄瓜和甜瓜在基因组研究领域取得了重大突破，大量重要功能基因的发掘与克隆为基因工程育种带来了机遇，也促使甜瓜属作物转基因技术研究进入了快速发展的阶段。本文就转基因技术在甜瓜属作物分子遗传育种研究中的应用和发展现状、存在的问题以及未来发展趋势等进行了探讨。

关键词： 转基因　黄瓜　甜瓜　分子遗传　研究进展

黄瓜（*Cucumis sativus* L.）和甜瓜（*Cucumis melon* L.）属于葫芦科（Cucurbitaceae）甜瓜属（*Cucumis*），均是重要的世界性经济作物。我国是世界上黄瓜、甜瓜种植历史最为悠久、栽培面积极大的瓜菜生产国。据联合国粮食与农业组织（FAO）统计数据（2014）显示，中国黄瓜和甜瓜的栽培面积约占世界种植面积的74%和36.96%，其产量与产值均居世界首位。然而，在长期的农作物驯化和育种工作中，许多栽培品种的遗传变异资源已严重匮乏，同时，黄瓜和甜瓜在生产上极易发生严重的病虫害。例如，黄瓜霜霉病目前已经蔓延到了80个国家，其中50个国家的黄瓜生产遭到了严重的影响[1~4]。蔓枯病能导致葫芦科中至少12个属23个种的作物感病，是甜瓜的主要病害，大田发病率可达20%～30%，在连作地或温室高达80%[5]。同时，随着社会经济的飞速发展，消费者对瓜类产品的品质要求也日益提高，因此，甜瓜属作物产业的持续性发展迫切地需要培育出更多优质多抗的新品种。目前，基于常规育种技术的黄瓜、甜瓜新品种培育一直存在遗传基础狭窄、育种周期长甚至生殖隔离等问题[6]，无法满足当前产业飞速发展的要求。另外，随着黄瓜[7]和甜瓜[8]基因组测序的完成，甜瓜属作物研究已进入后基因组时代，虽然大量基因的预测与注释为甜瓜属作物育种改良奠定了重要的基础，但重要农艺基因的功能验证与快速转育也面临着巨大的挑战。

---

* 为通讯作者。

转基因技术是实现基因在物种间快速转育的有效途径，也是基因功能验证的重要方法。自20世纪90年代开始，甜瓜属作物的转基因技术研究已表现出良好的发展势头。统计表明，1990—2017年国内外的甜瓜属作物分子遗传研究中，转基因技术研究与应用相关的论文逐年增加（图1）。虽然经过几十年的发展，甜瓜属作物的遗传转化技术依旧存在再生体系建立困难、转化率低、嵌合率高以及基因型效应等方面的问题，同时转基因作物生物安全性问题也在一定程度上制约了甜瓜属转基因作物的商业化发展。本文将就转基因技术在甜瓜属作物分子遗传育种研究中的应用和发展现状、存在的问题以及未来发展趋势等进行探讨。

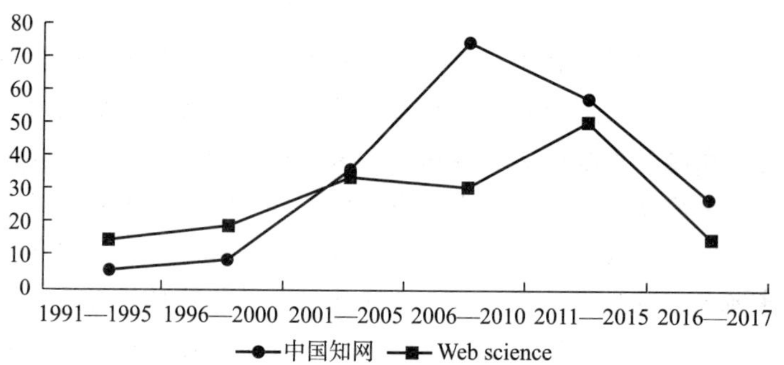

图1　1990—2017年甜瓜属作物分子遗传研究中转基因技术研究与应用相关论文数量统计

1　甜瓜属作物遗传转化技术发展现状

植物遗传转化方法多种多样，其中农杆菌介导法、花粉管通道法和基因枪法等成熟技术已经在甜瓜属作物遗传转化中得到了成功应用。然而，再生体系建立困难、转化率低、遗传稳定性差及嵌合体等问题在甜瓜属作物转化工作中依然存在。多年以来，研究者尝试进一步优化现有的成熟体系，同时也在不断探索新的转化方法，如显微注射法、电击穿孔转化法、病毒介导转化法等。

1.1　农杆菌介导法

农杆菌介导遗传转化法具有外源基因插入拷贝数低、遗传稳定性好、操作相对简单和价格低廉等优点，早在20世纪90年代就已经在甜瓜属作物中得到了成功的应用。Raharjo等[9]利用3种根癌农杆菌菌株，以叶柄为外植体将水稻几丁质酶cDNA（*RCC2*）转入黄瓜，通过分析证实了转基因黄瓜系中几丁质酶基因的正常表达且稳定遗传。Bordas等[10]用农杆菌介导法将*hal*基因成功转入甜瓜基因组并正常转录。

高效的农杆菌介导的遗传转化体系依赖于较高的外植体再生频率。然而，甜瓜属作物与拟南芥、烟草、番茄等作物相比，大多数基因型的外植体分化再生频率较低，这限制了农杆菌介导转基因技术在甜瓜属作物育种及后基因组学研究中的广泛应用，因此建立高效稳定的黄瓜、甜瓜离体再生体系是亟须解决的问题。侯爱菊等[11]建立了以长春密刺为材料、子叶节为外植体的体细胞再生体系，再生频率及每个外植体的出芽数分别为93.2%和13.2%。但黄瓜子叶节外植体再生过程中，依然存在基因型差异明显、丛生叶较多、节间及顶部簇生雄花等问题。苏绍坤等[12]发现，pH较低的分化培养基有利于黄瓜子叶节外植体分化，pH 5.2条件下的诱芽率是pH 5.8的2倍，达到了36.7%。肖守华等[13]以厚皮甜瓜的子叶为外植体，建立了高效的甜瓜再生体系，不定芽诱导率可达92.6%，并利用农杆菌介导法将小麦γ-硫堇蛋白基因转入了甜瓜。迄今，已建立的甜瓜高效离体再生体系包括采用子叶、下胚轴以及真叶等外植体[14]。农杆菌侵染率、添加抗氧化剂或有机物的添加方式以及固化剂类型等同样对甜瓜属作物的农杆菌介导的遗传转化效果有着密切影响。宁宇等[15]发现，适宜浓度的乙酰丁香酮（AS）可以增强农杆菌侵染黄瓜外植体的效果。王烨等[16]也发现，同时添加抗氧化剂硫辛酸（LA）或乙酰丁香酮（AS）与单独使用这两种试剂相比能显著提高农杆菌的侵染效率，可以使黄瓜抗性芽的诱导频率由28.3%提高到86.7%。方丽等[17]发现，AS并不能显著改善农杆菌侵染甜瓜外植体的效率，但在分化培养基中添加0.5毫克/升 Ag^+ 时对转化率具有明显的促进作用，转化率可达35.6%，远高于对照的19.6%。李建欣等[18]研究发现，添加 Ag^+ 也能够极大地提高黄瓜的再生芽率和芽增殖数。李蕾等[19]将脱乙酰吉兰糖胶取代琼脂为培养基固化剂，并添加1.5克/升水解酪蛋白可以显著提高抗性芽诱导率。恰当的抗生素选择压力是平衡抗性芽诱导率和假阳性芽形成率的关键。苏绍坤等[12]认为，30毫克/升的卡那抗生素浓度就已经完全抑制黄瓜非抗性芽的分化。但大部分黄瓜遗传转化研究都将卡那霉素的浓度提高到100毫克/升，以降低假阳性率[15,18,19]。与黄瓜相比，甜瓜对卡那霉素耐性高，筛选浓度可高达150毫克/升[17]。潮霉素抗性标签也经常用于甜瓜属作物遗传转化，王学斌等[20]认为，潮霉素筛选的最适浓度为6毫克/升。除了抗生素压力筛选外，研究者还开展了生物安全标记在甜瓜属遗传转化里的应用研究。例如，基于木糖异构酶基因（*XylA*）构建的木糖筛选体系，已经在黄瓜遗传转化中得到了成功的应用[21]。

1.2　花粉管通道法

农杆菌介导的遗传转化方法为甜瓜属作物提供了一种常规且有效的转基因途径，但依赖于高效再生体系的建立。因此，人们在研究和优化农杆菌介导法的同时，也开展了其他多种转基因途径的研究，其中花粉管通道法（pollen-tube pathway）被证明是一种有效的转基因途径。花粉管通道法发明于20世纪80年代，Zhou等人[22]通过该方法成功地将外源海岛棉DNA导入陆地棉基因组中，培育出了抗枯萎病的栽培新品种。花粉管通道法转化技术具有简便、易行、成本低、可规模化转化、直接获得转基因种子、不需要组织培养再生系统等优点。由于甜瓜属作物子房为多胚珠大子房，花器官大，易于操作，同时处理一朵花可获得大量种子，所以该方法较为适合于甜瓜属作物的遗传转化。

目前，甜瓜属作物的花粉管通道法主要采用切柱头滴加法和子房注射法。研究发现，授粉时间是甜瓜属作物花粉管通道转化法的主要影响因素。哈斯阿古拉等[23]以甜瓜品种河套蜜瓜为受体材料，在授粉后的不同时间段切去柱头滴加 DNA 溶液，其中授粉 7 小时后滴加 DNA 溶液所获得的转化率最高，为 28.3%。张文珠等[24]比较了切割柱头、子房注射和子房涂抹 3 种花粉管通道法处理授粉后黄瓜子房的转化效果，发现切割柱头和子房注射法的坐瓜率和结籽率明显高于子房涂抹法，转化率分别为 0.05%和 0.11%，而通过子房涂抹未获得转基因植株。Zhang 等[25]将含有 *CmACS-7* 基因的 DNA 通过花粉管通道法转入甜瓜中，通过分析主要的影响因素，成功地将生物技术和农艺生产的相关性状引入甜瓜属的转化系统。由于甜瓜属作物花的柱头较大，所以采用花粉管通道法操作方便，但此法转化频率低，对授粉后的时间需要精确掌握，同时也具有易受到环境条件的影响、整合不稳定、仅限于开花时期应用等缺点。由于该方法缺少分子水平上的机理研究及证据，目前仍存在较大的争议。

1.3 基因枪法

基因枪转化法又称微弹轰击法、粒子轰击法（particle bombardment），是将载有外源 DNA 的钨或金颗粒加速后射入受体细胞中的一种遗传物质导入技术，是借用高压气体或高压放电为动力，用微粒对植物组织进行轰击而将其上的外源基因带入植物细胞内。Chee 等[26]首次通过微粒轰击法将 *Nos-NPTII* 基因转移到黄瓜的胚性愈伤组织中，获得了 107 株独立再生的黄瓜植株。通过印迹杂交分析证明有 25%的植株能够表达 *Nos-NPTII* 基因，并能在后代中稳定遗传。Kodama 等[27]用基因枪法将发根基因 *rol* 导入黄瓜，转化黄瓜植株生根能力明显增强，在离体培养状态下不使用激素就可以正常生根，提高了黄瓜逆境生存能力。基因枪转化法可通过改变工作电压准确地控制粒子速度和射入深度，可以有效地转化各种类型的器官和组织，且转化效率较高、无宿主限制、受体类型广泛、可控度高，而且其载体质粒的构建也相对简单，因此也是目前转基因研究中应用较为广泛的一种方法。但是，此种方法成本较高、仪器昂贵，而且也要通过细胞和组织培养技术再生出植株。所以，该方法在实际应用中也受到某些方面的限制，但也可以与其他转基因技术结合使用。Gonsalves 等[28]将农杆菌介导法与基因枪轰击法相结合，将黄瓜花叶病毒-白叶锈菌蛋白基因转移到甜瓜中，得到了大量的四倍体或混合倍体植株，同时与非转基因植株相比较，转基因植株对黄瓜花叶病毒表现出一定的抗性。目前，基因枪法在甜瓜属作物中主要用于瞬时表达和亚细胞定位。徐冉等[29]利用基因枪法将黄瓜酸性 α-半乳糖苷酶基因 *EGFP* 融合表达载体转化黄瓜愈伤组织细胞，发现该基因在包括液泡在内的整个细胞中均有表达。俞婷等[30]利用基因枪法将含有荧光蛋白（GFP）的黄瓜抗白粉病关键基因 *Csa1M064780.1* 定位于细胞核和细胞膜上，且发现 *Csa1M064790.1* 仅在细胞膜上具有较高的表达量。

1.4 新技术方法研究

除了农杆菌介导法、花粉管通道法、基因枪法 3 种外，近年一些新的技术也逐渐被应用于植物的遗传转化，如显微注射法、DNA浸胚法、病毒介导的间接转化法、电击穿孔转化法和PEG介导法等。显微注射法是使用毛细微管在显微镜下将外源DNA注射入植物细胞或原生质体的一种直接而成熟的方法，这种方法最先应用于动物细胞的遗传转化，目前在动植物中都有应用报道。Baskaran等[31]利用含有黄瓜花叶病毒的农杆菌菌株对茎尖分生组织（SAM）进行了显微注射，同时检测到了黄瓜花叶病毒抗性反应，说明显微注射法可以用于甜瓜属物种的遗传转化。DNA浸胚法是指将供试的种胚浸泡在外源DNA溶液中，利用渗透作用将外源基因导入种胚细胞中并使其稳定地整合表达与遗传。近年来，研究者通过DNA浸胚法获得了大量水稻、玉米、棉花的变异材料和品系[32]。虽然甜瓜属作物中尚未有关于DNA浸胚法的研究报道，但是在葫芦科其他瓜类作物中DNA浸胚法得到了成功应用，肖光辉等[33]采用DNA浸胚法将供体瓠瓜的总DNA导入西瓜，得到性状变异的株系，且变异株系的子代（T_2）呈现出多种变异类型，如果实皮色、果实形状、种子形状、种子色泽等。病毒介导的间接转化法、电击穿孔转化法和PEG介导法等在水稻[34]、小麦[35]、玉米[36]等作物中获得了成功应用。虽然这些遗传转化方法在甜瓜属作物中尚未有研究，但为今后的甜瓜属作物高效遗传转化体系的建立提供了更多途径。

2　甜瓜属作物基因工程育种现状

自20世纪90年代开始，育种家便开始利用基因工程技术针对甜瓜属作物的品质、抗性和丰产性开展了遗传改良研究。

2.1　品质改良

果实品质包括外观品质和风味品质，其中风味品质一直是甜瓜属作物育种研究的重点。陈秀蕙等[37]应用花粉管通道法在黄瓜自花授粉后直接导入菠萝的总DNA，后代虽然在外部形态上未出现明显的变化，但在含糖量等性状上存在着不同程度的差异。Szwacka等[38]将非洲竹芋（*Thaurnatocuccus danielli*）的甜蛋白基因*thaumatin*导入黄瓜，转基因黄瓜植株的果实中出现了甜味，随着*thaumatin*基因表达量的增加，转基因黄瓜果实的甜味也逐渐增强。

甜瓜转基因育种研究关注较多的是含糖量和耐储运品质。李晓荣等[39]用农杆菌介导法将ACC脱氨酶基因导入新疆哈密瓜的两个品种皇后和卡拉克塞（伽师瓜），乙烯测定结果初步证明，转基因植株对乙烯的生成有抑制作用，因此延长了转基因甜瓜的储藏期。樊继德等[40]用子房注射法将甜瓜反义酸性转化酶基因导入厚皮甜瓜自交系01-3果实中，T_1代转基因植株果实的可溶性总糖含量和蔗糖含量显著提高，但是果糖和葡萄糖含量略有降低，酸性转化酶活性比对照明显降低。Hao等[41]利用花粉管通道法将反义ACC氧化酶构建载体转入甜瓜，将转基因果实与非转基因果实在室温下储存12天后的表型做对比，结果显示反义ACC氧化酶转基因果实的表型明显强于非转基因果实。

2.2 抗性改良

2.2.1 抗病性改良

日益严重的病虫害成为甜瓜属作物生产中的重要问题，发掘并利用优异的抗病基因成为今后甜瓜属作物育种研究的重要内容。转基因技术不但可以高效地将同种内的抗病基因导入目标作物，而且可以打破生殖隔离，有效地利用种属间的优异抗病基因。因此，转基因技术已经逐渐成为甜瓜属作物抗病育种的重要手段。Gonsalves 等[28]将黄瓜花叶病毒外壳蛋白基因成功地导入甜瓜，观察到转基因甜瓜对黄瓜花叶病毒病具有一定的抗性。邓立平等[42]采用花粉管通道的途径，将抗霜霉病基因导入黄瓜，获得了霜霉病病情指数较对照降低 15%～25%的稳定突变新品系 CJ90-40。何铁海等[43]将 *CMV-CP* 基因转化黄瓜子叶，获得了抗病植株。刘缙等[44]利用农杆菌介导转化黄瓜子叶节，将一种来自银杏种仁的新型抗真菌蛋白基因 *GNK2-1* 导入黄瓜，离体枯萎病抗性鉴定发现，转 *GNK2-1* 基因的黄瓜对枯萎病的抗性增强，证实了 *GNK2-1* 基因可以作为黄瓜抗病性改良的潜在基因资源。Gal-On 等[45]将编码黄瓜果实斑驳花叶病毒的假定 54-kDa 复制酶基因转入黄瓜，提高了转基因植株对黄瓜果实斑驳花叶病毒的抗性。同时，将转基因植株作为砧木可有效保护接穗免受土壤中黄瓜果实斑驳花叶病毒的侵害。田花丽等[46]将银杏抗菌蛋白基因 *Ginkbilobin-2*（*Gk-2*）通过农杆菌介导法转入黄瓜基因组中，转基因植株对黄瓜枯萎病具有较好的抗病性，可明显推迟黄瓜枯萎病的发生。

2.2.2 抗逆性改良

黄瓜已成为我国保护地栽培的第一大作物，耐低、耐温弱光、耐热、耐冷、耐盐渍化的品种选育显得尤为重要。Ohkawa 等[47]通过基因枪法将抗坏血酸氧化酶基因导入黄瓜中，结果发现转基因植株抗寒能力显著增强。东丽等[48]利用农杆菌介导法将 *DREB1A* 基因转入黄瓜，提高了 T_1 代转基因黄瓜植株的抗旱性。谭克等[49]克隆了冷诱导转录因子 *CBF1* 基因，通过花粉管通道法转化黄瓜植株，转基因植株胁迫期间可溶性糖含量、幼苗含水量显著高于对照，且已具备了较强抗冷性，研究冷诱导转录因子 *CBF1* 基因对黄瓜抗冷性的影响，也为利用基因工程获得抗寒新种质资源建立了一条快速便捷的途径。卢淑雯等[50]将抗寒相关基因 *BnCS*（*YD646240*）通过农杆菌 EHA105 转入黄瓜，T_0 种子的发芽势、发芽率及胚根长均显著高于非转基因种子，T_1 植株的电解质渗漏率和丙二醛含量也显著低于非转基因植株，株高、茎粗和叶面积的生长量均高于非转基因植株，进而证明了转基因植株耐低温能力明显强于非转基因植株。

2.3 丰产性改良

黄瓜和甜瓜均是重要的世界性蔬菜作物，所以提高产量一直是其育种的重要目标。雌性强、低雌花节位、高坐果率以及产量均是黄瓜和甜瓜高产、稳产的基础。目前，已明确黄瓜花的性别分化除了受主控基因影响外，还受多种因素的制约，其中内源乙烯是重要影响因素之一。Shiber 等[51]以子叶节为外植体，利用农杆菌介

导的方法将 *CsACS1/G* 基因沉默载体转入雌性系黄瓜中，将雌性系转基因植株性型转变成了雌雄同株，从而给人为调控黄瓜植株的性型分化提供了思路。目前，我国甜瓜属作物设施栽培的主要品种普遍缺乏单性结实性，不能满足设施生产的要求。白吉刚等[52]将拟南芥生长素结合蛋白基因 *ABP1* 通过根癌农杆菌转入黄瓜品种津研 4 号，增强了黄瓜子房对生长素的敏感性，提高了转基因植株的单性结实率，为黄瓜育种提供增强单性结实能力的新材料，提高了黄瓜的产量。

2.4　生物反应器

甜瓜属作物作为重要的瓜类作物，农药残留严重影响了果实的品质。为了加快黄瓜中的有机磷农药残留的降解，赵杰宏等[53]选取能广泛降解有机磷农药的有机磷水解酶（OPH）为表达蛋白，获得的转基因植株通过酶活性分析表明，转基因黄瓜降解蝇毒磷能力是对照组（非转基因株组）的 4.7～9.7 倍，为蔬菜食品安全研究提供借鉴。吴家媛[54]等将可防治龋齿的变异链球菌表面蛋白 A 区与霍乱毒素 B 亚单位嵌合质粒（PAcA-ctxB）成功转化黄瓜，为转基因可食防龋疫苗的进一步研究提供了实验基础。

3　甜瓜属作物重要功能基因研究进展

重要功能基因的发掘与克隆是基因工程育种的基础，明确基因的分子功能和调控机理能为育种改良提供理论指导，而转基因技术是达到上述目标的最关键途径之一。随着黄瓜和甜瓜在基因组研究中的突破以及转基因技术的蓬勃发展，大量功能基因获得了克隆与研究。

3.1　黄瓜相关基因

3.1.1　苦味基因

苦味是降低黄瓜品质的重要因素之一，在生产过程中苦味果实的问题在世界各地均有发生，造成了巨大的损失[55]。早在 1959 年荷兰育种家 Andeweg 等就已经从美国改良长绿品种中筛选出完全无苦味的黄瓜品系。黄瓜的苦味是由一类称为苦味素或葫芦素的物质引起的，其遗传机理较为复杂，除遗传因素外也与环境条件有关[56]。*Bi* 基因控制着黄瓜营养体中苦味，*Bt* 基因控制着果实中的苦味，而 *bi* 基因与 *Bt* 基因存在着互作效应，纯合基因型 *bibi* 对 *Bt* 具有隐性上位作用[57]。其中，控制营养体苦味的基因有两个：*Bi* 和 *Bi-2*，控制果实苦味的基因也有两个：*Bt* 和 *Bt*-2。马永硕等[58]克隆了 *Bi* 的候选基因 *Csa680*，通过农杆菌介导的遗传转化方法将该基因转化到无苦味黄瓜品种 151G 中，研究结果表明，转基因植株中 *Csa680* 基因的表达量均比对照组高，同时提取了转基因植株中葫芦素 C，经 LC-MS 检测在转基因中的植株中均产生了葫芦素 C，由此证明了 *Csa680* 基因参与葫芦素 C 的合成，即 *Csa680* 基因为 *Bi* 基因。控制果实苦味的 *Bt* 基因的相关研究较 *bi* 基因少，Shang 等[59]发现了转录因子 *Bi* 和 *Bt* 分别在叶和果实中的调节通路，但截至

目前尚未进行 *Bt* 基因在黄瓜中的转基因操作和功能验证。

3.1.2 果实刺瘤基因

果实是黄瓜重要的经济器官，外观品质能够决定其商品价值，而果刺、果瘤的覆盖能够直接影响黄瓜的外观品质，进而影响着黄瓜的市场价值。表皮毛普遍存在于黄瓜植株地上部分的表面，而且在黄瓜子房或果实上的表皮毛即为果刺[60]，黄瓜的果刺和表皮毛有着相似的形态发育[61、62]。曹辰兴等[63]研究发现，黄瓜表皮毛基因参与果实表面性状的表达，与果实瘤基因（*Tu*）共同作用。表皮毛性状为细胞核基因控制且有毛（*Gl*）为显性，无毛（*gl*）为隐性，而普通有毛黄瓜果实表面均有刺，有的有瘤，有的无瘤。有瘤性状为显性基因（*Tu*）控制，无瘤为隐性基因（*tu*）控制。李强等[64]通过遗传分析结果表明，无毛基因（*gl*）对控制果瘤性状的果瘤基因（*Tu*）存在隐性上位作用。杨绪勤等[65]将控制果瘤性状的单基因 *Tu*（*Tuberculate fruit gene*）进行了精细定位，并初步认为 *Csa016861* 是 *Tu* 的候选基因。通过农杆菌浸染法进行了该基因的遗传转化，转基因植株的果实呈现出果瘤性状表型互补的现象，验证了 *Csa016861* 就是 *Tu* 基因，控制果瘤性状，同时也证实了果刺是黄瓜果瘤形成的前提条件。陈春花等[60]研究了转录因子 *CsTTG1* 和 *CsGL2* 对黄瓜表皮毛形成的调控机制，通过转基因技术将 *CsTTG1* 和 *CsGL2* 转入黄瓜中，发现转基因黄瓜果实上果刺和有腺体表皮毛的数量明显增加，果刺的体积也明显变大，商品成熟期果实的刺瘤性状更明显。

3.1.3 黄瓜糖转运蛋白调控基因

花粉管在通过雌蕊生长时的高代谢活动需要高效的糖运输来支持，运输失败会导致雄性不育。蔗糖转运蛋白现已被证明在花粉管发育中起重要作用[66]。Cheng 等[67]利用同源性分析克隆了黄瓜上的一个单糖转运蛋白 *CsHT1*，通过农杆菌介导法将其转入黄瓜品种新泰密刺，并观察到该基因在黄瓜花粉中过表达 *CsHT1* 能提高黄瓜花粉在葡萄糖或者半乳糖培养基上的萌发率和花粉管的长度，从而影响种子的形成。

3.1.4 黄瓜边界基因

在拟南芥中，*HAN*（*HANABA TARANU*）主要调控花器官的发育、顶端分生组织（SAM）的组织形态和胚胎发育，而茎尖分生组织（SAM）是持续产生其他器官和组织的关键，而叶是其主要来源器官，叶形直接影响光合作用的效率[68]。Ding 等[69]研究了 *HAN* 在黄瓜上的功能，将 *HAN* 的同源基因 *CsHAN1* 转入黄瓜，在获得的转基因植株中发现 *CsHAN1* 主要在茎尖分生组织（SAM）和茎的连接处表达，且该基因过表达和 RNAi 导致胚胎发生后早期延缓生长并且叶子产生深裂。此外，发现 *CsHAN1* 基因可以通过调控 WUS 和 STM 途径调控茎尖分生组织的发育、黄瓜顶端分生组织的发育以及通过复杂的基因调控网络来调控黄瓜叶片的发育。这些结果不仅丰富了黄瓜基因的功能研究，也为培育优良株型的黄瓜新品种提供理论指导。

3.2 甜瓜相关基因研究

甜瓜是全球十大水果之一，也是葫芦科基因组学研究的模式种。但甜瓜生产除了病害危害外，果实不耐储运、货架期相对较短，在运输和销售过程中伴随着果实的成熟和软化，损失加剧。这些均严重影响了甜瓜的质量和感观性状，制约了甜瓜的商业化发展。

3.2.1 乙烯合成基因

甜瓜是呼吸跃变型作物，乙烯对其果实的成熟和衰老起着重要的作用，也影响着果实的成熟及采后的储藏性。在 1996 年 Ayub 等就已经将表达反义 ACC 氧化酶基因转入甜瓜，产生了耐储藏和质量较好的转基因甜瓜株系。目前，已确定肉颜色的发育为乙烯不依赖型，而果实发育过程中的果皮颜色受乙烯合成的影响，其中控制果肉颜色的两个基因，即绿果肉（*green flesh*，*gf*）和白果肉（*white flesh*，*wf*），而橙果肉为数量性状[70]。高峰等[71]研究发现，*Cm-ERF1*、*Cm-ERF2* 基因可能在甜瓜果实乙烯跃变过程中具有重要作用，而 *Cm-EIN2* 和 *Cm-CTR1* 可能在甜瓜果实发育过程中发挥重要作用。同时，也将反义 *ACO1* 基因转化甜瓜，在可溶性固形物不变的情况下，获得了乙烯含量低、储藏期长且果实硬度不变的转基因甜瓜株系。马勇等[72]在 Hao 等[41]的研究基础之上对果实发育相关的 4 个基因家族进行功能研究，并对 *CmERFII-9* 基因在甜瓜果实中的成熟期进行了研究观察，进一步证实了该基因在甜瓜的果实发育成熟过程中对 *ACO* 基因发挥正调控作用。

3.2.2 蔗糖合成基因

含糖量是衡量甜瓜品质的主要依据之一，是影响果实品质及果实风味物质的主要成分。蔗糖合成酶（SS）在蔗糖代谢中调控可逆反应，闻小霞等[73]克隆了甜瓜果实蔗糖合成酶基因 *CmSS1*，并构建了该基因的反义表达载体进行了遗传转化。研究发现，*CmSS1* 在甜瓜果实发育不同时期中，随着果实发育时间的延长，*CmSS1* 的表达量逐渐降低。蔗糖磷酸合成酶（SPS）对光合产物在蔗糖和淀粉之间的分配具有重要的调控作用，也可能会改变蔗糖的代谢模式，另外 SPS 还参与了植物的光合作用。因此，利用现代分子生物学的方法改变蔗糖代谢酶的活性对甜瓜品质育种具有重要的意义。田红梅等[74]研究了转反义 *SPS* 基因和正义 *SPS* 基因的甜瓜株系，证明了 *SPS* 活性的高低是蔗糖积累的关键因素和必要前提，*SPS* 活性升高会促进碳水化合物向蔗糖方向合成，而抑制淀粉的积累。

3.2.3 霜霉病相关基因

霜霉病是甜瓜主要的病害，可造成甜瓜植株枯萎、死亡，很大程度上降低了甜瓜产量和品质，严重制约甜瓜产业健康、快速发展。在国内现在已知的抗霜霉病基因有 *Pc-1*、*Pc-2*、*Pc-3*、*Pc-4* 和 *Pc-5*，但这些基因均没有进行功能验证。目前，对霜霉病研究较多的是 *At2* 基因，它是参与植物光呼吸代谢过程中转氨酶反应的一种抗性酶，可直接反映转基因甜瓜对霜霉病的抗性[75]。Taler 等研究发现，*AT1* 和 *AT2* 这两个都不属于任何一种已知的抗病基因的因酶赋予植物的抗性基因，他们提出一种新的抗病机制——酶抗性。聂祥祥等[76]构建的含霜霉病抗性基因 *At2* 的双 T-DNA 表达载体转化甜瓜，进行霜霉病活力检测，发现 *At2* 基因确实能够改善甜瓜的病原菌抗性，同时猜测对其他的病原菌也具有一定的抗性。李思怡等[77]

通过利用转基因技术对甜瓜抗霜霉病基因 *AT2* 进行了研究分析，获得了抗霜霉病的转基因植株，提高了甜瓜对霜霉病的抵抗能力。

4 问题与展望

随着研究人员的不断研究探索，转基因技术在甜瓜属作物遗传育种和基因功能研究等多个领域都得到了广泛应用，带来巨大的经济效益和社会效益，推动了甜瓜属生物产业和生物经济的发展，但依然面临了很多问题与挑战。

4.1 主要的技术问题

甜瓜属作物转基因技术发展最大的阻碍依旧是基因型效应问题。金红等[78]以 12 份黄瓜材料子叶为外植体比较了其再生能力，发现虽然所有黄瓜材料均能出芽，但出芽数和再生频率却存在很大的差异。总结已有的研究报道也可以发现，华北型黄瓜分化率高、遗传转化效果好，华南型黄瓜效果稍差，而美国生态型和欧洲温室型黄瓜普遍分化较差。甜瓜的基因型效应也同样制约着甜瓜转基因技术的发展。高鹏等[79]为研究基因型对茎尖转化法的影响，以甜瓜品系 M-23、WQ、M76、M19 为受体材料，结果显示 4 个基因型中 M-23 分化率较好，可达到 91%。基因型效应问题严重制约着甜瓜属基因工程的研究，一个品种的转化体系很难应用到其他甜瓜品种上。因此，Chovelon 等[80]认为，开发新的甜瓜属遗传转化途径很有必要。高鹏等[79]以植物茎尖生长点作为遗传转化受体材料时，有效解决了依赖植物组织培养存在的基因型依赖、无菌条件的限制，而且也不受季节限制。在解决植物组织培养过程中存在的问题的同时，还可以简化繁琐的操作过程，也能获得更多的抗性转化植株。姬丽粉等[81]在水稻中研究发现，*NiR* 酶活性与再生能力呈正相关关系，且把高再生能力品种 *NiR* 基因转入低再生能力品种中过表达，可以提高其再生能力。潘玲玲等[82]研究了黄瓜硝酸还原酶基因（*CsNR*）对 NO_3^- 胁迫下植株幼苗抗氧化体系及氮代谢的影响，并在烟草中进行了功能验证。氮素代谢对外植体再生率的研究为甜瓜属转基因技术解决基因型效应问题提供了新的思路。

外源基因导入甜瓜属作物基因组中，遗传稳定性也存在着较大的问题。由于细胞本身的重组和修复功能，外源基因的整合会引起不同程度的基因重排和结构的变化。Czernilofshy 等发现，当代与子代中出现的变异更为复杂，常出现环化、片断分离和丢失。而转基因的沉默并不是因外源基因在细胞内的不稳定而造成的，克服转基因沉默不仅是转基因作物走向商品化和实用化的关键步骤，而且在理论上也加深了对高等植物基因的表达和调控机制的了解。Balandin 等通过载体的构建、密码子的优化以及与常规育种方法相结合等方式，提高了转基因作物遗传的稳定性，克服转基因沉默的出现。嵌合体也是导致甜瓜属转基因作物遗传不稳定的原因。因此，在转基因操作过程之中，一般以子叶节、胚性愈伤组织等为外植体，可有效减少嵌合体的发生。

4.2 甜瓜属作物转基因安全

转基因作物的安全性问题逐渐成为人们争论的热点，而讨论的内容主要涉及转基因作物的食品安全和环境安全。甜瓜属转基因作物也存在着相同的问题。目前，尚未有转基因黄瓜和甜瓜品种获得生物安全证书批准。消除甜瓜属作物转基因安全问题主要是对选择标记基因安全性的确定，而解决这一问题主要通过消除标记基因和使用无争议的生物安全标记基因。目前，常用的无争议的生物安全基因包括绿色荧光蛋白基因（*GFP*）、核糖醇操纵子（*rtl*）、6-磷酸甘露糖异构酶基因（*pmi*）、木糖异构酶基因（*xylA*）以及谷氨酸-1-半醛转氨酶基因（*heml*）[83]。选择标记基因去除的方法目前主要有共转化系统法、转座子系统法、位点特异性重组系统法、重组酶系统法、外源基因清除技术及叶绿体转化技术等[84]。但去除标记基因技术仍需要不断完善和改进，截至目前还没有建立起一套高效的标记基因消除系统，并且标记基因的消除较为繁琐，难以被一般的分子生物学实验室所利用。

现代基因工程技术的不断发展为甜瓜属作物转基因技术的安全性问题带来了更多的解决思路，研究者们可以利用多种系统方法联合使用的形式来进行研究，解决该研究领域的“瓶颈”问题，使转基因技术在甜瓜属作物中得到更为广泛的利用。

4.3 基因编辑技术

基因编辑技术是近年来发展起来的可以对基因组完成精确修饰的一种技术，可完成目标基因的定点敲除、突变、敲入、多位点同时突变和小片段删除等。基因编辑技术可以使生物学研究能够不依赖于传统的、遗传背景复杂的生物体，有快速制造新的转基因模型的优点，在农业、畜牧业和生物医学等诸多领域中，基因编辑技术有极其广泛的发展前景和应用价值。ZFN、TALEN、CRISPR/CAS9 和 NgAgo 是目前主要的几种基因编辑技术。其中，CRISPR/CAS9 技术试验设计简单、操作便捷高效且成本廉价，在推动生物基因改造等领域发挥了重要的作用[85]。刘华威等[86]认为，高效稳定的 CRISPR 技术将与二代测序技术 NGS 相结合，在甜瓜属作物对黄瓜绿斑驳花叶病毒病（CGMMV）的控制和防御方面具有广阔的应用前景，并有可能得到有效甚至是彻底的控制。王雪等[87]利用 CRISPR/CAS9 系统对甜瓜品种老汉瓜 ACC 合成酶基因进行了成功的敲除，改善了该品种的耐储运性。

转基因技术的应用，在给我们带来方便与利益的同时，也会对社会伦理道德产生一定程度的冲击。转基因生物一旦释放到环境中去，人类将无法控制，所以应该慎重地对待转基因问题，同时也不能因为存在风险而全面否定转基因食品。所以，在今后的甜瓜属转基因研究工作中，研究者们应该注重甜瓜属作物转基因后代遗传稳定性的检测和田间试验，而不是一味地集中到产量、品质以及抗性等方面的改良。这将有助于在保证环境安全的前提下，更加准确地鉴定转基因甜瓜属作物的优良农艺性状，从而为转基因甜瓜属作物早日实现商业化奠定基础。

参考文献

[1] Aleš L C Yigal. Cucurbit downy mildew（*Pseudoperonospora cubensis*）—biology，ecology，epidemiology，host-pathogen interaction and control [J]. European Journal of Plant Pathology，2011，129（2）：157-192.

[2] Colucci S J，T C Wehner，G J Holmes. The downy mildew epidemic of 2004 and 2005 in the eastern United States. 2006.

[3] Pang X，et al. QTL Mapping of Downy Mildew Resistance in an Introgression Line Derived from Interspecific Hybridization Between Cucumber and *Cucumis hystrix*. Journal of Phytopathology，2013，161（7-8）：536-543.

[4] 黄仲生，保护地黄瓜霜霉病发生与防治新技术研究 [J]. 吉林蔬菜，1995（2）：14-15.

[5] Wolukau J N，et al. Resistance to Gummy Stem Blight in Melon（*Cucumis melo* L.）Germplasm and Inheritance of Resistance from Plant Introductions 157076，420145，and 323498. Hortscience A Publication of the American Society for Horticultural Science，2007，42（2）：215-221.

[6] 钱春桃，娄群峰，陈劲枫．我国甜瓜属蔬菜作物特异基因资源的挖掘和利用 [J]. 中国蔬菜，2006，1（7）：30-32.

[7] Huang S W，et al. The genome of the cucumber，*Cucumis sativus* L. [J]. Nature Genetics，2009，41（12）：1275-1281.

[8] Garciamas，J，et al. The genome of melon（*Cucumis melo* L.）[J]. Proceedings of the National Academy of Sciences of the United States of America，2012，109（29）：11872.

[9] Raharjo S H，et al. Transformation of pickling cucumber with chitinase-encoding genes using Agrobacterium tumefaciens [J]. Plant Cell Reports，1996，15（8）：591-596.

[10] Bordas M，et al. Transfer of the yeast salt tolerance gene HAL1 to *Cucumis melo* L. cultivars and in vitro evaluation of salt tolerance [J]. Transgenic Research，1997，6（1）：41-50.

[11] 侯爱菊，等．诱导黄瓜直接器官发生主要影响因素的研究 [J]. 园艺学报，2003，30（1）：101-103.

[12] 苏绍坤，刘宏宇，秦智伟．农杆菌介导 iaaM 基因黄瓜遗传转化体系的建立 [J]. 东北农业大学学报，2006，37（3）：289-293.

[13] 肖守华，等．农杆菌介导法将小麦 γ-硫堇蛋白基因转入厚皮甜瓜 [J]. 中国蔬菜，2008，1（12）：11-14.

[14] Dirks R，B M Van，In vitro plant regeneration from leaf and cotyledon explants of *Cucumis melo* L. [J]. Plant Cell Reports，1989，7（8）：626-627.

[15] 宁宇，等．乙酰丁香酮及共培养 pH 对黄瓜遗传转化效率的影响 [J]. 中国瓜菜，2013，26（5）：6-9.

[16] 王烨，等．硫辛酸对农杆菌介导的黄瓜子叶节遗传转化的影响 [J]. 华北农学报，2012，27（b12）：51-56.

[17] 方丽，等．根癌农杆菌介导的甜瓜遗传转化 [J]. 浙江农业学报，2009，21（3）：211-214.

[18] 李建欣，李建吾，葛桂民．黄瓜子叶离体再生体系研究 [J]. 长江蔬菜，2008（1）：44-47.

[19] 李蕾，等．黄瓜遗传转化体系优化的研究 [J]. 华北农学报，2015，30（5）：115-121.

[20] 王学斌，等．潮霉素浓度和农杆菌浸泡时间对黄瓜外植体再生的影响 [J]．沈阳农业大学学报，2013，44 (2)：143-147.

[21] 崔丽巍．木糖筛选系统在黄瓜转化中的应用 [D]．长春：东北师范大学，2010.

[22] Zhou G Y. Introduction of Exogenous DNA into Plants after Pollination via the Pollen Tube Pathway [J]. Springer New York，1992：336-339.

[23] 哈斯阿古拉，等．花粉管通道法转基因技术在甜瓜品种河套蜜瓜上的应用 [J]．内蒙古大学学报（自然科学版），2007，38 (4)：419-423.

[24] 张文珠，等．黄瓜农杆菌介导法与花粉管通道法转基因技术 [J]．西北农业学报，2009，18 (1)：217-220.

[25] Zhang H J，F S Luan. Transformation of the CmACS-7 gene into melon (*Cucumis melo* L.) using the pollen-tube pathway [J]. Genetics & Molecular Research Gmr，2016，15 (3).

[26] Chee P P，J L Slightom. Transformation of cucumber tissues by microprojectile bombardment：identification of plants containing functional and non-functional transferred genes [J]. Gene，1992，118 (2)：255-260.

[27] Kodama H，et al. Transgenic roots produced by introducing Ri-rol genes into cucumber cotyledons by particle bombardment [J]. Transgenic Research，1993，2 (2)：147-152.

[28] Gonsalves C，et al. Transferring cucumber mosaic virus-white leaf strain coat protein gene into *Cucumis melo* L. and evaluating transgenic plants for protection against infections [J]. Journal of the American Society for Horticultural Science American Society for Horticultural Science，1994，119 (2)：345-355.

[29] 徐冉，等．黄瓜酸性 α-半乳糖苷酶Ⅰ的亚细胞定位 [J]．江苏农业科学，2010 (6)：208-210.

[30] 俞婷．基于 SNP 标记的黄瓜抗白粉病染色体单片段代换系鉴定及抗病基因功能分析 [D]．扬州：扬州大学，2015.

[31] Baskaran P，et al. Shoot apical meristem injection：A novel and efficient method to obtain transformed cucumber plants [J]. South African Journal of Botany，2016 (103)：210-215.

[32] 韩伟，等．瓜类蔬菜转基因研究进展 [J]．中国蔬菜，2010，1 (4)：8-13.

[33] 肖光辉，等．外源 DNA 导入创造抗枯萎病西瓜种质资源 [J]．湖南农业大学学报（自然科学版），1999，25 (6)：453-457.

[34] 肖小君，等．转基因技术及其在水稻育种中的研究进展 [J]．井冈山大学学报（自然科学版），2011，32 (5)：60-65.

[35] 叶兴国，等．小麦转基因方法及其评述 [J]．遗传，2011，33 (5)：422-430.

[36] 陈英，等．转基因玉米的遗传转化方法研究 [J]．草业与畜牧，2000 (1)：51-55.

[37] 陈秀蕙，何焕新．菠萝 DNA 导入黄瓜的初步研究 [J]．海南大学学报（自然科学版），1998 (1)：62-68.

[38] Szwacka M，M Krzymowska，S Malepszy. Thaumatin expression in transgenic cucumber plants [J]. Springer Netherlands，1999：609-612.

[39] 李晓荣．新疆哈密瓜转 ACC 脱氨酶基因的研究 [D]．乌鲁木齐：新疆农业大学，2002.

[40] 樊继德，等．甜瓜反义酸性转化酶基因对甜瓜的遗传转化 [J]．园艺学报，2007，34 (3)：677-682.

[41] Hao J，et al. Transformation of a marker-free and vector-free antisense ACC oxidase gene cassette into melon via the pollen-tube pathway [J]. Biotechnology Letters，2011，33 (1)：

55-61.

[42] 邓立平，郭亚华，杨晓辉．外源基因导入黄瓜获得突变新品系［J］. 遗传，1995，17（2）：33.

[43] 何铁海，应成波．抗CMV病毒外壳蛋白CP基因导入黄瓜的研究［J］. 河南科技学院学报（自然科学版），2001，29（3）：27-28.

[44] 刘缙，等．黄瓜转新型抗菌蛋白基因GNK2-1及其抗枯萎病的研究［J］. 植物学报，2010，45（4）：411-418.

[45] Gal On A，et al. Transgenic cucumbers harboring the 54-kDa putative gene of Cucumber fruit mottle mosaic tobamovirus are highly resistant to viral infection and protect non-transgenic scions from soil infection［J］. Transgenic Research，2005，14（1）：81.

[46] 田花丽．农杆菌介导银杏抗菌蛋白基因Gk-2转化黄瓜抗病性研究［D］. 杨凌：西北农林科技大学，2010.

[47] Ohkawa J，et al. Structure of the genomic DNA encoding cucumber ascorbate oxidase and its expression in transgenic plants［J］. Plant Cell Reports，1994，13（9）：481-488.

[48] 东丽，李杰，朱延明．抗真菌、抗渗透胁迫基因多价植物表达载体构建及对黄瓜遗传转化的研究［J］. 农业科技通讯，2008（3）：37-41.

[49] 谭克，等．冷诱导基因转录因子CBF1转入黄瓜的研究［J］. 北方园艺，2015（9）：79-82.

[50] 卢淑雯，等．黄瓜耐低温基因转化后代的生物学鉴定［J］. 中国蔬菜，2010，1（10）：16-19.

[51] Shiber A，et al. The origin and mode of function of the Female locus in cucumber［C］. in Ixth Eucarpia Meeting on Genetics and Breeding of Cucurbitaceae，Avignon. 2008.

[52] 白吉刚，等．生长素结合蛋白基因转化黄瓜的研究［J］. 中国农业科学，2004，37（2）：263-267.

[53] 赵杰宏，韩洁，赵德刚，转基因表达有机磷水解酶（OPH）提高黄瓜降解蝇毒磷能力的初步研究［J］. 江苏农业学报，2010，26（1）：182-186.

[54] 吴家媛，等．变异链球菌表面蛋白A区与霍乱毒素B亚单位嵌合基因转基因黄瓜植株的获得及鉴定［J］. 口腔医学研究，2016（9）：902-906.

[55] 张圣平，等．黄瓜果实苦味（Bt）基因的插入缺失（Indel）标记［J］. 农业生物技术学报，2011，19（4）：649-653.

[56] Balkemaboomstra A G，et al. Role of cucurbitacin C in resistance to spider mite（*Tetranychus urticae*）in cucumber（*Cucumis sativus* L.）［J］. Journal of Chemical Ecology，2003，29（1）：225-235.

[57] 顾兴芳，等．黄瓜苦味遗传分析［J］. 园艺学报，2004，34（5）：613-616.

[58] 马永硕．黄瓜营养体苦味基因Bi的克隆及功能解析［D］. 南京：南京农业大学，2013.

[59] Shang Y，et al. Plant science. Biosynthesis，regulation，and domestication of bitterness in cucumber［J］. Science，2014，346（6213）：1084-1088.

[60] 陈春花．黄瓜表皮毛发育及其相关基因CsTTG1和CsGL2的功能分析［D］. 北京：中国农业大学，2016.

[61] 关媛，黄瓜果刺形成相关基因的定位与克隆［D］. 上海：上海交通大学，2008.

[62] 张驰，黄瓜Gl基因连锁的SRAP分子标记［D］. 上海：上海交通大学，2009.

[63] 曹辰兴，张松，郭红芸．黄瓜茎叶无毛性状与果实瘤刺性状的遗传关系［J］. 园艺学报，2001，28（6）：565-566.

[64] 李强．黄瓜表皮毛相关基因的定位、同源克隆与功能研究［D］．泰安：山东农业大学，2013.

[65] 杨绪勤．黄瓜果瘤和果实无光泽性状基因的定位与功能分析［D］．上海：上海交通大学，2014.

[66] Goetz M，et al. Induction of male sterility in plants by metabolic engineering of the carbohydrate supply［J］．Proceedings of the National Academy of Sciences of the United States of America，2001，98（11）：6522-6527.

[67] Cheng J，et al. Down-Regulating CsHT1，a Cucumber Pollen-Specific Hexose Transporter，Inhibits Pollen Germination，Tube Growth，and Seed Development［J］．Plant Physiology，2015，168（2）：635-647.

[68] Tsukaya H. Mechanism of leaf-shape determination［J］．Annual Review of Plant Biology，2006，57（1）：477.

[69] Ding L，et al. HANABA TARANU regulates the shoot apical meristem and leaf development in cucumber（*Cucumis sativus* L.）［J］．Journal of Experimental Botany，2015，66（22）：70-75.

[70] Monforte A J，et al. Identification of quantitative trait loci involved in fruit quality traits in melon（*Cucumis melo* L.）［J］．Theoretical & Applied Genetics，2004，108（4）：750-758.

[71] 高峰，等．甜瓜乙烯应答因子基因在果实发育成熟过程中的表达特性［J］．西北植物学报，2012，32（5）：886-889.

[72] 马勇．甜瓜果实发育相关四个基因家族的全基因组分析及 CmERFII-9 基因的功能研究［D］．呼和浩特：内蒙古大学，2015.

[73] 闻小霞．甜瓜果实蔗糖合成酶基因（SS）的克隆、表达分析及遗传转化［D］．泰安：山东农业大学，2010.

[74] 田红梅．甜瓜蔗糖磷酸合成酶基因的功能鉴定与分析［D］．泰安：山东农业大学，2011.

[75] Galperin M，et al. A melon genotype with superior competence for regeneration and transformation［J］．Plant Breeding，2003，122（1）：66-69.

[76] 聂祥祥．甜瓜抗霜霉病无选择标记基因的转化和功能验证［D］．乌鲁木齐：新疆大学，2014.

[77] 李思怡．甜瓜抗霜霉病基因 AT2 功能验证［D］．乌鲁木齐：新疆大学，2016.

[78] 金红，等．抗除草剂转基因黄瓜的获得及 T1 植株抗性鉴定［J］．华北农学报，2003，18（1）：44-46.

[79] 高鹏，等．甜瓜茎尖法遗传转化体系的建立［J］．东北农业大学学报，2013，44（10）：56-60.

[80] Chovelon V，et al. Histological study of organogenesis in *Cucumis melo* L. after genetic transformation：why is it difficult to obtain transgenic plants?［J］．Plant Cell Reports，2011，30（11）：2001-2011.

[81] 姬丽粉．利用 NiR 基因提高水稻及竹子再生能力的研究［D］．杭州．浙江农林大学，2015.

[82] 潘玲玲，等．黄瓜硝酸还原酶基因（CsNR）序列分析及正反义表达载体的构建［J］．天津农业科学，2017，23（7）：1-5.

[83] 王兴春，杨长登．转基因植物生物安全标记基因［J］．中国生物工程杂志，2003，23（4）：

19-22.
[84] 郎遥玲，等．转基因植物中标记基因去除方法的研究进展［J］．生物技术通报，2015，31（5）：41-47.
[85] 姚祝平，等．CRISPR/Cas9 基因编辑技术在植物基因工程育种中的应用［J］．分子植物育种，2017（7）：2647-2655.
[86] 刘华威，等．黄瓜绿斑驳花叶病毒病防治研究进展［J］．植物保护，2016，42（6）：29-37.
[87] 王雪，李冠．CRISPR-Cas9 系统敲除甜瓜 ACC 合成酶基因表达载体的构建［J］．北方园艺，2017（12）：114-118.

图书在版编目（CIP）数据

设施蔬菜高产高效关键技术，2018 / 陈劲枫，李季主编．—北京：中国农业出版社，2019.1
ISBN 978-7-109-25056-7

Ⅰ.①设… Ⅱ.①陈… ②李… Ⅲ.①蔬菜园艺—设施农业 Ⅳ.①S626

中国版本图书馆 CIP 数据核字（2018）第 285068 号

中国农业出版社出版
（北京市朝阳区麦子店街 18 号楼）
（邮政编码 100125）
责任编辑 冀 刚

中国农业出版社印刷厂印刷　　新华书店北京发行所发行
2019 年 1 月第 1 版　　2019 年 1 月北京第 1 次印刷

开本：787mm×1092mm 1/16　　印张：26.25　　插页：14
字数：600 千字
定价：150.00 元

一、设施蔬菜种子种苗

（一）茄果类品种

彩图1　苏粉11号（番茄）

彩图2　皖粉5号（番茄）

彩图3　皖杂15（番茄）

彩图4　皖杂16（番茄）

彩图5　皖红7号（番茄）

彩图6　红珍珠（番茄）

彩图7　浙粉702（番茄）

彩图8　苏椒16号（辣椒）

彩图9　浙椒3号（辣椒）

彩图10　紫燕1号（辣椒）

彩图11　紫云1号（辣椒）

彩图12　皖椒18（辣椒）

彩图13　冬椒1号（辣椒）

彩图14　苏崎4号（茄子）

彩图15　皖茄2号（茄子）

彩图16　白茄2号（茄子）

（二）叶菜类品种

彩图17　东方18（不结球白菜）

彩图18　春佳（不结球白菜）

彩图19　千叶菜（不结球白菜）

彩图20　红袖1号（不结球白菜）

彩图21　紫霞1号（不结球白菜）

彩图22　新秀1号（不结球白菜）

彩图23　绯红1号（不结球白菜）

彩图24　丽紫1号（不结球白菜）

彩图25　黛绿1号（不结球白菜）

彩图26　黛绿2号（不结球白菜）

彩图27　金翠1号（不结球白菜）

彩图28　金翠2号（不结球白菜）

彩图29　耐寒红青菜（不结球白菜）

彩图30　博春（甘蓝）

（三）瓜类品种

彩图31　南水2号（黄瓜）田间表现和商品瓜

彩图32　宁运3号（黄瓜）田间表现和商品瓜

彩图33　南抗1号（黄瓜）

彩图34　南水3号（黄瓜）田间表现和商品瓜

彩图35　金碧春秋（黄瓜）

彩图36　浙蒲6号（瓠瓜）田间表现和商品瓜

彩图37　苏甜2号（甜瓜）

彩图38　翠雪5号（甜瓜）

彩图39　夏蜜（甜瓜）

彩图40　甬甜5号（甜瓜）田间表现和商品瓜

彩图41　甬甜7号（甜瓜）田间表现和商品瓜

彩图42　甬甜8号（甜瓜）田间表现和商品瓜

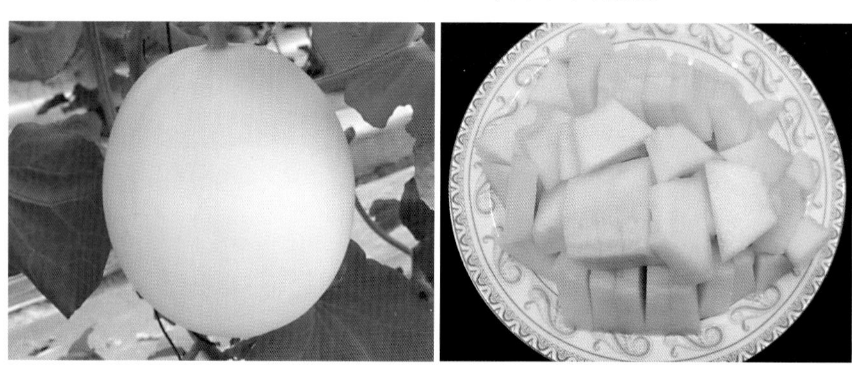

彩图43　银蜜58（香瓜）

彩图44　苏蜜11号（西瓜）

彩图45　甬越1号（越瓜）田间表现和商品瓜

二、砧木及嫁接技术

（一）砧木

彩图46　甬砧1号嫁接苗

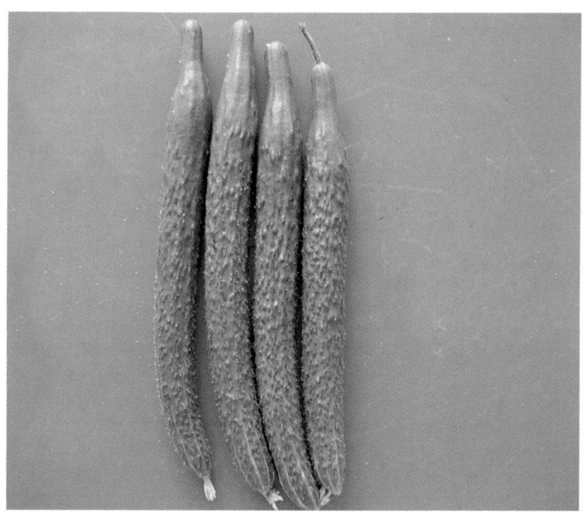

彩图47　甬砧2号嫁接黄瓜的田间表现和嫁接瓜

彩图48　甬砧3号嫁接西瓜的田间表现和嫁接瓜

彩图49　甬砧5号嫁接西瓜的田间表现和嫁接瓜

彩图50　甬砧7号嫁接苗

蔬春银玉
津早2号
津绿21—15
津绿26号

彩图51　甬砧8号嫁接黄瓜的田间表现和不同品种的嫁接瓜

彩图52　甬砧9号嫁接甜瓜苗以及嫁接瓜和自根瓜的对比

彩图53　甬砧10号嫁接西瓜的田间表现和嫁接瓜

彩图54　思壮111种子及嫁接黄瓜的商品瓜

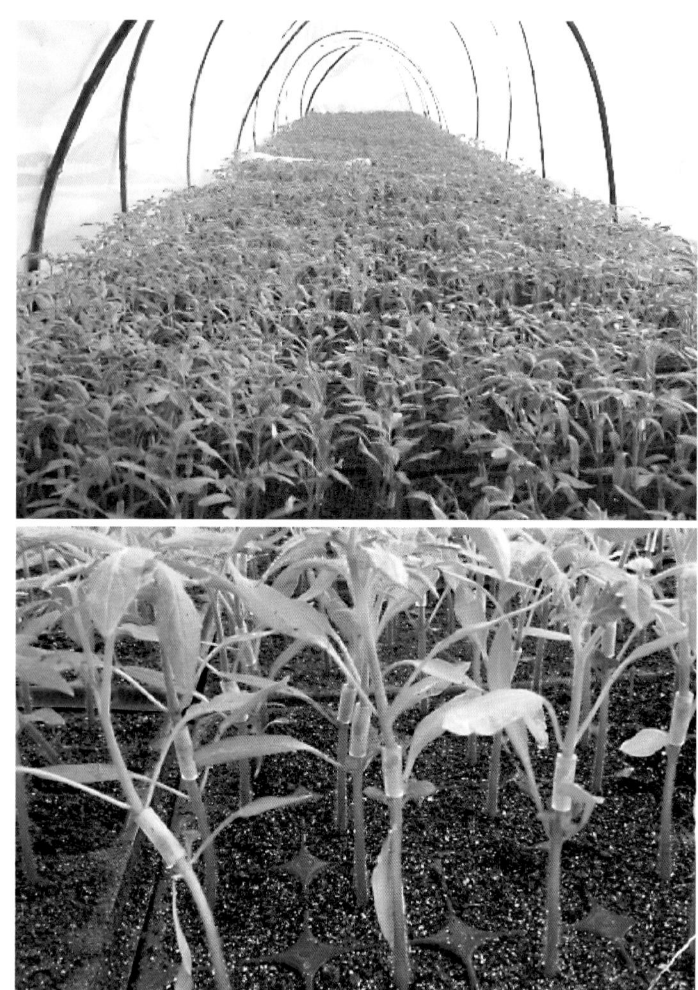

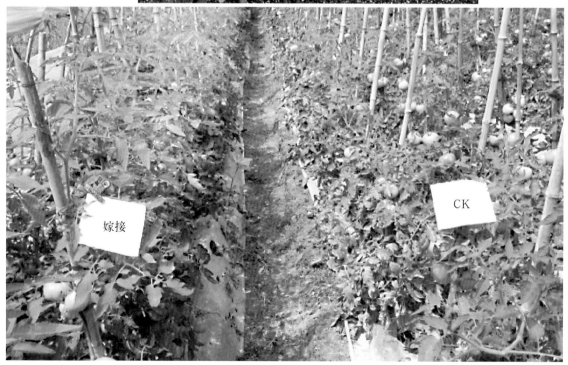

彩图55　FZ-11嫁接苗床和田间对比

（二）嫁接技术

彩图56　瓜类蔬菜“双断根贴接”技术
A.砧木　B.接穗　C.嫁接后　D.生根后

三、育苗基质

彩图57　优佳育苗基质

彩图58　黄瓜专用育苗基质

四、植保产品

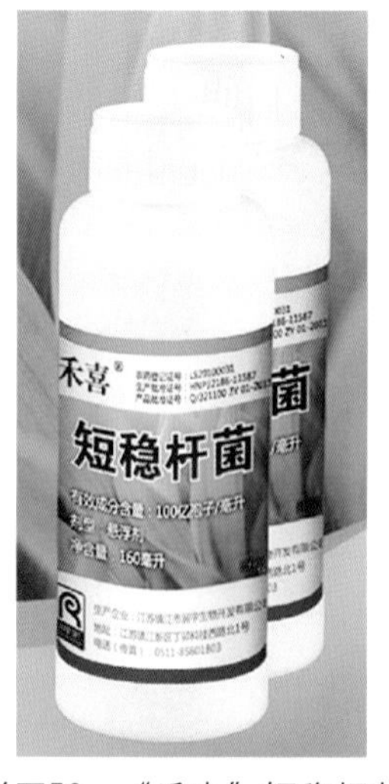

彩图59　“禾喜”短稳杆菌
（生物杀虫剂）